수리생물학 입문

[개정판] 수리 생물학 입문

2011년 2월 18일 인쇄
2011년 2월 25일 발행

저 | 이와사 요
역 | 김윤진, 전태수, 노정훈, 전계록, 이정민
발 행 인 | 김인세
펴 낸 곳 | 부산대학교출판부

출판등록 | 등록 : 제카11-2(1992.9.10)
주　　소 | 부산시 금정구 장전동 산 30
전　　화 | (051) 510-1932
전　　송 | (051) 512-7812
홈페이지 | http://press.pusan.ac.kr

값 25,000원
ISBN 89-7316-371-7 03470

改訂版

수리 생물학 입문

생물사회의 다이나믹스를 탐구한다

이와사 요 저 김윤진 외 역

부산대학교출판부

개정판 옮긴이의 말

수리생물학이 세상에 회자되기 시작한지 100여년의 시간이 흘렀습니다. 이 신학문은 서양을 중심으로 소수의 학자들에 의하여 조용히 발전을 하여 왔습니다. 그런 수리생물학에 전환점을 가지는 사건이 생깁니다. 1989년에 J. D. Murray 에 의한 'Mathematical Biology'라는 책 출간 입니다. 이 책이 나온 후 수리생물학에 대한 관심은 폭발적으로 확대됩니다. 이때를 시작으로 수리생물학은 대학의 정규 교육과정으로 자리를 잡아갑니다. 그로부터 20년이 지난 오늘날 수리생물학은 응용수학의 한 분야로서 각 대학의 한자리를 견고히 차지하고 있을 뿐 아니라 생물학, 생태학, 생화학, 물리학, 의학, 농학, 사회학 등 다양한 학문 분야에서 활발히 응용이 되며, 그 필요성은 매년 커지고 있습니다.

한국에 수리생물학이 처음으로 알려진 시기는 그리 오래되지 않았습니다. 2005년에 이 책 '수리생물학입문'이 처음 번역되었습니다. 그해 한국의 수리생물학회(KSMB)는 창립총회를 가지며 활발한 활동을 시작하게 됩니다. 이후 6년 동안 매년 열린 학술대회가 개최되어 수리생물학의 주요 주제인 생태계 보존, 군집 다양성, 질병 및 해충 관리 등이 활발히 토의되었습니다. 이러한 수리생물학의 발전은 서양의 1989년 이전의 단계에 비견될 듯

합니다: 아직 소수의 연구자 중심으로 발전되고 있습니다. 이제는 한국에서도 수리생물학에 대한 관심이 보다 다양한 학문의 분야에 있는 연구자들과 학생들에게로 확대되기를 바라는 마음으로 이번에 '생명의 수리'(김윤진외 역)의 출간에 즈음하여 기존의 '수리생물학입문'을 개정하게 되었습니다.

'생명의 수리'는 최근 부각되는 미시생물학의 주제인 분자, 발생, 질병 등이 소개된 반면, '수리생물학입문'은 생태학과 동물 행동학에서 나오는 문제들을 이용하여, 수학의 기본을 소개하는데 중점을 두었다. 수리생물학이 아직은 낯선 한국에서 이 분야에 관심 있는 학생들과 관련 학자들에게 많은 도움이 될 수 있으리라 기대합니다.

개정작업은 아래의 부분에 주안점을 두고 이루어졌습니다.

1. 영어 원서와 원할한 연결을 위해 가능한 많은 용어들에 영어 표현을 병기 하였다.
2. 한자로 표기된 일본인 작자의 경우 책 뒤의 인용문헌에 영어명을 병기하여 추후 논문 찾기 등이 용이하게 하였다.
3. 초판본에 나오는 탈자, 오자 등을 수정하였다.
4. 초판본의 한자적 표현을 가능하면 한글 위주로 표현하려하였다. 익숙하지 않은 한자적 표현에는 기존의 한자대신 괄호 안에 영어 표현을 덧 붙였다.
5. 기타 번역시의 주안점은 초판 역자 서문을 참조하기 바랍니다.

이 책의 개정작업이 원활히 이루어지게 아낌없는 조언과 협조를 해준 규슈대학교 이와사 요 교수에게 깊은 감사를 드립니다. 소켄대학의 우에하라

타카시 박사는 찾아보기의 용어정리에 많은 도움을 주었습니다. 그 외 부산대학교 생태-행동 시스템 실험실의 박상현 박사, 조운석군, 김동환군, 조현제군, 이승준군 등이 초판본을 읽어 개정방향에 대한 의견들을 주었습니다. 이분들에게 감사를 전합니다.

2010년 8월 29일

개정판 역자일동

한국어 번역본의 출판에 즈음하여

이번에 '수리생물학 입문: 생물사회의 다이나믹스를 탐구한다'가 한국어로 번역된 것을 대단히 기쁘게 생각합니다.

'포스트 게놈' 시대를 맞이하여 생물학과 생명과학에서는 수학모델과 컴퓨터 시뮬레이션에 기초한 해석이 중요한 접근방법이 되고 있습니다. 이 책에서는 주로 생태학의 모델을 취급하였으나, 분자세포생물학과 신경과학 등 생명과학의 다른 분야에서 사용되는 수학적 방법도 근본적으로는 같습니다. 또 환경과학에서도 이론적인 연구가 필요해지고 있습니다. 또 한편에서는, 생물학에서 연구되는 모델의 양상을 해석하는 응용수학 분야도 발전하고 있습니다. 이 책이, 이 분야를 배우고자 하는 학생 여러분과 연구자 여러분에게 도움이 되면 무엇보다 기쁘게 생각합니다.

이 책의 한국어판에서 부산대학교의 우수한 연구자이신 생태학의 전태수 교수, 수리물리학의 노동택 교수, 의학의 김윤진 교수, 의공학의 전계록 교수와 노정훈 교수께서 수고해 주신 것을 대단히 고맙게 생각합니다. 제가 교편을 잡고 있는 큐슈대학이 있는 후쿠오카시는 부산시와 해협을 낀 이웃 도시이고, 고속선으로 2시간 50분의 거리입니다. 이 번역을 계기로 한국과 일본의 연구교류가 한층 더 깊어질 것을 기대하고 있습니다.

이와사 요(巖佐 庸)

초판 옮긴이의 말

잘 알려져 있다시피 21세기는 생명과학의 시대라고 한다. 앞으로 생명과학의 화두는 인간이 건강하게 오래 사는 것과 교란에 대해 지구의 생태계가 안정된 상태를 유지하는 두 가지 문제이다. 이 주제들을 해결하기 위해서는 현재 급속히 발전하고 있는 분자생물학이나 유전공학 등의 미시적인 분야뿐만 아니라, 생명을 '계(system)'로 간주하여 접근하는 생태학 등의 거시적 분야의 발전이 필요하다. 생명계의 시작을 분자 수준에서 시작하여 세포, 개체, 집단, 군집 및 생태계 등의 규모에 따라 분석과 종합의 두 가지 관점에서 병렬적으로 볼 필요가 있다. 이러한 '작은 것과 큰 것을 같이 보는 눈'은 곧 숲과 나무를 같이 보는 식견을 가짐을 의미하는데, 이를 위해 생물계에 대한 수리 이론적인 관점이 필수적으로 요구된다.

수리 생물학은 1940년대 피셔(Fisher)가 확산 방정식을 집단유전학에 시도한 이래 생물 분야에 널리 적용되고 있으며, 특히 1980년대 컴퓨터 기술의 발달 및 생물과 환경 문제의 경제적 중요성에 기인하여 급속히 대두되고 있다. 이제 수리 생물학은 생물의 진화나 기원에 관한 이론적인 분야뿐만 아니라, 생태학, 생리학, 환경보전, 의학, 농학, 수산학 및 제반 생물 관련 분야에 널리 적용되고 있다. 이러한 학문적 수요에 즈음하여 대학생 및 대학원생을 대상으로 한 수리생물학을 우리나라의 독자에 소개할 필요가 있었다. 역자들은 생물의 다양한 분야에서 많은 수리 이론문제가 제기되는 것을 보아왔고, 학생들에게서 질문을 받아왔다. 그러나 수리 생물학 교과서는 많지도 않을 뿐만 아니라 내용도 어려워 일반인들이 접근하기 어려웠다.

다행히 일반인과 대학원생 수준에서 수리 생물의 다양한 주제를 배울 수 있으면서도 내용이 방대하지 않은 이와사 요(巖佐 庸)교수의 책을 찾을 수가 있었다. 이와사 교수는 행동 및 생태에 관한 여러 분야에서 수많은 논문을 발표하였고 수리생물학 분야에서 탁월한 업적을 이룬 학자이고 현재는 Journal of Theoretical Biology의 편집장을 맡고 계시다. 이 책은 개체군, 군집, 생태계에서 전통적으로 수리 생물학의 주요 주제를 다루었으며, 나아가 앞으로 주요 과제가 될 수 있는 전략이나, 안정성에 대해서도 깊이 있게 소개하였다. 구체적인 예를 들고 단계적으로 설명하여 초보자도 비교적 쉽게 읽을 수 있을 뿐만 아니라, 이론적인 내용도 효과적으로 설명하여 대학원생이나 이 분야의 전문가가 보기에 손색이 없는 책이다.

번역은 아래와 같은 원칙으로 수행되었다.

1. 일본어와 같이 쓰는 한자는 가능하면 한글로 표현하도록 하였다.
2. 일본어 생물 이름은 한글 이름을 사용하되 불가능할 경우 영어명(common name) 또는 학명을 병기하도록 하였다.
3. 문헌의 경우, 독자가 쉽게 찾을 수 있도록 원명(영어, 일어 등)을 그대로 사용하였다.
4. 독자의 이해를 돕기 위해 찾아보기를 보강하였다.
5. 가급적 원문에 충실하도록 하였다.

아무쪼록 이 책이 생물현상의 이론적인 질문에 답하는데 다소간 도움이 되고, 이 분야를 계속 추구하는 전공자에게 조그마한 밑거름이 되기를 바란다. 이 책의 번역을 허락해 준 규슈대학교 이와사 요 교수에게 다시 한번 감사를 드리며, 번역과정에서 많은 도움을 주신 부산대 상과대학 조덕영 교수님, 경희대 생물학과 박영석 교수님, 침례병원 전성실 박사, 부산대 생물학과의 최경희 박사 및 지창우, 송미영 대학원생에게 고마움을 표하며, 아울러 인내와 아량으로 도와준 부산대학교출판부의 여러분에게도 고마움을 표한다.

2005년 5월 15일

노동택 외 역자 일동

들어가며

분자생물학은 근래에 들어 눈부시게 진보하였다. 유전현상의 조성이 해명 되고, 나아가 유전자 조합의 교환기술을 기초로 한 유전공학을 중심으로 하여, 바야흐로 하이테크 생명공학의 시대를 열게 되었다. 그렇게 된 여러 요인 중 하나는 많은 물리화학적 기법이 적용되어 생명현상을 담당하는 분자의 작용원리가 명백해진 것을 들 수 있다.

그러한 흐름에서, 생명현상을 해명하는 데에 있어 대상의 본질적 측면을 수식으로 표현하여 해석하는 수학모델에 의한 연구의 중요성이 꾸준히 대두되었다. 신경세포에 있어서 전기적 흥분의 전파와 근육수축에 있어서 분자의 작용원리를 기술하는 것 같은 미시적인 대상에서부터, 발생과정에서 균일한 형태가 만들어지는 메카니즘의 연구나 신경세포 네트워크에서 뇌 역할의 설명에 이르기까지, 다양한 분야에서 수리모델이 활약하고 있다. 무엇보다도, 근래에 특히 눈부신 진보를 한 것은, 동식물의 행동과 생태, 사회구조 등을 취급하고, 나아가서는 사람의 상상력을 초월한 긴 시간에서 생기는 진화과정을 해명하는 거시 생물학에 있어서의 수리적 연구이다. 오늘날에 와서는 수학 모델은 이런 분야에서 없어서는 안 될 하나의 무기가 되고 있다. 이와 같이 수리모델의 해석과 전자계산기 시뮬레이션에 의한 생명현상의 연구를 **이론생물학** 또는 **수리생물학**이라고 한다(Iwasa, 1992).

수리모델은 논리를 알기 쉽게 정리하여 표현하기 위한 도구이다. 그 때문에 어떤 가정 하에서 어떤 결론이 도출되는가가 명확해지고, 그 결과 간명한 표현 속에 생각지도 않던 법칙성을 발견하던지, 보기에는 전혀 다른 대상 사이에서 공통성을 발견하는 일이 가끔 있다. 물론, 모델에 의해서 정량적인 예측이 되므로, 실험과 관찰의 데이터를 통해 이론이 옳고 그름을 판정하기 쉽다는 이점도 있다.

이 책의 제2부에서 설명하는 적응전략으로서의 생물행동은, 기존의 개념을 철저하게 재검토함으로써 새로운 관계를 발견하여, 학문의 발전을 이루어낸 좋은 예이다. 생물이 잘 설계되어 효율 좋게 행동하고 있다는 아이디어는 아무나 생각할 수 있지만, 지난 15년 정도 사이에, 생물의 적응전략이라는 생각에 제어공학과 게임 이론이라는 수학적 기법을 도입하여 주의 깊게 해석한 결과, 생태학의 기본적인 개념에까지 영향을 미쳐서, 결국은 진화생태학, 사회생물학이라는 새로운 분야가 개척되기에 이르렀다.

이와 같이, 생물학을 배우는 사람에게도 수학적 기법을 습득할 필요가 대두되었음에도 불구하고, 과학자를 위한 수학의 교과서는 거의가 물리학을 위한 내용으로 구성되어 있다. 그런데 양자역학과 전자기학을 이해하고 응용하기 위해 필수적인 수학분야인 특수함수와 복소수론 등은 생물 시스템을 이해하는데 유용한 수리모델에는 그다지 사용되지 않는다. 그 대신에, 비선형역학의 분기이론과 행렬모델 등은 생물학자는 반드시 알아 두어야 하는 것이다. 또한, 동적최적화와 게임이론에 기초한 모델이 동물행동학과 진화생태학에 극히 중요해지고 있으나, 이런 분야는 물리와 화학을 위한 수학책에서는 거의 취급되지 않는다.

이 책의 첫째 목적은, 생물학과 그 주변 분야를 공부하는 사람들에게 수학적 개념과 기법을 소개하고, 이에 대한 직관적인 이미지를 가능한 명확하게 전달하는 것이다. 구체적인 예를 통하여, 수학 모델을 써서 생명현상을 파악하는 것에 대한 재미와, 연구 측면에서도 점점 중요해지고 있는 수리모델을 이해하고 해석하는 테크닉에 대한 기초를 확실하게 해두려 한다.

앞서 기술한 바와 같이, 수리모델은 생물학의 여러 분야에서 활용되고 있으나, 이 책에서는, 폭 넓은 분야에서 예제를 선택하는 것이 아니라, 한 분야인 생태학으로 한정하여 거기에서 필요로 하는 수학의 사용방법을 설명하기로 했다. 그 이유는, 수학모델을 쓰고 있는 문맥에서 때어 내어 해석기법의 적용 예로서 소개하기보다는, 배경이 되는 사실과 생각하는 방법을 설명한 다음에 현상을 간단한 모델로 표현하여 논리가 명확히 되고 다양한 현상이 통일적으로 이해되는 것을 보여주는 쪽이, 생물학에 있어서 수리적 연구의 의의가 잘 전달된다고 보기 때문이다.

생물학이 개체 내부의 구조를 연구하는 분야라고 한다면, 생태학은 생물개체의 행동과 성장, 개체수의 증감과 분포, 다수의 종이 상호 작용하는 군집과 생태계의 거동을 연구한다. 생태학을 대상으로 잡은 첫째 이유는, 저자 자신이 생태학의 이론적 연구를 중심으로 일을 해 왔으므로, 생태학 모델에 대하여 설명하기가 쉽기 때문이다. 게다가, 생태학이 대상으로 하는 현상의 크기는 우리 몸의 크기에 가까우므로, 배경이 되는 지식을 설명하는 것이 비교적 용이하다는 것도 중요한 이유이다. 제3의 이유로서는, 분자생물학, 세포생물학 등에 비해서 생태학은 수와 양을 중심과제로 하고 있고, 원래 양적성격을 가지고 있기 때문에 수리모델의 효용성이 확립되어 있는 것을 들 수 있다. 역설적으로, 여러 가지 확률과정과 비선형 역학계에 있어서 카오스 등의 수리이론 쪽은 생태학 모델의 연구에 자극을 받아서 발전한 역사를 가지고 있다.

제1부 '생물의 인구론'에서는, 시간과 더불어 시스템이 발전해 가는 모양을 기술하는 역학계 모델로서, 상미분방정식, 편미분방정식, 행렬모델 등을

중심으로 설명한다. 그 내용은 생태학 중에서도 개체군생태학이라는 분야에 대응하고 있다. 제2부 '적응전략'에서는, 생물이 가능한 범위에서 적응적인 거동을 선택한다는 생각에 입각하여, 최적제어이론과 게임모델을 설명한다. 이들은 주로, 행동생태학, 사회생물학, 진화생태학이라는, 최근 15년 정도 동안 갑자기 발전한 분야에서 사용되나, 생리생태학을 이해하는데도 중요해지고 있다. 제3부 '공존의 원리'에서는, 다수의 종이 구성하는 군집과 생태계의 생태학에 관한 이론적 연구를 소개한다. 전체로는, 특정의 수학기법을 전하려고 쓴 장과, 생태학에서 수리모델을 기초로 어떠한 논의가 전개되고 있는가를 소개한 장이 있다.

확률모델은 한 장에 모아서 취급하고 있지는 않으나, 정상분포와 확산과정(제7장), 포아송 분포와 점과정(제8장), 확률미분방정식, 포커・플랑크 방정식(제6장, 제9장), 정상과정의 스펙트럼 분해(제9장), 위상 추정(제13장), 랜덤 워크 문제 및 마르코프 연쇄(제21장)등의 화제를 다루면서 대체로 언급했다.

여기서 논의되고 있는 수학을 이해하기 위해서는, 대학의 저학년에서 배우는 선형대수와 미적분의 지식이 있으면 충분하다. 이 책에서는 수학적 개념과 기법의 직관적 설명만을 했으므로, 수학으로서의 엄밀한 기초다지기와 배경을 알고자하는 독자는 참고 문헌 목록을 이용하기 바란다.

생물학 관련 분야를 배우는 사람을 대상으로 수학모델의 교과서로 쓸 때는, 하나의 장을 두 번으로 나누어 읽으면 좋다고 생각된다. 필자의 경험으로는, 제1장에서 제3장까지를 공부한 후에, 제10장과 제11장의 전반, 그리고 제14장으로 나아가 기본적인 수학을 써서 여러 가지 개념이 표현되는 것을 안 후, 나머지 장에 있는 편미분방정식과 확률과정 및 스케줄의 최적화에서 과제를 고르면 좋을 것이다.

이상과 같은 과제선택의 결과, 이 책은 이론생태학의 화제를 약간 소개하는 책이 되었다. 생태학 및 그 응용분야 (농학, 의학, 약학 및 해충방제 등)의 연구자 또는 대학원생이 스스로 연구하고 있는 대상계의 모델을 만드는데 일조할 수 있으면 다행이다. 단 집단유전학과 생물통계학은, 생태학과 특히 깊은 연관이 있고 생태학 연구자에게는 필수 분야이지만, 각각은 거의 독립되어 있으므로, 이 책에서는 의식적으로 피했다. 예를 들면 제2부에서 취급하는 적응전략모델의 기초가 되는 것은 유전자빈도의 동태이지만 제18장에서 간단히 설명했다. 단 양적형질의 유전자모델은 제17장에서 소개한다.

수학모델의 해석법은 뒤로 미루고, 모델을 사용함으로써 어떠한 측면이 생태학에서 명확해져 온 것인가, 이론가는 어떠한 문제를 논의하고 있는가를 우선 알고자하는 독자를 위해서, 수학적 내용을 생략하고 본문을 읽을 수 있게 배려했다. 그 때문에, 제2부 '적응전략'부터 읽는 것이 알기 쉬울지도 모른다.

이 책을 계기로 하여, 생태학의 수리모델에, 또는 타 분야에서 생물학의 이론적 연구에 흥미를 가지는 분이 나타나기를 바란다.

하코자키구(箱崎宮) 호조야(放生會) 축제의 붐비는 가운데서

이와사 요(巖佐 庸)

차 례

제2부 적응전략

제3부 공존의 원리

제1부
생물의 인구론

제1장 단일종 개체군의 동태

시스템(system)의 상태가 시간에 따라 변화・발전하는 모양은 역학적 모델로 기술할 수 있다. 제1장에서 제9장까지는 생물의 개체수의 상태를 예로 들어, 상미분방정식, 편미분방정식, 차분방정식 등을 소개한다. 이는 개체군생태학 분야에 해당한다. 여기서 개체군(population, 또는 집단)은 야외의 생물집단으로, 그 속에서 성장이나 번식이 행해짐을 의미한다. 개체군은 연령・성・생리적 특성 등이 다양한 개체들을 포함하고 있고, 번식과 사망에 의해 그 크기(개체수 또는 인구)가 증감되며, 이동 분산에 의해 다른 개체군과 교류를 하고 있다. 개체군 동태는 물리적 환경 요인뿐만 아니라 먹이 자원이나 포식자, 기생자 등의 다른 생물에 의해서도 크게 영향을 받는다. 생물의 진화도 이러한 개체군을 무대로 해서 일어난다.

이 장에서는 단일종개체군의 동태 모델을 설명한다.

1.1 지수증식(exponential growth)

복리계산의 문제중에는 1월에 암수 두 마리의 쥐가 12마리의 자손을 낳고, 2월에는 부모와 자녀 모두가 암수로 12마리의 자손을 낳는 식으로 매월

되풀이하면, 12월에는 276억이라는 많은 수가 된다는 예가 나온다. 이와 같이 생물이 일정한 속도로 증식을 계속하면, 적은 개체수로 출발해도 순식간에 막대한 수로 증가하는 것으로 알려지고 있는데, 이는 생물의 잠재적인 증식능력이 엄청나다는 것을 인상적으로 나타낸다.

어떤 생물집단의 크기, 즉 개체수를 x로 표시하면, x는 출생과 사망의 균형에 의해 변화한다. 예를 들어, 인간의 경우 10만 명의 집단에서 5년 동안 100명이 증가한다고 하면, 같은 생존율과 출산율이 유지되는 경우에는 20만 명의 집단은 200명이 증가하고, 30만 명의 집단은 300명이 증가할 것이다. 개체수를 시간 t의 함수라고 생각하고, 그 증가 속도 dx/dt는 현재의 집단의 크기 $x(t)$에 비례한다는 것을 다음 식으로 표현 할 수 있다.

$$\frac{dx}{dt} = mx \tag{1.1}$$

여기서 비례상수 m은 1개체당의 증가율이다.

식(1.1)과 같이 변수 x의 시간변화를 나타내는 식을 **미분방정식**이라고 한다. 이것을 만족하는 해는 $x(t) = x(0)e^{mt}$임을 식 (1.1)의 양변에 직접 대입해서 확인할 수 있다. 이 결과는 일정한 환경이 일정기간 계속되면 개체수가 시간에 대해 지수함수적으로 증가함을 나타낸다. 증가율 m은, 인구가 지수적으로 증가하는 경향을 가진 것을 처음 강조한 Thomas Robert Malthus를 기념하여 **맬서스 계수**라고 한다. 지수증식의 예는 그림 1.1에 도시한 박테리아에서 볼 수 있다. 이와 같이 충분한 영양과 적합한 서식환경이 여러 세대에 걸쳐 계속되면 생물의 개체수는 지수함수를 그리면서 무한히 증식하는 기본적인 성향을 나타낸다.

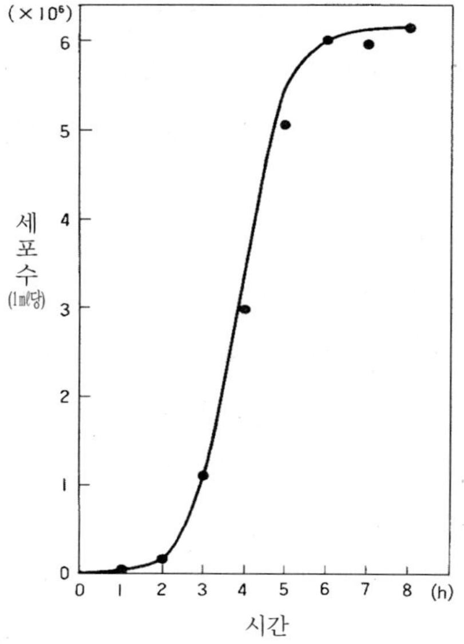

그림 1.1 지수증식의 예. 대장균을 37℃에서 '펩톤(peptone)' 배양액에 증식시킨 예. M'Kendrick and Kesava Pai (1911)에 의거하여 Hutchinson (1978)이 그린 그래프임. 밀도가 낮은 동안에는 지수 함수적으로 증식하여, 22.3분마다 배가 된다.

1.2 로지스틱 성장(logistic growth)

현실의 생물 집단은 무한정 지수적으로 증식할 수 있는 것이 아니다. 그림 1.1에 도시한 박테리아의 경우도 지수증가기 다음에는 증식이 정지하는 정상기가 온다. 보다 큰 생물에서도 개체수가 어느 정도까지 증가하면 증식률은 낮아진다. 이는 개체수가 증가함에 따라 각각의 개체에 대한 환경이 나빠지고 먹이나 서식장소 등 성장・번식에 필요한 자원을 얻기가 어려워지기 때문이다. 또한 영양상태가 나빠지므로 병이 퍼지기 쉬워질 수도 있다.

이와 같이 고밀도에서 증식이 정지하는 것을 표현하는데 대단히 유효한 방정식이 다음의 **로지스틱 방정식**(logistic equation)이다.

$$\frac{dx}{dt} = rx\left(1 - \frac{x}{K}\right) \tag{1.2}$$

이 방정식은 식(1.1)의 한 개체당 증가율 m을 x와 더불어 감소하는 함수 $r(1 - x/K)$로 치환한 것이다. 이 때문에 개체수 x는 K보다 작으면 증가하고($dx/dt > 0$), K보다 크면 감소한다($dx/dt < 0$).

로지스틱 성장의 예는 그림 1.2에 도시되어 있다. 작은 개체수 $x(0)$에서 출발할 경우 처음에는 지수적으로 증가하나 차츰 증가속도가 낮아져 S자형의 곡선을 그리고, 결국 일정치 K에 수렴한다. K보다 큰 값에서 출발한 경우에는, 역으로 감소하여 역시 K에 수렴하게 된다. K는 그 환경 속에서 유지되는 개체수라는 뜻으로 **환경수용력**(carrying capacity)이라 한다. 이에 비해 또 하나의 계수 r은 개체밀도가 작아 환경에 자원이 충분할 때의 증가율을 나타내는 것으로, **내적자연증가율**(intrinsic rate of natural increase)이라고 한다.

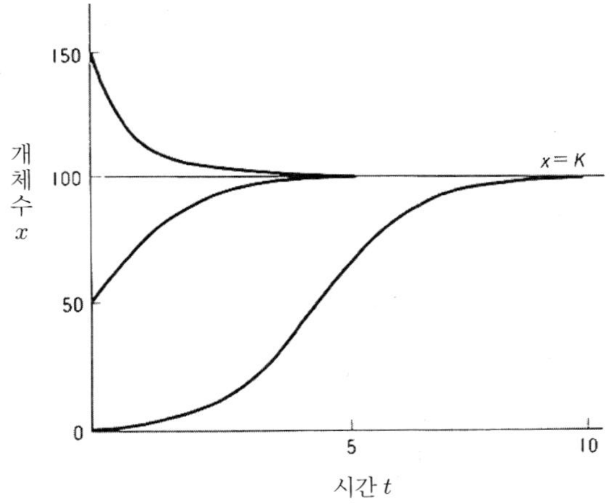

그림 1.2 로지스틱 증식. 식(1.2)의 해는 개체수가 작을 때는 증식률 r의 지수함수를 그리며 증가하나, 차츰 개체수가 늘어날수록 증식률이 완만해져, 최종적으로 개체수가 환경수용력 K와 같아져서 정지하게 된다. $r = 1$, $K = 100$.

식(1.2)을 적분하여 개체수 $x(t)$를 시간의 함수로 풀어 보자.

$$\int \frac{1}{x(1-x/K)}dx = \int r dt$$

이것을 적분해서 정리하면,

$$x(t) = \frac{K}{(1+C\exp(-rt))} \tag{1.3}$$

이 된다. 여기서 적분상수 C는 개체수의 초깃값으로 구할 수 있는데 $C = K/x(0) - 1$이다(연습 1.1 참조).

또 하나의 해법은 다음의 일차 미분방정식의 해를 이용한다.

$$\frac{dy}{dt} = c(R-y) \tag{1.4}$$

여기서 c와 R은 상수이다. 변수 y는 목표치 R로 접근하는 경향이 있고, 그 속도는 목표 값과의 차 $(R-y)$에 비례한다. 식 (1.4)의 해는

$$y(t) = R + (y(0) - R)\exp(-ct) \tag{1.5}$$

이다. 로지스틱 방정식 (1.2)는 $y = 1/x$로 바꾸면 식 (1.4)와 같은 형으로 쓸 수 있다. 따라서 식 (1.5)에서 식 (1.3)이 얻어진다(연습 1.1 참조). 이러한 식의 전개는 번거로운 것 같으나, 버타란피(Bertalanffy)식이나 곰페르츠(Gompertz)식 등 다른 성장방정식에도 이용할 수 있기 때문에 편리하다(연습 1.3, 1.4 참조).

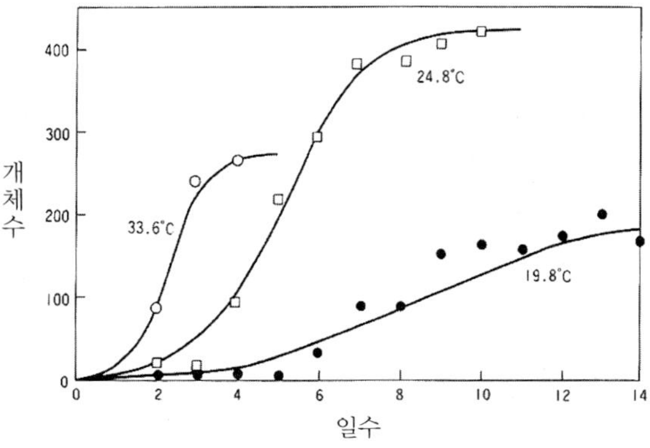

그림 1.3 물벼룩의 로지스틱 증식. 사육하는 수온에 따라 매개변수의 값이 달라진다 (Terao and Tanaka, 1928).

그림 1.3은 수조에서 키운 물벼룩의 증식을 나타낸다. 이것도 개체수 뿐만 아니라, 여러 가지 변량의 시간변화가 S자형 곡선을 그리며 증가하는 로지스틱 방정식에 의해 잘 기술된다. 식물개체의 중량이 시간에 따라 성장하면서 증가하는 모양을 이 방정식으로 서술하고, 그 두 개의 계수(r과 K)가 영양이나 밀도 등의 환경조건에 의해 어떻게 변화하는가를 조사하여, 여러 개의 중요한 성장법칙이 발견되었다(Shinozaki and Kira, 1956). 예를 들면, 밀도(단위 면적당 심는 수)를 여러 가지로 바꾸어서 실험하면 식물의 평균중량은 로지스틱 방정식에 따라 성장하나 그 최대 크기 K는 밀도에 반비례한다. 그 결과 평균개체중량과 밀도의 곱이 최종적으로 일정해 진다는 최종수확량일정의 법칙이 비교적 넓은 범위에서 성립된다(그림 1.4). 왜냐하면, 식물은 어느 정도 고밀도가 되어도 사망률은 그리 증가하지 않고 개체의 크기가 작아지기 때문이다. 그러나 밀도가 더 커지면 집단 중의 작은 개체가 선택적으로 말라 죽게 되어, 3/2승 법칙이라는 다른 법칙이 성립됨이 알려

져 있다.

시스템이 어떤 상태에 있을 때 이후 계속 그 상태에 머물고 있으면 그 상태는 평형상태 또는 **평형점**(equilibrium)에 있다고 한다. 로지스틱 방정식 (1.2)에는 $x=0$과 $x=K$인 두개의 평형점이 있다. 이들은 $dx/dt=0$에서 구할 수 있다. $x=K$인 평형점에서는 개체수가 약간 변해도 시간이 경과하면 원상태로 돌아온다(그림 1.2). 이런 뜻에서 $x=K$는 **안정(stable)한 평형점**이다. 이에 대해 생물이 없음을 나타내는 평형점 $x=0$에서는 생물이 조금이라도 침투하면, 시간이 경과함에 따라 개체수가 증가하여, 결국은 다른 평형점 $x=K$로 옮아 가버릴 것이다. 이 때문에 $x=0$은 **불안정(unstable)한 평형점**이라 한다.

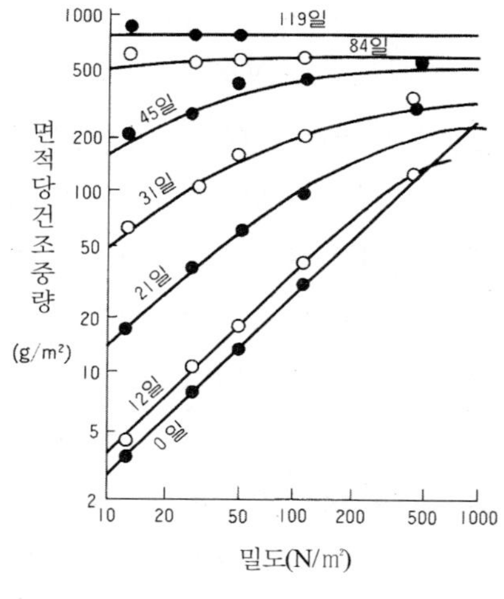

그림 1.4 식물최종수확량 일정법칙. 콩을 여러 가지 밀도로 심었을 때의 건조중량(즉 평균개체중량과 밀도의 곱)의 증가. Kira 등 (1953)에 의함. 평균개체중량의 성장은 로지스틱 방정식에 따르나 최종개체중량이 밀도에 반비례하므로, 이들의 곱인 총중량은 밀도에 관계없이 일정하다.

평형점의 안정성을 알기 위해서는 굳이 해를 구하지 않더라도, dx/dt의 부호를 조사하는 것으로 충분하다. 식 (1.2)은 dx/dt가 x의 2차함수로 주어져 있는데, 이에 의하면, $0 < x < K$에서는 dx/dt가 양(+)이므로 $x(t)$는 시간에 따라 증가하고, $x < 0$ 또는 $x > K$에서는 dx/dt가 음(-)이므로 $x(t)$는 감소함을 알 수 있다. 따라서 각각의 평형점에서 조금 벗어나면 상태점이 $x = K$로 수렴하게끔, 또 $x = 0$에서는 점점 멀어지게끔 움직이는 것을 알 수 있다. 로지스틱 방정식의 경우는 식 (1.3)과 같이 x의 시간변화를 구할 수 있으나, 생물학에 사용되는 많은 방정식 이와 같이 시간의존 해를 계산할 수 없다. 이 때문에 평형점의 수나 위치 및 안정성에 주목하는 정성적 해석(질적 분석)이 중요해진다.

1.3 저밀도 영향: 알리(Allee) 효과

밀도가 높은 것이 언제나 나쁜 영향을 미치는 것은 아니다. 생물은 환경을 서식하기 좋게 스스로 변화시키는 경향을 가지고 있다. 예를 들어, 곤충의 경우 유충이 한 마리뿐이면 나뭇잎을 먹을 수 없어서 죽어버리나, 여러 개체의 유충이 함께 있으면 협력하며 잘 서식한다는 것이 알려져 있다. 또한 밀도가 너무 낮으면, 교미상대를 찾기 어려워 번식에 지장이 생기는 것으로도 생각되고 있다. 이와 같은 생물개체 사이의 협력적 상호작용은 그 중요성을 강조한 Warder Clyde Allee를 따라 **알리 효과**라고 부른다.

이와 같은 저밀도의 나쁜 영향이 나타날 때의 개체군동태의 식으로

$$\frac{dx}{dt} = rx(x-a)\left(1 - \frac{x}{K}\right) \tag{1.6}$$

을 생각해 보자.

여기서 $0 < a < K$라고 한다. 평형점은 $dx/dt = 0$에서 구해지는 3개가 있고, $x = 0$과 $x = K$는 모두 안정 평형점, 중간의 $x = a$는 불안정 평형점이 된다 (그림 1.5). 생물이 없는 장소에 소수의 개체가 침입하더라도 저밀도 효과 때문에 증가할 수 없다. 그러나 침입개수가 a를 넘으면, 환경수용력 K까지 증가하여 정착할 수 있다. 이와 같은 침입에 수반되는 알리 효과는 안정 평형점이 2개인 쌍안정(bistable) 모델에 의해 표현된다.

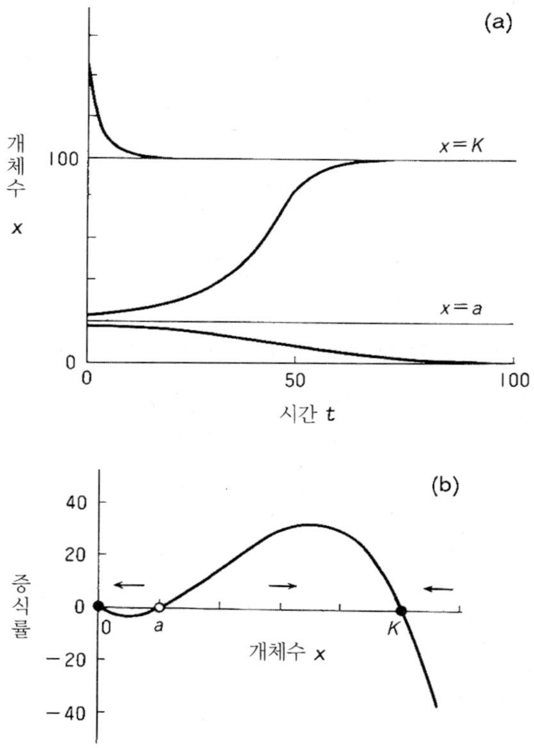

그림 1.5 저밀도의 악영향이 있을 때의 알리 효과. (a) 식 (1.6)에 따르는 개체군의 동태를 표시한다. $r = 0.03, K = 100, a = 20$. 소수개체가 침입했으므로 정착할 수 없으나, 충분한 수의 개체에서 출발하면 정착할 수 있다.
(b) 증가율과 개체수의 함수관계. 이 그림에서 3개의 평형점 가운데 $x = 0$과 $x = K$는 안정하고, $x = a$는 불안정한 것을 알 수 있다.

1.4 전환하는 포식자

캐나다의 산림에 가문비나무잎말이나방이 크게 발생하였는데, 이를 조사하기 위하여 장기간에 걸친 대규모의 연구가 진행된 적이 있다. 이 해충의 개체수 밀도는 일단 높은 수준에 달하면 살충제의 살포에도 불구하고 수년간은 고밀도에 머물고, 그 후 한번 낮아지면 수년간은 저밀도로 머물게 되는 변동을 나타내었다. 이것은 포식자에 의해 밀도가 제어되기 때문이라고 생각되었다(Ludwig 등, 1978). 해충의 수를 x 라 하고 다음 식에 따라 변화한다고 생각해보자(Yamamura 등, 1978).

$$\frac{dx}{dt} = rx\left(1 - \frac{x}{K}\right) - \frac{Px^2}{1+x^2} \tag{1.7}$$

첫째 항은 해충의 수가 로지스틱 방정식에 따라 증식하는 속도를, 둘째 항은 포식자에 의해 해충이 포식되는(감소되는) 속도를 나타낸다. 그림 1.6에 이들 두 항의 크기가 해충(먹이생물)의 수 x와 더불어 어떻게 변화하는가를 나타내고 있다. 제2항의 포식속도는 먹이밀도 x에 따라 S자형의 곡선을 그리며 증가한다. 이것은 밀도가 낮을 때는 그 먹이를 이용하지 않고 어느 정도 이상이 되면 적극적으로 먹기 시작하게끔 전환되는 경우에 대응하고 있다. 이러한 상태의 원인으로는 밀도가 높으면 숨는 장소에 들어갈 수 없기 때문에 먹이생물이 포식자에 발견되기 쉬워지든가, 수가 많은 먹이 종류를 포식자가 집중적으로 노리기 때문이라고 생각할 수 있다.

평형점은 x가 변하지 않는다는 조건 $dx/dt = 0$에서 그림 1.6에 있는 두 곡선의 교점의 x좌표로 얻어진다. 그림에 표시된 예에서는 생물이 없는 상태인 $x = 0$을 포함해서 4개의 평형점이 존재하고 있다(O, A, B, C). 증식속

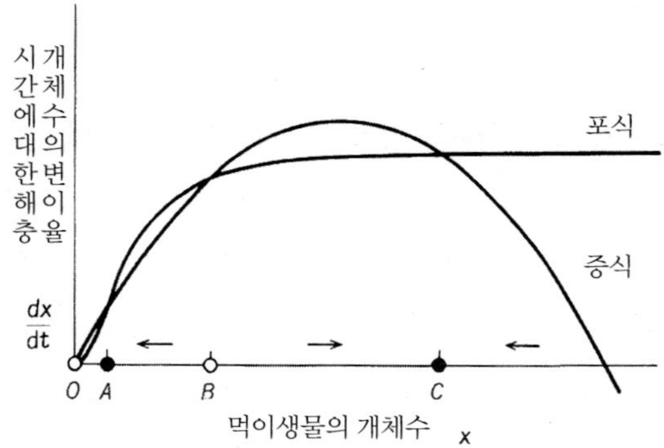

그림 1.6 포식자에 의해 제어되고 있는 해충 개체군의 증감. 식(1.7)의 두 항(증식의 항과 포식에 의한 감소항)의 크기를 개체군 밀도 x의 함수로 표시했다. 두 곡선의 교점의 x좌표가 평형점이다. 두 곡선의 차의 부호에 의해 개체수의 증감을 알 수 있다. 4개의 평형점 가운데 A와 C는 안정하고 O와 B는 불안정하다.

도와 포식속도의 차가 x의 증가율이므로 x의 증가와 감소를 생각하면 평형점 가운데 두 개(A와 C)는 근처의 x에서 출발하면 그곳으로 모여드는 안정점이고 다른 두 점(O와 B)은 매우 가까운 곳에서 출발해도 멀어져가는 불안정점이다.

두 개의 안정 평형점 가운데 낮은 밀도에 대응하는 것은 포식속도의 S자 곡선의 바닥에 있다. 거기서는 포식속도가 먹이인 해충의 밀도와 더불어 급격히 상승하므로 해충이 약간 증가해도 원래의 수준으로 되돌릴 수 있어서 먹이밀도가 안정하게 유지된다.

그러나 해충의 밀도가 증가하여 어느 한도를 넘어서면 포식자는 먹이 생물을 다 먹을 수 없게 된다. 이렇게 되면 포식자가 먹이밀도를 떨어뜨릴 수 없게 되므로 해충은 증가하여 높은 밀도가 되고 자신이 이용하는 자원의 부족이나 질병 등의 다른 원인에 의해 증식이 억제되면 마침내 증가가 정지된다. 이것이 높은 밀도 쪽의 평형점에 대응한다. 이와 같이하여 포식자의 영향에서 벗어난 상태(도피, escape)에서는 포식속도는 포화되어 먹이의 양에 관계없이 거의 일정해지고 안정화에는 기여하지 않는다.

매개변수를 연속적으로 변화시키면 그림 1.6에 있는 두 개의 곡선의 위치관계가 변하여 교점 즉 평형점의 수가 적어지는 수도 있다. 그림 1.7에는 평형점의 좌표가 P/r(포식강도와 해충 증식률과의 비)에 대해 도시되어있다. 포식압 P/r이 작을 때는 고밀도의 평형점만이 안정하다. P/r을 증가시켜감에 따라 $P/r = 1.9$에서 저밀도의 안정 평형점과 불안정 평형점이 짝으로 생성되어 당분간은 두 개의 안정평형 수준(level)이 존재하는 쌍안정 상태가 계속된다. $P/r = 5.0$까지 되면 불안정 평형점은 고밀도의 평형점과 융합하여 소멸하고 그 이상의 포식압 P/r에 대해서는 저밀도의 평형점만이 남게 된다. 이 평형점의 값을 매개변수의 값과의 평면에 그리면 이 그림에 있는 것과 같이 둥글게 접힌 모양이 된다. 이와 같이 미분방정식 등 역학계의 매개변수를 변화시킬 때 평형점이 생성・소멸하는 것을 **분기**(bifurcation)라고 하며 그림 1.7은 그 모양에 따라 **습곡 카타스트로프**(fold catastrophe)라고도 한다. 이것은 제3장에서 자세히 설명한다.

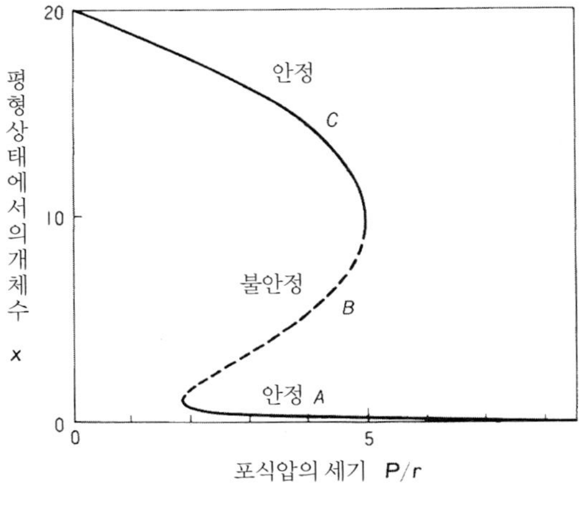

그림 1.7 식 (1.7)의 모델에 대해서 평형상태에서 개체수를 포식압과 내적자연증가율의 비 P/r에 대해서 그린 것 $K = 20$. 그림속의 기호 (A, B, C)는 그림 1.6의 양(+)의 평형점에 대응한다.

포식속도가 먹이밀도에 대해 S자형의 함수를 그리면 두 개의 다른 수준이 함께 안정되어진다는 사실은 Takahashi (1964)에 의해 처음으로 지적되었다. 단 야외의 개체군에서 명확한 S자형의 곡선을 그리는 포식곡선이 관측된 예는 아직 없다. 앞에서 제시된 모델의 예에 의하면 가문비나무잎말이나방의 개체수 변동은 기상조건에 의해 충분히 설명 가능하다는 의견도 있다(Royama, 1977).

연습문제 / 추가 참고문헌

연습 1.1 로지스틱 방정식 (1.2)의 해를 다음 두 가지 방법으로 구하라.

(1) 변수분리에 의해 직접 적분하라.

(2) $y = 1/x$로 변수변환을 하여 y에 대한 일차의 미분 방정식 (1.4)의 형이 됨을 보여라. 이것에서 $x(t)$의 해 식 (1.3)을 구하라.

연습 1.2 그림 1.3에서 온도에 의해 매개변수 r과 K가 어떻게 변하는가를 알아보라.

연습 1.3 수산학에서는 개체의 성장에 수반되는 증가를 나타내는 데에 버타란피(Bertalanffy) 식,

$$\frac{dx}{dt} = ax^{2/3} - bx$$

가 흔히 쓰인다. $y = x^{1/3}$로 변수변환을 하여 y에 관한 일차식을 유도하여 연습 1.1의 (2)의 방법으로 이것을 풀어라. 이 식은 체중의 삼승근에 대해서 일차의 동태가 된다. 우변의 제1항은 물고기의 표면적에 비례한 포식·동화(assimilation) 활동을 제2항은 체중에 비례하는 호흡 등에 의한 소비를 표시한다고 해석되기도 한다.

연습 1.4 곰페르츠(Gompertz) 성장곡선은

$$\frac{dx}{dt} = ax\log\left(\frac{B}{x}\right)$$

의 해로 주어진다. $y = \log x$로 치환하여 y에 관한 방정식을 풀어서

$$x(t) = B(x_0/B)^{e^{-at}}$$

가 됨을 보여라. 곰페르츠식은 처음에는 생존곡선으로 제안된 것이다.

※ 이 책에서는 log는 자연로그를 표시한다. 밑 e는 생략한다.

연습 1.5 Gilpin and Ayala (1973)는 개체군 증식의 식으로

$$\frac{dx}{dt} = rx\left(\frac{1-\left(\frac{x}{K}\right)^a}{a}\right)$$

를 제안했다. $y = x^a$로 치환해서 $x(t) = K\Big/\left[\left\{\left(\frac{K}{x_0}\right)^a - 1\right\}e^{-rt} + 1\right]^{1/a}$이 됨을 보여라. $a = 1$ 일 경우 로지스틱식이, $a\to 0$일 경우 곰페르츠식이 얻어진다.

연습 1.6 배양기 속에서 로지스틱 방정식에 따라 성장하고 있는 미생물의 수를 x라 한다. 배양액이 유입하여 완전히 혼합된 후 단위시간당 속도 F로 넘쳐 난다고 하자. 배양기의 체적을 V라고 하면 x는

$$\frac{dx}{dt} = rx\left(1 - \frac{x}{K}\right) - Dx$$

에 따라서 변화한다. 여기서 $D = F/V$이다.

(1) $r' = r(1 - D/r)$, $K' = K(1 - D/r)$로 두면 위 방정식은 이들을 매개변수로 하는 로지스틱 방정식 (1.2)에 따르는 것을 보여라.

(2) 이 식에서 $x(t)$를 구하라.

(3) 평형 상태에 있는 미생물 수는 유출속도에 따라 어떻게 변화하는가? 또 유출속도가 어떤 값보다 클때 미생물은 배양기 속에 남을 수 없음을 보여라.

연습 1.7 식(1.2)의 2개의 매개변수가 시간의 함수로 $r(t)$와 $K(t)$로 주어질 때의 시간의존 해 $x(t)$를 구하라. 이것은 Shinozaki의 **일반적 로지스틱 방정식**(general logistic equation)이라고 불린다(穗積, 1973).

연습 1.8 Smith (1963)는 물벼룩 증식 실험의 결과에서 증식속도에 비례하는 저항을 고려한 다음 식을 제안했다.

$$\frac{dx}{dt} = rx\left(1 - \frac{x}{K} - b\frac{dx}{dt}\right)$$

평형상태에서 밀도를 구하라. 로지스틱식 (1.2)와 비교하여 저밀도 때의 지수증식률과 최종적인 평형밀도는 같으나 평형상태에 수렴하는 속도가 완만해짐을 보여라.

추가 참고문헌: 본문에서 인용한 것 외에 다음과 같은 문헌이 참고가 된다. 한 종과 두 종의 개체군동태는 寺本 (1975, 1994)와 Hutchinson (1978). 제1부의 개체군생태학에 관해서는 Begon and Mortimer (1986), 伊藤 (1976), 伊藤 외 (1992), May (1981), 식물에 관해서는 穗積 (1973)과 Harper (1977)가 우수한 논문으로 제시되고 있다. 보다 폭넓은 생태학 전반에 대해서는 Ehrlich and Roughgarden (1987)이 이해하기 쉽다. 生態學講座(共立出版) 40卷도 있다.

제2장 종의 경쟁

생물은 단독으로 생활하고 있는 것이 아니다. 육상의 식물은 빛을 구하기 위해 잎을 넓히고 가지를 뻗는데 인접 개체의 그림자에 가리면 성장하기 어려워진다. 흙 속에서도 영양염류와 수분의 쟁탈이 행해진다. 동물의 경우에도 같은 종류의 먹이를 이용하든지 한정된 서식장소를 이용할 때는 어떤 종이 서식함으로써 다른 종의 성장・번식 등을 방해하게 된다. 생물이 서로 간에 성장속도나 생존율, 출산율에 악영향을 미치는 것을 **경쟁**(competition)이라 하며, 동종 개체 사이뿐만 아니라 서로 다른 종 사이에서도 일어난다. 이 장에서는 종간의 경쟁을 표현하는 모델을 소개하고, 그것을 해석하기 위해서 등복각선(isocline) 법과 선형화에 의한 평형점의 국소안정성 해석을 설명한다.

2.1 종간 경쟁의 동태

경쟁관계에 있는 두 종의 동태를 표시하는 모델에는 다음의 롯카・볼테라(Lotka-Volterra) 경쟁계가 있다. 두 종의 개체수를 x와 y라 하면 아래와 같이 된다.

$$\frac{dx}{dt} = r_1 x \left(1 - \frac{x + ay}{K_1}\right) \tag{2.1a}$$

$$\frac{dy}{dt} = r_2 y \left(1 - \frac{bx + y}{K_2}\right) \tag{2.1b}$$

제2종이 없을 때는 $(y = 0)$ 제1종의 시간변화 (2.1a)는 r_1 및 K_1을 매개변수로 하는 로지스틱 방정식 (1.2)이 된다. 제1종의 증식률은 제2종의 밀도에 의해 감소하는데, 이때 제2종의 한 개체에 의한 영향을 제1종의 한 개체분으로 환산하는 계수가 a이다. 종에 따라 요구되는 자원이 다르다고 하면 동종의 한 개체에 비해 영향이 적으므로 $a < 1$일 것이다. 그러나 제2종이 제1종보다도 많은 자원을 소비하면 역으로 $a > 1$일지도 모른다. 같은 방법으로 b 는 제2종의 증식률에 대해 제1종의 한 개체가 미치는 영향을 제2종의 1개체분으로 환산하는 계수이다.

식 (2.1a) 및 식 (2.1b)과 같이 두 개 이상의 미분방정식을 연립시킨 것을 역학계(dynamical system)라 한다. 역학계를 통해 복수의 요소가 서로 영향을 주고받으면서 시간과 함께 발전하는 모양을 기술할 수가 있다.

2.2 등복각선(isocline) 법

앞 장에서는 변수 x의 증감에서 평형상태와 그 안정성을 구했다. 위의 두 종의 경쟁 모델에서도 같은 모양의 정성적 해석을 할 수 있다. 단 여기서는 변수가 두개이므로 수직선 대신에 x와 y를 표기한 수(數) 평면을 생각하지 않으면 안 된다. 두 종의 개체수 증감에 따라 시스템의 상태를 나타내는 점 (x, y)는 그 위를 움직이게 된다. 우선 x의 증가속도 dx/dt의 부호를 그림에 기입해 보자. 즉 식 (2.1a)이 양(+) 및 음(-)인 영역에 각각 좌향 및 우향의 화살표를 붙인다. 두 영역을 나누는 직선은

$$K_1 = x + ay \tag{2.2a}$$

이다. 이 직선상에서는 $dx/dt = 0$이고 x의 변화속도가 0이므로 상태점 (x, y)가 수직(즉 y축에 평행)으로 이동한다. 그 때문에 식 (2.2a)는 기울기가 무한대인 등복각선이라고 한다. y축 위($x = 0$)에서도 $dx/dt = 0$이 성립한다는 것에 주의하자. 같은 방법으로 $dy/dt = 0$(기울기 0)의 등복각선

$$K_2 = bx + y \tag{2.2b}$$

를 그리고, 나누어진 두 영역에 y의 변화속도의 양음(+-)에 대응해서 상향 및 하향의 화살표를 기입한다. 상태점은 이 등복각선 (2.2b)를 수평으로 횡단하여 움직이게 된다.

두 종류의 등복각선의 교점에서는 양쪽의 변수가 모두 변화하지 않으므로($dx/dt = 0$, $dy/dt = 0$)를 만족하는 점이 평형점이 된다. 그림 2.1a의 예에서는 제1종만 있는 $(K_1, 0)$, 제2종만 있는 $(0, K_2)$, 모두 존재하지 않는 $(0, 0)$의 3개가 있다. 만일 두 종의 개체수가 정확히 평형점에 있다고 하면 이들은 그대로 머무는 상태를 유지한다.

다음으로 평형점에서 약간 벗어날 때, 예를 들면 제1종만의 집단에 제2종이 약간 침입하는 경우를 생각해보자. 침입한 종은 과연 증식할 수 있을까? 아니면 제2종이 소멸해버려 시스템은 원래의 평형 상태로 돌아올 것인가? 이것은 평형점$(K_1, 0)$의 안정성에 대한 문제이다.

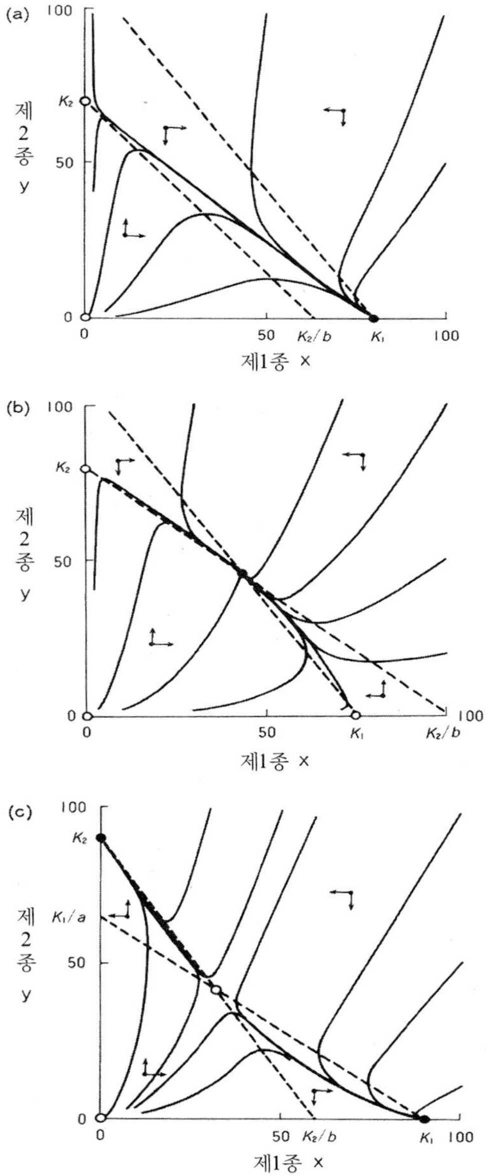

그림 2.1 경쟁계 (2.1)의 궤도. 두 개의 직선 및 양 축이 등복각선을 표시한다. 교점이 평형점이다. (a) 제1종이 반드시 이겨 남는다. ($r_1 = 1$, $r_2 = 2$, $K_1 = 80$, $K_2 = 70$, $a = 0.7$, $b = 1.1$) (b) 양 종이 공존한다.($K_1 = 75$, $K_2 = 80$, $b = 0.8$. 다른 것은 (a)와 같음) (c) 초깃값에 의해 어느 한쪽이 이겨서 다른 쪽을 배제한다. ($K_1 = 90$, $K_2 = 90$, $a = 1.4$, $b = 1.5$. 나머지는 (a)와 같음.)

그림에 표시한 두 변수의 증감과 등복각선에서 궤도의 기울기에 주의하면서 상태점의 움직임을 따라가면 궤도의 위상평면도를 그림 2.1a와 같이 그릴 수 있다. 그것에 의하면 제1종만이 있는 $(K_1, 0)$으로는 상태점이 수렴해가기 때문에 안정, 제2종만의 $(0, K_2)$의 근처에서는 점이 멀어져 감으로 불안정, 그리고 두 종이 모두 없는 $(0, 0)$에서도 불안정하다. 그림을 보면 제1사분면의 어느 점에서 출발해도 상태점은 반드시$(K_1, 0)$에 수렴하므로 $K_1 > aK_2$이고, $bK_1 > K_2$인 경우에는 제1종이 제2종을 배제하여 이겨서 남는다는 결론을 얻을 수 있다.

$K_1 < aK_2$이고, $bK_1 < K_2$인 경우에는 같은 해석에 의해 역으로 제2종이 이겨 제1종을 배제하는 것을 알 수 있다(연습 2.1 참조).

그렇다면 $K_1 > aK_2$이고, $bK_1 < K_2$인 경우는 어떠할까? 그림 2.1b와 같이 제1사분면의 한가운데에 두 개의 등복각선의 교점이 생겨서 두 종이 공존하는 평형상태를 표시하고 있다. 좌표는 식 (2.2a)와 식 (2.2b)에서 $((K_1 - aK_2)/(1-ab),\ (K_2 - bK_1)/(1-ab))$임을 알 수 있다. 등복각선을 이용하여 조사하면, 제1사분면의 어떤 점에서 출발한 궤도도 반드시 공존 평형점에 수렴함을 알 수 있다. 다른 3개의 평형점은 모두 불안정하다. 즉 이와 같은 매개변수의 경우에는 두 종이 안정적으로 공존할 수 있다.

끝으로 $K_1 < aK_2$이고, $bK_1 > K_2$인 경우를 생각하면 매우 흥미 있는 결과가 얻어진다(그림 2.1c). 공존 평형점은 불안정하고, 한 종만 있는 상태를 나타내는 $(K_1, 0)$과 $(0, K_2)$인 두 평형점은 모두 안정하므로 시스템은 쌍안정이다. 초기상태에서 압도적으로 많은 종이 적은 종을 배제한다고 할 수 있다. 상태점이 최종적으로 어느 평형점에 수렴하는가는 출발점에 따라 다르다. 제 1 사분면을 궤적에 따라 나누면 각각의 영역은 점$(K_1, 0)$ 및 점

$(0, K_2)$의 **흡인역**(domain of attraction)이라고 하며 이들의 경계를 **분리선**(separatrix)이라고 한다.

그림 2.1c의 평형점 $(K_1, 0)$ 및 $(0, K_2)$는 상태점이 거기서 조금 벗어나도 역학계에 따라 원상태로 되돌아오게끔 움직이므로 **국소안정**(locally stable)이다. 그런데 벗어나는 정도가 너무 커서 다른 쪽의 흡인역에 들어가 버리면 다시는 돌아오지 않는다. 그러므로 이들 평형점은 **전역안정**(globally stable)이지는 않게 된다. 이에 대해 그림 2.1a의 $(K_1, 0)$과 그림 2.1b의 두 종 공존점은 전역안정인 평형점의 예이다.

이상의 결과에서 흥미 있는 점은 우선 두 종 경쟁계의 최종상태가 내적 자연증가율(r_1과 r_2)에는 의존하지 않는다는 것이다. 또 하나는 양 종이 공존하는 평형점이 존재하면 이들은 $ab < 1$이면 안정, $ab > 1$이면 불안정하다는 것이다. a와 b는 종간 경쟁의 세기를 종내(intraspecies)의 것과 비교하여 표시하고 있으므로 이 결과는 종내 경쟁이 종간 경쟁보다 급격할 때는 두 종이 공존하기 쉽다고 해석할 수 있다.

2.3 경쟁 실험과 지리적 분포

경쟁 모델 (2.1)은 미생물을 이용한 실험계에서 경쟁을 기술하는데 대단히 유효하다고 알려져 있다. 그림 2.2의 예는 두 종의 섬모충의 경쟁의 예이고, 한쪽이 다른 쪽을 배제했다. 이에 반해 다른 두 종에 대한 결과(그림 2.3)에서는 두 종이 공존했다.

육상식물은 개체의 크기가 크게 변동하므로 x와 y로서 개체수가 아닌 생물량(biomass)을 쓰면 식 (2.1)에 의해 경쟁의 동태를 제대로 기술 할 수 있다. 야외에서 대형동물의 개체군동태를 표시하는 데는 후술하는 것과 같은 환경의 주기성이나 연령구조 등의 요소를 고려하여 식 (2.1)을 수정할 필요가 있다.

경쟁이 생기는 시간 스케일(scale)이 보다 긴 경우에는 실험에 의해 경쟁의 과정을 확인하기가 어렵다. 이 때문에 생물의 분포 양상을 통해 과거에 경쟁이 일어나고 있었던 점을 추측하는 방법을 쓴다. 예를 들면, 두 종의 도마뱀이 여러 섬에 서식하고 있다고 하자. 기후조건이나 크기 등이 거의 같은 섬에서도 몇 군데서는 A종만이, 다른 섬에서는 B종만이 서식하고 있고, 두 종이 서식하고 있는 섬이 없다면 경쟁관계 때문에 서로 공존하기 어려웠기 때문이라고 생각된다. 그림 2.1b의 경우에는 두 종의 공존이 가능하다고 하더라도 각각의 종에 따라 다른 종의 존재는 생존이나 번식에 불리하게 작용하고 있다. 그 때문에 섬의 개체군이 우연히 소멸할 가능성(제9장에서 설명)은 그 종이 섬을 독점할 수 있는 경우보다 경쟁종이 존재할 경우에 더 높다.

그림 2.4는 뉴질랜드의 산에 있는 두 종의 새가 표고에 따라 분포하는 밀도의 변화를 표시하고 있다. 어느 높이에서 갑자기 뒤바뀌어 있는 것은 물리적인 환경이 불연속적으로 변화한 결과라고는 생각하기 어렵다. 이것은 두 종의 경쟁의 결과가 아닐지?

이와 같이 높이나 위도, 강수량, 토양의 성분 등이 장소에 따라 연속적으로 변화하는 구배(cline)을 생각해보자. 두 종의 동태는 각각의 지점에서 경쟁방정식 (2.1)에 따르고, 두 종의 환경수용력 K_1과 K_2의 비율, 경쟁계수 a와 b 등이 장소마다 변하고, 관측되는 종의 조성은 각각 평형상태에 도달해 있다고 가정하자. 제1종만이 서식하고 있는 지점에서 제2종만이 서식하고 있는 지점으로 옮겨갈 때에는, 중간지점에서역학계가 그림 2.1b와 같게

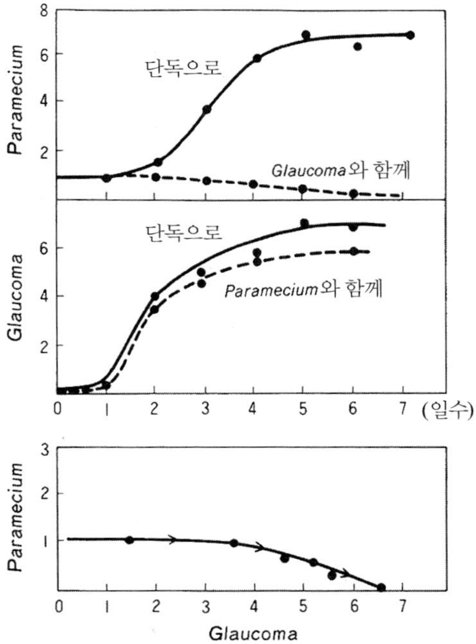

그림 2.2 섬모충 두 종(*Paramecium aurelia* 와 *Glaucoma scintillans*)를 이용한 경쟁 실험. 위 그림: 두 종에 대해 단독으로 사육한 경우(실선)와 경쟁자와 함께 사육한 경우(점선)의 개체수의 증식. 가로축은 일수. 아래 그림: 두 종의 개체수를 양축으로 취한 경우. *Glaucoma*가 *Paramecium*을 배제하는 결과가 된다. *Hutchinson* (1978)이 그렸음(Gause, 1934).

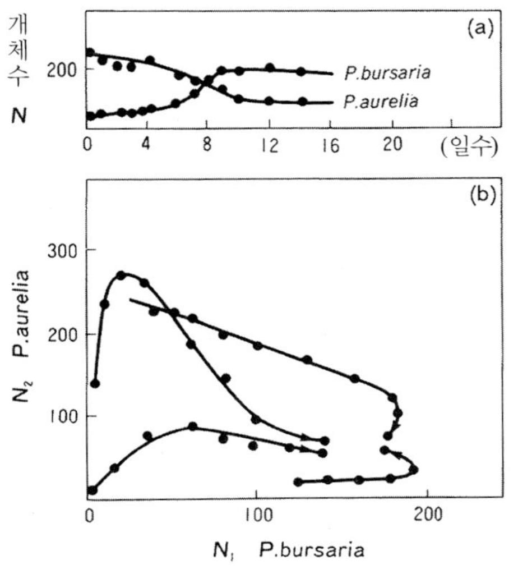

그림 2.3 다른 두 종의 섬모충(*P. bursaria* 와 *P. aurelia*) 경우의 경쟁 실험 결과. 위 그림: 두 종의 개체수의 변화. 가로축은 일수. 아래 그림: 두 종의 개체수를 두 축으로 잡은 경우. 안정하게 공존한다. *Hutchinson* (1978)이 그렸음(Gause, 1934).

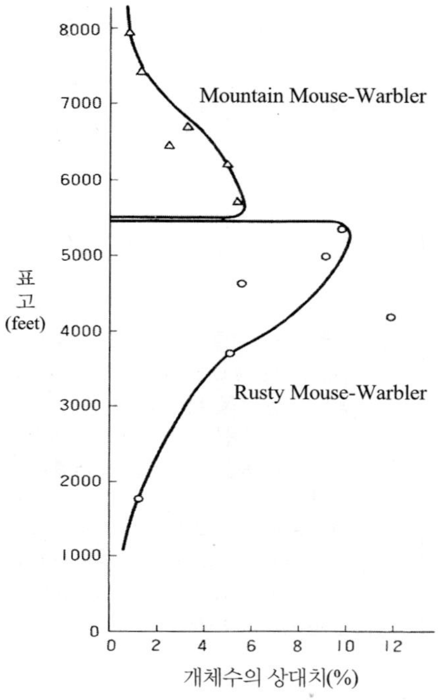

그림 2.4 뉴기니아 고지의 카리무이산에 있는 근연의 두 종의 새에 대한 수직분포(J.M. Diamond에 의함. MacArthur (1972)에서). 두 종은 5,400 feet (1,646 m)에서 분명하게 바뀐다. 이것은 종간의 경쟁을 시사하는 것이다.

되어 있으면, 두 종이 공존하는 장소를 거쳐 가는 것이 된다. 이 경우에는 두 종의 비율이 연속적으로 변한다. 이에 대해 중간지점에서 그림 2.1c와 같게 되어 있으면, 두 종의 경쟁의 강도가 역전하는 곳에서 갑자기 종의 치환이 생기게 된다(Yamamaura, 1976; Roughgarden, 1979).

훨씬 작은 스케일(scale)을 생각해보자. 해안의 암초에 있는 조간대에서는 조수의 간만 때문에 하루 동안 수면 아래에 있는 시간이 높이에 따라 다르다. 이 시간의 구배에 따라 많은 수의 종이 예쁜 띠를 이루고 분포하고 있다. 이것은 적합한 장소에 각각의 적응한 생물이 서식하고 있는 것으로 보인다. 그러나 실험적으로 어떤 종을 제거해 보면, 그때까지 거의 보이지 않던 종이 번성하든지, 높은 곳에 한정되어 있던 종이 분포를 넓히기도 한다. 그들은 이때까지 생활 가능한 범위에서 타종에 의해 배제되고 있었던 것이다. 이들 조간대의 생물은 부착할 공간이라는 공통의 자원을 서로 뺏고 있다고 생각된다.

2.4 종이 공존할 수 있는 영역의 경계(유사 한계)

두 종간의 경쟁의 세기는 그들이 이용하는 자원이 얼마나 중복되고 있는가에 크게 좌우된다. 공통의 자원을 이용함으로써 경쟁이 생기고 있는 경우는 비슷한 것을 이용하는 종의 수만큼 경쟁이 심해져서 공존이 어려워진다. 예를 들면 곤충을 잡아먹는 조류의 경우, 먹이의 평균 크기와 같은 자원 이용의 방식을 표시하는 적당한 잣대를 잡으면, 이것이 가까운 두 종일수록 그 사이의 경쟁계수가 크다고 생각된다. 두 종의 자원이용의 차이를 z로 표시하고, 식 (2.1)의 경쟁계수 a와 b가 z의 감소함수 $\alpha(z)$라 하자. 예를 들어 $a = b = \alpha(z) = \exp(-z^2/2w^2)$이라 하자. 그러면 두 종이 꼭 같은 자원을 이용할 때 $z = 0$이고, 이 경우는 동종개체와의 경쟁과 같고 $\alpha(0) = 1$이다. 또 자원 이용의 차이가 커지면 종간의 경쟁계수는 작아지므로 $ab = \alpha^2(z) < 1$이다.

이 때문에 두 종 공존의 평형점은 제 1 사분면에 나타나기만 하면 안정하다. 공존점의 좌표는 $x_0 = (K_1 - aK_2)/(1 - ab)$ 및 $y_0 = (K_2 - bK_1)/(1 - ab)$이다. 이들이 모두 양(+)이 되기 위해서는 두 종의 환경수용력 K_1, K_2가 그림 2.5에 표시된 사선영역에 들어와 있어야 한다. 그 영역 밖에서는 환경수용력이 큰 종이 경쟁에 이겨서 상대를 배제하게 된다.

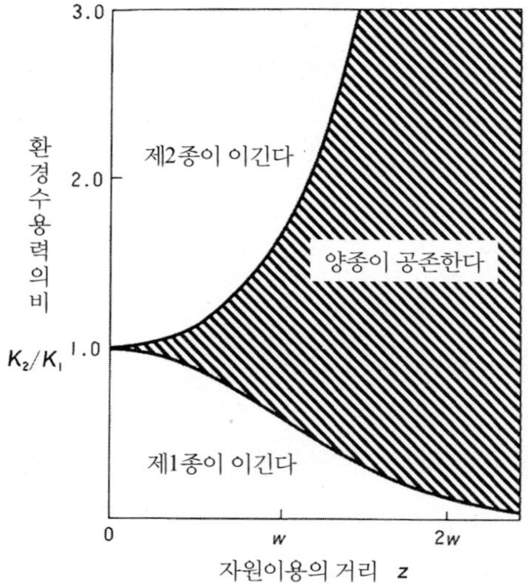

그림 2.5 두 종이 경쟁하는 결과를 나타내는 매개변수 영역. 가로축은 두 종의 자원이용의 거리 z, 세로축은 두 종의 환경수용력의 비 K_2/K_1을 나타낸다. 경쟁방정식 (2.1)에서 종간의 경쟁계수를 $a = b = \alpha(z) = \exp(-z^2/2w^2)$ 으로 가정했다. 경쟁의 결과 제1종이 제2종을 배제하는 영역, 제2종이 제1종을 배제하는 영역, 그리고 양종이 공존하는 영역의 세 결과에 대해 도시했다. 자원이용의 차이 z가 w보다 작으면 공존하기가 곤란해짐을 나타낸다.

두 종의 자원이용이 어느 정도 가까워져 거리 z가 작아지면, 공존할 수 있는 K_1과 K_2의 비의 범위는 대단히 좁아지는 것을 알 수 있다. 그러므로 두 종이 안정하게 공존하기 위해서는 자원이용이 어느 유사한계(limiting similarity) 이상 떨어져 있는 것이 필요하다고 생각된다.

2.5 노폐물이 축적될 경우의 개체군동태

앞 장에 기술한 단일종개체군의 동태에서는 개체당 증가율이 그 종의 밀도가 증가함에 따라 감소한다고 가정했다. 그러나 생물에 의한 자원의 소비나 환경악화의 영향은 시간이 경과함에 따라 축적되므로 그 효과는 느리게 나타날지도 모른다. 환경 속에 노폐물이 축적하여 개체군의 증식을 방해하는 경우를 나타내기 위해 다음 모델을 생각해보자(藤田, 1952).

$$\frac{dx}{dt} = rx\left[1 - ax - b\int_0^t e^{-c(t-s)}x(s)\,ds\right] \tag{2.3}$$

여기서 어떤 시점의 개체당 증가율은 그 시점의 개체수 $x(t)$뿐만 아니라 해당 시점 전의 개체수에 의해서도 감소하게 된다. 과거의 영향은 시간에 관해 지수함수를 사용한 개체수의 평균치를 쓴다. 새로운 변수로 노폐물양을

$$y(t) = \int_0^t e^{-c(t-s)}x(s)ds$$

로 두면 $dy/dt = -cy + x$에서 식 (2.3)은 x와 y의 두 변수로 이루어지는 역학계로서

$$\frac{dx}{dt} = rx(1 - ax - by) \tag{2.4}$$

$$\frac{dy}{dt} = -cy + x$$

와 같이 바꾸어 쓸 수 있다. 단 $y(0) = 0$이다.

식 (2.4)의 등복각선 해석은 그림 2.6a에 도시했다. 그림 2.6b의 경우에는 제 1 사분면에 평형점이 하나있고, 궤도는 그 주위를 무한히 돌면서 접근해가므로 **안정한 포커스**(stable focus)라 한다(연습 2.3 참조). 그림 2.7에 있는 것과 같이 개체수는 최종적으로 평형점에 수렴하나, 도중에 진동하기도 한다.

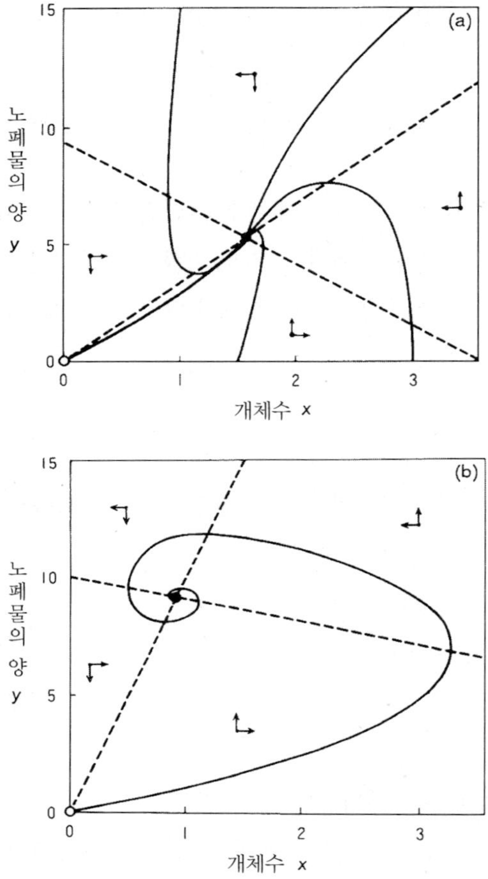

그림 2.6 노폐물의 축적에 의해 제어되는 개체군의 동태. 식 (2.4) 등복각선(점선)과 궤도. (a) 평형점이 노드(node)인 예 ($a = 0.3$, $b = 0.1$, $c = 0.3$, $r = 0.1$). (b) 평형점이 포커스(focus)인 예 ($a = 0.1$, $b = 0.1$, $c = 0.1$, $r = 1$). 이때 궤도는 무한히 돌면서 수렴한다.

앞서의 경쟁방정식 (2.1)에 있어서 그림 2.1b에 있는 두 종 공존의 평형점은 주변에서 궤도가 모이는 형을 하고 있다. 이와 같은 점을 노드(node)라고 한다. 이에 대해 그림 2.1c의 두 종 공존점에서는 두 방향에서 궤도가 접근하나 다른 두 방향에서는 멀어지게 되어 있으므로 불안정하다. 이 평형점을 **안장점**(saddle point)이라 한다.

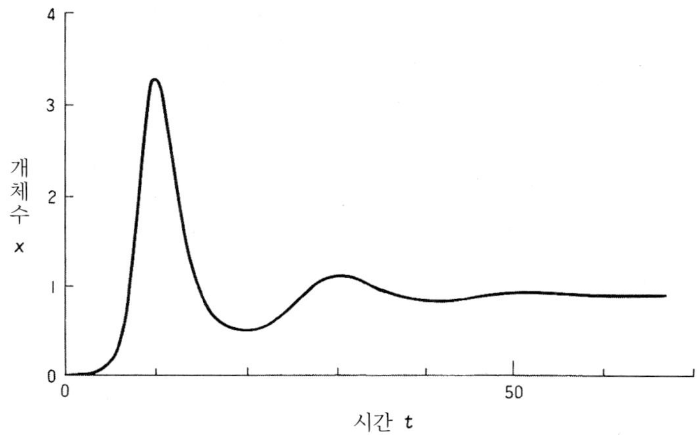

그림 2.7 노폐물의 축적에 의해 제어되는 개체군동태의 궤도. 최종적으로 평형값에 수렴하나, 이에 앞서 진동이 생긴다. 매개변수는 그림 2.6b와 같다.

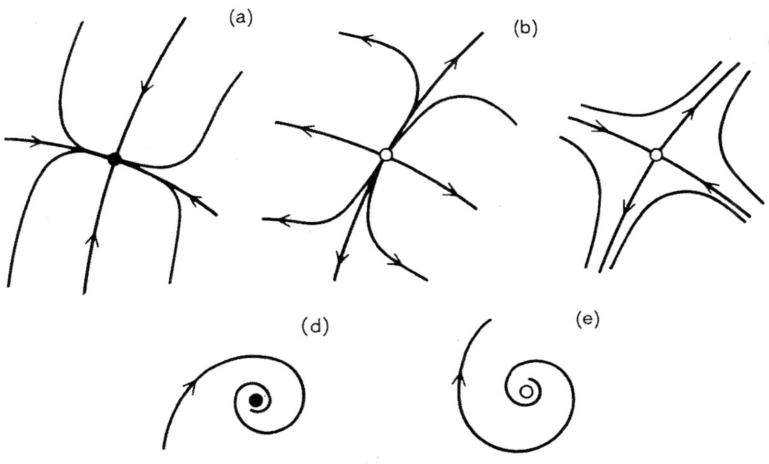

그림 2.8 평형점의 분류. (a) 안정노드, (b) 불안정노드 (c) 안장점 (d) 안정포커스 (e) 불안정포커스. 이들은 선형역학계 행렬의 고윳값에 의해 판정할 수 있다.

이상과 같이 평형점은 그 주위에서 궤도의 모양에 따라 안정노드, 불안정노드, 안장점, 안정포커스, 불안정포커스 등으로 구분된다(그림 2.8). 각각의 평형점이 어느 형에 속하느냐, 또 어느 방향을 향하느냐 등은 시스템의 성질을 아는데 중요하다. 2차원의 역학계에 있어서는 지금 기술한 그림에 의한 해석이 대단히 유효하나, 3차원 이상의 역학계나 시간지연의 효과가 들어오면 적용할 수 없다. 일반적으로 사용되는 방법으로 평형점 근방에서 역학계를 선형화하여 얻어진 선형역학계의 시간적인 발전을 조사하는 해석법이 있다. 다음에서 이것을 소개한다.

2.6 선형역학계의 해법

비선형 역학계에 대한 해석법을 설명하기에 앞서 우선 선형 미분방정식의 성질과 해법을 설명하자. 예를 들면

$$\begin{aligned} \frac{dx}{dt} &= 2x - y \\ \frac{dy}{dt} &= -x + 2y \end{aligned} \tag{2.5}$$

를 생각해 보자. 등복각선법으로 궤도의 개략을 그리면 그림 2.9a와 같이 된다. 원점$(0,0)$이 오직 하나의 평형점이고 궤도는 모두 원점에서 멀어지는 방향으로 움직여간다. 여기서 벡터 $\boldsymbol{u}_1$과 $\boldsymbol{u}_2$로 도시된 두 개의 특수한 방향이 존재한다는 것을 주목하자. 이들 방향으로는 궤도가 직선이고, 또 원점에서 거리가 시간과 더불어 지수함수를 그리면서 멀어져가는 것을 증명할 수 있다. 이와 같은 두 방향을 계산하려면 어떻게 하면 좋겠는가?

문제를 일반화하여, 열벡터 $\boldsymbol{n}(t)=(x(t), y(t))^T$ 와 2차 정방행렬 M 으로 선형방정식을 $d\boldsymbol{n}/dt = M\boldsymbol{n}$ 로 표시해 보자(이 책에서는 위에 붙은 T 는 행렬이나 벡터의 전치(transpose)를 표시한다. 또 굵은 글씨(boldface)는 열벡터를 표시한다). 위의 특수한 방향을 표시하는 한 벡터를 $\boldsymbol{u}$ 라 하여 방향이 $\boldsymbol{u}$ 와 같고 길이가 시간의 지수함수로 증가하는 해,

$$\boldsymbol{n}(t)=\boldsymbol{u}\exp(\lambda t) \tag{2.6}$$

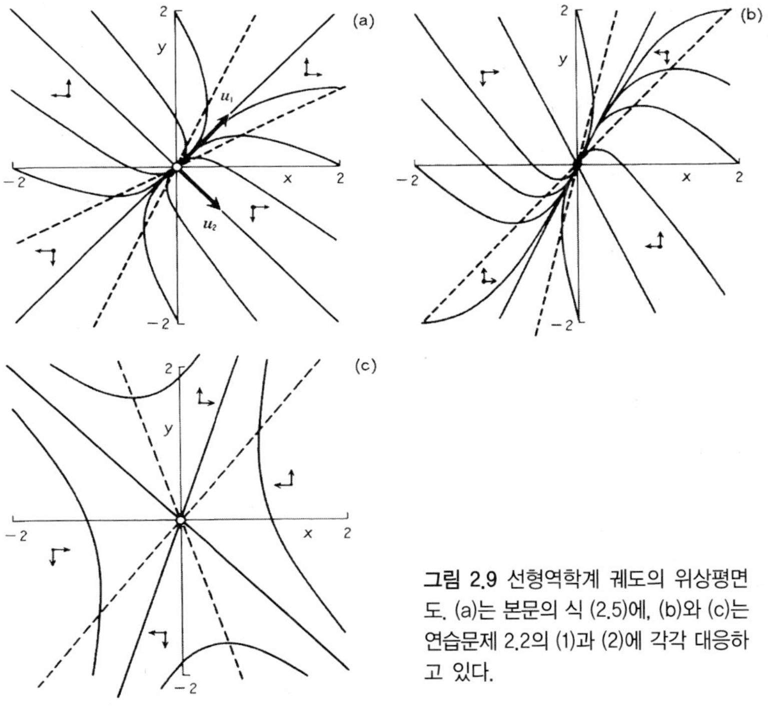

그림 2.9 선형역학계 궤도의 위상평면도. (a)는 본문의 식 (2.5)에, (b)와 (c)는 연습문제 2.2의 (1)과 (2)에 각각 대응하고 있다.

를 생각해 보자. 여기서 식 (2.6)을 미분 방정식 $d\boldsymbol{n}/dt = M\boldsymbol{n}$ 에 대입하면

$$\lambda \boldsymbol{u} = M\boldsymbol{u} \tag{2.7}$$

이 얻어진다. 역으로 식 (2.7)을 만족하는 $\boldsymbol{u}$가 구해지면, 그때 식 (2.6)을 일직선상에 있는 궤도를 나타낸다. 식 (2.7)은 어느 열벡터 $\boldsymbol{u}$에 행렬 M을 작용시킬 때 방향은 변하지 않고 길이가 원래 벡터의 λ배가 되어있음을 표시한다. 이 식을 만족하는 λ를 행렬 M의 고윳값, $\boldsymbol{u}$를 **고유벡터**라 한다. 즉 고유벡터는 미분방정식의 특성(characteristic) 방향을, 고윳값은 그 방향으로 점이 움직이는 빠르기를 나타낸다. 식 (2.7)을 단위행렬 I를 써서

$$(M - \lambda I)\boldsymbol{u} = 0 \tag{2.8}$$

로 바꾸어 써보자. 방향을 나타내는 벡터 $\boldsymbol{u}$는 0벡터가 될 수 없으므로 이와 같은 해가 존재하기 위해서는 식 (2.8)의 행렬 $(M - \lambda I)$의 역행렬이 존재하지 않는 것 즉

$$det|M - \lambda I| = 0 \tag{2.9}$$

이 필요충분조건이다. M이 2차 정방행렬인 경우는

$$M = \begin{pmatrix} a & b \\ c & d \end{pmatrix}$$

로 두어 식 (2.9)는 $(a - \lambda)(d - \lambda) - bc = 0$, 즉

$$\lambda^2 - (a+d)\lambda + (ad-bc) = 0 \tag{2.10}$$

으로 쓸 수 있다. 곧 고윳값 λ는 식 (2.10)의 두 근이다. 또 이에 대응하는 고유벡터는 식 (2.8)에서 그 해 $\boldsymbol{u}$로서 구해진다. 그러면 그림 2.9a에 도시되어 있는 식 (2.5)의 경우의 고윳값을 구해보자. 계수 행렬의 값을 대입하면, 식 (2.10)에 의해 $\lambda = 1$ 및 $\lambda = 3$인 두 해가 존재함을 알 수 있다. 각각의 방향 벡터는 식 (2.8)을 만족하는 $\boldsymbol{u}$로서 고윳값 $\lambda = 1$에 대응해서는 $\boldsymbol{u}_1 = (1,1)^T$, $\lambda = 3$에 대응해 $\boldsymbol{u}_2 = (1,-1)^T$를 선택할 수 있다. 단 고유벡터 $\boldsymbol{u}$는 방향만 표시하면 되므로 정수가 곱해져도 상관없다.

고윳값은 역학계의 안정성에 대단히 중요한 관계가 있다. 이것은 식 (2.6)이 표시하는 것과 같이, 고윳값 λ는 대응하는 고유벡터 방향으로 상태점이 움직이는 빠르기를 나타내기 때문이다. 그림 2.9a의 예에서 궤도는 원점에서 멀어져 가는 불안정노드이므로 2개의 고윳값은 모두 양(+)이다.

그림 2.9b의 예에서는 고윳값은 두 개 모두 음(-)이므로 두 방향의 직선상의 점은 시간에 따라 원점에 접근함을 알 수 있다. 이에 비해 그림 2.9c의 평형점에도 두 개의 특성방향이 있으나 한쪽의 고윳값이 양(+)이고, 다른 쪽의 고윳값이 음(-)이 되기 때문에 한쪽에서는 멀어지고 다른 쪽에서는 접근하는 안장점이 되어있다(연습 2.2 참조). 이와 같이 고윳값이 한쪽만이라도 양(+)이면 불안정, 양쪽이 음(-)이면 안정하다.

이들 두 직선 이외의 초깃값(initial value)에서 출발하면 궤도는 곡선이 된다. 이때 상태점의 움직임은 두 개의 고유벡터 방향으로 분해하여 이들을 중첩한 것으로 이해할 수 있다. 우선 초깃값 벡터 $\boldsymbol{n}(0)$을 두 개의 고유벡터 $\boldsymbol{u}_1$과 $\boldsymbol{u}_2$를 겹쳐서 표시한다. 즉 계수 c_1과 c_2를 적당히 잡으면

$$\boldsymbol{n}(0) = c_1\boldsymbol{u}_1 + c_2\boldsymbol{u}_2$$

와 같이 쓸 수 있다. 이렇게 하면 다음 식이 미분방정식 $d\boldsymbol{n}/dt = M\boldsymbol{n}$ 의 해가 된다.

$$\boldsymbol{n}(t) = \exp(\lambda_1 t)c_1\boldsymbol{u}_1 + \exp(\lambda_2 t)c_2\boldsymbol{u}_2 \tag{2.11}$$

이 해가 초깃값과 미분방정식을 함께 만족함을 확인해보자.

식 (2.11)에서 만일 λ_1과 λ_2가 모두 음(-)이면 $n(t)$는 시간 t가 증가해감에 따라 0이 되고, 궤도는 평형점인 원점에 수렴한다. 이에 대해 어느 한쪽이 양(+)이면, 대응하는 항이 시간과 더불어 커져 궤도는 원점에서 멀어진다.

지금까지는 식 (2.10)의 근 λ가 실수인 경우에 한정했으나 복소수근을 가질 경우는 어떻게 될까? 그 대표적인 예로 역학계

$$\begin{aligned} \frac{dx}{dt} &= \alpha x - \beta y \\ \frac{dy}{dt} &= \beta x + \alpha y \end{aligned} \tag{2.12}$$

를 생각해보자. 그림 2.10에는 $\alpha = -1$, $\beta = 2$인 경우에 등복각선법으로 구한 궤도의 개략이 도시되어 있다. 상태점은 원점을 돌면서 수렴해 간다. 이를 극좌표 표시로 변환해보자. $x = r\cos\theta$, $y = r\sin\theta$로 두어 r와 θ에 관한 미분방정식을 유도하면,

$$\frac{dr}{dt} = \alpha r, \quad \frac{d\theta}{dt} = \beta$$

가 된다(연습 2.4 참조). $r(t)=r(0)\exp(\alpha t)$이므로 원점으로부터 거리 r는 $\alpha>0$일 때는 시간 t에 따라 지수함수를 그리며 증가하고, $\alpha<0$일 때는 감소함을 알 수 있다. 따라서 $\alpha>0$일 때는 원점은 불안정, $\alpha<0$일 때는 안정이다. 원점둘레의 각도 θ는 시간당 일정한 속도 β로 증가 또는 감소하므로 궤도는 원점에 접근하면서 무한히 돌게 됨을 알 수 있다. 시스템에는 진동하는 경향이 내재하고 있고, β는 그 고유진동수이고 한바퀴 도는데 걸리는 시간은 $T=2\pi/|\beta|$이다.

이 경우 행렬 M의 고윳값을 구해보면, 고유방정식 (2.10)은

$$\lambda=\alpha\pm\beta\sqrt{-1} \tag{2.13}$$

이라는 서로 공액인 복소수 근을 갖는다. 이와 같이 복소수인 고윳값이 얻어졌을 때는 그들의 실수부 α가 안정성에 관계하고 있고, 허수부 β는 점 둘레를 도는 빠르기에 관계한다. 이 경우에는 실수영역에서는 고유벡터가 없다.

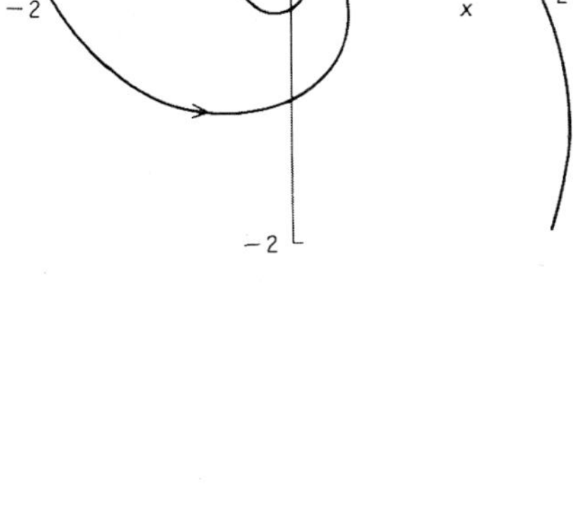

그림 2.10 고윳값이 복소공액 쌍인 경우. 식 (2.12)에서 $\alpha=-1$, $\beta=2$로 둔 경우.

그 이유는 고유벡터가 만족해야할 방정식 (2.8)에서 λ가 허수가 되기 때문이다. 실제로 그림 2.10을 보면 고유한 직선은 존재하지 않는다. 그러나 복소수까지 허용하면 수학적으로는 고유벡터를 계산할 수 있다.

역학계 $dn/dt = Mn$ 의 행동(움직임)에 관한 이상의 결과는 다음과 같이 정리할 수 있다.

(1) 고유(특성)방정식 (2.9)(구체적으로는 식 (2.10))의 근으로 고윳값을 계산한다. 이들의 실수부가 모두 음(-)이면 평형점인 원점은 안정하다.

(2) 한쪽이 양(+), 다른 쪽이 음(-)인 실근을 가지면 평형점은 안장점이다. 양(+)의 고윳값에 대응하는 고유벡터의 방향을 보면 시간에 따라 궤도가 평형점에서 멀어지고, 음(-)의 고윳값에 대응하는 고유벡터 방향에서는 평형점에 접근한다.

(3) 두 근이 모두 양(+)이면 궤도는 어느 방향에서도 평형점에서 멀어지고, 평형점은 불안정노드이다.

(4) 두 근이 모두 음(-)이면 궤도는 어느 방향에서든지 평형점에 접근하고, 평형점은 안정노드이다.

(5) 두 근이 공액복소수쌍이고, 이들의 실수부가 양(+)이면, 궤도는 평형점을 돌면서 그 폭이 점차로 커져간다. 두 근이 공액복소수이고, 실수부가 음(-)이면, 진동은 점차로 작아진다. 평형점은 각각 불안정 및 안정 포커스이다.

이상은 2차원 시스템에서 도출한 것이나, 이들은 보다 높은 차원의 시스템에도 자연스럽게 확장할 수 있다. (이 장의 끝에 있는 '부록A 선형역학계

의 일반적인 해법'을 참조)

2.7 역학계의 국소안정성

경쟁의 비선형역학계에서 평형점의 안정성을 살펴보자. 그림 2.1b 및 그림 2.1c에 도시된 역학계에서는 한 가운데에 두 종이 공존하는 평형점이 있다. 이것을 (x_0, y_0)라고 하면, 이 값은 식 (2.2a)와 식 (2.2b)를 만족하므로

$$K_1 = x_0 + ay_0, \quad K_2 = bx_0 + y_0 \tag{2.14}$$

가 성립한다. 다음에 두 변수 x와 y의 값을 평형점의 값(x_0, y_0)와 거기에서 약간 벗어난 ($n_1 = x - x_0$와 $n_2 = y - y_0$)의 합으로 표시해 보자. $x = x_0 + n_1$과 $y = y_0 + n_2$로 식 (2.1a)의 x와 y를 치환하면 아래와 같이 된다.

$$\frac{d(x_0 + n_1)}{dt} = r_1(x_0 + n_1)\left[1 - \frac{(x_0 + n_1) + a(y_0 + n_2)}{K_1}\right]$$

x_0, y_0가 모두 상수임을 고려하여, n_1 및 n_2에 관한 차수에 따라 정리하면,

$$\frac{dn_1}{dt} = -\frac{r_1}{K_1}x_0 n_1 - \frac{r_1}{K_1}ax_0 n_2 + (2\text{차항}) \tag{2.15a}$$

가 얻어진다. 계산에는 식 (2.14)를 썼다. 식 (2.15a)에서는 n_1^2, $n_1 n_2$ 및 n_2^2

등의 2차항은 ( )안에 정리했다. 같은 방법으로

$$\frac{dn_2}{dt} = -\frac{r_2}{K_2} by_0 n_1 - \frac{r_2}{K_2} y_0 n_2 + (2\text{차항}) \tag{2.15b}$$

가 얻어진다.

여기서 평형점 (x_0, y_0)의 극히 가까운 곳에서 역학계의 행동에 주목하자. 이 경우 평형점에서 차가 작으므로 이들에 대한 2차이상의 항은 1차항에 비해 무시될 수 있다. 2차정방행렬 M과 2차의 열벡터 $\boldsymbol{n}$ 을

$$M = \begin{pmatrix} \dfrac{-r_1 x_0}{K_1} & \dfrac{-r_1 a x_0}{K_1} \\ \dfrac{-r_2 b y_0}{K_2} & \dfrac{-r_2 y_0}{K_2} \end{pmatrix} \qquad \boldsymbol{n} = \begin{pmatrix} n_1 \\ n_2 \end{pmatrix}$$

로 쓰면 식 (2.15a)와 식 (2.15b)는

$$\frac{dn}{dt} = Mn \tag{2.16}$$

임을 알 수 있다. 이와 같이 평형점 근방의 양태를 위해 선형미분방정식을 도출하는 것을 **역학계의 선형화**(linearization)라 한다.

선형화역학계 (2.16)의 안정성은, 앞 절에서 기술한 바와 같이 그 계수행렬 M의 고윳값과 고유벡터로 조사된다. 고윳값이 만족해야할 방정식 (2.10)은

$$\lambda^2 + \left(\frac{r_1 x_0}{K_1} + \frac{r_2 y_0}{K_2}\right)\lambda + \left(\frac{r_1 r_2 x_0 y_0}{K_1 K_2}\right)(1 - ab) = 0 \tag{2.17}$$

이다. 이 2차방정식의 근은 항상 실수이고, $1 > ab$인 경우는 두 근이 모두 음(-), $1 < ab$인 경우는 양(+), 음(-)의 근을 하나씩 갖는다. 따라서 평형점은 각각의 경우 안정노드와 (불안정한) 안장점임을 알 수 있다.

이와 같이 (1) 평형점 근방에 대한 방정식을 구하고, (2) 2차 이상의 고차항을 무시하고 선형역학계를 도출하고, (3) 그 행렬의 고윳값을 계산하여, (4) 모든 근이 음(-)인 실수부를 가질 때는 안정, 하나라도 양(+)의 실수부를 가지면 불안정하다고 판정한다. 이것이 평형점의 국소안정성 해석이다. 이와 같은 방법은, 차분방정식이나 시간지연이 있는 역학계, 편미분방정식 등, 시스템의 시간적인 진화(변화)를 나타내는 수학 모델에도 널리 응용된다.

연습문제 / 추가 참고문헌

연습 2.1 식 (2.1)에서 $K_1/a < K_2$ 및 $K_1 < K_2/b$인 경우의 평형점을 구하고, 등복각선법에 의해 위상평면도를 그려서 안정성을 조사하라.

연습 2.2 2차원의 선형미분방정식 $dn/dt = Mn$ 에서 M 이 다음과 같다고 하자.

$$(1)\ M = \begin{pmatrix} -4 & 1 \\ 4 & -4 \end{pmatrix} \quad (2)\ M = \begin{pmatrix} -1 & 1 \\ 3 & 1 \end{pmatrix}$$

이들 역학계의 궤도의 위상평면도가 그림 2.9b 및 2.9c와 같음을 보여라. 평형점인 원점의 안정성을 판정하라. 그리고 행렬의 고윳값과 고유벡터를 식 (2.10) 및 식 (2.8)에서 구하라. 고유벡터의 방향과 궤도의 움직임을 그림에서 확인하라.

연습 2.3 노폐물을 축적하는 개체군모형 (2.4)에 대해 평형점을 계산하라. 그리고 그 둘레에서 역학계를 선형화하고, 행렬의 고유방정식을 구하라. 그러면 평형점은 항상 안정하나, c가 크면 노드가 되고, c가 작으면 포커스가 됨을 알 수 있다(그림 2.6a와 그림 2.6b를 참조).

연습 2.4 역학계 (2.12)를 극좌표로 변환하라. $x = r\cos\theta$ 및 $y = r\sin\theta$의 양변을 시간으로 미분하여 얻은 식을 dr/dt 및 $d\theta/dt$에 대해서 풀면 된다.

연습 2.5 다음의 선형역학계에 있어서 등복각선법에 의해 궤도의 위상평면도를 그려서, 그림 2.11과 같이 됨을 확인하라.

$$\frac{dx}{dy} = -x + 2y$$

$$\frac{dy}{dt} = -2x + 3y$$

그리고 고유방정식이 중근을 가진다는 것과, 고유벡터가 하나뿐이라는 것을 보여라. 그 방향을 그림에 기입하라.

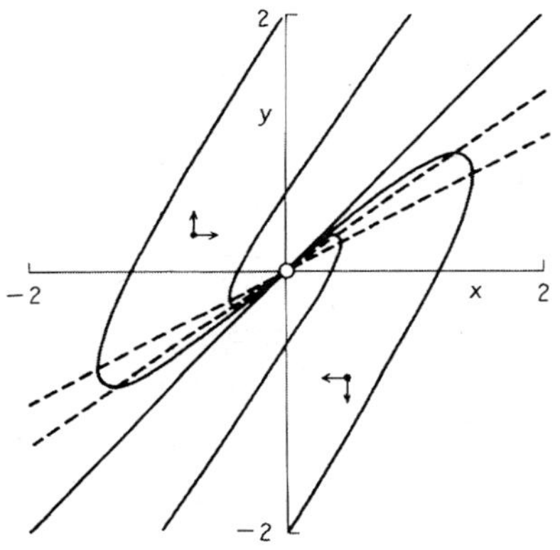

그림 2.11 고윳값이 중근인 경우. 연습문제 2.5에 대응한다.

추가 참고문헌: 역학계의 선형화와 안정성 해석은, Roughgarden (1979)의 부록, 山口 (1973), Hirsch and Smale (1974)가 참고가 된다.

부록 A 선형역학계의 일반적인 해법

선형미분방정식은, $\boldsymbol{n}$ 을 w개의 변수를 나열한 열벡터, M을 성분이 정수(定數)인 w차 정방행렬이라고 하면

$$\frac{d\boldsymbol{n}}{dt} = M\boldsymbol{n} \tag{A1}$$

인 형이다. 이것을 푸는 데는 정방행렬 M의 지수함수를 쓰면 편리하다.

즉 I를 단위행렬이라 하여,

$$\exp(Mt) = I + tM + \frac{t^2}{2!}M^2 + \frac{t^3}{3!}M^3 + \cdots \tag{A2}$$

와 같이 행렬의 무한급수로 정의한다. 이것은, 매개변수 t로 미분하면

$$\frac{d}{dt}[\exp(Mt)] = M\exp(Mt)$$

를 만족한다. 이 성질에 따라서 미분방정식 (A1)의 해는 초깃값 벡터 $\boldsymbol{n}(0)$을 써서

$$\boldsymbol{n}(t) = \exp(Mt)\boldsymbol{n}(0), \quad t > 0 \tag{A3}$$

으로 표시된다.

다음으로 식 (A2)와 같은 행렬의 함수를 계산하는 방법을 설명하자. 우선 행렬 M의 고유벡터는 식 (2.7)을 만족하는 벡터인데, 서로 1차 독립인 w개의 벡터가 구해졌다고 하자. 즉

$$M\boldsymbol{u}_i = \lambda_i \boldsymbol{u}_i, \qquad i = 1, 2, \cdots, w$$

가 된다. 여기서 λ_i 는 $\boldsymbol{u}_i$ 에 대응하는 고윳값이다. 이들 열벡터를 나열하여 $\omega \times \omega$행렬을 만들고, $P = [\boldsymbol{u}_1, \cdots, \boldsymbol{u}_w]$로 쓰자. 이것의 역행렬 P^{-1} 역시 $w \times w$행렬인데,

이것을 구성하는 행, 즉 행벡터를 위로부터 차례대로 $\boldsymbol{v}_1^T, \cdots, \boldsymbol{v}_w^T$로 쓰기로 한다. 그러면

$$M = \lambda_1 \boldsymbol{u}_1 \boldsymbol{v}_1^T + \lambda_2 \boldsymbol{u}_2 \boldsymbol{v}_2^T + \cdots + \lambda_w \boldsymbol{u}_w \boldsymbol{v}_w^T$$

로 분해할 수가 있다(열벡터와 행벡터를 이 순서로 곱하면 w차 정방행렬이 된다). 일반적으로 행렬의 함수 $f(M)$은

$$f(M) = f(\lambda_1)\boldsymbol{u}_1 \boldsymbol{v}_1^T + f(\lambda_2)\boldsymbol{u}_2 \boldsymbol{v}_2^T + \cdots + f(\lambda_w)\boldsymbol{u}_w \boldsymbol{v}_w^T \quad \text{(A4)}$$

와 같이 계산할 수 있다. 여기서 $f(M) = \exp(Mt)$로 두면, 식 (A3)에 의해

$$\begin{aligned} \boldsymbol{n}(t) = &\exp(\lambda_1 t)\boldsymbol{u}_1(\boldsymbol{v}_1^T \boldsymbol{n}(0)) + \exp(\lambda_2 t)\boldsymbol{u}_2(\boldsymbol{v}_2^T \boldsymbol{n}(0)) + \cdots \\ &+ \exp(\lambda_w t)\boldsymbol{u}_w(\boldsymbol{v}_w^T \boldsymbol{n}(0)) \end{aligned} \quad \text{(A5)}$$

가 된다. $\boldsymbol{v}_i^T \boldsymbol{n}(0)$은 스칼라(scalar)이므로 식 (A5)는 $\boldsymbol{n}(t)$를 고유벡터 $\boldsymbol{u}_1, \boldsymbol{u}_2, \cdots, \boldsymbol{u}_w$의 일차결합으로 표시하고 있다.

식 (A5)에 의해, 만일 고윳값 $\lambda_1, \cdots, \lambda_w$ 모두가 음(-)의 실수부를 가지면, $\exp(\lambda_i t)$는 t가 증가함에 따라 0이 되기 때문에 $\lim_{t \to \infty} \boldsymbol{n}(t) = 0$이 된다.

그러므로 역학계 (A1)의 원점은 안정평형점이다. 그러나 하나라도 양(+)의 실수부를 갖는 고윳값이 있으면, 이에 대응하는 항의 크기가 t와 함께 점차 커진다. 즉 원점은 불안정하게 된다. 연습 2.5와 같이 고유방정식이 중근을 가지면, 고유벡터의 수가 행렬의 차수 w보다 작아지는 수가 있다. 미분방정식의 해는 $\exp(\lambda t)$ 외에 $t^k \exp(\lambda t)$형의 항을 포함할 가능성이 있다. 단 평형점의 안정성은 마찬가지로 고윳값의 실수부의 부호로 결정된다.

제3장 포식자와 먹이생물의 순환

인간을 포함해서 모든 동물은 살기 위한 에너지와 성장을 위한 물질을 먹이가 되는 다른 생명체에게서 얻고 있다. 이와 같이 다른 동물을 잡아 죽여서, 그 살을 먹고 생활하는 것을 포식자(predator)라고 한다. 기생충이나 바이러스와 박테리아 등의 병원체도 다른 종을 먹이로 하고 있으므로 넓은 의미에서는 포식자라고 생각할 수 있으나, 반드시 숙주를 죽이지는 않는다는 것과 숙주의 몸보다 훨씬 작다는 것 때문에 기생자(parasite)라 한다. 식물을 갉아먹는 나비의 유충 등의 초식성 곤충은 식물을 숙주로 하는 기생자다.

이 장에서는 포식자와 먹이생물의 동태를 해석하는 역학계를 취급한다. 이 역학계는 주기적인 진동을 일으키는 경향을 가지고 있다. 또 매개변수를 변화시킬 때, 진동해가 출현하거나 소멸하거나 하는 방식을 취급하는 분기(bifurcation)이론과, 전역안정성을 해석하기 위한 리아프노프(Liapunov) 함수를 소개한다.

3.1 포식자와 먹이생물의 진동

포식자는 살아가기 위해서 먹이를 필요로 한다. 먹이가 충분히 있으면 포식자의 개체수가 증가한다. 그 결과 먹이생물을 과도하게 소비하게 되어, 결국 먹이생물이 감소하고 포식자 자신도 감소하기 시작한다. 그러나 포식자의 수가 충분히 적어지면, 먹이생물의 수는 증식에 의해 다시 회복되어진다. 이와 같은 과정 때문에 포식자와 먹이생물 사이에는 개체수의 진동이 생기는 경향이 있다.

이러한 생각을 가장 간단히 표현한 모델이 다음의 롯카・볼테라 포식계이다.

$$\frac{dx}{dt} = rx - axy \tag{3.1a}$$

$$\frac{dy}{dt} = bxy - cy \tag{3.1b}$$

여기서 x는 먹이생물의 양(개체수 또는 총중량), y는 포식자의 양을 나타낸다. 포식자가 없을 때($y = 0$)는 식 (3.1a)가 식 (1.1)과 같게 되고, 먹이는 맬서스 계수 r로 지수증식한다. 포식자에 의해 먹이가 먹히는 속도는 먹이와 포식자 모두에 비례하며 axy이다. 이것은 양자가 랜덤하게 마주칠 경우에 어떤 비율로 잡혀 먹힌다는 가정에 대응하고 있다. 먹은 양에 비례하여 포식자가 bxy로 증가하는데, 먹이가 없을 때는 포식자는 사망률 c로 감소한다.

이 방정식에는 두 종 모두 절멸한 점$(0, 0)$과 공존하는 점$(c/b, r/a)$의 두 평형점이 있는데, 등복각선법으로 그려보면, 궤도는 공존평형점 둘레를 돈다는 것을 알 수 있다(그림 3.1). 단 이 방법에서는 상태점이 한 바퀴 돈 후에 원래의 점의 안쪽에 오는지 바깥쪽에 오는지는 알 수 없다.

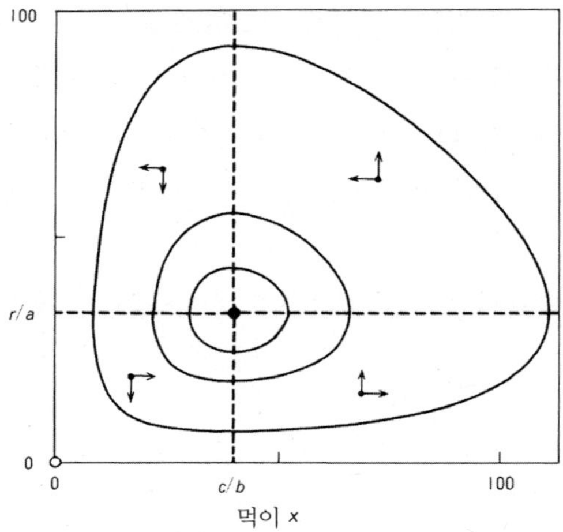

그림 3.1 롯카 · 볼테라 포식모델의 등복각선과 궤도. 원점은 안장점으로 불안정, 공존평형점은 중립적 안정(neutrally stable)이다. 식 (3.1)에서 $r = 1$, $a = 0.03$, $b = 0.025$, $c = 1$.

그래서 x와 y에 의해 계산되는 다음 보존량함수를 생각해보자.

$$V(x, y) = -c\log x + bx - r\log y + ay \tag{3.2}$$

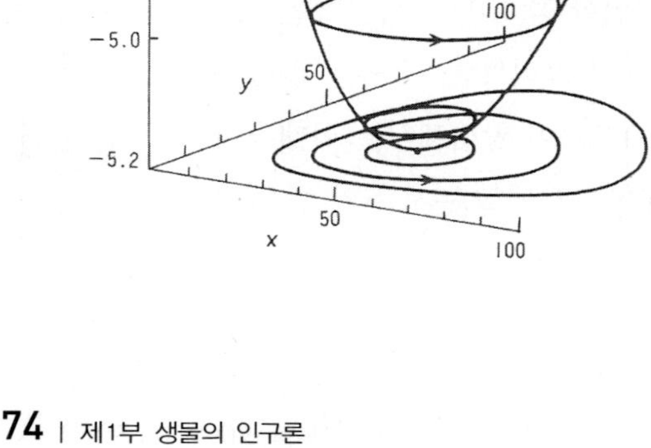

그림 3.2 보존량함수 $V(x, y)$. 역학계에 따라 (x, y)가 변화할 때 $V(x, y)$는 불변이다. 매개변수는 그림 3.1과 동일.

이 양은 공존평형점 $(c/b, r/a)$에서 최소이고, 등고선인 $V(x,y)=$상수의 경우 상수로 주어지는 점을 둘러싸는 곡선군이 되고 있다(그림 3.2). x와 y가 식 (3.1)과 같이 t에 따라 변화할 때, $V(x,y)$가 어떻게 증감하는가를 조사해 보면,

$$\frac{dV}{dt}=\left[-\frac{c}{x}+b\right]\frac{dx}{dt}+\left[-\frac{r}{y}+a\right]\frac{dy}{dt}=0$$

가 된다. 즉 $V(x,y)$는 시간에 따라 변화하지 않고, 상태점은 $V(x,y)$의 등고선을 따라 움직인다는 것을 알 수 있다. 그러므로 한 바퀴 돌면 반드시 처음으로 돌아온다. $V(x,y)$와 같이 시스템의 상태의 함수로 그 시간 변화에 따라 증감하지 않는 것을 **보존량**이라고 한다. 만일 시스템의 상태가 평형점에서 조금 벗어난다고 하면, 상태점은 가까이에 있는 다른 궤도로 옮겨가고, 평형점에는 돌아오지 않은 채로 계속 돌게 된다. 그렇다고 해서 멀리 떨어져 가지도 않는다. 이와 같은 평형점을 **중립적 안정**(neutrally stable)이라고 한다. 보존량을 갖는 역학계는 그리 많지는 않으나, 물리학에서는 마찰이 없는 시스템에서 에너지가 보존량이 된다.

3.2 먹이를 먹는 법과 안정성

방정식 (3.1)을 보다 현실적으로 수정하여,

$$\frac{dx}{dt}=rx\left(1-\frac{x}{K}\right)-\frac{axy}{1+hx} \tag{3.3a}$$

$$\frac{dy}{dt}=\frac{bxy}{1+hx}-cy \tag{3.3b}$$

인 모델을 생각해 보자. 이것을 식 (3.1)과 비교해보면, 바뀐 점이 두 가지가 있다. 우선 포식자가 없을 때도 먹이생물은 무한히 증식하지 않고 로지스틱 식에 따라 환경수용력 K에 수렴한다는 것이다. 이것은 식 (3.3a)에서 $y=0$으로 두어 확인할 수 있다. 이것은 먹이생물 자신이 이용하는 자원이 고갈하는 등의, 포식자 이외에도 먹이생물의 개체수 증가를 제약하는 요인이 있음을 나타낸다. 두 번째의 변경점은 포식자 한 개체당의 섭식속도를 $ax/(1+hx)$로 한 것이다. 이것은, 먹이가 많을 때는 포식속도가 먹이의 양과 더불어 증가하기는 하지만, 전부다 먹을 수는 없으므로 포화점인 상한값 a/h를 가진다는 것을 나타낸다.

이들 변경점은 시스템의 행동에 각각 어떤 영향을 미칠 것인가? 우선 한쪽만 변경했을 때의 영향을 조사해보자. 식 (3.3a)의 제1항만을 변경하면 (K가 유한이고 $h=0$) 역학계는 전역적으로 안정해진다(이것은 후에 증명한다). 즉, 먹이생물의 개체군을 안정화시키는 작용에 의해, 롯카・볼테라 포식계 (3.1)에서 보았던 진동이 정지하게 된다. 이에 반해 식 (3.3a)의 제2항과 (3.3b)의 제1항의 포식속도의 포화경향만을 고려하면($K=\infty$; $h>0$), 시스템은 대역적으로 불안정해지고, 진동의 진폭이 시간에 따라 한없이 증가된다. 이것은 포식자가 다 먹어버릴 수 없으므로 먹이의 증가를 억제하여 시스템을 안정화하는 힘이 약해졌기 때문이라고 생각된다(연습 3.2 참조).

그런데 두 효과가 더해지면 어떻게 될까? 등복각선법에 의해 궤도의 위상평면도를 그려보자. 평형점을 조사하면 두 종이 부재하는 경우$(0,0)$, 먹이만이 존재하는 경우$(K,0)$ 및 두 종이 공존하는 경우(x_0,y_0)의 3가지가 있음을 알 수 있다(그림 3.3). 두 개의 등복각선의 교점 (x_0,y_0)의 위치에 따라 평형점의 안정성은 변화한다.

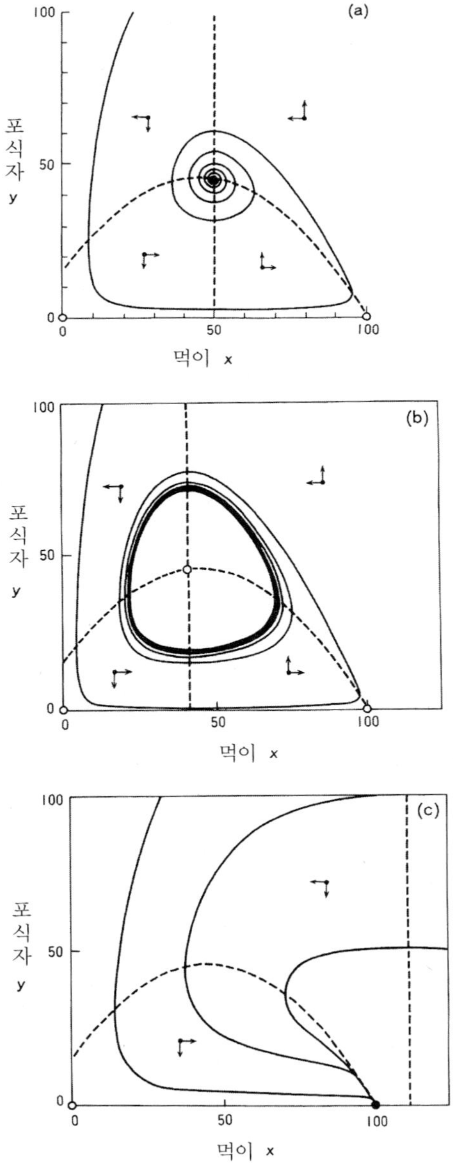

그림 3.3 포식자와 먹이의 동태 식 (3.3)의 궤도. (a) 평형점은 안정포커스(focus)이다. $a = 0.002, b = 0.012, c = 0.1, \quad r = 0.03, \quad K = 100, h = 0.1$. (b) 평형점은 불안정포커스(focus)이고, 이것을 둘러싸는 내부의 안정해가 있다. $b = 0.0124$. 다른 것은 (a)와 같음. (c) 공존평형점이 존재하지 않고, 포식자는 소멸한다. $b = 0.0109$. 다른 것은 (a)와 같음.

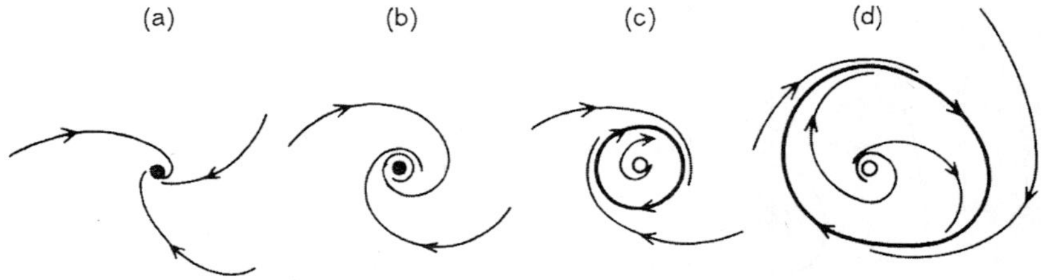

그림 3.4 호프(Hopf) 분기의 예. 매개변수의 연속적 변화에 의해 (a)는 처음에는 안정했던 평형점이 (b) 점차로 수렴이 느려지고, (c) 결국에는 불안정해지고 주기해가 발생하여 (d) 이후 그것이 성장한다.

앞 장에서 설명한 바와 같이 평형점의 좌표를 계산하고, 그 주위에서 선형화하여 행렬의 고윳값을 조사하면, 안정성은 매개변수에 의해 변화함을 알 수 있다(연습 3.3 참조). 예를 들면, 안정한 평형점을 가진 시스템에서 출발하여, 포식자의 사망률 c를 감소시켜 가면, 평형점에 수렴하는 속도가 점차 느려지고, 어느 순간부터 평형점이 불안정해지고 진동이 시작된다. 그때 선형화역학계의 행렬의 고윳값은 서로 공액인 복소수 쌍인데, 그들의 실수부가 음(-)에서 양(+)으로 변한다. 평형점이 불안정하게 된 순간에는 그 주위에 극히 작은 한계주기궤도(limit cycle)가 생기는데, c가 더욱 작아지면 급속히 성장한다(그림 3.4). 매개변수의 변화를 역으로 따라가면, 안정한 주기적 진동의 진폭이 점차로 작아져서, 결국은 한가운데의 불안정평형점과 융합하여 안정한 포커스(focus)가 되는 등의 변화를 한다. 이와 같은 변화를 **호프 분기**(Hopf bifurcation)라 부른다(연습 3.4 참조).

미생물이나 곤충을 이용한 실험계에서 포식자와 먹이의 안정한 진동해를 표출하도록 여러 번 시도 하였으나, 안정한 평형상태가 되어 버리든지, 아니면 진동 때문에 포식자 또는 양 종이 함께 멸망해 버리는 일이 많아서 대단히 어려웠다.

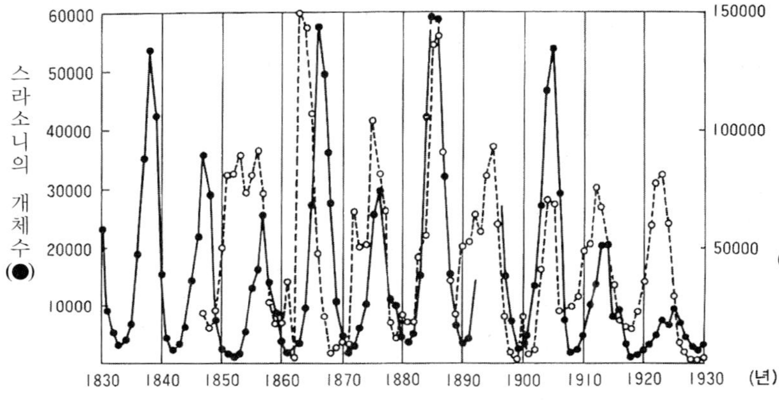

그림 3.5 캐나다에서 눈덧신토끼와 그의 포식자인 스라소니의 개체수 변동(伊藤, 1976)

야외의 생물에서 포식자와 그 먹이동물의 개체수가 주기적으로 진동하는 예가 몇 가지 알려져 있다. 그림 3.5는 캐나다의 아한대 침엽수림에 서식하는 스라소니와 그 먹이가 되는 눈덧신토끼의 동태이다. 실제로 두 종의 개체수 변동의 위상을 보면, 먹이 동물의 정점(peak) 조금 후에 포식자의 정점이 있는 등, 모델 (3.1)이나 (3.3)이 예측하는 것과 일치하고 있다. 많은 연구자들은 이들의 진동이 포식자와 먹이의 개체군동태에 의해 생긴 것인지도 모른다고 생각해 왔다. 그러나 이와 같은 진동이 다른 과정에 의해 생기고 있을 가능성도 무시할 수 없다. 예를 들면, 먹이동물이 많으면 먹이를 다 먹어버려서 먹이동물이 감소하고, 잠시 후에 식물이 회복한다고 하는, 먹이동물과 그 자신의 먹이인 식물과의 관계에서 진동이 생기는 것도 생각해볼 수 있다. 만일 이와 같이 해서 어느 종에 확실한 진동이 생기면, 다른 종은 그 영향을 받아 그림 3.5에 있는 것과 같은 위상관계를 가지고 진동하게 된다. 현재로는 야외의 생물에 나타나는 개체수의 현저한 주기적 진동이, 식

(3.1)이나 식 (3.3)이 나타내는 것과 같은 포식자와 먹이의 상호작용에 의해 생기고 있는 것으로 확실하게 확인된 예는 없다.

3.3 패턴의 생성과 소멸: 분기와 카타스트로프

안정했던 평형점이 매개변수를 변화시켜 가면, 어느 순간 불안정해지고 진동해가 생기는 것을 보았다. 이와 같이 역학계에 포함되는 매개변수를 연속적으로 변화시킬 때, 평형점의 수나 안정성이라는 시스템의 정성적(질적) 성질이 변화하는 분기에 있어서, 평형점이나 진동해가 생성・소멸할 때 가끔 출현하는 패턴의 수는 한정된다. 이것을 기억해 두면, 역학계의 행동을 아는데 크게 도움이 되므로 이 절에서는 그 주된 개념을 소개한다.

평형점의 생성・소멸에 대해서는 정성적으로 몇 가지 유형(type)으로 분류되고, **카타스트로프**라 부른다. 안정한 평형점(안정한 노드)이 불안정한 평형점(안장점)에 접근하여, 융합해서 소멸하는 변화를 **안장점-노드 분기**라 한다(그림 3.6). 이들 평형점의 위치를 매개변수에 대해서 그리면, 제1장의 그림 1.7에 2개 표시되어 있는 것과 같은 습곡 카타스트로프(fold catastrophe)가 된다. 그림 1.7의 예를 보면 2개의 습곡 카타스트로프의 중간의 P/r에서는, 양(+)의 개체수를 갖는 평형점에 2개의 안정평형점과 그들 사이에 불안정평형점이 하나 있다. 또 하나의 매개변수 K를 작게 하면, 이 쌍안정을 표시하는 P/r의 범위가 점차로 좁아지고, 결국은 없어진다. 그래서 평형점에서 개체수를 이들 두 매개변수에 대해 그리면, 그림 3.7과 같이 된다. 3개의 평형점 가운데 어떤 2개가 융합하여 소멸하는 것에서, 여러 가지 조합이 얻어지는 것이다. 이때 그림의 점 P에서는 2개의 습곡 카타스트로프(A와 B)가 발생하고 있다. 이것을 **피치포크(pitchfork) 분기**, 또는 **커스프 카타스트로프**라고 한다.

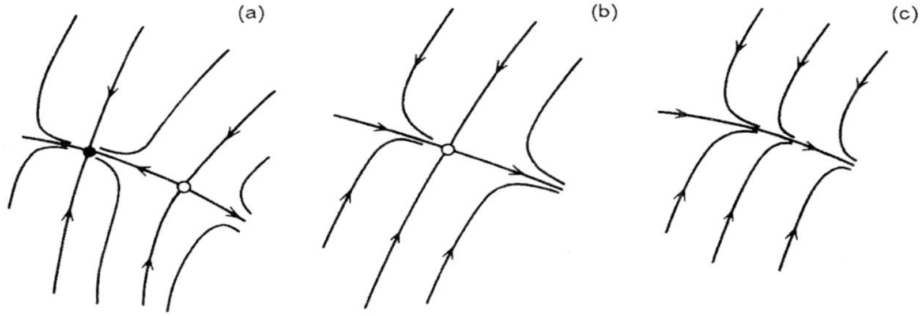

그림 3.6 안장점-노드분기. (a) 안정평형점(노드)과 불안정평형점(안장점)이 있고, (b) 매개변수가 변화하면 양자가 융합하고, (c) 이후 함께 소멸한다. (b)의 평형점을 안장점-노드라 한다.

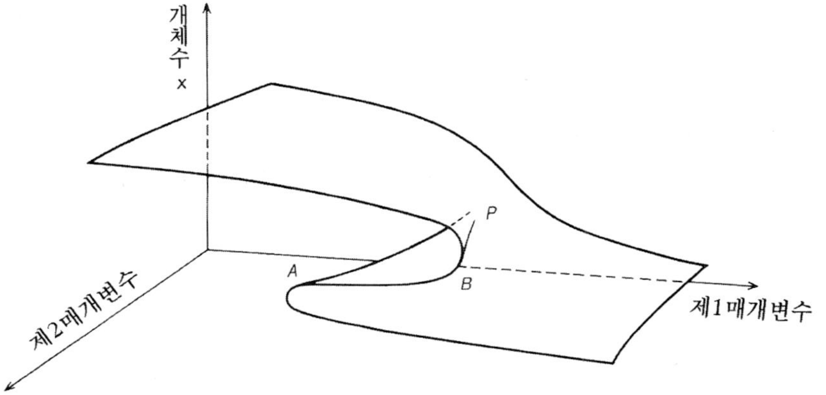

그림 3.7 커스프 카타스트로프. 평형점의 위치를 한쪽의 매개변수에 대해서 그리면 그림 1.7과 같이 되고, 중간에 쌍안정인 부분이 있다. 이 쌍안정인 부분은 다른 쪽의 매개변수를 작게 하면 좁아지고 결국에는 없어진다. 평형점의 값을 이들 두 매개변수의 함수로 표시하면 2개의 습곡 카타스트로프(A와 B)가 발생하는 점 P근방에서는 이 그림과 같은 커스프 카타스트로프라 부르는 형태가 되어 있다.

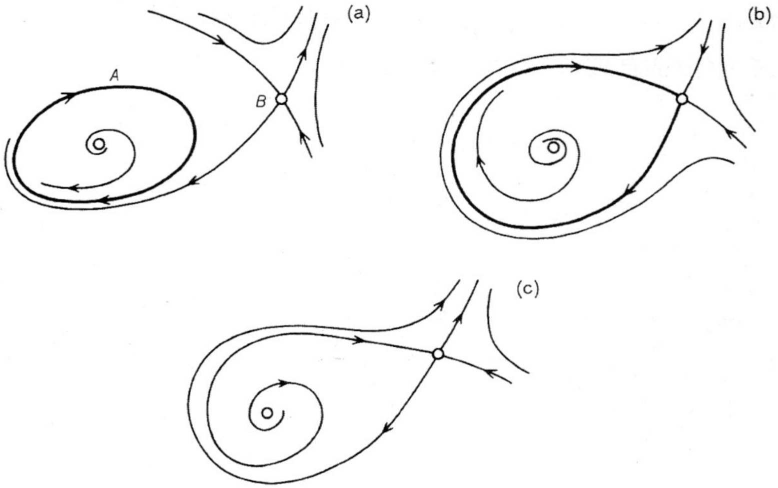

그림 3.8 무한주기분기. (a) 안정한 한계주기궤도 A 근방에 안장점 B가 존재한다. (b) 매개변수를 변화시킴에 따라 양자는 서로 접근하여 결국에는 융합한다. 이것을 **안장점 연결**(saddle connection)이라한다. (c) 더 나아가면 한계주기궤도가 소멸한다.

진동해의 생성 · 소멸이 일어나는 방법에는, 그림 3.4의 호프분기 외에도 여러 가지 형이 알려져 있다. 그림 3.8에 도시된 것은, 안정한 한계주기궤도가 가까이에 있는 어떤 안장점과 융합하여(saddle connection), 이후 소멸하는 것이다. 소멸하기 직전의 매개변수를 취하면, 평형점 근처에서 상태점의 움직임이 대단히 느리므로, 주기해의 가운데 평형점 가까이를 통과하는 부분에 매우 오래 머무른다. 매개변수와 함께 주기가 점차로 길어지고, 그 극한에서 한계주기궤도가 없어지므로 이 분기를 **무한주기분기**라 한다. 또한 안정과 불안정의 2개의 한계주기궤도가 쌍이 되어 융합하여 소멸하는 경우도 있다.

이상과 같은 평형상태나 진동이 시작되는 방법은, 상미분방정식으로 표현되는 모델에 한하지 않고, 편미분방정식, 차분방정식 등을 포함해서 비선형역학계에 나타나는 매우 일반적인 특징이다.

3.4 전염병의 유행

전염병이 집단 중에 퍼져가는 모양은, 포식자와 먹이의 동태를 나타내는 것과 닮은 역학계 모델에 의하여 해석할 수 있다. 인간의 병에 관해서는 많은 통계 자료가 얻어지므로 전염병의 모델은 생태학의 수리 모델 가운데서 가장 정밀하게 발전하고 성공해 온 것 중의 하나다.

보통은 병원체 자체의 개체수를 모델의 변수로 잡는 것이 아니고, 전염병과의 관계에 의해 숙주(인간)를 몇 개의 등급(class)으로 나누어, 각각에 속하는 인구의 시간 변화를 추적한다. 만약 병원체에 감염되어 있지 않으나 지금부터 감염할 가능성(감수성)이 있는 인간의 수를 x, 병에 걸려있어 다른 인간에게 전염시킬 가능성이 있는 인간의 수를 y라 하자. 가장 간단한 방정식은 다음과 같이 주어진다.

$$\frac{dx}{dt} = -bxy \tag{3.4a}$$

$$\frac{dy}{dt} = bxy - cy \tag{3.4b}$$

여기서 전염계수 b는 감수성이 있는 인간이 환자로 인하여 감염되는 비율을 표시한다. c는 환자가 회복되든지 또는 사망하든지 하여 환자가 아니게 되는 비율을 표시한다. 회복된 환자는 면역이 생기므로 사망자의 수에 포함시키기로 한다(Kermack and McKendrick, 1927). 그림 3.9는 봄베이 섬의 예인데, 주(週)별 페스트에 의한 사망자의 수를 나타내고 있다. 약 반년사이에 증가되고 감소되는 모양은, 위 식에 의하여 잘 기술할 수 있다.

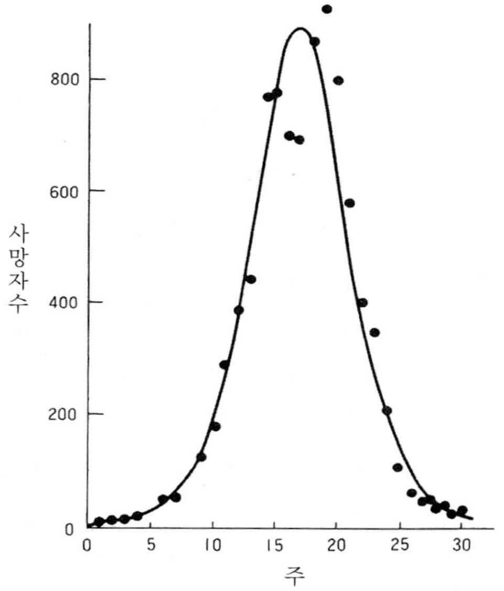

그림 3.9 1905년 12월 17일부터 1906년 7월 21일 사이의 봄베이 섬에서 페스트에 의한 사망자 수(주당)(Kermack and McKendrick, 1927).

식 (3.4)는 롯카 · 볼테라 포식계 (3.1)에서 $r = 0$이고 $a = b$인 경우에 대응하고 있다. 그러므로 식 (3.2)에 표시된 보존량 $V(x, y)$를 상수와 같다고 둔 식이 해의 궤적을 준다. 이를 y에 대해서 풀면

$$y = -x + \left(\frac{c}{b}\right)\log x + (\text{상수}) \tag{3.5}$$

가 된다. 즉 상이한 초깃값에서 출발한 해의 곡선은 꼭 같은 형을 하고 있어

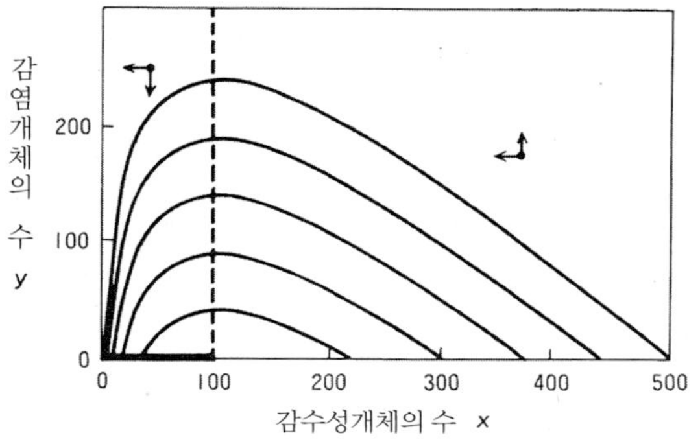

그림 3.10 병의 동태 모델 (3.4)의 궤도. x축 상의 점은 모두 평형점이다. $x > c/b$인 점에 약간의 y가 침입하면 병이 일시적으로 퍼져서 이후 진정된다. $x < c/b$인 경우에는 침입한 병은 퍼지지 않는다. $c/b = 100$.

서, 상하로 평행이동하면 겹쳐질 수 있다(그림 3.10).

x축상의 모든 점($y = 0$)은 평형상태이다. 이것은 감수성이 있는 인간뿐이고 환자가 한명도 없는 집단에서는 병이 자연발생하지 않는다는 것을 나타낸다. 이와 같은 집단에 적은 수 $y(0)$의 환자가 들어왔다고 해보자. 이때의 시스템의 행동은, 감수성을 가진 인간의 초기 개체수에 의해 두 가지 경우로 나눌 수 있다. 작은 개체군에서 $x(0) < c/b$일 때는 병은 거의 퍼지지 않고 소멸하는데, $x(0) > c/b$이면 일단 병이 만연하고 나서 소멸한다. 이 사이에 한 번도 병에 걸리지 않은 인간의 수가 $x(\infty)$이다.

이것은 숙주개체군의 밀도가 높아지면, 지금까지 눈에 띄지 않던 병원체가 유행하여 참담한 결과를 낳는다는 것을 나타낸다. 또 '백신'을 접종하여 면역을 갖게 하는 것은 감수성을 갖는 개체의 수 $x(0)$을 감소시키기 위해서인데, 전원에 접종하지 않더라도 $x(0)$을 c/b보다 작게 할 수 있으면 병의 유행을 막을 수 있다.

3.5 전염병에 의한 개체수의 조절

생물의 야외개체군의 크기가 먹이나 서식장소 등에 의해 제한되는 예는 눈에 많이 띈다. 과연 전염병의 만연에 의해 개체수가 억제되는 일은 있을 수 있는가. 이 물음에 답하기 위해서 Anderson and May (1979)는 숙주의 증식을 고려한 모델을 분석했다.

$$\begin{aligned}\frac{dx}{dt} &= r(x+y+z) - bxy - ex \\ \frac{dy}{dt} &= bxy - (c+e+v)y \\ \frac{dz}{dt} &= vy - ez\end{aligned} \tag{3.6}$$

여기서 z는 병에서 회복하여 면역을 가진 개체의 수, r은 증식률, e는 사망률이고 $r > e$라고 한다. 또 갓 태어난 개체는 감수성을 가진다고 가정하고 있다. b는 전염계수, v는 병에서 회복하는 비율이다. (병이 없으면 $y = z = 0$으로 두어보라) 이 개체군은 무한히 증식해간다.

이 방정식은 $c > (r-e)(1+v/e)$ 인 경우에는 안정한 평형점을 하나 가지고 어떤 초깃값에서도 거기에 접근한다. 그렇지 않은 경우에 개체수는 병에 의해서는 억제되지 않고 무한히 증가해간다. Anderson and May는 야외집단에 병이 유행하는 자료를 이 모델로 매우 잘 설명했다. 이후 장내 기생충 등의 대형 기생생물을 취급하기 위한 모델과, 기생개체군에 사회구조나 공간구조 등을 고려한 병원체의 개체군동태이론을 전개하여, 위생학상의 정책 결정에도 공헌하고 있다(Anderson, 1982).

그런데 병이 전염되는 속도를 감수성을 갖는 인간의 수 x와 환자의 수 y

의 곱 bxy가 아니고, $bx^p y^q$와 같이 비선형이 된다고 가정해 보자. 그러면 앞서 소개한 여러 가지 분기가 나타나게 된다(Liu 등, 1986). 그 지역에 대유행도 하지 않고 소멸 되지도 않고 지속되는 풍토병에 대응하는 해, 조금이라도 침입하면 폭발적으로 대유행하고 이후 소멸해 버리는 해, 또한 규칙적인 주기적 진동을 하는 경우의 해 등으로, 모델은 매개변수에 따라 여러 가지 행동을 나타낸다. 한 쌍의 매개변수에 대해서도 어떤 초깃값에서는 안정하게 지속되는 정상해에 수렴하고, 다른 초깃값에서는 한 번만의 대유행 후에 소멸하는 등, 상이한 결과를 나타내는 수도 있다.

3.6 리아프노프(Liapunov) 함수와 대역안정성

평형점 근방에서 역학계를 선형화하는 방법으로는 국소적인 안정성만을 조사할 수 있을 뿐이다. 대역적인 안정성을 증명하는 강력한 방법으로는 리아프노프 함수가 있다. 예로서 식 (3.3a, b)의 모델에서 $h=0$으로 했을 때를 생각해보자. 상태점 좌표 $(x(t), y(t))$의 함수

$$V(x,y) = bx - c\log x + ay - r\left(1-\frac{c}{Kb}\right)\log y \tag{3.7}$$

의 값은, 시스템이 역학계에 따라 변화할 때 평형점 이외에서는 시간과 함께 단조감소하는 것을,

$$\frac{d}{dt}V(x(t), y(t)) = \frac{\partial V}{\partial x}\frac{dx}{dt} + \frac{\partial V}{\partial y}\frac{dy}{dt}$$

$$
\begin{aligned}
&= \left(b - \frac{c}{x}\right)x\left[r\left(1-\frac{x}{k}\right) - ay\right] + \left[a - \frac{r}{y}\left(1 - \frac{c}{kb}\right)\right]y(bx-c) \\
&= -\left(\frac{r}{Kb}\right)(bx-c)^2 \\
&\leqq 0
\end{aligned}
$$

에 의해 알 수 있다. 단 등호는 직선 $x = c/b$ 위에서만 성립한다. 이 직선상에서 점의 움직임은 평형점 $(c/b, (1-c/Kb)r/a)$ 이외에서는 직선을 비껴가는 방향이므로 그 위에 머물 수는 없다. 따라서 제 1 사분면의 어떤 점에서 출발한 궤도도, $V(x, y)$의 등고선을 바깥쪽에서 안쪽으로 가로지르면서, $V(x, y)$의 최솟값인 평형점에 수렴한다고 결론지을 수 있다. 이와 같은 성질을 가진 함수 $V(x, y)$를 **리아프노프 함수**라고 하며, 대역안정성을 증명하는 유력한 수단이다. 中島 (1978)는 생태학 모델에 유효한 리아프노프 함수를 다수 개발하고 있다. 그러나 리아프노프 함수는 모든 시스템에서 발견되는 것은 아니다. 이에 비해서 평형점 근방에서 선형화하여 고윳값을 구하는, 앞 장에서 소개한 국소안정성의 해석법은 넓은 범위의 시스템에 대해서 적용할 수가 있다.

연습문제 / 추가 참고문헌

연습 3.1 식 (3.1)의 공존평형점에서 선형화된 역학계는 축의 척도를 바꾸면 식 (2.12)의 형을 하고 있다. 그 고윳값을 구하면 허수이다. 또 평형점에 가까운 주기 궤도는 주기가 $2\pi/\sqrt{rc}$임을 보여라.

연습 3.2 (제3장 6절을 먼저 읽을 것). 식 (3.3)의 역학계에 있어서 K가 무한대이고, 식 (3.3a)의 제1항이 rx가 되는 경우를 생각하자. 또 두 종 공존점이 있다고 하자($b > ch$). 다음 함수

$$V(x,y) = (b - ch)x - c\log x + ay - \frac{rb}{(b - ch)}\log y$$

를 생각하여, 역학계에 따라 (x, y)가 움직일 때는

$$\frac{dV}{dt} = rh\frac{\{(b-ch)x - c\}^2}{(1+hx)(b-ch)} \geqq 0$$

이 성립함을 보여라. 이것에서 함수 $V(x,y)$가 시간과 함께 단조증가함을 알 수 있다. 그 결과는 평형점 둘레의 진동이 차차 커져서 평형점에서 멀어져 나가는 것을 표시하고 있다. 이와 같이 리아프노프 함수는 시스템의 불안정성을 증명할 때도 이용된다.

연습 3.3 식 (3.3)의 역학계에 대해서 $b > ch$로 하여 다음을 증명하라.

(1) 제 1 사분면에 있는 평형점의 좌표는

$x_0 = \frac{c}{(b-ch)}$, $y_0 = \frac{r}{a}\left(1 - \frac{x_0}{K}\right)(1 + hx_0)$ 이다.

(2) 이 평형점에서 선형화 역학계의 행렬의 성분은

$$\frac{\partial}{\partial x}\left(\frac{dx}{dt}\right)= rhx_0 \frac{K-\dfrac{1}{h}-2x_0}{K(1+hx_0)}$$

$$\frac{\partial}{\partial y}\left(\frac{dx}{dt}\right)=-\frac{ax_0}{(1+hx_0)}$$

$$\frac{\partial}{\partial x}\left(\frac{dy}{dt}\right)=\frac{by_0}{(1+hx_0)^2},\ \frac{\partial}{\partial y}\left(\frac{dy}{dt}\right)=0$$

이다.

(3) 이 행렬의 고윳값을 따르는 (만족하는) 방정식을 유도하라. 복소수근을 가지는 경우에 대해서 평형점은 $x_0 > (K-1/h)/2$ 이면 안정(실수부가 음(-))해지고 $x_0 < (K-1/h)/2$ 이면 불안정(실수부가 양(+))해짐을 확인하라.

(4) $dx/dt = 0$ 의 등복각선은 위로 볼록한 포물선이다. 평형점이 이 등복각선의 정점(peak)보다 왼쪽에 있으면 불안정하고, 오른쪽에 있으면 안정함을 증명하라. 또 그림 3.3a 및 3.3b와 대응시켜 도형 위에서 확인하라.

연습 3.4 호프 분기가 생길 때, 최대의 실수부를 갖는 고윳값은 복소수쌍이고, 이들의 실수부가 음(-)에서 양(+)으로 변한다. 호프 분기에서는, 그림 3.4에 도시한 것과 같은 안정 진동해가 시작되는 것 외에, 또 하나의 유형이 있다. 그것은 국소안정인 평형점(포커스)의 둘레를 둘러싸서 불안정한 주기 해가 존재하고, 그 크기가 점차 작아지고 결국에는 평형점과 융합하여, 이후에는 불안정 평형점 하나가 남는다고 하는 것이다. 그림 3.4와 같은 위상평면도를 그려라. 이 모양을 **아임계**(subcritical)라고 부르고, 그림 3.4에 도시한 모양을 **초임계**(supercritical)라고 부른다. 이들을 구별하기 위해서는 고차항에 관한 추가 조건을 계산할 필요가 있다. 상세한 것은 Guckenheimer와 Holmes (1983) 및 Liu 등 (1986)을 참조.

연습 3.5 앞 장의 롯카·볼테라 경쟁계 (2.1)에서 $1 > ab$일 때, 다음의 리아프노프 함수를 생각해 보자. 공존점을 (x_0, y_0)라 하면,

$$V(x,y) = \frac{1}{a}(x-x_0)^2 + 2(x-x_0)(y-y_0) + \frac{1}{b}(y-y_0)^2 \tag{3.8}$$

이 양은 평형점 (x_0, y_0)에서 최소이고, 등고선 $V(x,y) =$상수는 그 점을 둘러싸는 곡선군(타원)이 됨을 알 수 있다. 여기서 x, y가 식 (2.1)에 따라 t와 더불어 변화할 때, $V(x,y)$가 어떻게 증감하는가를 조사하자. 우선 식 (2.1)을

$$\frac{dx}{dt} = \frac{-r_1}{K_1}x[(x-x_0)+a(y-y_0)]$$

$$\frac{dy}{dt} = \frac{-r_2}{K_2}y[b(x-x_0)+(y-y_0)]$$

와 같이 변형한다. 여기서 함수 $V(x,y)$의 시간변화를

$$\frac{dV}{dt} = \frac{\partial V}{\partial x}\frac{dx}{dt} + \frac{\partial V}{\partial y}\frac{dy}{dt}$$

를 써서 계산하고, 평형점 이외에서는 항상 음(-)임을 증명하라. 여기에서 상태점은 제 1 사분면의 모든 점에서 출발하여, $V(x,y)$의 등고선을 바깥쪽에서 안쪽으로 교차하면서, $V(x,y)$의 최솟값인 공존평형점에 수렴한다고 결론지을 수 있다.

추가 참고문헌: Murdoch and Oaten (1975)은 포식관계에 대한 우수한 내용의 총론이다. 집단생물학의 비선형계의 해석은 Hofbauer and Sigmund (1988)에 상세히 나와 있다. 비선형현상에 대하여, Thomson and Stewart (1986)는 그림이 많이 있어 직관적으로 알 수 있도록 설명되어 있다. Guckenheimer and Holmes (1983)는 표준적인 교과서이다. 리아프노프 함수에 대해서는 La Salle and Lefschetz (1961)에 자세히 나와 있다.

제4장 이산시간(discrete time) 모델

일년에 한 세대를 지내는 곤충의 개체군동태를 생각해보자. 앞 장에서 취급해 온 미분방정식에 의한 연속시간 모델보다는, 어느 해의 개체수에서 다음 해의 개체수가 계산되는 모델이 바람직하다고 생각된다. 한 해에 수세대를 지나는 경우에도, 인접한 세대가 겹치지 않으면 이와 같은 이산시간 모델이 적용된다.

이산시간 모델은 간단하게 보이지만, 실은 미분방정식 모델보다 훨씬 복잡한 양상을 보인다. 이 장에서는 간단한 단일종 모델에 대해서, 처음에는 안정했던 것이 증식률의 밀도의존율이 강해짐에 따라 진동이 시작되고, 몇 번의 분기 후에 카오스(chaos)적 양상을 보이는 과정을 설명한다. 또 2변수의 역학적 모델의 예로서, 기생벌과 숙주의 동태 모델을 소개한다.

4.1 곤충의 동태

로지스틱 성장의 이산시간 모델을 생각해 보자. X_t는 t번째 세대의 개체수라 하자.

$$X_{t+1} = X_t + X_t r\left(1 - \frac{X_t}{K}\right) \tag{4.1}$$

제2항은 1세대동안의 증가분을 나타내고 있는데, 여기서는 로지스틱 식 (1.2)의 단위시간당 증가율과 같은 함수로 가정했다. 이 경우 저밀도일 때는 개체수가 매세대 $1+r$ 배로 증가하지만, 밀도가 높아짐에 따라 증가율이 떨어지고, K를 초과하면 오히려 감소하게 된다.

식 (4.1)에서는 X_{t+1}이 X_t의 함수로 주어져있다. 이와 같이 어떤 세대의 개체수를 앞 세대의 개체수의 함수로서 그래프에 표시한 것을 **재생산곡선** (reproduction curve)이라 부른다. Fujita and Utida (1953)는 콩 종류에 서식하는 팥바구미를 페트리접시(petri dish)에서 배양하고, 그 개체수의 변동을

$$X_{t+1} = \frac{aX_t}{(1+bX_t)} - cX_t \tag{4.2}$$

를 써서 해석했다. 또 수산학에서는 다음의 Ricker 식이 잘 쓰인다.

$$X_{t+1} = X_t \exp\left[r\left(1 - \frac{X_t}{K}\right)\right] \tag{4.3}$$

그림 4.1은 팥바구미나 콩바구미를 이용한 실험 자료를 표시하고 있다. 생육 조건이나 종의 차이에 따라 개체수의 변동 양식이 크게 달라지는데, 이것은 위와 같은 모델에 의해 설명할 수가 있다.

평형상태를 $X_{t+1} = X_t$로 두어 계산하므로, 그림에서는 재생산 곡선과 $y = x$의 교점으로서 구해진다(그림 4.2). X_1에 대한 다음 세대에서 값 X_2는 곡선을 사용하여 구할 수 있으나, 세로축에 있는 X_2를 가로축으로 돌려놓는 데는, 직선 $y = x$를 이용하는 것이 편리하다.

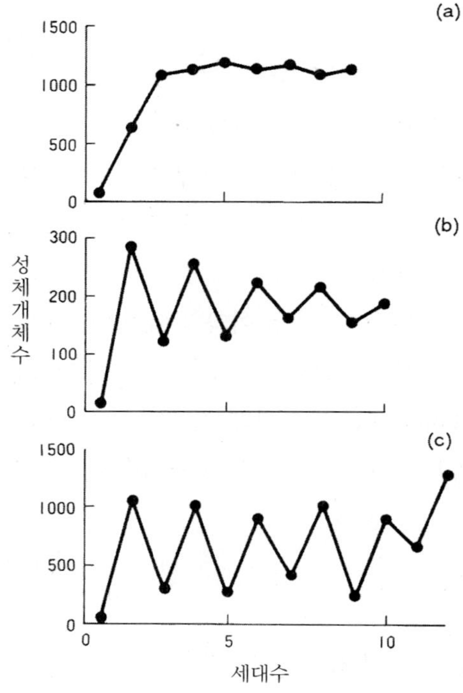

그림 4.1 콩 종류에 기생하는 곤충을 이용한 실험개체군동태. (a) 팥바구미. 개체군은 평형 값에 급속히 수렴한다(Fujii, 1968). (b) 콩바구미. 개체수의 수렴은 느리다(Utida, 1967). (c) 콩바구미. 수렴은 하지 않고 진동을 계속한다(Fujii, 1968).

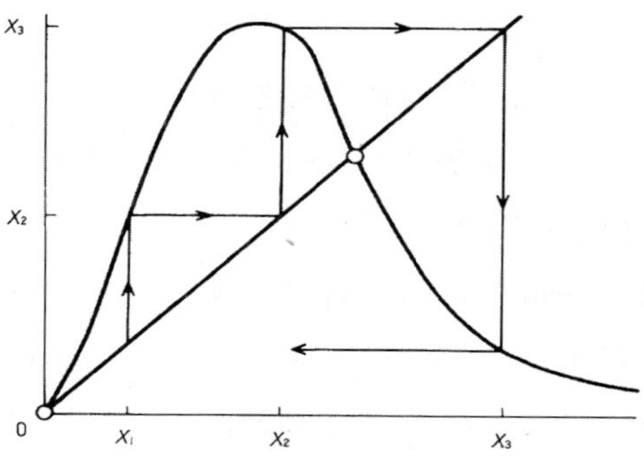

그림 4.2 재생산곡선. 다음 세대의 개체수를 앞 세대의 개체수의 함수로 표시한 것을 **재생산곡선**이라고 한다. 이 곡선과 직선 $y = x$와의 교점이 평형상태이다. 개체수의 변동을 도표상에서 추적할 수가 있다.

같은 방법으로 X_2 에서 X_3 을 구하고, 이어서 X_4 와 그래프를 써서 차례로 개체수를 구할 수가 있다. 예를 들면 그림 4.3a의 경우에는 안정한 평형점 $X = K$ 에 수렴하는 것을 볼 수 있다.

식 (4.1)의 모델에는 $\overline{X} = 0$과 $\overline{X} = K$인 두 개의 평형점이 있다. r이 차례로 크게 변해갈 때 시스템의 동태가 어떻게 변하는가, 특히 평형점에서 조금 벗어났을 때 원상태로 돌아오는 모양을 주의해 보자. r이 1보다 작을 때는 평형점에는 아래로부터 접근하는데, r이 커져감에 따라 평형점으로 돌아오는 것이 점차 빨라진다(그림 4.3a). r이 1을 넘으면 평형점을 지날 수가 있다. 즉 어느 해의 밀도가 평형치보다 낮으면 다음 해에는 평형치를 넘어서 커지고, 그다음에는 다시 낮아진다. 이를 되풀이 하다가 최종적으로는

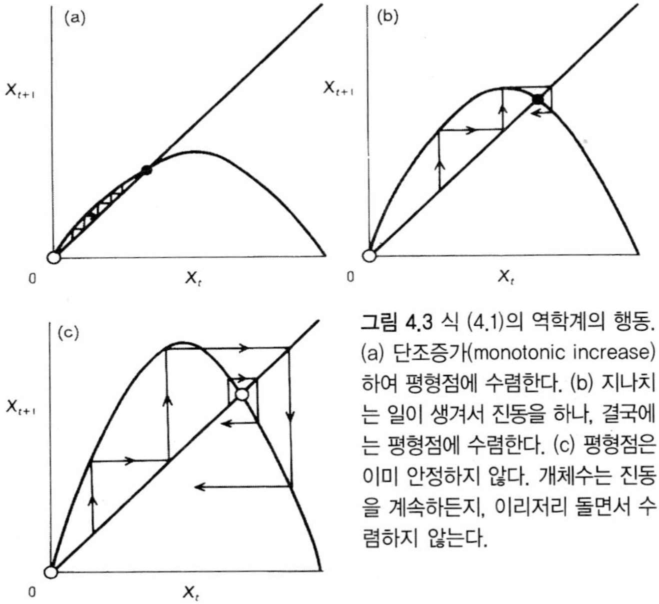

그림 4.3 식 (4.1)의 역학계의 행동. (a) 단조증가(monotonic increase)하여 평형점에 수렴한다. (b) 지나치는 일이 생겨서 진동을 하나, 결국에는 평형점에 수렴한다. (c) 평형점은 이미 안정하지 않다. 개체수는 진동을 계속하든지, 이리저리 돌면서 수렴하지 않는다.

평형점에 수렴한다(그림 4.3b). r이 더욱 커지면서 지나치는 일이 강해지고, 결국에 r이 2를 초과하면 다시는 평형점에는 수렴하지 않고 멀어져가게 된다(그림 4.3c). 이때 주기가 2인 안정한 진동이 먼저 나타난다(연습 4.2 참조).

이상과 같은 행동을 조사하는 데는 평형점 근방에서 선형화하는 것이 좋다. 일반적으로 모델이 $X_{t+1} = F(X_t)$ 이면 평형상태 $\overline{X}$는 $\overline{X} = F(\overline{X})$를 만족한다. 이 평형점에서 벗어난 정도를 n_t라 하면, $X_t = \overline{X} + n_t$로 치환하여 역학계를

$$\begin{aligned}\overline{X} + n_{t+1} &= F(\overline{X} + n_t)\\ &= F(\overline{X}) + \frac{dF}{dX}n_t + \frac{1}{2}\frac{d^2F}{dX^2}n_t^2 + \cdots\end{aligned}$$

와 같이 테일러급수로 전개한다. 여기서 미분은 $x = \overline{X}$로 계산한다. $\overline{X}$가 평형상태이므로 양변의 제1항은 다음과 같다. 지금은 평형상태에서 매우 가까운 곳의 행동을 주목하고 있으므로, n_t에 관한 2차 이상의 항은 극히 작은 것으로 무시할 수 있다. 이와 같이하여 선형방정식

$$n_{t+1} = \frac{dF}{dX}n_t \tag{4.4}$$

가 얻어진다. 식 (4.4)는 벗어난 정도인 n_t가 공비 dF/dx의 등비수열임을 나타낸다. 그림 4.4에 도시된 것과 같이, 행동은 $\lambda = dF/dX$의 크기에 따라 분류된다(연습 4.2 참조). 식 (4.1)의 모델에서는 평형점에서 계산한 미분계수가 $dF/dX = 1 - r$이다.

r이 더 커지면 주기가 2로 진동해도 불안정해지고, 점차적으로 주기가 4

인 진동, 주기가 8인 진동 등으로, 주기가 2배가 되는 분기가 생긴다. 그림 4.5a는 주기가 4인 진동 해를 표시한다. 또한 어떤 분기가 생긴 매개변수의 값과, 그다음 분기에 대응하는 값과의 간격은 점차로 짧아진다. 매개변수와 함께 진동이 시작되고 복잡한 진동으로 변화해가는 모양은 평형점과 진동해를 나타내는 그림 4.6의 분기도표로 표시할 수 있다.

결국에는 카오스상태에 도달한다(그림 4.5b). 이 경우 모든 주기의 주기해가 존재하는 것에 더해서, 많은 점에서 출발한 궤도가 어떠한 주기해에도 수렴하지 않고, 일정 영역이 채워지게끔 움직인다. 극히 가까운 두 점에서

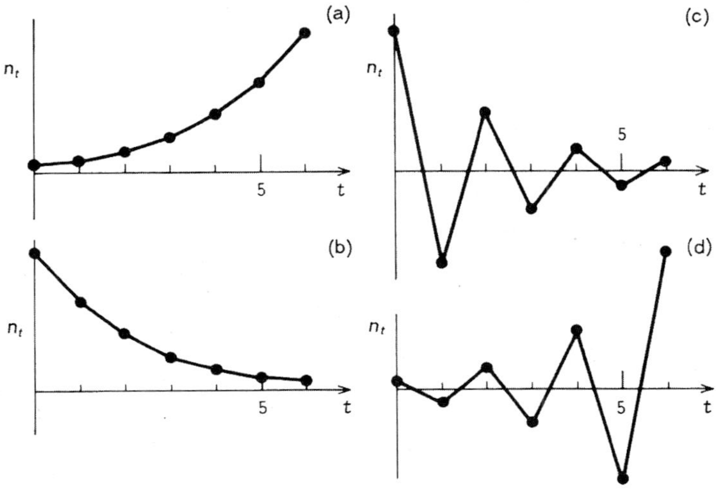

그림 4.4 등비수열 $n_{t+1} = \lambda n_t$의 행동에 대해서. 해는 $n_t = n_0 \lambda^t$이므로, (a) $\lambda > 1$ 일 때 벗어남은 시간에 따라 지수적으로 확대한다. (b) $0 < \lambda < 1$일 때는 벗어남은 시간과 더불어 단조하게 축소한다. (c) $-1 < \lambda < 0$일 때는 벗어남은 매회 부호가 바뀌나 절댓값은 작아진다. (d) $\lambda < -1$일 때는 벗어남은 매회 부호가 바뀌고 진폭도 커진다. 역학계의 행동을 보면 $n = 0$이 평형점이고, λ의 절댓값이 1을 초과하면 역학계가 불안정해짐을 알 수 있다.

출발한 두 개의 궤도가 시간이 경과함에 따라 크게 멀어지고, 역으로 초기에 크게 달랐던 궤도가 얼마든지 가까워 질수도 있다. 그 결과 시스템의 움직임은 극히 랜덤한 양상을 나타낸다.

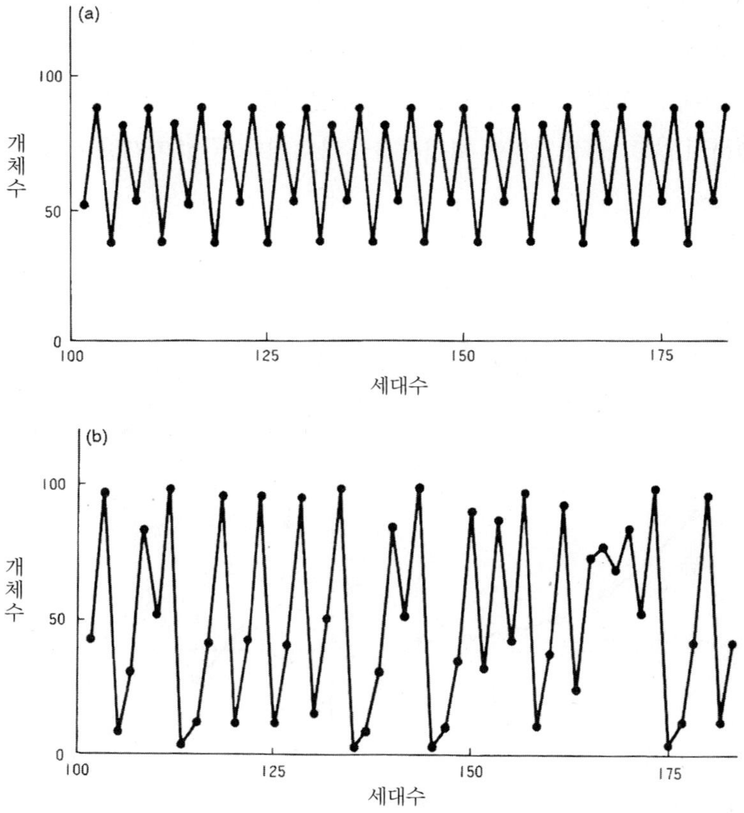

그림 4.5 식 (4.1)의 역학계의 해. (a) 주기가 4인 주기해. $r = 2.54, K = 100$. (b) 카오스. $r = 2.98, K = 100$.

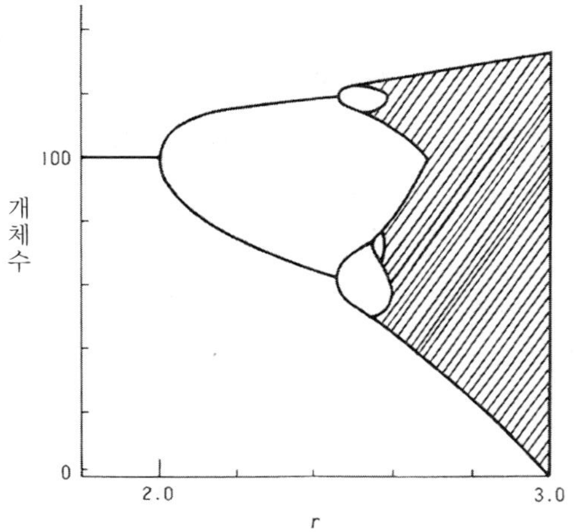

그림 4.6 분기도표. 매개변수 r이 증가함에 따라 평형상태는 불안정해져서 주기가 2인 진동이 시작된다. 그 후 주기가 4인 진동으로 바뀌고, 다음은 주기가 8로 차례로 분기해간다. 이들 주기해의 값을 매개변수 r에 대해서 그리면 이와 같은 분기도표가 된다. r이 더욱 커지면 결국에는 카오스가 시작되고 상태점은 어떤 구간에 걸쳐 퍼진다. (그림의 사선부분) 식 (4.1)에서 $K = 100$.

4.2 시간지연이 있는 동태

같은 1변수의 모델이면서, 이산시간 모델은 연속시간 모델에서는 볼 수 없는 복잡한 행동을 나타내는 것을 알았다. 그 원인은 개체군의 크기가 평형치를 뛰어 넘는 것에 기인한다. 이산모델에서는 X_{t+1}/X_t가 한 세대 동안 생긴 생존과 번식의 효과를 나타내는데, 이것이 앞 세대의 개체수 X_t에만 의존한다는 것은 밀도 조절의 시간지연이 포함되어 있다고 해석할 수 있다. 그렇다고 하면 연속시간 모델에서도 밀도 조절 효과가 시간지연을 가질 경우, 유사한 불안정이 생길 수 있을 것이다. 이를 표현하기 위해서, 미분방정식으로 표현되어 있는 개체군동태의 식 (1.2)에서 밀도 조절의 항에 직접 시간지연을 고려해본다.

$$\frac{dx}{dt} = rx(t)\left(1 - \frac{x(t-\tau)}{K}\right) \tag{4.5}$$

즉 개체당 증가율이 그때의 개체수가 아니라, τ만큼 앞 시점의 개체수에 의해 감소한다는 점이다.

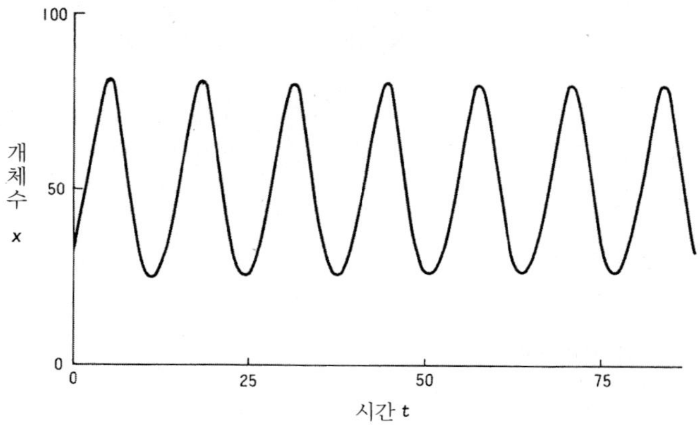

그림 4.7 지연이 있는 단일종의 개체군동태. 식 (4.5)의 진동해, $r=0.5$, $K=50$, $\tau=3.3$.

이 모델에서는 τ가 $\pi/2r$을 초과하면 진동을 시작한다(연습 4.3 참조)(그림 4.7). τ를 더욱 크게 하면 진동 진폭이 증가한다. 그러나 이 시스템에 대해서는 그 이상의 분기나 카오스는 생기지 않는 것으로 알려져 있다. 개체군의 연령구조나 생육단계의 구조를 고려하면, 식 (4.5)가 표현하고 있는 시간지연 τ를 갖게 하는 구조를 명확히 표현할 수 있는데, 이것은 제5장과 제6장에서 설명한다.

4.3 기생자와 숙주의 역학계

여러 종을 포함하는 이산시간의 모델도 같은 방법으로 해석된다. 가장 유명한 두 종의 이산시간 모델은 기생자와 숙주의 역학계이다. 전형적인 예로, 기생벌 암컷이 다른 곤충을 숙주(host)로 발견하고 산란하는 경우를 들 수 있다. 산란된 알은 부화하여 유충과 번데기의 시기를 숙주의 몸속에서 보낸 뒤, 우화(emergency)하여 나온다. 숙주를 반드시 죽이는 점은 포식자와 비슷하므로, 기생충이나 병원체와 구별하여 **포식기생자**(parasitoid)라고 불린다.

X_t를 t세대의 숙주의 수, Y_t를 기생자의 수로 하여 다음 모델을 생각해보자 (Nicholson and Bailey, 1935).

$$X_{t+1} = f X_t e^{-aY_t} \tag{4.6a}$$
$$Y_{t+1} = X_t\left(1 - e^{-aY_t}\right) \tag{4.6b}$$

식 (4.6a)는 기생자가 없을 때($Y_t = 0$)에, 숙주의 개체수가 매 세대 f배로 되어 등비수열로 증가함을 나타낸다. 각각의 숙주개체가 기생자에게 발견되지 않을 확률이 $\exp(-aY_t)$이다. 기생자의 암컷이 랜덤하게 숙주를 발견한다고 하면, 하나의 숙주가 발견되는 횟수는, 기생자의 수에 비례한 평균치 aY_t의 포아송 분포를 한다. 앞의 확률은 분포의 zero항에 해당한다(포아송 분포는 제8장에서 설명한다).

평형상태는 세대가 변해도 변화하지 않는다는 조건 $X_{t+1} = X_t = \overline{X}$, $Y_{t+1} = Y_t = \overline{Y}$에서 계산되고, $\overline{X} = [f/a(f-1)]\log f$, $\overline{Y} = (1/a)\log f$ 이다(연습 4.4 참조).

이들 평형점의 안정성은 평형점에서 벗어난 정도를 나타낸 $x_t = X_t - \overline{X}$ 와 $y_t = Y_t - \overline{Y}$ 가 따르는 식을 도출함으로써 조사할 수 있다. 차례는 앞서 기술한 1변수의 경우와 거의 같고, 이 장 끝에 있는 '부록B 이산시간의 역학계의 국소 안정성해석'에 기술했다. 그 결과, x_t와 y_t에 대한 2차 이상의 작은 항을 무시하면

$$\begin{pmatrix} x_{t+1} \\ y_{t+1} \end{pmatrix} = \begin{pmatrix} 1 & -\frac{f}{(f-1)}\log f \\ 1-\frac{1}{f} & \frac{1}{(f-1)}\log f \end{pmatrix} \begin{pmatrix} x_t \\ y_t \end{pmatrix} \qquad (4.7)$$

인 행렬방정식이 얻어진다(연습 4.4 참조). 평형점 근처에서 행동은 이 2차 정방행렬의 고윳값으로 조사할 수 있다. 2차 정방행렬의 고윳값을 계산했을 때, 그들의 절댓값이 모두 1보다 작을 경우에는, x_t도 y_t도 t가 증가하면 0이 되므로 평형점은 안정하다. 이에 대해 고윳값의 한쪽이라도 1보다 큰 절댓값을 가지면 평형점은 불안정하다(그림 4.8a).

조사해보면 식 (4.7)에 있는 행렬의 고윳값은 공액복소수 쌍이고, 절댓값이 1을 초과한다(연습 4.4 참조). 여기서 시스템이 공존평형점에서 조금이라도 어긋나면, 시스템은 진동을 시작하고 진동은 점차로 커져서 원래의 점에서 멀어져가는 것을 알 수 있고, 공존평형점은 불안정하다.

이와 같은 모델에 의해서는 야외에서 공존하고 있는 기생자와 숙주의 개체군동태를 나타낼 수 없다. 따라서 시스템을 안정화하기 위한 어떤 작용원리를 더할 필요가 있다. 우선 첫째로, 숙주의 개체군이 기생자 이외에도 자신의 먹이인 식물의 부족 등에 의해 밀도조절이 된다고 한다. 이것은 식 (4.6a)의 f가 $f\exp(-cX_t)$라는 형으로 밀도와 함께 감소하는 것에 의해 표시된다. 두 번째는 기생자가 산란할 때, 기생자 서로가 간섭함으로써 숙주

탐색의 효과가 떨어지는 것으로, 식 (4.6)의 a를 aY_t^{-Q}로 바꾸는 것으로 표현된다.

안정화에 기여하는 제3의 기전(mechanism)은 숙주의 중복도가 밀도와 더불어 증가하는 것이다. 식 (4.6)에 있어서는 숙주 1개체가 기생자에게 발견될 회수는 포아송 분포를 보인다고 가정되고 있으나, 이것은 비현실적이다. 오히려, 잘 발견되는 숙주는 여러 횟수에 걸쳐서 공격받는 한편, 한 번도 공격을 받지 않는 것도 많이 있다고 하듯이, 기생자에게 발견되는 횟수가 집중 분포되는 것이 일반적이다. 이 경향을 나타내기 위해서, May (1981)는 기생자에 발견될 횟수가 음이항분포에 따른다고 가정하여,

$$X_{t+1} = fX_t\left(1 + \frac{aY_t}{k}\right)^{-k} \tag{4.8a}$$

$$Y_{t+1} = X_t\left\{1 - \left(1 + \frac{aY_t}{k}\right)^{-k}\right\} \tag{4.8b}$$

라 했다(분포의 집중도 및 음이항분포에 대해서는 제8장에서 상세히 설명한다). 여기서 $(1 + aY_t/k)^{-k}$는 숙주가 기생자에게 발견되지 않을 확률인데, 집중도 지수가 상수 $1/k$이고, 평균이 기생자 수에 비례하여 aY_t라는 음이항분포의 zero 항에 대응하고 있다. 집중도가 작은 $1/k \to 0$인 극한에서 식 (4.8)은 니콜슨 · 베일리(Nicholson-Bailey) 모델(4.6)이 된다.

식 (4.8)에 있어서 숙주발견 회수는, 공격하는 기생자의 밀도가 낮을 때는 포아송 분포와 같으나, 밀도가 높아지면 기생자에 의한 공격의 대부분이 일부의 숙주에 집중하기 때문에, 무효한 공격이 많아지는 것을 나타낸다. 이 때문에 기생자 밀도의 증가가 억제됨과 동시에 일부의 숙주가 도와주어서 다음 세대가 남는다. 그 결과 집중도 지수가 충분히 크면($k < 1$) 평형점은

안정해진다(그림 4.8b)(연습 4.5 참조).

야외 자료에 따르면, 숙주개체가 기생되는 횟수가 집중분포하고 있다. 그 메커니즘으로서는, 숙주가 발견되기 쉬운 정도가 장소마다 크게 다르다는 것을 들 수 있다.

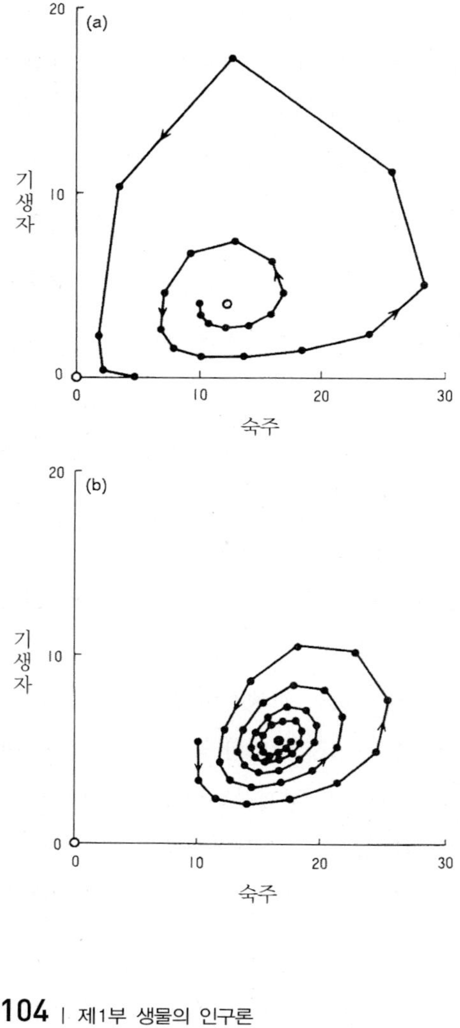

그림 4.8 포식기생자와 숙주의 두 종의 역학. (a) 니콜슨 · 베일리 모델. 공존평형점은 불안정하다. 식 (4.6)에서 $a = 0.1$, $f = 1.5$. (b) 숙주별 포식기생자의 공격수가 음이항분포이고, 또한 집중도가 충분히 강한 경우에는($k < 1$) 평형상태가 안정해진다. 식 (4.8)에서 $a = 0.1$, $f = 1.5$, $k = 0.7$.

또, 한번 발견된 숙주는 다른 기생자에게 발견되기 쉬워질 수 있다(May and Hassel, 1981). 단, 공격회수의 집중분포에만 의해 숙주와 기생자의 동태를 안정화시키기 위해서는, 관측되고 있는 사례보다 훨씬 강한 집중도가 필요하다.

4.4 생물적 방제

농장에서는 재배의 효율을 높이기 위해 단일 작물을 대량으로 재배하는 일이 많다. 이때 예상하지 못했던 곤충 등이 침입해서 대량 발생하여 작물을 거의 다 먹어버리는 일이 있다. 이러한 해로운 곤충도 본래의 서식장소에서는 그다지 수가 많은 것은 아니다. 그것은 포식자와 기생자 등 여러 가지 천적이 있어서, 해충의 수를 억제하고 있기 때문이다. 해충을 방제하기 위해서는 이들 곤충이 원래 서식하고 있던 생태계에서 그 천적인 기생벌 등을 도입하는 방법이 시도되고 있는데, 이 방법은, 농약만을 이용하는 방제방법과는 다른 **생물적 방제**라 한다.

그런데 해충을 숙주로 이용하는 천적에 몇 가지 종류가 있을 경우에는, 그들을 모두 도입하는 것이 좋은가 그렇지 않으면 주의 깊게 선택하여 천적 한 종류만을 도입하는 것이 보다 나은가?

이 문제에 답하기 위해서, May and Hassel (1981)은 하나의 숙주 X_t를 이용하는 두 종의 기생자 Y_t와 Z_t를 생각했다. 이 세 종은 원래의 서식장소에서는 공존하고 있는 것으로 하자(그림 4.9). 숙주가 기생자에게 발견될 횟수는 종마다 음이항분포를 하고 있다고 하고, 두 종의 기생자에게서 벗어날 수 있는지 어떤지는 독립이라고 가정하면,

$$X_{t+1} = fX_t\left(1+\frac{aY_t}{k}\right)^{-k}\left(1+\frac{bZ_t}{k'}\right)^{-k'} \tag{4.9a}$$

$$Y_{t+1} = X_t\left\{1-\left(1+\frac{aY_t}{k}\right)^{-k}\right\} \tag{4.9b}$$

$$Z_{t+1} = X_t\left(1+\frac{aY_t}{k}\right)^{-k}\left\{1-\left(1+\frac{bZ_t}{k'}\right)^{-k'}\right\} \tag{4.9c}$$

가 얻어진다. 여기서 두 종류의 천적 Y와 Z의 양쪽 모두 산란한 숙주에서는 경쟁에 강한 Y만이 나오는 것으로 한다. 세 종이 공존 가능하기 때문에, 숙주 안의 경쟁에서는 불리한 Z가 숙주탐색 능력에 있어서는 앞서 있을 것이다.

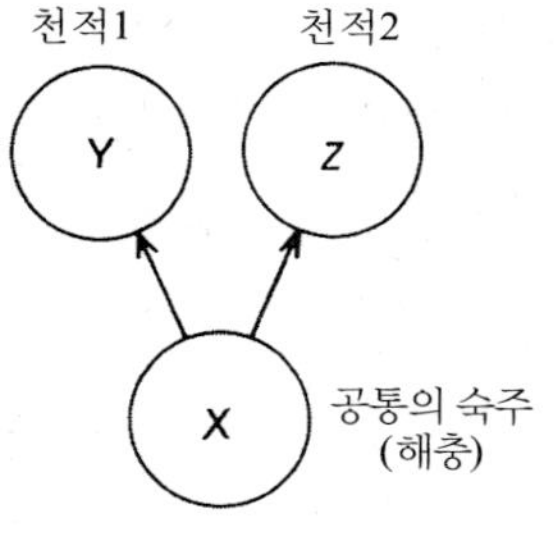

그림 4.9. 한 종류의 숙주(해충) X를 두 종의 포식기생자(천적) Y와 Z가 이용하고 있고, 세종이 공존할 수 있다고 하자. 이때 새로운 서식장소에서 해충 X의 밀도를 낮추기 위해서는, 천적 Y와 Z를 두 종 모두 도입하는 것이 좋은지가 생물학 방제의 논쟁거리다.

이 모델에서 두 종류의 천적을 도입한 경우의 해충(숙주) X의 평형밀도는, 어느 한 종류의 천적만을 도입한 경우에 비해서 항상 낮은 것을 알 수 있다. 이것은 여러 종류의 도입이 낫다는 것을 의미한다. 왜 그럴까? 발견횟수가 집중 분포한다는 이유 가운데 하나는, 숙주마다 발견되기 쉬운 정도가 다르고, 일부의 숙주는 발견되기 쉬운 장소에, 다른 것은 발견되기 어려운 장소에 있다는 것이다. 또 만일 두 종의 천적(Y와 Z)이 해충을 발견할 확률이 독립이라고 하면, 숙주 가운데는 두 종의 천적에게 발견되기 쉬운 장소에 태어난 것도 있고, Y에게는 발견되기 쉬우나 Z에게는 발견되기 어려운 것, 역으로 Z에게는 발견되기 쉬우나 Y에게는 발견되기 어려운 것, 그리고 양쪽의 천적에게 발견되기 어려운 것도 있을 것이다(그림 4.10). 이와 같은 생태적지위(niche)의 분화의 결과, 두 종을 도입함으로써 넓은 범위의 숙주가 공격대상이 되고, 이 때문에 평형 수준을 낮추는 데에 효과가 있다고 생각할 수가 있다.

여기서 천적 두 종이 동일한 방법을 사용하여 숙주를 탐색하는 경우를 생각해보자. 이 경우에는 한쪽 천적에 발견되기 쉬운 해충 개체는 다른 쪽에도 쉽게 발견된다. 이 경우를 표현하는 모델로는 숙주가 각각의 천적에 발견될 회수가 음다항분포를 한다고 가정하면,

$$X_{t+1} = fe^{r\left(1-\frac{X_t}{K}\right)}X_t\left(1+\frac{aY_t}{k}+\frac{bZ_t}{k}\right)^{-k} \tag{4.10a}$$

$$Y_{t+1} = X_t\left\{1-\left(1+\frac{aY_t}{k}\right)^{-k}\right\} \tag{4.10b}$$

$$Z_{t+1} = X_t\left\{\left(1+\frac{aY_t}{k}\right)^{-k}\left(1+\frac{aY_t}{k}+\frac{bZ_t}{k}\right)^{-k}\right\} \tag{4.10c}$$

의 식이 된다(Kakehashi 등, 1984). 숙주가 각각의 천적에게 발견될 회수는 식 (4.10)에서도 역시 음이항분포를 하고 있는데, 양자 사이에는 양(+)의 상관이 있다. 식 (4.10)의 모델에서는 숙주탐색능력은 우수하나 경쟁에는 약한 천적 Z만을 선택하여 도입한 쪽이, 양쪽을 도입하는 경우보다도 해충의 평형밀도가 낮아지는 것을 증명할 수 있다.

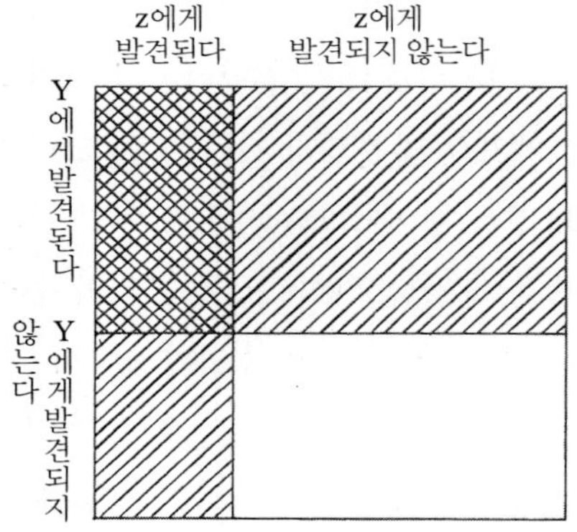

그림 4.10. 식 (4.9)에서는 두 종을 도입하는 쪽이 한 종을 도입하는 것보다 유리하다. 그 이유는, 두 종의 천적이 숙주탐색에 사용하는 단서가 독립이라고 가정되고 있으므로, 보다 넓은 범위의 숙주를 억제할 수 있기 때문이다. 만일 두 종이 비슷한 단서를 사용한다면, 한쪽에게 발견되기 쉬운 숙주는 다른 쪽에게도 발견되기 쉬우므로 이와 같은 효과가 작용하지 않고, 오히려 숙주탐색효율이 우수한 천적을 한 종만 도입하는 쪽이 해충을 억제하는 데 유리하다.

이들 두 개의 모델은 단일종 도입인가 다종 도입인가 하는 물음에 대해서 전혀 정반대의 결론에 이른다. 기생자(천적)가 산란할 숙주(해충)를 찾는 데는 냄새나 잎을 갉아먹은 자국 등을 단서로 하는데, 이들 두 모델에서는 두 종의 천적이 이용하는 단서가 한쪽에서는 다르고, 다른 쪽에서는 비슷하다고 하는 가정의 차이가 있다. 위의 결과는 천적의 행동을 상세하게 아는 것이 개체군의 동태 및 생물적 방제의 성공에 있어서 중요하다는 것을 시사한다.

연습문제 / 추가 참고문헌

연습 4.1 로지스틱 미분방정식 (1.2)의 해에 있어서 X_{t+1}을 X_t로 표시하면 차분방정식 (4.2)로 표시된다. $a = e^r,\ b = (e^r - 1)/K,\ c = 0$ 으로 치환해서 이것을 보여라. 또 다음의 진행형차분방정식도 이와 같은 형임을 보여라.

$$X_{t+1} = X_t + rX_t\left(1 - \frac{X_{t+1}}{K}\right)$$

실제로 연속시간 로지스틱 방정식 (1.2)의 r을 $\log(1+r)$로 치환하는 것만으로 일치한다(Morisita, 1965). 이것을 확인하라.

연습 4.2 $X_{t+1} = aX_t(1 - X_t)$에 대해서

(1) 평형점의 값을 구하라.

(2) 위의 시스템에 대해서 양(+)의 평형점 $\overline{X}$의 둘레에서 역학계를 선형화하여, $n_{t+1} = \lambda n_t$의 형으로 고쳐라. 이 시스템의 행동은 그림 4.4에 도식된 것과 같이 공비 λ의 값에 의해 분류된다. 이것으로 다음을 밝혀라. $0 < a < 1$ 일 때 양(+)의 평형점은 존재하지 않는다. $1 < a < 2$때 평형점에 단조수렴한다. $2 < a < 3$때 평형점 근방에서 진동하면서 수렴한다. $a > 3$때는 평형점은 불안정하다.

(3) a가 3을 약간 초과하면 시스템은 주기가 2인 진동을 한다. 이것은 다음과 같이 생각할 수 있다. $F(X) = aX(1-X)$로 두면, 2년 앞의 개체수가 $X_{t+2} = F(F(X_t))$가 된다. $a > 2$에서는 함수 $F(F(X))$의 그래프는 2개의 산을 가지고 있다. 평형점 $\overline{X} = 1 - 1/a$에서는 함수 $F(F(X))$의 그래프와 $X_{t+2} = X_t$가 만나는데, a가 3보다 작으면 그 외에는 교점이 없다(그림 4.11a). 교점에서 그래프의 기울기는 1보다 작으므로 평형점은 안정하다. a

가 점차 커져서 3을 초과하면 하나의 교점이 3개로 나뉘고, 평형점보다 큰 것과 작은 것이 더해진다(그림 4.11b). 이들은 2세대 후에 원래로 돌아오는 점이나, 평형점은 아니므로 한 세대에서는 원래로 돌아오지 않는다. 즉 주기가 2세대인 주기해를 나타내고 있다. 평형점은 그래프의 기울기가 1보다 크므로 불안정하다. (a와 3의 차가 극히 작으면) 그 외의 2개의 교점은 그래프의 기울기가 작으므로 안정하다. 이상의 논의를 그림 4.11을 참고해서 확인하라.

연습 4.3 시간지연이 있는 시스템 (4.5)의 평형상태가 안정에서 불안정으로 변하는 매개변수와 이때의 진동 주기를 다음과 같은 방법으로 구하라.

(1) 우선 평형상태에서 조금 벗어난 $n(t) = x(t) - K$에 관한 방정식을 도출하고, $n(t)$에 관해서 2차 이상의 항을 무시하고 구한 선형역학계는

$$\frac{dn}{dt} = -rn(t-\tau)$$

이다.

(2) 다음에 $n(t) = c\exp(at)\cos bt$ 인 형으로 진동하는 경우를 생각한다(이것은 복소고윳값 $\sigma = a \pm bi$ 에 대응하는 것이다). 이것을 대입하고, t에 관한 항등식 조건을 구해서 정리하면 다음 두 식이 얻어진다.

$$a = -\frac{b}{\tan b\tau} \tag{4.11a}$$

$$a^2 + b^2 = (re^{-a\tau})^2 \tag{4.11b}$$

(3) 이들 관계식의 도형을 a와 b의 그래프에 그리면, 그림 4.12와 같이 되고, 이들의 교점이 해이다. 최대의 a에 대응하는 해는 쌍으로 나온다.

(4) 여기서 식 (4.11a)의 그래프에 대해서 최소의 양(+)의 값을 갖는 b절편은 $\pi/2\tau$이고, 식 (4.11b)의 그래프에 대해서는 r임에 주의하자. 이들 2개의 b 절편의 대소에 의해서 최대의 a에 대응하는 근(두개의 그래프의 교점 가운데 가장 오른쪽에 있는 것)의 a가 양(+)이냐 음(-)이냐가 결정된다.

(5) $r\tau$가 작을 때는 모든 근의 a는 음(-)이고, 평형점은 안정하다. 그런데 $r\tau$가 $\pi/2$를 넘으면, 양(+)의 a를 갖는 해의 쌍이 출현하여, 이 모드는 시간과 함께 성장한다. 이들의 경계 $a=0$은 $r\tau=\pi/2$ 일 때다. 이때의 b의 값은 $b=\pm\,\pi/2\tau$이므로, 이것에서 진동의 주기가 $T=2\pi/|\,b\,|=4\tau$ 임을 알 수 있다.

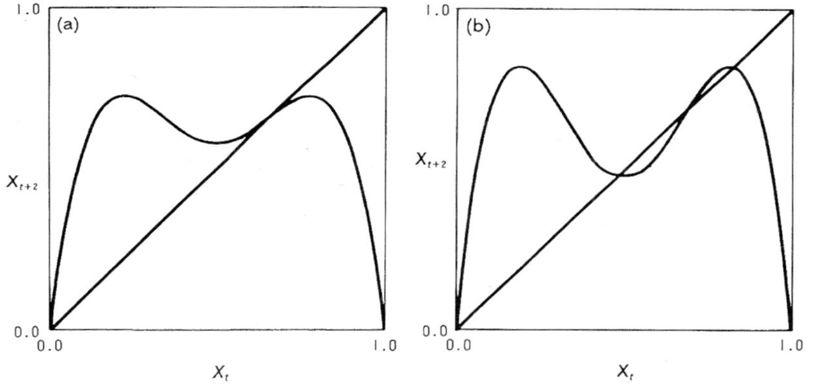

그림 4.11 $Y=F(F(X))$의 그래프. 직선은 $Y=X$이다. (a) 평형상태가 안정할 때, $a=2.9$. (b) 주기가 2인 주기해가 있을 때, $a=3.3$. 세개의 교점의 한가운데에 대응하는 평형상태는 그래프의 기울기가 1보다 크므로 불안정하다. 이 그림에서 주기가 2인 주기해가 나뉘어져 가는(분기) 모양을 알 수 있다. 연습 4.2 참조.

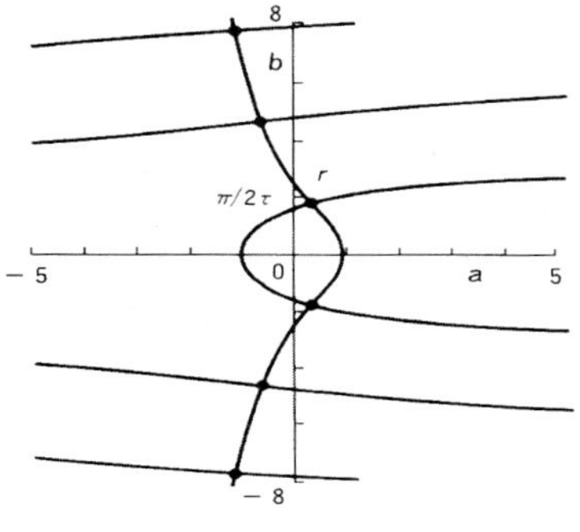

그림 4.12 식 (4.11)의 그래프. 식 (4.11a)는 옆으로 늘어나는 한 무리의 곡선을 표시한다. 식 (4.11b)는 세로로 늘어나는 곡선을 나타낸다. 식 (4.11a)의 b절편은 $b=\pi/2\tau$이고 식 (4.11b)의 b절편은 $b=r$이다. 두 그래프의 교점이 시간지연이 있는 개체군동태 (4.5)의 안정성을 결정한다. 이 그림에서는 $a>0$인 근 2개가 짝이 되어 나타난다. 따라서 평형해 $x(t)=K$는 불안정하고, 조금이라도 어긋나면 시스템은 크게 진동을 시작한다. $\tau=1,\ r=25.$

연습 4.4 X_t를 숙주의 개체수, Y_t를 기생자의 개체수로 하여 니콜슨 · 베일리 모델 (4.6)에 대해서

(1) 평형점을 구하라.

(2) 평형점 근방에서 선형화된 그 역학의 행렬이

$$\begin{pmatrix} 1 & -\dfrac{f\log f}{f-1} \\ 1-\dfrac{1}{f} & \dfrac{\log f}{f-1} \end{pmatrix}$$ 임을 보여라.

(3) 이 행렬의 두 개의 고윳값의 곱이 $f\log f/(1-f)$ 임을 보여라.

(4) 이 고윳값의 곱의(복소수인 뜻에서) 절댓값은 ($f>1$일 때는) 항상 1보다 큰 것을 증명하라. 그러므로 두 근 가운데 적어도 한쪽의 절댓값이 1보다 크므로 평형점이 불안정하다고 결론지을 수 있다.

연습 4.5 식 (4.8)의 역학계에 대하여

(1) 평형점을 구하고 그 점에서 선형화된 역학계의 행렬이

$$\begin{pmatrix} 1 & -\dfrac{k(f-f^{1-1/k})}{f-1} \\ 1-\dfrac{1}{f} & \dfrac{k(1-f^{-1/k})}{f-1} \end{pmatrix}$$ 임을 보여라.

(2) 두 고윳값의 곱이 $kf(1-f^{-1/k})/(f-1)$ 임을 보여라.

(3) $k<1$ 인 경우, 이 곱이 1보다 작아지는 것을 보여라($f>1$에 주의하라). 만약 두 고윳값이 복소수이면 이것은 평형점이 안정하다는 것을 의미한다. 또한 두 고윳값이 모두 실수일 때는, 이들이 모두 0과 1사이에 있는 것이 증명되고 평형점은 역시 안정하다. 이상의 사실에서 $k<1$인 경우에 평형점은

안정하다. 역으로 $k > 1$이면 고윳값의 곱이 1보다 커지므로 평형점은 불안정하다.

추가 참고문헌: 內田 (1975)는 팥바구미를 이용한 연구, Hassell (1978)은 기생자-숙주계에 대한 연구의 우수한 총론이다. 이산시간 모델이 만들어내는 카오스에 관해서는 May (1975)가 고전이고, Guckenheimer 등 (1977)이 우수한 논문이다. 제3장의 추가문헌에 추천한 비선형역학계의 책, 예를 들면 Guckenheimer and Holmes (1983) 및 Thompson and Stewart (1986)는 카오스에 대해서도 상세히 기술하고 있다. 생태학의 시계열(time series) 자료가 카오스적인지 어떤지를 아는 방법에 대해서는 Turchin and Taylor (1992)를 참조.

부록 B 이산시간의 역학계의 국소안정성 해석

다음과 같은 2차원의 이산시간 역학계(차분방정식)에 대해 생각해보자.

$$\begin{aligned} X_{t+1} &= F(X_t, Y_t) \\ Y_{t+1} &= G(X_t, Y_t) \end{aligned} \tag{B1}$$

평형상태$(\overline{X}, \overline{Y})$는 $X_{t+1} = X_t = \overline{X}$, $Y_{t+1} = Y_t = \overline{Y}$에서 $\overline{X} = F(\overline{X}, \overline{Y})$와 $\overline{Y} = G(\overline{X}, \overline{Y})$를 만족한다. 여기에서 어긋남을 x_t 및 y_t라고 하면 $X_t = \overline{X} + x_t$ 및 $Y_t = \overline{Y} + y_t$를 대입하여 2변수의 테일러급수로 전개하면

$$\begin{aligned} \overline{X} + x_{t+1} &= F(\overline{X} + x_t, \overline{Y} + y_t) \\ &= F(\overline{X}, \overline{Y}) + \frac{\partial F}{\partial X} x_t + \frac{\partial F}{\partial Y} y_t \\ &\quad + \frac{1}{2} \left\{ \frac{\partial^2 F}{\partial X^2} x_t^2 + 2 \frac{\partial^2 F}{\partial X \partial Y} x_t y_t + \frac{\partial^2 F}{\partial^2 Y^2} y_t^2 \right\} + \cdots \end{aligned} \tag{B2}$$

여기서 양변의 제1항은 같다. 어긋남 x_t 및 y_t에 대한 2차 이상의 항은 극히 작은 것으로 무시하면, x_{t+1}가 x_t와 y_t의 가중(加重)합으로 표시된다. 같은 방법으로 y_{t+1}에 대한 식을 유도하고, 양자를 조합하면,

$$\begin{pmatrix} x_{t+1} \\ y_{t+1} \end{pmatrix} = \begin{pmatrix} \frac{\partial F}{\partial X} & \frac{\partial F}{\partial Y} \\ \frac{\partial G}{\partial X} & \frac{\partial G}{\partial Y} \end{pmatrix} \begin{pmatrix} x_t \\ y_t \end{pmatrix} \tag{B3}$$

이라는 선형역학계가 얻어진다. 편미분계수를 이와 같이 나열한 행렬을 **야코비(Jacobi) 행렬**이라고 한다. 이들의 성분인 편미분은 평형상태 $(\overline{X}, \overline{Y})$에서 계산한다. 두 변수의 어긋남을 나열한 열벡터를 $\boldsymbol{n}_t = (x_t, y_t)^T$로 하고, 식 (B3)의 야코비 행렬을 A로 쓰면, 선형화된 역학계 (B3)은 다음의 행렬모델이 된다.

$$\boldsymbol{n}_{t+1} = A\boldsymbol{n}_t \tag{B4}$$

이것을 풀면 $\boldsymbol{n}_t = A^t\boldsymbol{n}_0$이 된다. 이 A^t의 행동은 선형대수 교과서에 있다. 그 결과를 종합하면, 우선 행렬 A의 고윳값 λ_1 및 λ_2, 이들에 대응하는 고유벡터 $\boldsymbol{u}_1$과 $\boldsymbol{u}_2$는

$$A\boldsymbol{u}_i = \lambda_i \boldsymbol{u}_i \qquad i = 1, 2 \tag{B5}$$

의 해이다. λ는 제2장에서 설명한 것과 같이 고유방정식 $\det|A - \lambda I| = 0$의 근(해)으로서 구해진다. 그리하여 식 (B4)의 해는

$$\boldsymbol{n}_t = \lambda_1^t C_1 \boldsymbol{u}_1 + \lambda_2^t C_2 \boldsymbol{u}_2 \tag{B6}$$

이 된다. 이것에서 t가 클 때는, 두 개의 고윳값 가운데 절댓값이 큰 쪽이 상대적으로 중요해지는 것을 알 수 있다. 또 고윳값의 절댓값이 모두 1보다 작은 경우에는, 양쪽 항이 모두 0에 접근하므로 안정하다. 만일 고윳값 가운데 한쪽이라도 절댓값이 1보다 클 때는, 대응하는 합이 t와 더불어 커지고, 어긋남 $\boldsymbol{n}_t$가 성장해가므로 평형상태는 불안정하다.

이상의 내용은 고윳값이 공액인 복소수의 쌍일 때도 성립하는데, 고유벡터도 복소수가 되므로 실수로 표시하는 쪽이 알기 쉽다. 두 개의 고윳값을 $\rho(\cos\theta \pm i\sin\theta)$ 인 형태로 바꾸어 쓰면 적당한 벡터 $\boldsymbol{v}_1$과 $\boldsymbol{v}_2$에 대해

$$\boldsymbol{n}_t = \rho^t (\cos(\theta t)\boldsymbol{v}_1 + \sin(\theta t)\boldsymbol{v}_2) \tag{B7}$$

로 표시됨이 알려져 있다. 그러므로 복소고윳값의 경우도 포함해서, 선형화된 역학의 행렬에 대해서 모든 고윳값의 절댓값이 1보다 작은 것이, 평형점의 안정성의 조건이라고 해도 좋다.

일반적으로 w 차원의 이산시간의 비선형역학계,

$$X_{i,t+1} = F_i(X_{1,t}, \cdots, X_{w,t}) \qquad i = 1, 2, \cdots, w \tag{B8}$$

에 대해 $(\overline{X_1}, \cdots, \overline{X_w})$를 평형점으로 하고, 거기에서 어긋남 $x_{i,t} = X_{i,t} - \overline{X_i}$ $(i = 1, \cdots, w)$를 생각하여 식 (B2)와 같은 계산을 하면, 선형역학계가

$$x_{i,t+1} = \sum_{j=1}^{w} \frac{\partial F_i}{\partial X_j} x_{j,t}$$

와 같이 얻어진다. 즉 평형점에서 계산한 야코비 행렬이 선형화역학계의 행렬이다.

3차 이상인 고차원의 선형화된 역학계에 대해서도, 안정성의 해석은 2차의 경우와 같이 행할 수 있다. 즉 행렬 고윳값의 절댓값이 모두 1보다 작으면 안정하고, 절댓값이 1보다 큰 것이 하나라도 있으면 불안정하다.

제5장 연령구조와 크기 분포의 동태

그림 5.1은 스페인과 멕시코의 인구의 연령구조를 표시한 것이다. 두 나라는 모두 스페인어 권에 있고, 문화적으로나 인종적으로 무척 가깝다. 그런데 스페인에서는 노인의 인구 비율이 높고, 멕시코에서는 아이들의 비율이 높다. 한편, 멕시코의 인구는 급속한 증가를 계속하고 있는데 비해, 스페인의 인구는 안정되어 있다. 이러한 사실은 사망률이나 출산율과는 어떤 관계에 있을까? 각각의 연령에서 사망률과 출산율이 주어졌을 때, 인구의 증감이나 연령구조를 예측할 수 있을까? 이와 같은 물음에 답하는 것이 인구학(demography)이다. 인구학은 원래 인간을 대상으로 한 연구 분야인데, 요즘에는 야외의 동식물 집단에 대해서도 적용되고 있다.

5.1 인구의 행렬 모델

일정한 시간 간격으로 개체수 조사를 규칙적으로 행한다고 하자. 설명을 간단히 하기 위해서 시간 단위를 1년으로 한다. 어느 해 t에 있어서, 만 연령 x를 가지는 암컷 개체수를 $n_{x,t}$라고 하면, 그다음 해의 각 연령의 개체수는

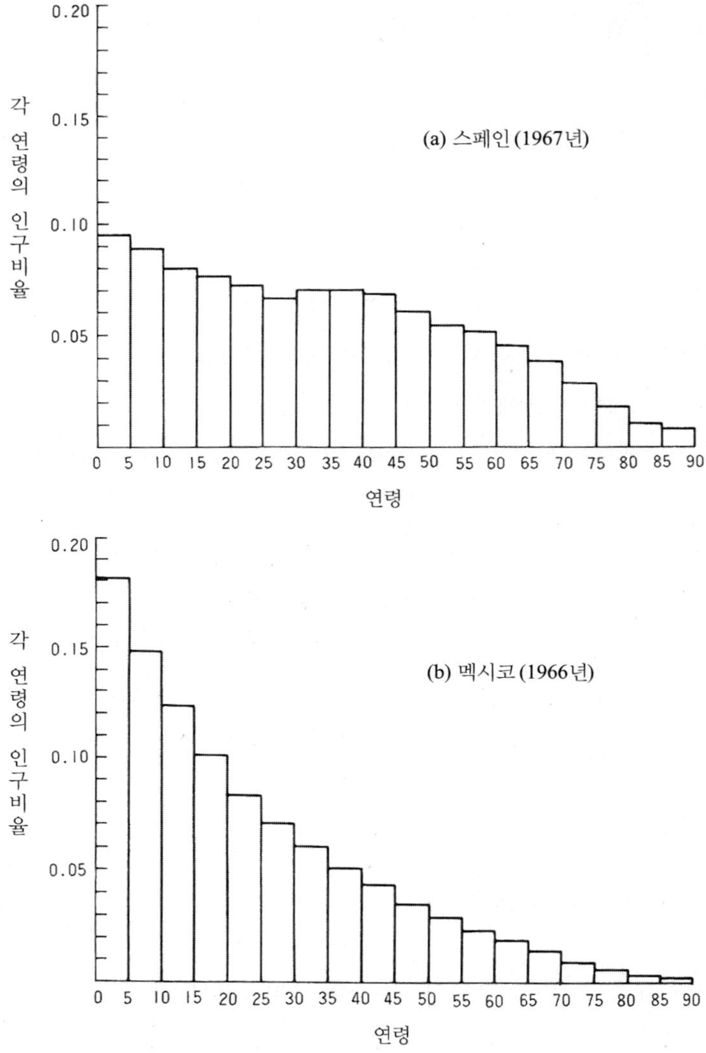

그림 5.1 인구의 연령구조. 여성만을 표시한다. (a) 스페인, 1967년, (b) 멕시코, 1966년. 인구증가율이 높은 멕시코에서는 젊은 연령의 인구가 상대적으로 많다(Keyfitz and Flieger, 1971).

$$n_{x+1,t+1} = p_x n_{x,t} \qquad x = 0, 1, \cdots, w-1 \tag{5.1a}$$

$$n_{0,t+1} = m_0 n_{0,t} + m_1 n_{1,t} + \cdots + m_w n_{w,t} \tag{5.1b}$$

가 된다. 여기서 p_x 는 x 세 개체의 연간 생존율이다. m_x는 x 세 암컷의 출산율인데, 1년 동안 암컷 1개체당 출산한 딸 수의 평균치이다. 인구학에서는 수컷의 존재나 역할은 문제 삼지 않는 것으로 되어있다. 또 태어났더라도 다음 조사시점까지 죽은 경우는 세지 않기 때문에, m_x는 실질 출산율에 유아기의 생존율을 곱한 것이다.

여기서 다음 행렬을 생각해 보자.

$$M = \begin{pmatrix} m_0 & m_1 & \cdots & m_{w-1} & m_w \\ p_0 & 0 & \cdots & 0 & 0 \\ 0 & p_1 & \cdots & 0 & 0 \\ \cdots & \cdots & \cdots & \cdots & \cdots \\ 0 & 0 & & p_{w-1} & 0 \end{pmatrix}$$

$n_{0,t}, n_{1,t}, \cdots, n_{w,t}$를 성분으로 하는 열벡터를 $\boldsymbol{n}_t$로 쓰면, 이것은 t년 후의 연령구조를 표시하고 있다. 위의 행렬과 이 벡터를 이용하면, 식 (5.1)은

$$\boldsymbol{n}_{t+1} = M\boldsymbol{n}_t \tag{5.2}$$

와 같이 쓸 수 있다. 행렬 M이 (제1행을 제외하고) 대각성분이 0이고, 그 하나 밑에 양(+)의 성분이 나열되고 있는 것은 매년 연령을 한살씩 먹는 것을 표시한다. 식 (5.2)를 반복해서 적용하면, t년 후의 연령구조 $\boldsymbol{n}_t$는, 초기의 것 $\boldsymbol{n}_0$을 이용하여 $\boldsymbol{n}_t = M^t\boldsymbol{n}_0$와 같이 행렬의 거듭제곱을 이용하여 계산할 수 있다.

5.2 안정 연령분포와 지수증식

식 (5.2)를 반복 사용하여 계산하면, 충분히 큰 t에 대해서는 각각의 연령을 갖는 개체의 비율(연령구조)이 일정해지고, 연령분포의 형이 수렴하는 것과, 그리고 전체적인 인구는 등비수열을 그리며 증가(또는 감소)하는 것을 알 수 있다. 증명은 뒤로 미루고 일단 이 결과를 받아들이면, 수렴했을 때의 연령분포의 모양이나 인구의 연간 증가율을 구하는 것은 쉽다. 연령구조의 벡터를 $\boldsymbol{n}_t = \boldsymbol{u}$ 로 두면, 1년 후에는 방향은 그대로이고 길이만 λ 배가 되므로 $\boldsymbol{n}_{t+1} = \lambda\boldsymbol{u}$ 로 둘 수 있다. 그러면 식 (5.2)는

$$\lambda\boldsymbol{u} = M\boldsymbol{u} \tag{5.3}$$

이 된다. 이 식의 성분을 구체적으로 써서, 계산으로 $\boldsymbol{u}$ 의 성분을 소거하면 λ가 만족해야 할 방정식

$$1 = \sum_{x=0}^{w} \lambda^{-x-1} l_x m_x \tag{5.4}$$

가 얻어진다(연습 5.1 참조). 여기서 $l_x = p_0 p_1 \cdots p_{x-1}$은 태어난 자손들 중 x세까지 생존할 수 있는 비율이다. 1년 당 증가율 λ는 식 (5.4)의 양(+)의 근으로 구할 수가 있다. λ는 각 연령의 생존율 $p_0, \cdots, p_{w-1}$과 출산율 $m_0, \cdots, m_w$의 증가함수이다.

이 λ를 써서 식 (5.3)을 만족하게끔 벡터 $\boldsymbol{u} = (n_0, \cdots, n_w)^T$를 결정하면, 그 성분은

$$n_x \propto l_x \lambda^{-x} \tag{5.5}$$

임을 알 수 있다(연습 5.1 참조). 단 $\boldsymbol{u}$ 는 방향만이 중요하므로 상수 배의 자유도가 남아있다. 이 수렴선의 연령분포는 안정 연령분포라고 한다.

식 (5.3)을 보면, 1년 당 증가율 λ가 행렬 M의 고윳값이고, 수렴하는 앞의 연령구조 $\boldsymbol{u}$ 가 대응하는 오른쪽 고유벡터이다. 행렬 M의 성분이 음(-)은 되지 않는다는 성질 때문에 프로베니우스(Frobenius)의 정리가 성립한다. 즉 고유방정식 (5.4)에는, 복소수까지 세면 전부 $w+1$개의 근이

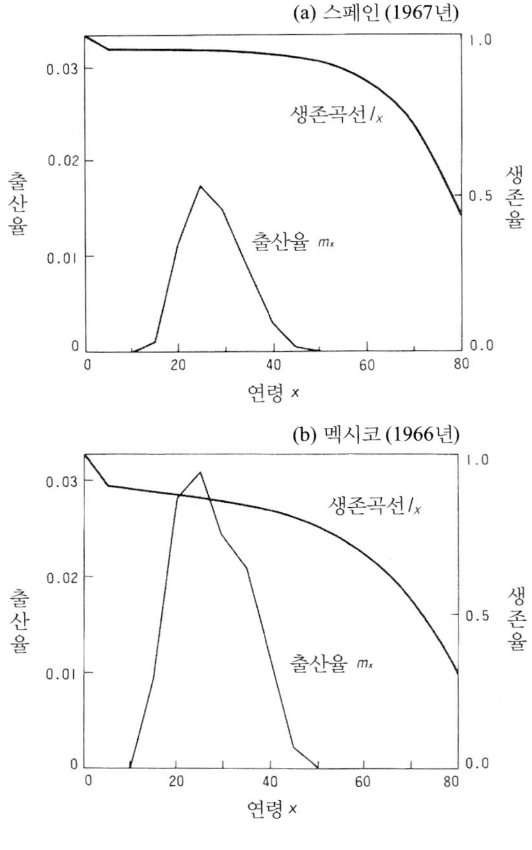

그림 5.2 연령마다의 출산율 m_x와 생존곡선 l_x. (a) 스페인과 (b) 멕시코의 여성에 대해서(Keyfitz and Flieger, 1971).

있는데, 양(+)의 실수해는 이들 가운데서 최대의 절댓값을 갖는다(Karlin and Taylor, 1975). 이것에 의해서 연령분포가 수렴하여, 개체수가 λ를 공비로 하는 등비수열로 증가한다는 결과가 나오는 것이다 (제4장 끝의 부록B를 참조).

0세의 아이가 x세까지 살아남을 확률 l_x를 연령에 대해서 그린 그래프를 **생존곡선**이라고 부른다(그림 5.2). 이때에는 1000개체가 태어난 후 x세까지 생존하는 개체수를 환산하여 그리는 경향이 있다. 식 (5.5)에 있는 안정 연령분포는 집단의 크기가 일정할 경우($\lambda = 1$)에는 생존 곡선 l_x와 비례한다.

그런데 개체수가 증가하고 있을 때($\lambda > 1$)는, 연령구조 (5.5)에 대한 젊은 개체의 기여가 생존곡선 l_x에 비해서 많아진다. 이것은 젊은 개체는 개체수가 많아진 최근에 태어났고, 나이 많은 개체는 집단의 크기가 작았던 옛날에 태어났기 때문이다. 신생아 수가 매년 λ의 비율로 등비수열을 그리며 증가하고 있으므로 식 (5.5)의 λ^{-x}라는 인자가 설명된다. 많은 개발도상국에서, 아이들이 인구에서 차지하는 비율이 큰 피라미드형 연령구조가 되어있는 주원인은, 생존율이 낮아서 l_x의 곡선이 연령과 함께 급속히 내려가는 것보다도 출산율이 높아서 인구 증가율이 크기 때문이다. 역으로 개체수가 해마다 감소하고 있는 경우($\lambda < 1$)에는 노년개체의 비율이 생존곡선 l_x가 표시하는 것보다 커진다. 그러므로 생존 곡선은 반드시 오른쪽으로 내려가게 되나, 안정 연령분포 (5.5)는 반드시 그렇지는 않다 (그림 5.3).

그런데 이와 같은 안정 연령분포에 수렴하지 않는 예외적인 경우가 있다. 예를 들어, 주기매미(periodical cicada)를 생각해보면 13년(다른 종족에서는 17년)마다 다수가 우화하고, 그 외의 해에는 거의 우화하지 않는다. 만일

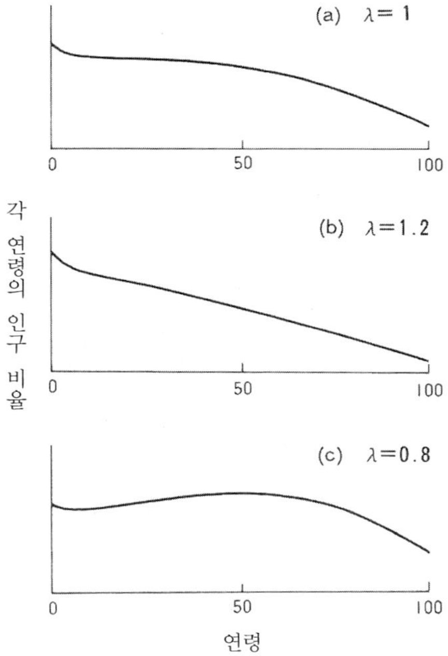

그림 5.3 안정 연령분포. 생존곡선이 동일하더라도 출산율이 달라서 인구증가율이 다르면 연령분포도 달라진다. (a) 인구가 일정한 경우($\lambda = 1$). (b) 증가하고 있는 경우($\lambda = 1.2$). (c) 감소하고 있는 경우($\lambda = 0.8$).

모든 개체가 같은 주기를 땅속에서 유충으로 지내고, 13년째에 우화하여 번식한다면, 13의 연령군(만 0세, 1세, ···, 12세)은 서로 독립이다. 이따금 어떤 연령군이 많으면, 이것은 언제까지나 다수가 존재하고, 그의 자손에 해당하는 13년 후의 연령군도 또한 많이 존재하는 것이 된다. 이와 같이 생애에 한번만 정해진 연령에서(또는 2 이상의 정수와 그 배수의 연령에서만) 출산이 행해지는 경우에는, 식 (5.2)의 모델은 안정 연령분포에 수렴하지 않는다.

실제로는 13년째에만 우화하는 것은 아니고, 12년째나 14년째에 우화하는 매미도 있기 때문에 처음의 분포가 명확하더라도 몇 세대를 지나는 동안에 우화의 정점(peak)이 점차로 퍼진다고 생각된다. 야외에서 볼 수 있는 화려할 정도로 명확한 양상이 유지되고 있는 것은, 전후의 해에 우화하는 것은 수가 적어 포식자에 모두 먹혀 버리나, 많은 수가 함께 우화하는 매미는 포식자가 다 먹어버릴 수 없어서 많은 수가 살아남기 때문(도피, escape라고 한다)이라고 생각된다(Lloyd and Dybas, 1966).

연령구조를 따르는 역학계 (5.2)에서는 개체수가 매년 λ배로 증가하므로 $N \propto \lambda^t$이인데, 이 점을, 연속시간의 인구 증가율을 표현하는 식 (1.1)에 따라서 지수증식을 할 때에는 $N(t) \propto e^{rt}$가 되는 것과 비교하면, $\lambda = e^r$의 대응이 있다고 할 수 있다. 이 때문에 연령 분포의 어떤 동태에서도 $r = \log\lambda$를 맬서스 계수라 부르고, 순간 증식률을 나타내는 것이라고 생각할 수 있다. 이에 비해서 λ는 단위시간이라는 유한의 시간 폭에서 인구 증가율 (finite rate of population increase, 기간 증가율)이라고 생각된다.

5.3 번식치(Reproductive value)

다음으로, 어느 연령의 암컷 한 개체에서 출발하여, 장래의 세대에 얼마만큼의 자손을 남길 것인가를 생각해 보자. 예를 들면, 새로운 서식장소에 소수의 개체가 침입한 경우, 정착에 성공할 것인지의 여부는 침입 개체의 연령과 어떠한 관계가 있을 것인가? 또 이것은 뒤에 생활사의 적응이나 진화를 생각할 경우에도 대단히 중요하다(제11장, 제12장 참조).

x세의 개체가 일정 시점으로부터 죽을 때까지 생산하는 자손의 총수는 x이후의 모든 연령의 출산율과 그때까지 살아남을 확률의 곱을 합한 것으로

$$
\begin{aligned}
&m_x + p_x m_{x+1} + p_x p_{x+1} m_{x+2} + p_x p_{x+1} p_{x+2} m_{x+3} + \cdots \\
&= \sum_{a \geqq x} m_a \frac{l_a}{l_x}
\end{aligned}
$$

이다. 여기서 합은 x 이상의 모든 연령 a에 대해서 행한다. 만일 개체군의 크기가 안정되어 증감을 하지 않으면, 이것이 번식의 성공 정도를 표시한다고 생각해도 좋다. 그렇지만 집단이 등비수열적으로 증가하는 경향을 가지는 경우에는, 빨리 태어난 자손은 빨리 성장 · 성숙하여 스스로 번식을 시작하므로, 훨씬 뒤에 태어난 자손보다도 번식에 있어서 보다 큰 효과가 있다. 이는 10년 후의 200만원이 인플레 때문에 현재의 100만원의 가치밖에 없다는 사실과 비교된다. 늦게 태어난 자손의 가치가 떨어지는 효과는 1년분의 늦음에 대응한 개체수의 증가율 λ로 나누는 것에 의해 보정할 수가 있다.

따라서 현재 0세의 자손의 번식상의 '가치'를 v_0라 하면 k년 후에 태어나는 자손은 $v_0\lambda^{-k}$의 가치가 있다고 할 수 있다. 이와 같이 하여 x세의 개체가 죽을 때까지의 사이에 이루어지는 번식의 효과를 평가하는 것으로서,

$$
v_x = v_0 \sum_{a \geqq x} \frac{m_a}{\lambda^{a-x+1}} \frac{l_a}{l_x} \tag{5.6}
$$

으로 정의된 양을 x세의 **피셔(Fisher)의 번식치**라고 부른다. 여기서 x세의 개체가 지금부터 1년간 낳은 자손들 가운데, 다음 해의 조사 때까지 살아남는 것이 평균 m_x 개체이므로, 그들이 0세로 헤아려질 때는 1년 앞이 되는 것에 주의하면 λ의 지수가 이해된다. 인구가 감소하는 개체군에서는 $\lambda < 1$이므로 늦게 태어난 번식 쪽이 미래에의 효과가 크게 된다.

인간의 자료에 대해서 번식치를 계산한 예가 그림 5.4에 도시되어있다.

번식이 왕성한, m_x가 큰 연령은 20대에서 30대 전반까지인데, 이를 지나면서 번식치 v_x는 급속히 감소한다. 갓 태어난 자손의 번식치가 작은 것은 번식을 시작하기 전에 죽을 가능성이 있기 때문이다. 정착을 한다고 하면 번식개시의 직전, 즉 청년기의 개체가 가장 효과적이다. 역으로 야생생물을 포획할 때는, 번식연령이 지난 개체를 제거하여도 집단의 번식률에 거의 영향이 없으나, 번식개시 직전에 있는 개체를 잡아내면 크게 영향을 받는다.

번식치에 대해서 약간 다른 도출 방법을 써보자. 어떤 연령의 1개체에서 출발했을 때, 그의 자손이 먼 장래에 갖는 인구를 v_x라 하자. x세의 1개체에서 출발했을 때, 그 번식의 성과를 생각하면,

$$m_x v_0 + p_x v_{x+1} = \lambda v_x \tag{5.7}$$

라는 식이 유도된다. 좌변의 제1항은 1년 동안 평균 m_x의 자손이 태어날 효과를, 제2항은 생존함으로 해서 1년만 연령을 더하면서 다음 해 이후에 번식할 효과를 표현하고 있다. 이에 대해 우변은 집단의 증가율에 의해 현재의 1개체가 다음 해의 조사시점에서는 같은 연령의 λ개체에 상당할 것이라는 것을 표시하고 있다. 식 (5.6)에서 정의한 번식치는 식 (5.7)을 만족하고 있다(연습 5.2 참조).

번식치를 가로로 나열한 벡터를 $\boldsymbol{v}^T = (v_0, \cdots, v_w)$라 쓰면 식 (5.7)은

$$\boldsymbol{v}^T M = \lambda \boldsymbol{v}^T \tag{5.8}$$

으로 표시된다. 이 식은 번식치의 벡터 $\boldsymbol{v}^T$가 행렬 M의 최대 고윳값 λ에 대응하는 왼쪽 고유벡터임을 표시하고 있다.

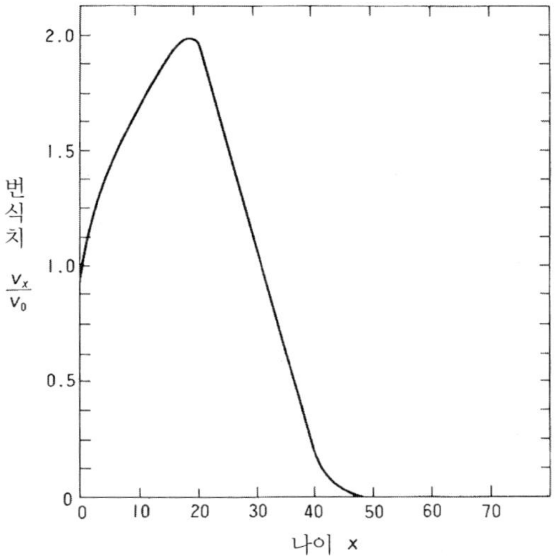

그림 5.4 각 연령에서 개체 번식치의 상대치 (v_x/v_0). 1906년 대만 여성에 대한 자료. 번식치는 출산연령의 직전에 최대값을 갖는다 (Hamilton, 1966).

5.4 개체크기 분포의 동태

어류나 식물의 크기는 생육환경에 의해 크게 변하므로, 같은 연령이라도 크게 다른 경우가 많이 있다. 출산율·사망률 등은 연령보다도 그 개체크기에 크게 좌우된다. 이와 같은 경우에는 연령의 분포보다도 개체크기의 분포를 취급하는 것이 중요해진다.

비슷한 크기를 가진 개체의 집단을 개체크기 등급(size class)이라고 부르기로 하고, i번째의 개체크기 등급에 있는 개체의 수를 $n_{i,t}$라고 하자. 크기뿐만 아니고, 성숙해 있는지 아닌지에 의해서 등급을 분류할 수도 있다. 그림 5.5는 개체크기 등급 사이를 식물이 천이하는 모양을 표시한 도식도이다. j 번째 등급에 있던 1 개체가 다음 조사시점에 i 등급에 속하는 개체수에 행하는 평균 기여율을 m_{ij}라 하자. 성장 등에 의해 개체크기 등급이 변하는 경우에는, m_{ij}는 단순히 j 등급에서 i 등급에의 천이확률이고, 1보다 작다. 그러나 포기나누기 · 지하줄기에 의한 영양번식이나 종자 · 주아(珠芽)의 생산에 의해서 개체수가 증가하는 경우에는 $m_{i,j}$가 1을 초과하는 일도 있다. $M=[m_{ij}]$를 정방행렬, $\boldsymbol{n}_t=(n_{1,t},\cdots,n_{w,t})^T$를 개체크기분포의 열벡터라고 하면, 이들에 대해서 행렬모델 식 (5.2)가 성립하는 것을 알 수 있다.

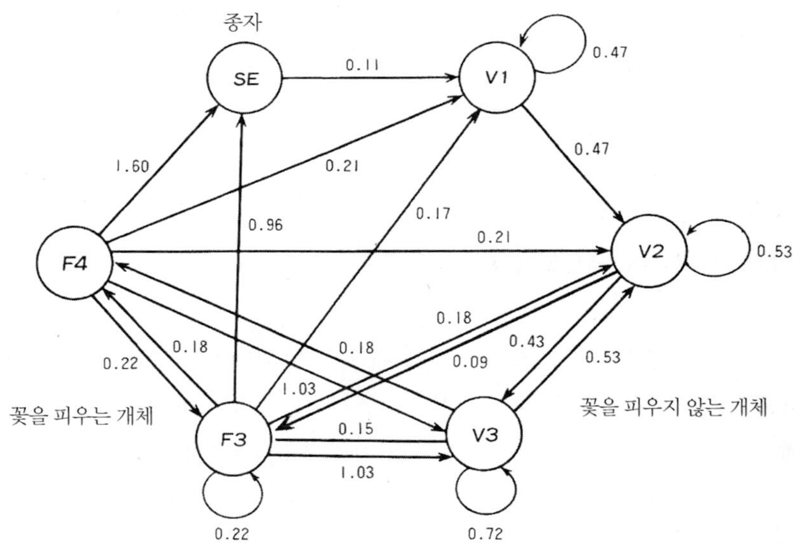

그림 5.5 애기나리의 개체크기 등급 간의 천이와 번식을 나타내는 그래프. 이것은 표 5.1에 있는 행렬에 대응하고 있다. Kawano 등(1987)의 Fig. 14에서 0.02 이하의 작은 성분을 무시하여 단순화한 것. 여기서는 꽃을 피우지 않는 3개의 개체크기 등급(V1, V2, V3), 꽃을 피우는 두 등급(F3, F4), 그리고 종자(SE) 등, 개체를 모두 6개의 등급으로 나누고, 이들 간의 천이 및 번식을 표시하고 있다. 애기나리는 땅 속 줄기를 내어서 영양번식을 하므로 꽃을 피우지 않는 개체도 개체수를 증가시킬 수 있다.

숲 바닥에 서식하는 애기나리(산 백합의 일종)에 대해서 측정한 행렬 M의 예가 표 5.1에 있다. 그림 5.5는 대응하는 개체크기등급 간의 천이와 번식을 표시하고 있다. 연령분포의 경우와는 달리, 어떤 등급에 있던 개체가 다음 시간에 이웃 등급에 옮겨간다고는 할 수 없으므로, 같은 등급에 머물 확률을 나타내는 대각성분 m_{ii}가 양(+)이 된다. 또 갑자기 성장하여 2 이상 떨어진 등급에 더해지든지, 역으로 앞의 해에서보다 작아지든지 하는 일도 생긴다. 또한 영양번식에 의해서 생긴 개체는 종자에서가 아니라 중간 크기의 등급에서 출발한 것이 된다.

표 5.1 애기나리의 개체군동태 행렬

	SE	V1	V2	V3	F3	F4
SE	—	—	—	—	1.60	1.60
V1	0.11	0.47	—	—	0.17	0.17
V2	—	0.47	0.53	0.53	0.18	0.18
V3	—	—	0.43	0.72	1.03	1.03
F3	—	—	0.09	0.15	0.22	0.22
F4	—	—	—	0.18	0.18	—

애기나리의 성장과 번식을 표시하는 레프코비치(Lefkovitch) 행렬. 이것은 그림 5.5의 그래프에 대응한다. Kawano 등 (1987)의 Fig. 14에서, 0.02 이하의 천이확률을 표시하는 성분 및 2개의 크기등급 (F5, F6)을 무시하고 단순화한 것. 여기서는 꽃을 피우지 않는 3개의 등급(V1, V2, V3), 꽃을 피우는 2개의 등급(F3, F4), 그리고 종자(SE) 등, 개체를 모두 6개의 등급으로 나누고, 이들 사이의 천이 및 번식을 나타내고 있다. (i, j)성분은 j 등급에 있는 개체가, 다음해에 i 등급에 속하는 개체를 평균적으로 몇 개체를 갖게 하는가 하는 양이다. 그 때문에 어떤 열의 성분의 합계는 대응하는 개체크기 등급에 속하는 1개체가 다음해에 평균적으로 몇 개체가 되는지를 표시하고 있다. 위의 행렬에 대해서 계산해 보면, 꽃을 피우지 않는 등급의 개체(V2, V3)에서도 1보다 크다. 이것은 애기나리가 땅속줄기를 내어서 영양번식을 하기 때문에, 꽃을 피우지 않는 개체도 개체수의 증가에 기여하기 때문이다.

일정한 환경이 장기간 계속되고, 동일한 행렬 M을 반복 사용할 수 있으면, 각각의 등급에 속하는 개체의 수는 비율이 일정해지고 전체적으로 시간과 함께 등비수열을 그리며 증가(또는 감소) 한다. 개체크기분포가 수렴했을 때는, 매년 개체수의 배율 λ는 행렬 M의 최대 고윳값이고, 고유방정식 $\det|M-\lambda I|=0$ 으로 계산할 수 있다. 이에 대응하는 고유벡터가 개체크기 등급의 상대 비율이 수렴해야 할 값을 나타낸다. 앞서의 연령구조의 동태와 같이 행렬 M의 성분이 음(-)이 되지 않으므로, 프로베니우스의 정리에 의해 최대 고윳값과 우고유벡터도 양(+)이다.

5.5 감도(感度) 분석

생존율과 출산율을 개선하면, 개체수의 증가율 λ(또는 맬서스 계수 r)는 상승하게 된다. 이때 출산율을 같은 만큼 개선한다고 하더라도, 18세의 개선과 35세의 개선은 어느 쪽의 효과가 클 것인가? 출산율의 증가가 생존율의 감소를 수반한다고 하면, 그 결과 개체수 증가율은 상승할 것인가? 이와 같은 물음에 답하기 위해서, 행렬 M의 각각의 성분을 극히 근소하게 변화시켰을 때, 고윳값 λ 또는 맬서스 계수 r이 어떻게 영향을 받게 되는가를 생각해보자. 바꾸어 말하면 식 (5.4)를 만족하는 λ(또는 그 대수 $r=\log\lambda$)의 각 연령에서 생존율 $p_0,\cdots,p_{w-1}$과 출산율 $m_0,\cdots,m_w$에 대한 감도(sensitivity)를 조사해 보자.

일반적으로 최대 고윳값 λ를 행렬의 성분의 함수라고 보면, 그의 ij 성분 m_{ij}에의 의존성은 우고유벡터 $\boldsymbol{u}$와 좌고유벡터 $\boldsymbol{v}^T$ 의 성분을 써서

$$\frac{\partial \lambda}{\partial m_{ij}} = \frac{v_i u_j}{\sum_k v_k u_k} \tag{5.9}$$

에 의해서 계산할 수 있다(연습 5.4 참조). M을, 구체적으로 연령분포의 역학계의 행렬이라 하면, 식 (5.5)와 식 (5.6)에서

$$\frac{\partial \lambda}{\partial m_k} = \frac{l_k}{\lambda^k T_g} \tag{5.10a}$$

$$\frac{\partial \lambda}{\partial p_k} = \frac{1}{p_k} \sum_{a \geqq k+1} m_a \frac{l_a}{\lambda^a T_g} \tag{5.10b}$$

라는 결과가 얻어진다. 여기서 T_g는 평균세대시간이다(연습 5.5 참조).

출산율에 대한 감도 (5.10a)는 안정연령분포 (5.5)에 비례하고 있으므로, 연령 k와 함께 감소하는 경향이 있다. 따라서 출산율을 같은 만큼 증가시킨다면, 생존율이 높은 젊은 연령 쪽이 효과 있다. 증가하고 있는 개체군에서는 λ가 1보다 크게 되므로, 젊은 연령의 출산이 더욱 유리해진다. 이에 대해서 감소를 계속하고 있는 개체군($\lambda < 1$)에서는 오히려 고령에서 출산율 상승 쪽이 유리한 일도 있다.

생존율에 대한 감도 (5.10b)의 합은, k가 번식개시연령 이전에는 크고, 번식이 시작되면 급격히 감소하여, 번식연령을 지나면 거의 0이 된다. 그 결과 자연선택이 번식연령전의 사망을 감소시키는 방향으로는 크게 작용하나, 번식연령 이후의 생존율을 개선하도록 작용하지 않는다. 이 때문에 노화의 진화가 일어난다는 생각도 있으며, 제11장에서 자세히 설명한다.

5.6 밀도의존성

개체군의 밀도가 증가하면 환경속의 자원량이 감소하고, 각각의 연령에 있어서의 생존율 p_x 나 출산율 m_x 도 저하한다. 지수적으로 증가할 수 있는 것은 밀도가 낮을 동안 뿐이고, 결국은 인구증가가 정지하게 된다. 이점에 대해 어류의 개체군동태의 예를 생각해보자(Levin and Goodyear, 1980). 연령 i 인 개체의 알(egg)생산속도를 K_{0i} 라 하면 총 알생산은 $P = \sum_i K_{0i} n_i$ 이다. 그러나 갓 태어난 치어 사이에서 먹이 등의 자원을 둘러싼 경쟁이 일어나기 때문에, 살아남는 것은 aPe^{-cP} 이라고 하자. 그러면 출산율은

$$m_i = K_{0i} a e^{-cP} \tag{5.11}$$

이 되어 밀도와 함께 감소한다. 단 연간의 생존율 p_i 는 밀도에 영향을 받지 않는 것으로 한다. 이의 개체군동태는 식 (5.2)의 형식에 의하지만, 출산율이 밀도에 좌우되는 식 (5.11) 때문에 제4장에서 소개한 해석을 행할 필요가 있다(Levin and Goodyear, 1980). 이와 같은 비선형계에서는, 일반적으로 평형상태가 다수 존재한다. 그래서 각각의 평형점 근방에서 선형화하여, 이의 안정성을 조사할 수 있다(제4장의 부록B 참조).

밀도의존성이 그리 강하지 않은 경우에는, 평형점 근방에서 선형화 행렬의 고윳값은 절댓값이 1을 초과하지 않으므로 시스템은 평형점에 수렴하고, 연령구조뿐만 아니라 총 개체수도 일정해진다. 그러나 밀도의존성이 점차로 강해지면, 결국에는 평형점이 불안정해지고, 연령분포도 수렴하지 않게 된다. 앞 장에서 논의한 경우와 같이, 진동이 시작되고 안정한 주기해가 출현한다.

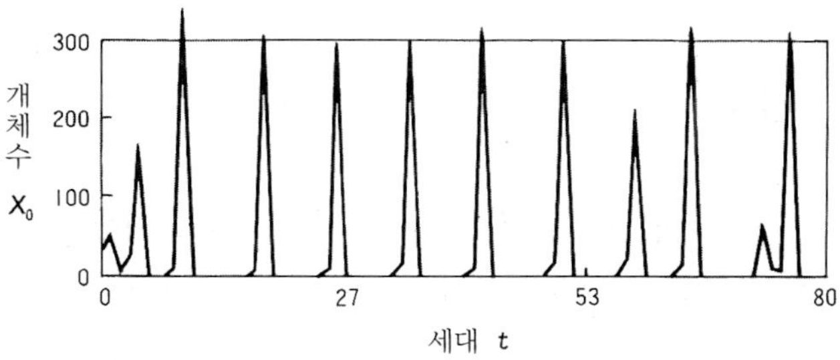

그림 5.6 식 (5.12)의 모델이 표시하는 카오스적 행동. $r = 100$. 모델은 다 자란 것과 어린 것의 2변수로 이루어지는 이산시간 모델이다(Guckenheimer 등, 1977).

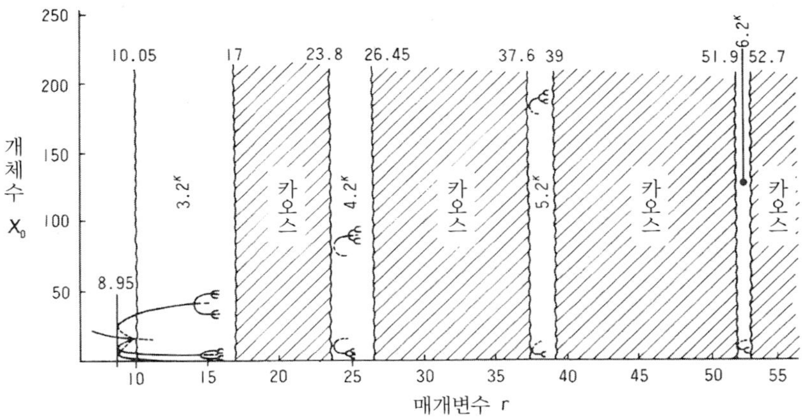

그림 5.7 식 (5.12)의 역학계의 분기도표. 그림 4.6과 비교하라. 매개변수를 변화시켜 가면, 평형해는 주기해로 나뉘고, 더욱더 복잡한 주기해로 분기하여 결국은 카오스가 된다. 그러나 카오스가 나타나는 매개변수는 언제까지 계속되는 것은 아니고, 다시 여러 가지 형의 주기해가 출현하거나, 또는 카오스가 시작된다(Guckenheimer 등, 1977).

밀도의존성이 더욱 강해지면, 보다 복잡한 주기 해로 분기한 후 결국에는 카오스가 된다. 예를 들면 2개의 연령구조가 있는 경우,

$$\begin{pmatrix} X_0 \\ X_1 \end{pmatrix} = \begin{pmatrix} re^{-0.1(X_0+X_1)} & re^{-0.1(X_0+X_1)} \\ 1 & 0 \end{pmatrix} \begin{pmatrix} X_0 \\ X_1 \end{pmatrix} \tag{5.12}$$

에 대해서, 카오스적인 행동을 하는 예를 그림 5.6에 도시했다. 또 그림 5.7은 매개변수 r을 연속적으로 변화시켜갈 때, 여러 가지의 주기해나 카오스가 나타나는 모양을 표시하고 있다. 이와 같이 강한 밀도의존성을 가지면, 극히 간단한 모델에서도 대단히 복잡한 행동을 보이게 된다.

연습문제 / 추가 참고문헌

연습 5.1 식 (5.3)의 구체적인 성분을 써서, 우선 식 (5.5)를 유도하고, 이어서 식 (5.4)를 유도하라.

연습 5.2 번식치 식 (5.6)은 식 (5.7)을 만족함을 확인하라

연습 5.3 s세에 성숙한다고 하고, 연령당 생존율이 어릴 때는 p_y, 어른일 때는 p_a 이고, 어른의 출산율을 m이라고 하자(예에 따라 0세 미만의 생존율은 m속에 들어있다). t년째의 어른의 수를 $N(t)$라 하면, 그다음 해에 어른의 수는

$$N(t+1) = p_a N(t) + m p_y^s N(t-s)$$

가 된다. 제2항은 s년 전에 태어난 자손이 성숙연령에 도달해서 들어오는 것을 표시한다. 여기서 벡터 $\boldsymbol{n}_t = (N(t-s), N(t-s+1), \cdots, N(t))^T$에 대해서, 식 (5.2)와 같은 행렬 모델을 작성하라.

연습 5.4 감도의 공식 (5.9)를 다음과 같이 유도해보자.

(1) 우선 행렬을 조금 변화시켜서 $M + \delta M$로 변화시켰다고 하자. (δM은 M의 성분의 변화를 나열한 행렬). 고윳값이 λ에서 $\lambda + \delta\lambda$로, 대응하는 고유벡터가 $\boldsymbol{u}$ 에서 $\boldsymbol{u} + \delta\boldsymbol{u}$ 로 변화했다고 하자. ($\delta\boldsymbol{u}$ 는 $\boldsymbol{u}$ 의 변화를 나열한 벡터) 그러면

$$(M + \delta M)(\boldsymbol{u} + \delta\boldsymbol{u}) = (\lambda + \delta\lambda)(\boldsymbol{u} + \delta\boldsymbol{u})$$

가 성립한다. 이것을 전개하고 $\boldsymbol{u}$ 가 우고유벡터라는 식 (5.3)을 이용하고, 다시 변화(δM, $\delta\boldsymbol{v}^T$, $\delta\boldsymbol{u}$, $\delta\lambda$)에 관해서 2차의 항을 무시하고, 양변의 왼쪽

에서 좌고유벡터 $\boldsymbol{v}^T$를 곱함으로써,

$$\boldsymbol{v}^T(\delta M)\boldsymbol{u} + \boldsymbol{v}^T M\delta\boldsymbol{u} = (\delta\lambda)\boldsymbol{v}^T\boldsymbol{u} + \lambda\boldsymbol{v}^T\delta\boldsymbol{u}$$

가 얻어진다. 여기서 $\boldsymbol{v}^T$가 M의 좌고유벡터이므로 식 (5.8)을 쓰면 양변의 제2항이 소거되어

$$\delta\lambda = \boldsymbol{v}^T(\delta \boldsymbol{M})\frac{\boldsymbol{u}}{\boldsymbol{v}^T\boldsymbol{u}}$$

가 얻어지는 것을 확인하라.

(2) M의 변화가 (i, j)성분을 Δ만큼 변화시킨 것일 때는

$$(\delta M)_{pq} = \begin{cases} \Delta & p = i \text{ 및 } q = j \text{ 일 때} \\ 0 & \text{그외} \end{cases}$$

가 되어 본문의 식 (5.9)가 유도된다.

연습 5.5 다음과 같이 하여 식 (5.10)을 도출하라.

(1) 우선 $m_{0i} = m_i, m_{i+1,i} = p_i$ 임을 확인하라.

(2) 다음으로, 오른쪽 고유벡터의 성분은 식 (5.5)에서 $u_x = u_0 l_x / \lambda^x$, 왼쪽 고유벡터의 성분은 식 (5.6)에 의해서 주어지는 것에 유의하여, 식 (5.9)에서

$$\frac{\partial\lambda}{\partial m_{0,i}} = \frac{v_0 u_0 \dfrac{l_i}{\lambda^i}}{\sum_k v_k u_k}$$

$$\frac{\partial\lambda}{\partial m_{i+1,i}} = v_0 \sum_{a \geqq i+1} \frac{m_a \dfrac{l_a}{l_{i+1}\lambda^{a-i}} u_0 \dfrac{l_i}{\lambda^i}}{\sum_k v_k u_k}$$ 에 의해서 감도를 계산한다.

(3) 위의 공식의 분모에 있는 합 $\sum_k v_k u_k$를 계산하면

$$T_g = \frac{\sum_a (a+1) l_a m_a \lambda^{-a-1}}{\sum_a l_a m_a \lambda^{-a-1}} \text{ 에 의해 } \quad \sum_k v_k u_k = v_0 u_0 T_g$$

가 됨을 알 수 있다(계산 도중에서 두 합의 순서를 바꾸는 것이 중요). 이 T_g는 어미가 태어났을 때부터 그의 자손이 태어났을 때까지의 시간간격을 집단에서 평균한 것이고, 평균세대시간과 같다.

(4) 이상의 사실에서 식 (5.10a)와 식 (5.10b)이 유도된다.

연습 5.6 식 (5.11)의 출산율을 갖는 모델에 대해서, 제4장 끝의 부록B에 있는 방법으로 평형점 근방에서 선형화행렬을 구하면 연령분포의 동태모델의 행렬과 비슷한데, 제0행의 성분이 m_i 대신에 $K_{0i}a(1-cP)e^{-cP}$, $(i=0,1,\cdots,w)$ 가 됨을 증명하라. 이들은 음으로도 될 수 있으므로, 프로베니우스 정리가 성립하지 않고, 진동이 생길 가능성이 있다.

연습 5.7 $w=\infty$ 에서 $K_0 = K_1 = \cdots = K$이고 $p_0 = p_1 = \cdots = p$인 경우에, 식 (5.11)의 모델이 치어의 수 $X = n_0$와 어른 물고기수 $Y = \sum_{x \geq 1} n_x$의 2변수의 역학과 같아진다.

$$X_{t+1} = aK(X_t + Y_t)\exp[-cK(X_t + Y_t)]$$
$$Y_{t+1} = p(X_t + Y_t)$$

이 모델에 대한 평형점을 구하고, 그 주위에서 선형화하여 안정성을 조사하라. 정답은 Levin and Goodyear (1980)를 참조.

연습 5.8 일반적으로 밀도 의존적인 출산율을 갖는 개체군 모델이, 안정평형상태

를 갖는다고 하자. 이때 식 (5.2)의 행렬 M을 생각하면, 그의 고윳값 λ는 1(맬서스 계수 r은 0)이 되어있을 것이고, 대응하는 고유벡터 $\boldsymbol{u}$가 정상연령분포를 나타내는 것을 확인하라. 이 행렬 M을 선형화 역학계의 행렬과 혼동해서는 안된다. M의 성분은 음(-)이 되지 않으나, 선형화 역학계의 행렬의 성분은 연습 5.6에서 본바와 같이 음(-)이 될 수도 있다. 그러면 프로베니우스 정리가 성립하지 않고, 절대치가 최대인 고윳값은 공액복소수쌍일 수도 있다. 이 경우에는 주기적으로 진동하는 모드가 지배적이 된다. 상세한 것은 Roughgarden 등 (1985)을 참조.

추가 참고문헌: Leslie (1945)는 연령분포, Lefkovitch (1965)는 개체크기분포에 대한 고전적 논문이다. 인구통계학은, Smith and Keyfitz (1977)가 논문집이고, Impagliazzo (1980), Song and Yu (1988), Hallam and Levin (1986)도 수리적으로 상세히 취급하고 있다. 식물에의 응용에 대해서는, Caswell (1978, 1986)이 이해하기 쉽다. Gantmacher (1959)는 행렬론에서 불후의 명저이다.

제6장 연속분포의 동태

연령이나 개체크기는 실제로는 연속변수이다. 이와 같은 변수의 분포는 $n(x)$라는 확률밀도함수에 의해서 표시되고, 그것이 시간과 함께 연속적으로 변화하는 모양은 편미분방정식에 의하여 기술할 수 있다.

6.1 연속방정식

연령이나 크기, 공간상의 위치 등의 개체의 특성치를 x라 한다. $n(x,t)$는 시각 t에서 x에 관한 밀도분포이고, x가 a와 b사이에 있는 개체의 수는 $\int_a^b n(x,t)dx$라는 적분과 같다고 한다. 우선 증식과 사망, 이주 등의 영향이 없고, 각 개체의 특성치 x의 변화에 의해서만 분포가 변화하는 경우를 생각하자. 그러면 $n(x,t)$의 시간변화는 연속의 식

$$\frac{\partial n}{\partial t} = -\frac{\partial J}{\partial x} \tag{6.1}$$

에 따른다. 여기서 예를 들면 $\partial n/\partial t$는 2변수함수 $n(x,t)$의 t에 대한 편미분이고, 다른 변수 x를 상수와 같이 보고 t에 대한 미분을 계산한 것이다.

$J(x,t)$는 x가 증가하는 방향(그림 6.1에서 오른쪽 방향)으로의 순흐름(flux)을 표시하고, 단위시간 동안에 특성치가 x 보다 작은 값에서 큰 값으로 변한 개체의 수와 역방향으로 변화한 개체의 수와의 차이를 표시한다.

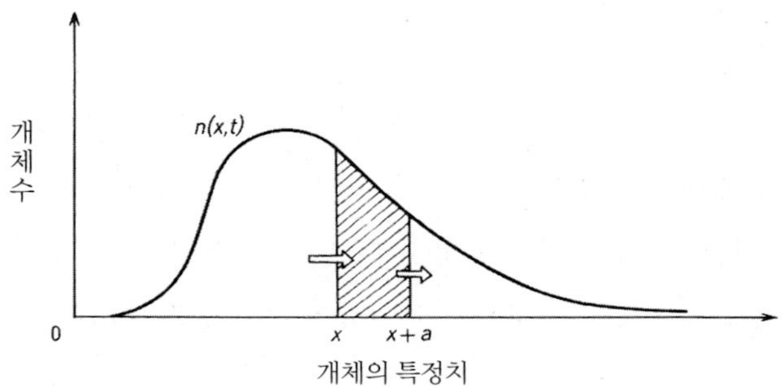

그림 6.1 연속의 식을 유도하는 차례. x와 $x+a$사이의 값을 갖는 개체의 수가 변화하는 속도는, 왼쪽에서 흘러 들어오는 양과 오른쪽으로 흘러 나가는 양의 균형으로 결정된다. 이 관계식에서 구간을 극한으로 작게 한 연속의 식 (6.1)이 얻어진다.

연속의 식 (6.1)을 유도해보자. 우선 특성치가 x와 $x+a$사이에 있는 개체수는 $\int_x^{x+a} n(y,t)dy$ 인데, 그 시간변화의 속도는 $x+a$에서 구간을 나가는 흐름과 x에서 흘러 들어오는 흐름의 차이와 같다(그림 6.1). 따라서

$$\frac{d}{dt}\int_x^{x+a} n(y,t)dy = -J(x+a,t) + J(x,t)$$

가 된다. 이 식의 양변을 a로 나누고, a를 0에 수렴시키면 식 (6.1)이 얻어진다.

모든 개체의 x가 일정속도 v로 변화하는 경우를 생각해보면, 흐름은 속도와 밀도의 곱이므로 $J(x,t)=vn(x,t)$가 되고, 분포 $n(x,t)$는

$$\frac{\partial n}{\partial t}=-\frac{\partial (vn)}{\partial x} \tag{6.2}$$

를 만족한다. 임의의 함수 $f(x)$에 대해서, $n(x,t)=f(x-vt)$가 이 방정식의 해임은 직접 대입해서 확인할 수 있다(연습 6.1 참조). 이것은 분포곡선이 같은 모양을 유지한 채로 시간이 흐름에 따라 일정속도 v로 오른쪽으로 ($v<0$이면 왼쪽으로) 평행 이동하는 것을 나타내고 있다.

6.2 연령구조의 역학

연령이 연속변수 x로 표시될 때의 연령구조의 역학을 생각해보자. 우선 사망이 일어나지 않는 경우는, 연령 x인 개체의 수 $n(x,t)$는 식 (6.2)에서 $v=1$로 두면 된다. 전원이 매년 한 살씩 나이를 먹어 분포곡선은 모양을 유지한 채로 오른쪽으로 이동한다.

여기서 각 개체의 단위시간당의 사망률이 연령 x의 함수 $u(x)$이라 하자. 분포 $n(x,t)$가 사망에 의해 $u(x)n(x,t)$의 속도로 감소하는 것을 나타내는 항이 식 (6.2)에 첨가되므로

$$\frac{\partial n}{\partial t}=-\frac{\partial n}{\partial x}-u(x)n \tag{6.3a}$$

가 된다. 한편 출산에 의한 신생아수의 증가속도는,

$$n(0,t) = \int_0^\infty m(x)n(x,t)dx \tag{6.3b}$$

이다. $m(x)$는 x세의 여성이 여자 자손을 출산하는 단위시간당의 속도이다.

태어나서 x세까지 생존하는 비율은 $l(x) = \exp(-\int_0^x u(y)dy)$이다. $t > x$라 하면 시각 t에서 x세의 개체는 시각 $t-x$에서 태어난 것이므로

$$n(x,t) = n(0,t-x)l(x) \tag{6.4}$$

가 성립할 것이다. 이 식은 (6.3a)에서 도출할 수 있다(연습 6.2 참조).

이와 같이 연령마다 출산율 $m(x)$나 사망률 $u(x)$가 일정하면, 앞 장의 이산시간 모델과 같이 긴 시간 후에는 연령구조가 일정하게 수렴하고, 전체적으로는 지수적으로 증가하게 된다. 여기서 신생아의 수를 $n(0,t) = C\exp(rt)$ 라고 가정하여, 식 (6.4)와 함께 식 (6.3b)에 대입하면

$$1 = \int_0^\infty e^{-rx}l(x)m(x)dx \tag{6.5}$$

가 얻어진다(연습 6.3 참조). 이 식에서 개체군의 연령구조가 수렴했을 때의 증가율 r을 계산할 수 있다.

앞 장에서 설명한 이산시간의 연령분포 모델과 비교해보면, 길이 Δt의 짧은 시간구간을 생각하여, 이것을 조사간격으로 하여 이산시간 모델을 보면, $m_x \sim m(x)\Delta t$, $p_x \sim 1-u(x)\Delta t$, $\lambda \sim \exp(r)$, $l_x \sim \exp(-\int_0^x u(y)dy)$와 같이 대응시킬 수 있다. 그러면 식 (5.1a)이 식 (6.3a)에, 식 (5.1b)가 식 (6.3b)에 대응하고, 고유방정식 (5.4)이 식 (6.5)에 대응한다.

6.3 따개비의 동태

조수의 간만과 더불어 수면 하에 잠기거나 드러나거나하는 해안부분을 조간대라고 한다. 거기 바위에 붙어서 서식하는 따개비와 같은 생물의 동태를 생각해보자(Roughgarden 등, 1985). 이들의 유생(larva)은 플랑크톤으로서 수중에 떠돌다 정착하려고 바위에 다가와, 그 표면을 탐색하여 만일 극히 가까운 곳에 성체가 있으면, 다시 물의 흐름에 실려서 다른 정착장소를 찾는 것으로 알려져 있다. 바위의 표면에 10cm 평방의 구획을 정해서 매일 사진을 찍어 변화를 추적하면, 한 주간의 유생의 정착속도나 성체의 성장속도, 생존율 등을 알 수 있다. 그림 6.2에 있는 자료는 따개비의 유생정착속도가 빈 공간, 즉 성체가 덮고 있지 않은 면적의 비율에 비례하는 것을 보여주고 있다.

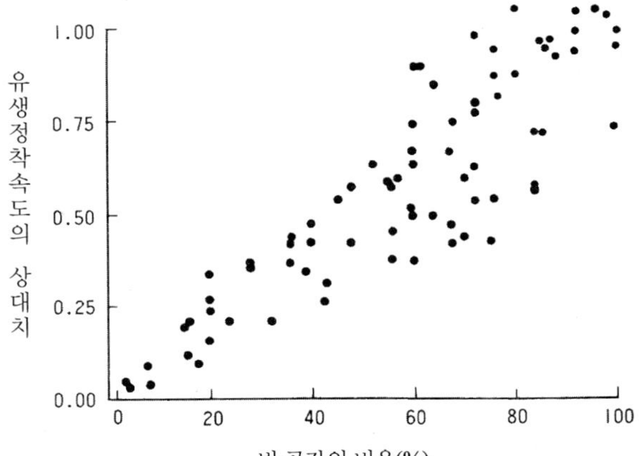

그림 6.2 한 주당의 따개비의 정착수와 빈 공간과의 관계. 캘리포니아의 몬토레만에서(Gaines and Roughgarden, 1985).

따개비의 연령 x는 정착한 시점으로부터 시간으로 측정하기로 하고, 연령분포 $n(x,t)$의 역학을 생각해보자. A가 구획 전체의 면적, $a(x)$가 연령 x 인 개체가 차지하는 면적이라고 하면, 빈 공간의 크기는

$$F(t) = A - \int_0^\infty a(x)n(x,t)dx \tag{6.6a}$$

이다. 막 정착한 따개비의 수 $n(0,t)$는 빈 공간에 비례하고,

$$n(0,t) = sF(t) \tag{6.6b}$$

가 된다. 이것과 식 (6.3a)을 합하면, 개체군동태의 역학계가 된다. 앞 절에 있는 연령분포 역학계의 식 (6.3b)에서는 출산수가 그 집단에 있는 성체의 수에 비례해서 증가하는 것에 반해, 식 (6.6b)에서는 유생정착이 성체에 의해 오히려 저해된다는 차이가 있다. 이 때문에 개체수는 지수 증식하지 않고 평형상태가 존재한다. 연령 x까지 살아남을 확률 $l(x)$를 이용하여, 평형상태는

$$\bar{F} = \frac{A}{1 + s\int_0^\infty a(x)l(x)dx} \tag{6.7a}$$

$$\bar{n}(x) = s\bar{F}l(x) \tag{6.7b}$$

가 된다(연습 6.6 참조).

이 평형상태의 안정성은 다음과 같은 차례로 조사할 수 있다(Roughgarden 등, 1985). 우선 평형상태에서 어긋남을 $\eta(x,t) = n(x,t) - \bar{n}(x)$, $\zeta(t) =$

$F(t)-\bar{F}$ 로 두고, 이들이 만족하는 방정식을 도출한다. 그러면 그것은 선형이 되어 있으므로, 해는 시간 t의 지수함수의 합으로 표시되어야 할 것이다. 그래서 $\eta(x,t)=e^{rt}\hat{\eta}(x)$, $\zeta(t)=e^{rt}\hat{\zeta}$ 라는 모습의 해를 가정하여 역학계에 대입하면, 고윳값 r이 만족해야할 방정식이 도출된다. 이 고윳값 r은 일반적으로 복소수인데, 그들 가운데서 최대의 실수부를 갖는 것이, 충분한 시간이 지났을 때의 행동을 결정한다. 모든 고윳값의 실수부가 음(-)이면 안정, 하나라도 양(+)의 실수부를 갖는 것이 있으면 불안정하다. 또 그것이 공액인 복소수 쌍이면, 시스템이 주기적으로 진동하는 것을 알 수 있고, 허수부의 크기에서 주기가 계산된다.

이 모델 자체로는, 이미 정착한 따개비가 급격히 성장하여 점유하는 면적이 전면적 A를 초과해 버리고, 공간 $F(t)$가 음(-)이 되는 수가 있다. 이것을 방지하기 위해서, $F(t)$가 0에 접근하면 생존율과 성장속도가 감소한다는 가정을 더해서, 수치계산을 한 예가 그림 6.3에 도시되어있다. 상기의 방법으로 안정성 조건을 조사하면, 다음과 같은 결과가 얻어진다.

단위 공간당의 정착속도 s가 작거나 성체의 성장이 사망에 비해서 늦으면, 평형상태 (6.7)은 안정하다(그림 6.3a). 이에 반해, 정착속도 s가 크고 또한 성장이 급격하면, 연령구조가 진동한다(그림 6.3c). 이 경우에는, 공간이 비었을 때 수많은 유생이 정착하여 급격히 성장하면, 공간을 메워버려 뒤에 온 유생이 정착할 수 없게 된다. 성체가 사망하여 공간이 비면, 거기에 또 많은 유생이 정착할 수 있게 되는 일이 반복된다. 실제로 해안에서도 외해에 면한 바위의 표면에는 따개비나 진주담치가 빈틈없이 붙어, 잘 보면 패치(patch, 작은 구획)의 모자이크가 되어있다. 각각의 패치는, 풍랑 등으로 넓은 범위가 벗겨진 후에 생긴 공간에 재빠르게 정착한 개체가 차지해서 생긴 것이므로, 연령이 거의 균일한 코호트(cohort)이다(Paine and Levin, 1981).

이에 비해, 만 안쪽의 바위에서는, 수중에 포함되는 유생의 밀도가 작기 때문에 정착률이 작아서, 따개비 사이에 공간이 많이 있고, 여러 가지 크기의 개체가 뒤섞여서 서식하고 있다(Gaines and Roughgarden, 1985).

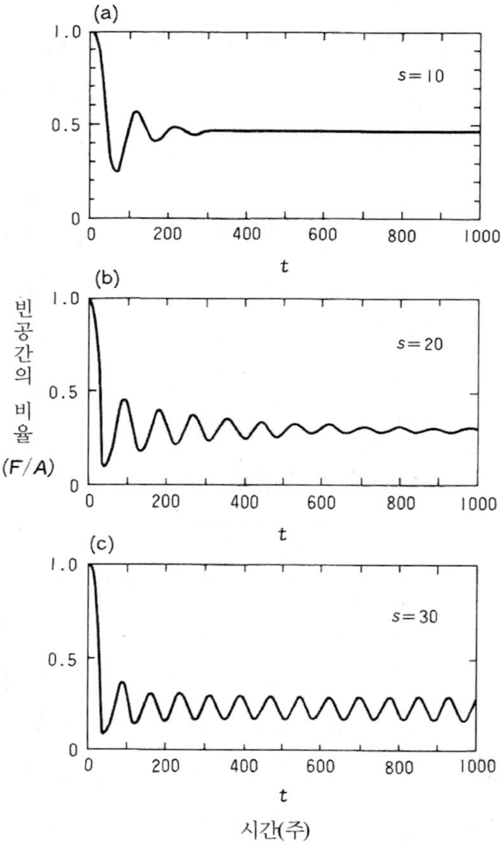

그림 6.3 따개비의 개체군동태 모델. (a) 유생의 정착속도 s가 작으면 시스템은 안정평형상태에 수렴하고 연령분포도 수렴한다. (b) 유생정착속도가 커지면 수렴이 늦어지고 (c) 결국은 평형상태가 불안정해지고, 개체수와 연령구조도 진동한다 (Roughgarden 등, 1985).

6.4 개체크기분포의 동태

개체크기는 연령과 달라서 그 증가 속도가 일정하지 않다. 개체의 성장속도가 개체크기의 함수로 $dx/dt = g(x)$로 표시되는 경우에는, 개체크기분포의 시간변화는

$$\frac{\partial n}{\partial t} = -\frac{\partial}{\partial x}(g(x)n) - u(x)n \tag{6.8a}$$

가 된다. 예를 들면, 로지스틱 성장에서는 성장속도 $g(x)$는 $g(x) = rx(1-x/K)$이다. 개체크기가 시간과 더불어 작아지는 경우에는 $g(x)$가 음(-)이 된다.

출산에 의한 신생 개체의 가입속도는 갓 태어난 개체의 크기가 x_0라고 하면,

$$g(x_0)n(x_0,t) = \int_{x_0}^{\infty} m(x)n(x,t)dx \tag{6.8b}$$

로 표시된다. 이 식의 양변은 x_0를 옆으로 자르는 '흐름'을 나타낸다. 식 (6.3b)와 비교하면, 식 (6.8b)의 좌변에는 초기 개체크기 x_0의 성장속도 $g(x_0)$가 곱해져 있는 것에 주의하자.

식 (6.8b)에서는 출산율이나 성장속도, 생존율이 개체크기 x의 영향을 받으나, 전체의 개체수나 시간 t에는 좌우되지 않기 때문에, 개체군은 최종적으로는 지수 증식을 하게 된다.

밀도가 높아짐에 따라 생존율, 출산율, 번식률이 감소하면 평형상태에 수렴할는지도 모른다. 그러나 밀도 의존성이 지나치게 강하면 복잡한 분기 후

에 주기적 변동이나 카오스적 행동을 한다.

6.5 비대칭적 경쟁이 있는 수목의 개체크기분포

숲의 수목의 성장을 생각하면, 키가 낮은 개체는 보다 높은 개체가 이웃에 있으면 그 그림자에 가려서 광합성이 느려지고 성장과 번식이 나빠진다. 그러나 낮은 개체에서 높은 개체로의 역방향의 영향은 적다. 빛을 둘러싼 경쟁에는 이와 같이 방향성이 있는데, 여기서는 그 특징을 고려한 개체크기 분포모델을 생각하자.

개체크기분포 $n(x,t)$에 대해서, 크기 x보다 큰 개체의 수를 $N(x,t) = \int_x^{\infty} n(y,t)dy$로 쓰자. 성장속도는 로지스틱 식 $g(x,N) = rx(1 - x/K(N))$을 따른다고 하고, 그 최대 개체크기는 N의 감소함수로, 예를 들면 $K(N) = K_0/(1 + aN)$로 주어진다고 하자. 그러면

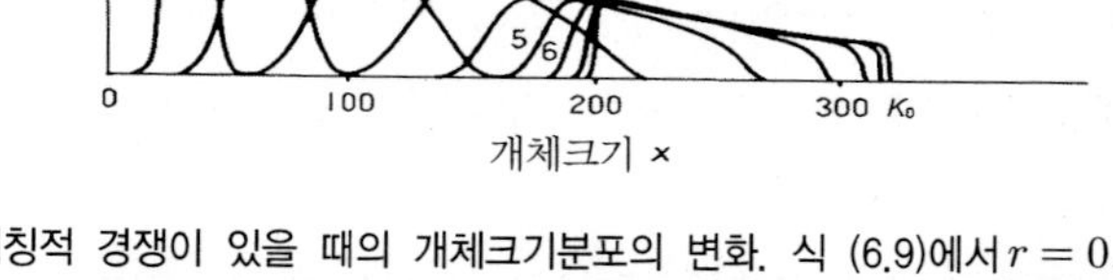

그림 6.4 비대칭적 경쟁이 있을 때의 개체크기분포의 변화. 식 (6.9)에서 $r = 0.2$, $a = 0.6$, $K_0 = 320$. 개체 크기 분포는 사다리꼴에 수렴한다. 만일 여기에 작은 사망률이 포함되면 최대개체의 크기는 $K_0 = 320$인 채로, 최소크기가 천천히 상승해 간다(Takada and Iwasa, 1986).

$$\frac{\partial n}{\partial t} = -\frac{\partial}{\partial x}\left[rx\left(1-\frac{x}{K(N)}\right)n\right]-un \tag{6.9}$$

가 된다. 숲 속은 어둡다고 생각하여 작은 개체의 새로운 가입은 없다고 가정한다. 사망률 u를 무시한 방정식은 시간의 함수로 풀 수 있다(Takada and Iwasa, 1986). 개체크기분포는 사다리꼴을 한 평형상태에 수렴한다(그림 6.4).

근소한 사망률 u가 들어오면 개체수는 천천히 감소해 가는데, 크기가 큰 개체가 고사하면 그 패치는 작은 개체가 성장하여 곧 메우므로, 분포의 최대 크기는 변화하지 않고 최소 크기가 점점 커져간다.

6.6 성장속도의 변동(variation)

개체크기를 나타내는 변수는, 연령과 달리 변동이 있어서, 같은 크기의 개체에서도 이후의 성장의 궤적이 달라진다. 개체의 크기 증가에 관한 확률법칙이 그때의 개체크기에 의해서만 결정되고 과거 성장의 이력과는 독립인 경우를 생각해보자. 이 가정을 **마르코프모델**이라 부른다. 크기 $X(t)$의 개체가 Δt시간 후에 $X(t+\Delta t)$로 변할 때, 그 변화분 $\Delta X = X(t+\Delta t)-X(t)$는 확률변수인데, 그것의 평균과 분산이

$$E[\Delta X] = g(X)\Delta t + o(\Delta t) \tag{6.10a}$$

$$Var[\Delta X] = h(X)\Delta t + o(\Delta t) \tag{6.10b}$$

가 된다고 하자. $o(\Delta t)$는 Δt에 비해서 훨씬 작은 양을 표시한다. 역시 3차 이상의 모멘트(moment)는 무시할 수 있다고 가정한다. 바꾸어 말하면, 개체크기는 평균적으로 속도 $g(X)$로 증가하고, 변동이 시간당 $h(X)$로 생성되는 것이다. 개체마다 독립적으로 이 규칙에 따라 성장하는 생물의 집단을 생각하면, 이것의 개체크기분포 $n(x,t)$가 식 (6.8a) 대신에,

$$\frac{\partial n}{\partial t} = -\frac{\partial}{\partial x}(g(x)n) + \frac{1}{2}\frac{\partial^2}{\partial x^2}(h(x)n) - u(x)n \tag{6.11}$$

인 편미분방정식에 따르는 것을 알 수 있다(Sinko and Streifer, 1967; Iwasa, 1981a; Hara, 1984). 즉 성장속도의 변동은 공간변수 x에 관한 2차 미분의 항에 의해 표시되는 것이다. 여기서 사망률의 항 $u(x)n$을 제외한 식을 **포커・플랑크**(Fokker-Planck) **방정식**이라 한다(도출 방법은 본장 뒤의 부록 C를 참조).

6.7 개체크기 모멘트의 역학계

거의 동시에 태어난 개체의 집단을 코호트라고 부른다. 그것의 개체크기분포는 평균치 주변에 집중한 산 모양으로 되어 있어서, 평균에서 충분히 떨어지면 거의 0이 된다(그림 6.5). 이때 평균 개체크기나 분산은 개체의 성장이나 사망에 의해 어떻게 변화하는 것일까?

번식에 의한 가입이나 이입, 이출 등이 무시된다고 하면 개체크기분포 $n(x,t)$는 식 (6.11)에 따라서 변화한다. 개체군의 총 개체수는 $n(x,t)$의 적분이므로

$$N(t) = \int_0^{\infty} n(x,t)dx \tag{6.12}$$

로 쓰면 그 시간 변화는 식 (6.11)을 써서

$$\begin{aligned}\frac{dN}{dt} &= \int_0^{\infty} \frac{\partial n}{\partial t}dx \\ &= \int_0^{\infty}\left[-\frac{\partial}{\partial x}(g(x)n)+\frac{1}{2}\frac{\partial^2}{\partial x^2}(h(x)n)-u(x)n\right]dx\end{aligned}$$

가 된다. 적분의 양단에서는 분포 $n(x,t)$와 그의 미분 $\partial n/\partial x$가 0이 된다는 가정에 의해, 제1항과 제2항의 적분은 없어진다. 그런데 $n(x,t)$를 $N(t)$로 나눈 것이, 개체크기 x 인 집단 내의 밀도분포함수이다. 그래서 이 분포에 관한 임의의 함수 $f(x)$의 평균치 $<f>$ 및 두 개의 함수 $f(x)$와 $g(x)$의 공분산 $\mathrm{cov}(f,g)$를

$$<f> = \int f(x)\frac{n(x,t)}{N(t)}dx \tag{6.13a}$$

$$\mathrm{cov}(f,g) = <f(x)g(x)> - <f><g> \tag{6.13b}$$

와 같이 정의하자. 그러면 총 개체수 N의 시간변화는

$$\frac{dN}{dt} = -<u>N \tag{6.14}$$

와 같이 고쳐 쓸 수 있다.

그런데 이 분포에 관한 개체크기 x 의 집단 평균치 $\bar{x}$ 와 분산 v 는

$$\bar{x} = \int \frac{xn(x,t)}{N(t)} dx \tag{6.15a}$$

$$v = \int \frac{(x-\bar{x})^2 n(x,t)}{N(t)} dx \tag{6.15b}$$

이다. 이것을 시간으로 미분하여 정리하면

$$\frac{d\bar{x}}{dt} = \langle g \rangle - \mathrm{cov}(u,\ x) \tag{6.16a}$$

$$\frac{dv}{dt} = \langle h \rangle + 2\mathrm{cov}(g,\ x) - \mathrm{cov}(u,\ (x-\bar{x})^2) \tag{6.16b}$$

라는 식을 도출할 수 있다(연습 6.7 참조)(Iwasa, 1981a; Hara, 1984).

평균 개체크기의 증가율 (6.16a)의 제1항 $< g >$는 개체의 성장속도의 집단평균을 표시하고 있다. 못 속의 물고기 등은, 겨울 동안에는 먹이를 먹지 않으므로 자랄 수 없는데도, 봄이 되면 집단의 평균 개체크기가 상승하고 있는 경우가 있다. 이것은 겨울 동안의 사망률은 작은 개체일수록 높기 때문에 생기는 '겉보기의 성장'인데, 이 효과는 식 (6.16a)의 제2항 $\mathrm{cov}(u, x)$에 의해 표현되고 있다.

개체크기의 분산이 증가하는 속도 (6.16b)의 제1항은 성장속도 변동의 평균값을, 제2항은 큰 개체일수록 보다 빨리 성장한다면 분산이 증가하는 효과를, 제3항은 집단의 평균 개체크기에서 벗어난 개체일수록 사망률이 높으면 분산이 감소한다는 효과를 표현하고 있다.

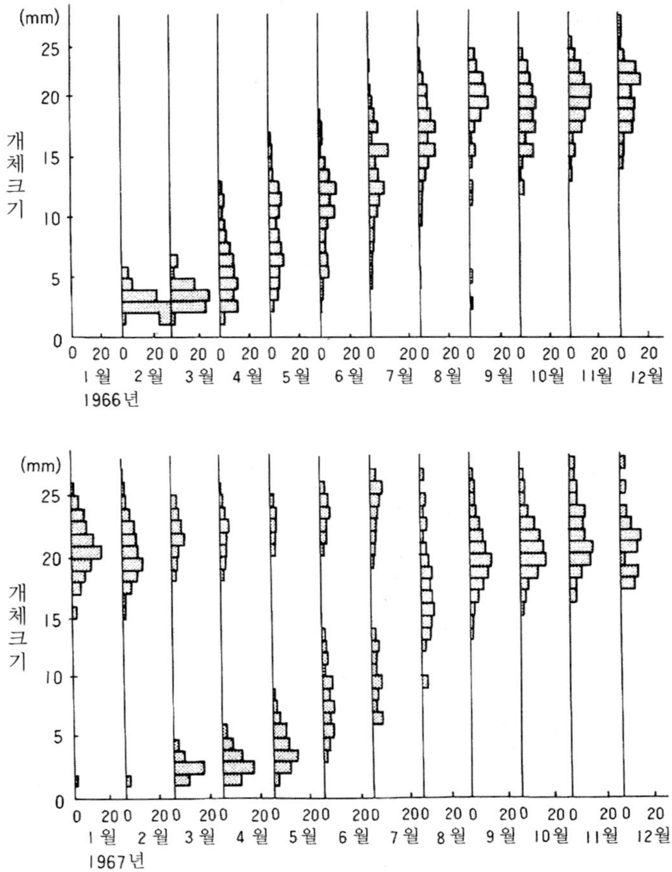

그림 6.5. 종밋의 개체크기분포. 아마쿠사(天草)의 만에서. Kikuchi and Tanaka (1978). 어느 해의 번식기에 태어난 개체로 이루어진 집단은 코호트라고 불린다. 개체크기분포에서는 하나의 산으로 나타난다. 2년을 경과하면 그 이상의 크기의 개체와 함께 되어버려 코호트를 구별할 수 없게 된다. 코호트의 개체크기분포가 집중해 있을 때는 평균치와 분산 등의 시간변화에서 성장속도를 읽을 수 있다.

여기서 집단의 개체크기분포가 평균치 근처에 집중하고 있는 것을 이용하여, $g(x)$, $h(x)$, $u(x)$ 등의 함수를 $\bar{x}$ 주위에서 테일러급수로 전개하자. 평균 개체크기 $\bar{x}$ 의 시간변화는

$$\frac{d\bar{x}}{dt} = g(\bar{x}) + \left(\frac{1}{2}\frac{d^2 g(\bar{x})}{dx^2} - \frac{du(\bar{x})}{dx}\right)v$$
$$+ [3차\ 이상의\ 모멘트] \qquad (6.17)$$

라는 형태로, 평균치 $\bar{x}$ 와 분산 v 등 분포의 모멘트에 의해 표시된다(연습 6.8 참조). 그런데 로지스틱 성장을 생각하면, 성장속도가 $g(x) = rx(1 - x/K)$ 이므로, 이의 2차 미분은 $d^2g/dx^2 = -r/K$ 로 항상 음(-)이다. 사망률 $u(x)$가 개체크기에 의존하지 않으면($du/dx = 0$), 분산 v는 양(+)이므로 식 (6.17)의 제2항은 음(-)이고, 개체군의 평균 개체크기의 증가속도 $d\bar{x}/dt$ 는 평균 개체크기를 갖는 개체의 성장속도 $g(\bar{x})$ 보다 작아진다. 바꾸어 말하면, 그림 6.5와 같은 코호트의 평균 개체크기의 변화에서는 개체의 성장속도를 과소평가해 버린다는 것을 의미한다.

이상과 같은 계산은, 분산은 물론 분포의 비대칭 정도, 뾰족한 정도 등, 더 고차의 모멘트에도 적용할 수 있다(Hara, 1984).

연습문제 / 추가 참고문헌

연습 6.1 $f(x)$를 임의의 (미분 가능한)함수라고 하자.

$n(x,t) = f(x - vt)$가 식 (6.2)을 만족하는 것을 보여라.

연습 6.2 식 (6.4)를 다음과 같이하여 도출하라.

(1) 우선 $N(x,t) = n(x,t)\exp[\int_0^x u(s)ds]$로 두면, $n(x,t)$가 식 (6.3a)을 만족하는 것에서 $\partial N/\partial t = -\partial N/\partial x$가 도출된다.

(2) 다음, 연습 6.1의 해에서 $f(x)$를 임의함수로 해서 $N(x,t) = f(x-t)$가 구해진다. 여기서 $l(x) = \exp[-\int_0^x u(y)dy]$인 식을 쓰면 $n(x,t) = f(x-t)l(x)$가 된다. 이 식에서 $x = 0$으로 두면, $f(-t) = n(0,t)$가 되므로, 앞 식을 $f(x-t) = n(0,t-x)$에 의해 치환하면 식 (6.4)가 얻어진다.

연습 6.3 식 (6.5)를 다음의 차례로 유도하라. 우선 $n(0,t) = Ce^{rt}$로 두면, 식 (6.4)는 $n(x,t) = Ce^{r(t-x)}l(x)$가 된다. 이것을 식 (6.3b)에 대입하여 정리한다.

연습 6.4 연령구조의 역학계 (6.3a)에서, 출생수가 $B(t)$로 시간의 함수로 주어지고, 시각 0에서 연령분포가 $n_0(x)$로 주어졌다고 하자. 이때 $n(x,t)$를 다음과 같이해서 구하라.

(1) 우선 연습 6.2에 있는 계산에 의해, 일반적으로 식 (6.3a)에서 $n(x,t) = f(x-t)l(x)$가 얻어진다.

(2) 다음에 초깃값 $n(x,0) = n_0(x)$에서 $x > 0$의 $f(x)$가 $f(x) = n_0(x)/l(x)$로 정해진다.

(3) 경계조건 $n(0,t) = B(t)$에서 $x < 0$의 $f(x)$가 $f(x) = B(-x)$가 된다.

(4) 이상에서 $n(x,t)$의 해는 $t > x$에서는 $n = B(t-x)l(x)$, $t < x$에서는 $n = n_0(x-t)l(x)/l(x-t)$이라고 결론지을 수 있다.

연습 6.5 연령구조의 시간발전을 취급하는 모델로는, 식 (6.3)에 있는 편미분방정식 모델 외에, 다음의 갱신과정으로서의 모델이 인구학에서 많이 이용되어 왔다. 시각 t에 갓 태어난 자손의 수를 $B(t) = n(0,t)$로 두어

$$B(t) = \int_0^t l(x)m(x)B(t-x)dx + \int_0^\infty m(y+t)[l(y+t)/l(y)]n_0(y)dy$$

여기서 $n_0(x) = n(x,0)$은 초기시각의 연령분포를 나타낸다. 이 식을 편미분방정식 모델 (6.3)에서 다음과 같이하여 도출하라.

(1) 우선 식 (6.3b)에서 $B(t) = \int_0^\infty m(x)n(x,t)dx$에 주목한다.

(2) 이 식의 적분 구간을 $x < t$와 $x > t$로 나누어, 각각에 연습 6.4에서 얻은 $n(x,t)$의 식을 대입한다.

연습 6.6 식 (6.7a,b)가, 식 (6.3a), 식 (6.6a) 및 식 (6.6b)을 합한 시스템의 평형상태(즉 $\partial n/\partial t = 0$의 해)임을 대입해서 확인하라.

연습 6.7 식 (6.16a)을 다음과 같이 계산하자. 우선 식 (6.11)을 써서

$$\begin{aligned}
\frac{d}{dt}\left\{\int xndx\right\} &= \int x\frac{\partial n}{\partial t}dx \\
&= \int x\left[-\frac{\partial}{\partial x}(gn) + \frac{1}{2}\frac{\partial^2}{\partial x^2}(hn) - un\right]dx \\
&= \int gndx - \int xundx
\end{aligned}$$

여기서 부분적분을 쓰고 적분구간의 양단에서는 함수가(미분을 포함해서) 0임을 이용했다. $\bar{x}$ 의 정의 식 (6.15a)와 식 (6.14)에 있는 N의 시간미분, 위에서 구한 $\int xndx$ 의 시간미분을 합하면

$$\frac{d\bar{x}}{dt} = \int g\frac{n}{N}dx - \int xu\frac{n}{N}dx + \int x\frac{n}{N}dx < u >$$

가 얻어진다. 이것은 식 (6.16a)와 같다.

식 (6.16b)도 우선 $\int (x - \bar{x})^2 ndx$ 의 시간미분을 계산해서 같은 방법으로 구할 수 있다.

연습 6.8 일반적으로 함수 $f(x)$를 $\bar{x}$ 근처에서 테일러급수로 전개하면

$$f(x) = f(\bar{x}) + f'(\bar{x})(x - \bar{x}) + \frac{1}{2}f''(\bar{x})(x - \bar{x})^2 + [\text{3차 이상의 항}]$$

이 된다. 여기서 $|x - \bar{x}|$에 대한 3차 이상의 항은 합해서 표시했다.

다음, 식 (6.13a), 식 (6.13b)의 정의에 따라서 계산하면

$$< f(x) > = f(\bar{x}) + \frac{f''(\bar{x})v}{2} + [\text{3차 이상}]$$

$$\mathrm{cov}(x, f(x)) = f'(\bar{x})v + [\text{3차 이상}]$$

이 된다. 그런데 이들 식을 써서 식 (6.16a)을 바꾸어 쓰면

$$\frac{d\bar{x}}{dt} = g(\bar{x}) + g''(\bar{x})\frac{v}{2} - u'(\bar{x})v + [\text{3차 이상}]$$

이 얻어진다. 이것은 식 (6.17)이다.

추가 참고문헌: 개체크기를 처음으로 개체의 내부 상태에 도입한 개체군동태는, Metz and Diekmann (1986), Nisbet and Gurney (1982), Hallam and Levin (1986) 등에 상세히 나와 있다. Paine and Levin (1981)은, 조간대의 암초에서 패치를 하나의 단위로 생각하여, 그 빈도분포의 역학계를 취급하고 있다. 수목의 개체크기분포에 대해서는 Kohyama (1991, 1992)를 참조.

부록 C 포커플랑크 · (Fokker-Planck) 방정식의 유도 방법

$f(y-x, x)$를, Δt의 시간에 개체크기가 x에서 y로 변화하는 확률이라고 한다. 이것은 y에 관한 확률분포이므로

$$\int f(y-x, x)dy = 1 \tag{C1a}$$

이다. 여기서 또

$$\int (y-x)f(y-x, x)dy = g(x)\Delta t + o(\Delta t) \tag{C1b}$$

$$\int (y-x)^2 f(x-y, x)dy = h(x)\Delta t + o(\Delta t) \tag{C1c}$$

$$\int (y-x)^3 f(x-y, x)dy = o(\Delta t) \tag{C1d}$$

를 만족한다고 가정한다(식 (6.10) 참조). 여기서 집단의 개체크기분포 $n(x, t)$에 관한 방정식을

$$n(x, t+\Delta t) = \int f(x-z, z)n(z, t)dz \tag{C2}$$

로 전개한다. 이 식은 시각 $t+\Delta t$에서 x에 있는 사건(event)을, 시각 t에서는 중간상태 z에 있고, $t+\Delta t$가 되면 x에 옮겨간다고 하는 부분사건으로 분해하여, 여러 가지 중간상태 z에 관해서 합한 것이다.

여기서 식 (C2)를 테일러급수로 전개하는데, 그 방법에 약간 주의가 필요하다. 피적분함수에는 3개의 z가 포함되어 있으나, 이 가운데 변동 폭에 포함되어 있는 최초의 z는 그냥 두고, 뒤의 2개의 z에 관해서 x 근처에서 전개하는 것이다. 즉

$$
\begin{aligned}
&f(x-z, y)n(y,t)|_{y=z} \\
&\quad = f(x-z, x)n(x,t) + (z-x)\frac{\partial}{\partial y}\{f(x-z,y)n(y,t)\}|_{y=x} \\
&\qquad + \frac{(z-x)^2}{2}\frac{\partial^2}{\partial y^2}\{f(x-z,y)n(y,t)\}|_{y=x} + o((z-x)^3)
\end{aligned}
$$

이 양변을 z로 적분하여 미적분의 순서를 교환하면, 좌변은 식 (C2)와 같게 되므로

$$
\begin{aligned}
n(x, t+\Delta t) = &\int f(x-z,x)dz\, n(x,t) \\
&+ \frac{\partial}{\partial y}\left[\left\{\int (z-x)f(x-z,y)dz\right\}n(y,t)\right]|_{y=x} \\
&+ \frac{1}{2}\frac{\partial^2}{\partial y^2}\left[\left\{\int (z-x)^2 f(x-z,y)dz\right\}n(y,t)\right]|_{y=x} \\
&+ [\cdots]
\end{aligned}
$$

가 된다. 여기서 식 (C1a), 식 (C1b), 식 (C1c), 식 (C1d)를 이용하면,

$$
\begin{aligned}
n(x, t+\Delta t) = n(x,t) &+ \frac{\partial}{\partial y}\{-g(y)\triangle t\, n(y,t)\}|_{y=x} \\
&+ \frac{1}{2}\frac{\partial^2}{\partial y^2}\{h(y)\triangle t\, n(y,t)\}|_{y=x} + o(|\Delta t|^2)
\end{aligned}
$$

이 된다. 이 양변에서 $n(x,t)$를 빼고 Δt로 나누고, Δt를 0으로 접근시키면,

$$
\frac{\partial n}{\partial t} = -\frac{\partial}{\partial x}\{g(x)n\} + \frac{1}{2}\frac{\partial^2}{\partial x^2}\{h(x)n\}
$$

가 얻어진다. 이와 같이 해서 포커・플랑크 방정식이 얻어졌다. 이 식에서 다시 사망에 의한 손실의 속도 $u(x)n$을 뺀 것이 식 (6.11)이다.

제7장 공간분포와 생물확산

사향뒤쥐는 밍크와 같은 모피를 얻기 위해 체코슬로바키아에서 사육되고 있었다. 그런데 1905년에 몇 마리가 우리를 탈출하여 순식간에 전 유럽으로 퍼져갔다(그림 7.1). 새로운 서식장소에 침입한 생물이 증식하여 퍼져갈 때 그것이 파동처럼 전파하는 속도는 어떻게 정해질까? 이와 같이 공간구조가 있는 개체군의 동태는 확산모델이라는 편미분방정식에 의해 다루어질 수 있다.

7.1 랜덤한 움직임: 확산

연속적인 분포를 생각하기에 앞서, 많은 이산적 서식장소가 인접해 있어서 생물이 이웃끼리 서로 랜덤하게 왕래할 수 있는 경우를 생각해보자. 단위시간 사이에 장소 i에서 장소 $i+1$로 옮겨가는 개체의 수를, i에 있던 밀도에 비례하여 Dn_i라 하고, 역으로 $i+1$에서 i로의 이동수는 Dn_{i+1}이라 하자. 이들의 차가 순흐름(flux)이고, i의 증가 방향을 양으로 해서 측정하면 $J=-D(n_{i+1}-n_i)$라 쓸 수 있다. 흐름의 크기는 개체수 밀도의 차이에 비례하고, 방향은 밀도가 높은 쪽에서 낮은 쪽으로 향하고 있는 것에 주의

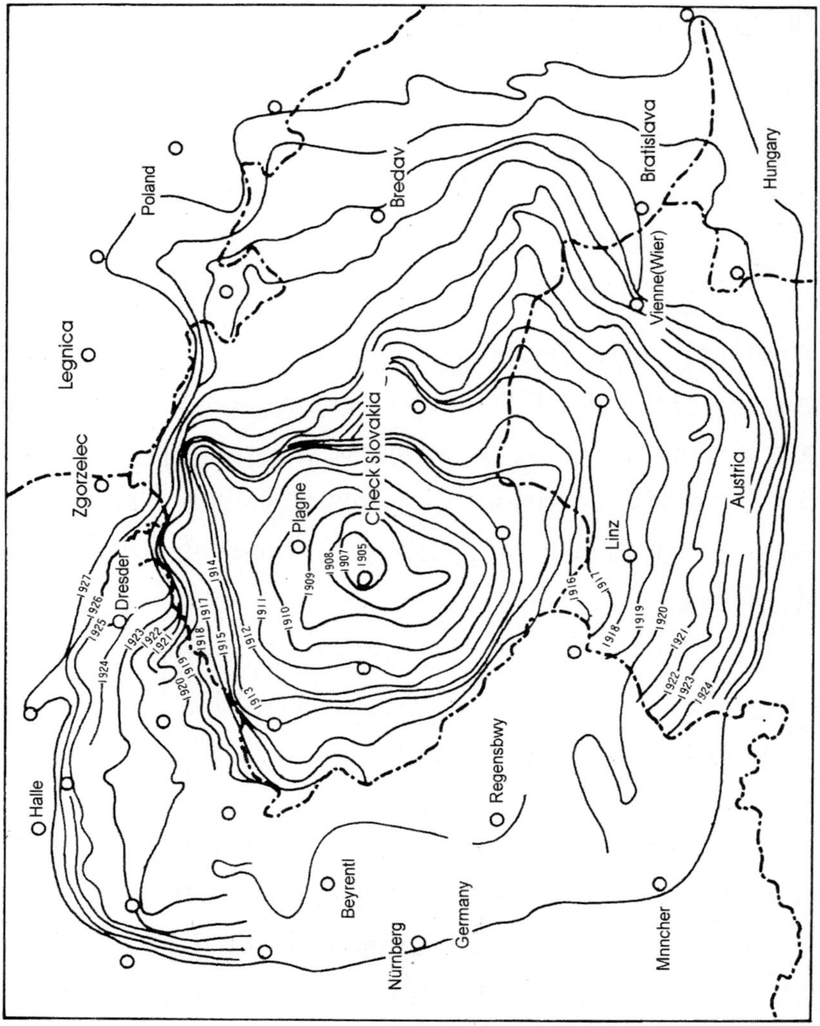

그림 7.1 사향뒤쥐의 퍼짐(Elton, 1958). 1905년 우리에서 도망간 5마리의 사향뒤쥐는 이후 수십 년 동안 유럽 속으로 퍼지고, 수백만 마리에 달했다. 이 그림은 1927년까지의 분포의 범위를 나타내고 있다.

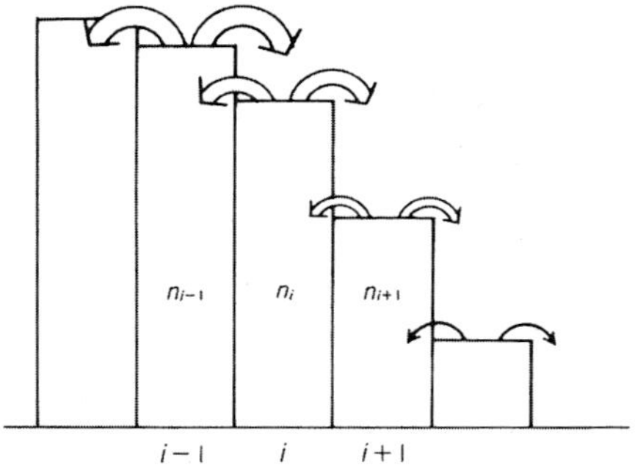

그림 7.2 확산모델. 다수의 장소에 줄지어 있어서 이웃끼리 개체의 랜덤한 이동이 있다고 한다. 이동개체의 수가 원래장소의 개체수에 비례하는 경우에는 순흐름은 밀도가 높은 곳에서 낮은 곳으로 향하게 된다.

하자(그림 7.2). 이와 같은 개체의 랜덤한 움직임이 있으면, 장소에 따른 밀도의 차이가 시간과 함께 감소하는 방향으로 순이동이 생긴다.

공간이 연속 매개변수 x에 의해 표시되는 경우에도, 개체의 랜덤한 이동에 의해, 밀도가 높은 곳에서 낮은 쪽으로 밀도 기울기의 크기에 비례한 흐름이 생긴다. 따라서 흐름은 $J=-D\partial n/\partial x$라고 쓸 수 있다. 비례계수 D는 랜덤한 움직임의 세기를 표시하며, **확산계수**라 부른다. 앞 장의 연속의 식 (6.1)에 대입하면

$$\frac{\partial n}{\partial t}=D\frac{\partial^2 n}{\partial x^2} \tag{7.1}$$

이라는 **확산방정식**(diffusion equation)이 된다. 이 방정식의 대표적인 해는, 시각 $t=0$에서 N개체가 장소 $x=0$에 놓여서, 랜덤한 운동에 의해 퍼져가는 모양을 표시하는

$$n(x,t)=\frac{N}{\sqrt{4\pi Dt}}\exp\left[-\frac{x^2}{4Dt}\right] \tag{7.2}$$

이다. 이것은 개체의 총수가 N이고, 위치 x에 대해 원점을 중심으로 하여, 분산이 $2Dt$이고 정규분포가 되는 것을 나타낸다(연습 7.1 참조).

확산방정식 (7.1)은, 앞 장의 식 (6.11)에서, 평균적인 성장속도 및 사망률의 항이 없는 경우($g(x)=0$, $h(x)=2D$, $u(x)=0$)에 대응하고 있다.

7.2 침입자의 퍼짐

외래의 생물이나 병원체가 새로운 토지에 침입하여, 증식하면서 점차로 퍼져가는 모양은, 확산에 의한 공간이동에 개체군의 증식을 표시하는 항을 부가한 식에 의해 표현할 수가 있다. 예를 들면 맬서스 계수 r로 지수 증식하는 경우에는, 식 (7.1)의 방정식의 우변에 증식의 항 $rn(x,t)$가 더해져서

$$\frac{\partial n}{\partial t} = D\frac{\partial^2 n}{\partial x^2} + rn \tag{7.3}$$

이 된다. 이 방정식의 해로는, 식 (7.2)에 지수함수 e^{rt}를 곱한

$$n(x,t) = \frac{N}{\sqrt{4\pi Dt}}\exp\left[-\frac{x^2}{4Dt} + rt\right] \tag{7.4}$$

가 있다(연습 7.2 참조).

그런데 앞의 사향뒤쥐가 퍼져가는 것을 생각하면, 이들이 사람 눈에 띄게 되는 데는 어느 정도의 밀도 c에 도달해 있을 필요가 있다고 생각된다. 여기서 밀도분포 (7.4)가 상수 c와 같게 되는 장소 $\hat{x}(t)$를 $n(\hat{x}(t),t)=c$ 에서 구해보자(그림 7.3). 이 식은 변형하면 분포의 오른쪽의 위치 $\hat{x}(t)$에 대

해서

$$\frac{\hat{x}(t)}{t} = 2\sqrt{rD} + [t \to \infty \text{ 에서 } 0 \text{이 되는 항}] \tag{7.5}$$

이라는 관계가 유도된다(연습 7.3 참조). 이 결과는 파면(wave front)이 점근적으로 일정한 속도 $2\sqrt{rD}$로 진행하는 것을 표시하고 있다. 침입 생물의 파가 전파하는 빠르기는 증식률 r 및 개체의 랜덤한 움직임 D와 함께 증가하는 것이다(Okubo, 1980).

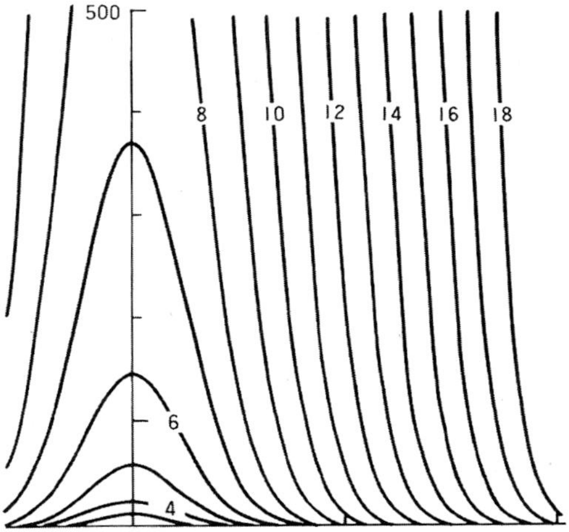

그림 7.3 생물이 증식하면서 확산할 때 그 밀도는 파동으로 전파된다. 식 (7.4)에서 $r=1$, $D=0.1$로 했다. 분포밀도가 일정치 c와 같은 장소를 $\hat{x}(t)$라고 하면, 그것은 시간 t와 함께 식 (7.5)와 같이 일정속도로 이동한다. 그래프의 숫자는 시간 t를 표시한다.

동물을 최초로 놓아준 장소에서 파면까지의 거리가 식 (7.5)가 표시하는 것과 같이 일정한 속도로 퍼진다고 하면, 평면상의 확산에서는 퍼진 면적의 평방근이 시간에 비례하는 것으로 생각된다. 그림 7.4는 앞의 사향뒤쥐가 퍼진 면적의 자료에서 계산한 것이고, 확실히 예상대로 되고 있음을 알 수 있다.

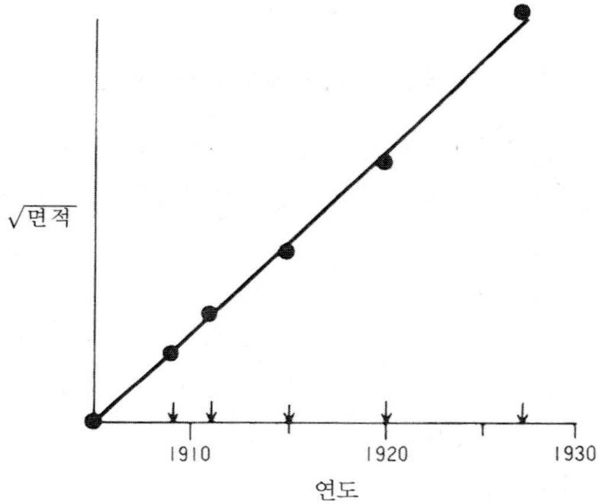

그림 7.4 그림 7.1의 사향뒤쥐의 퍼진 면적과 놓아진 후의 년수와의 관계. 면적의 평방근이 분포의 중심에서 선단까지의 거리라고 생각하면, 식 (7.5)와 같이 이것이 시간에 비례해서 증가한다고 예상되고, 또 실제로 그렇게 되고 있음을 알 수 있다(Skellam, 1951).

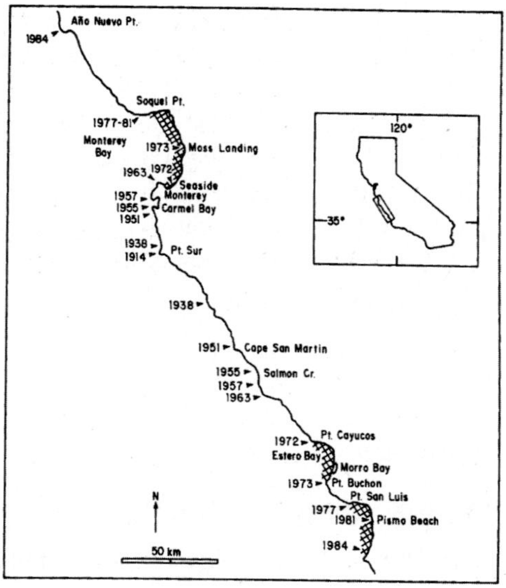

그림 7.5 미국 서해안에서 바다수달이 분포범위를 넓혀가는 모양. 각 연도에 있어서의 분포의 양단을 표시했다(Lubina and Levin, 1988).

그림 7.5는 캘리포니아 해안에서 바다수달이 해마다 일정한 속도로 퍼져 간 것을 표시하고 있다. Lubina and Levin (1988)은 북쪽방향으로의 전파속도가 남쪽으로의 속도에 비해서 느린 이유를 논하고 있다.

7.3 경계조건

물속의 미세한 조류인 식물플랑크톤이, 영양염류와 적당한 수온이 유지된 어떤 영역에서는 증식할 수 있으나, 그밖에서는 서식할 수 없다고 생각하자. 더욱 극단적으로, 증식한 플랑크톤이 확산 때문에 그 영역에서 밖으로 나가면 곧 죽어버린다고 하면, 그 영역 속에서 증식과 밖으로의 유출에 의한 손실이 어느 쪽이 큰가에 따라 플랑크톤이 증식하는가 소멸하는가가 결정된다.

간단히 하기 위해서 1차원의 영역을 생각하여, 서식 가능한 영역은 유한한 구간 $(0, L)$ 내에 한정된다고 하고, 그 속에서 증식과 이동은 편미분방정식 (7.3)에 의해 표시된다고 가정한다. 양끝에 흘러온 플랑크톤은 즉시 죽는다는 가정에 의해서, 거기서는 밀도가 0과 같다는 흡수 경계조건,

$$n(0, t) = n(L, t) = 0 \tag{7.6}$$

이 성립한다(그림 7.6). 식 (7.3)과 식 (7.6)을 동시에 만족하는 대표적인 해는

$$n(x, t) = N\sin\left(\frac{\pi x}{L}\right)\exp\left[\left(r - \frac{\pi^2 D}{L^2}\right)t\right] \tag{7.7}$$

이다(연습 7.4 참조). 이 결과는 가령 증식률 r이 양(+)이라 하더라도, 서식장소의 크기 L이 충분하지 않으면, 서식장소의 경계에서 밖으로 유출하기 때문에 개체군은 증가할 수 없어서 소멸된다는 것을 표시하고 있다. $L_c = \pi\sqrt{D/r}$을 경계로 하여, 그것보다 큰 패치이면 개체수는 증가하고 작으면 소멸하므로, L_c는 **최소 패치 크기**라고 부른다.

이와 같이, 같은 편미분방정식 (7.3)이라도 그 식을 적용하는 영역과 그의 경계에 관한 가정이 변하면 문제가 크게 달라진다.

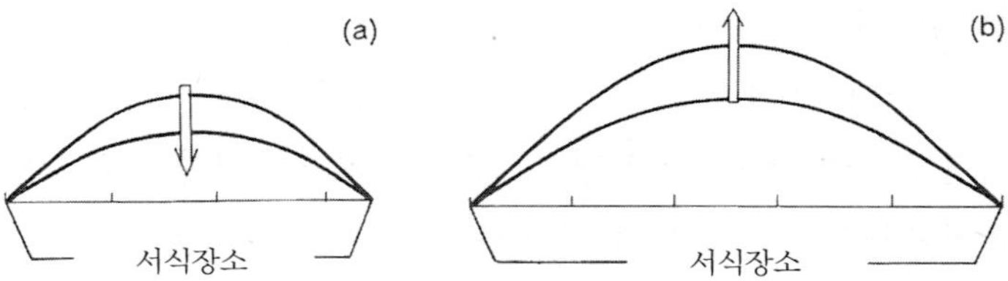

그림 7.6 플랑크톤의 최소패치크기. (a) 서식 영역이 너무 작으면 경계에서 밖으로의 유출이 증식보다 빨라서 플랑크톤은 소멸해 버린다. (b) 플랑크톤이 증식할 수 있는 최소패치크기가 존재한다.

7.4 전파하는 파의 빠르기

지수 증식을 가정한 경우에는, 식 (7.4)의 집단의 중앙부에서 밀도가 얼마든지 높아져 버리는데, 그 대신에 로지스틱 증식을 가정하여 식 (7.3)의 rn을 $rn\,(1-n/K)$로 치환하면, 밀도가 K를 넘지 않게 된다.

$$\frac{\partial n}{\partial t} = D\frac{\partial^2 n}{\partial x^2} + rn\left(1 - \frac{n}{K}\right) \tag{7.8}$$

여기서 이 파의 진행 속도를 구하는 것을 생각해보자(그림 7.7). 분포의 우측의 선단을 보면, 거의 같은 형을 유지한 채로 오른쪽으로 평행이동하고 있는 것처럼 보인다. 그래서 식 (7.8)의 해 가운데

$$n(-\infty, t) = K, \qquad n(\infty, t) = 0 \tag{7.9}$$

이라는 경계조건을 만족하고, 일정한 속도 v로 오른쪽으로 평행이동하는 $n(x, t) = f(x - vt)$인 해를 구한다. 계산의 결과 파의 속도는 $v = 2\sqrt{rD}$임이 확인되어 있다(龜高, 1977). 이것은 밀도의존성이 없는 역학계의 파면의 빠르기와 같다(식 (7.5) 참조). 파면에서는 밀도가 작으므로, 그 전파가 밀도가 작은 경우 응답하는 것에 가깝다고 생각할 수 있다.

식 (7.8)은 새로운 유리한 유전인자가 퍼지는 모양을 표시하는 것으로서 피셔(Fisher, 1937)에 의해 제안되었다. 이 식은 그림 7.8과 같이 농경문화가 파와 같이 전파하는 모양을 기술할 때도 이용된다.

포유류는 성체가 되면 생젖을 소화하는 능력을 잃는다. 그러나 젖을 생으로 먹는 습관이 퍼져 있는 인간의 부족에서는, 생젖을 소화하는 효소를 어른이 되어서도 계속 만들 수 있는 유전자를 가진 개체가 많다. 한편 소화하는 효소가 없으면 영양이 흡수되지 않으므로 생젖을 마시는 습관도 퍼지기 어렵다. Aoki (1987)는 생젖을 마시는 습관의 빈도와 소화효소를 가지는 빈도라는 두 개의 양이, 공간에서 파와 같이 퍼지는 모양을 확산방정식으로 표시했다. 그러면 습관의 파 쪽이 전파속도가 크기 때문에 먼저 전파되고 유전자가 뒤에서 전파되는 경우와, 역으로 유전자가 빨리 전파되고 습관이 늦게 전해지는 경우 외에, 양쪽의 파가 같은 속도로 전파되는 경우도 있음이 관측되었다. 이것은 문화와 유전자가 공동으로 퍼지는 과정의 한 예이다.

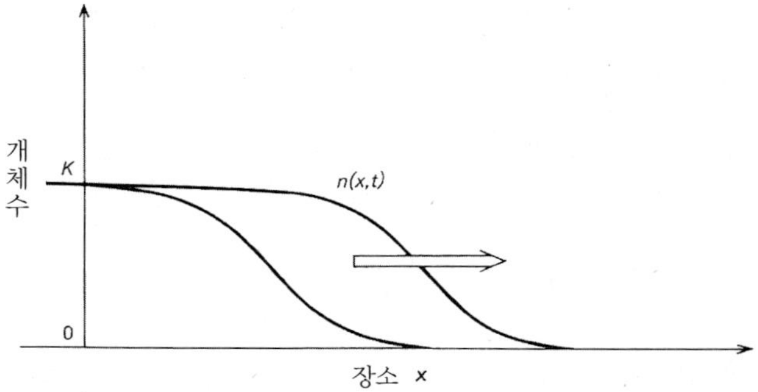

그림 7.7 확산으로 퍼짐. 각각의 장소에서는 로지스틱 증식을 하는 생물분포의 전파.

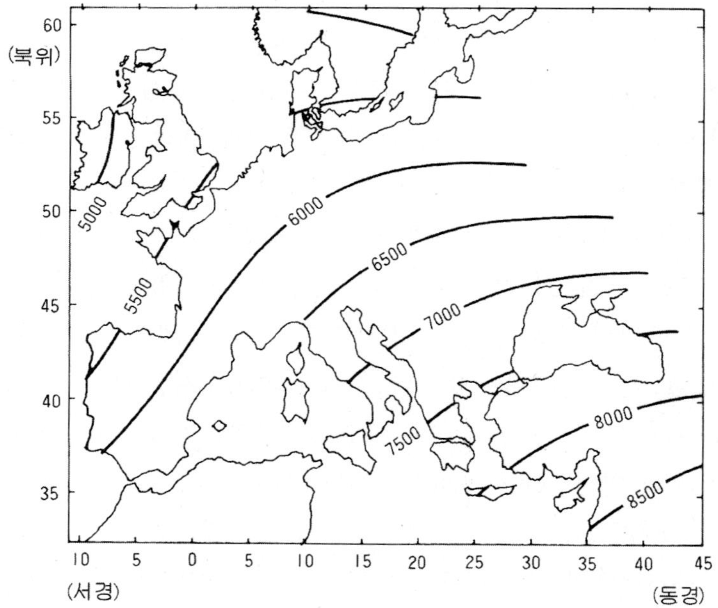

그림 7.8 농경이 퍼져가는 모양. 숫자는 현재에서 몇 년 전인가를 표시한다. 고고학적 자료에 의해서 추정된 것. 농경의 전파도 확산방정식으로 표현된다(Cavalli-Sforza and Feldman, 1981).

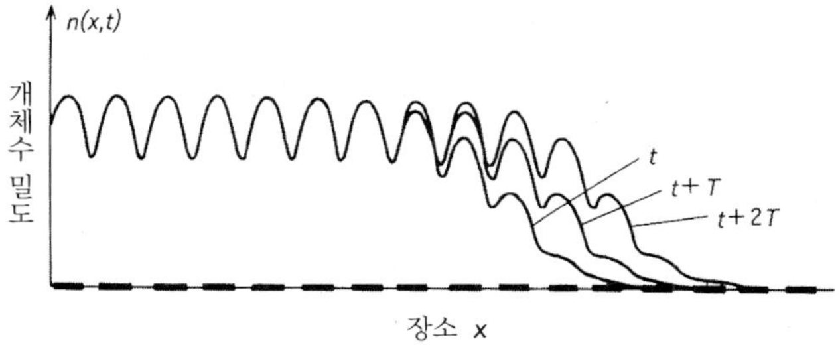

그림 7.9 서식장소가 증식에 적합한 장소와 부적합한 장소가 주기적으로 나열되어 있을 때의 주기진행파. 적합한 장소는 가로축의 굵은 선으로 표시했다. 생물 집단은 주기적으로 진동하면서 파가 이동하는 것이 된다. 이 그림에서는 시각 $t, t+T$ 및 $t+2T$의 분포를 그리고 있다. T시간마다 취한 분포는 평행이동에 의하여 서로 포개지는 것을 알 수 있다(Shigesada 등, 1986).

이상의 모델은 균일한 공간에서 파가 전파되는 것을 표시하고 있다. Shigesada 등 (1986)은 증식률이 높은 곳과 낮은 곳이 교차로 있는 서식장소에서 파가 전파하는 빠르기를 계산하고 있다. 바람직한 서식장소에 오면 증식이 잘되어 빨리 퍼지는 것에 비해서, 부적당한 장소에서는 파의 진행이 늦어지므로, 동일의 파형으로 평행 이동하는 것이 아니고 주기적인 변동을 하면서 파가 진행하는 것이 된다(그림 7.9).

7.5 방향성이 있는 이동분산과 밀도와 함께 강해지는 분산

생물의 움직임이 완전히 랜덤하지 않고 한쪽으로 가기 쉬운 경향이 있는 경우도 생각할 수 있다. 예를 들면, 서식장소에 좋고 나쁜 곳이 있을 때는 동물은 좋아하는 장소를 향하여 움직이는 경향이 있을 것이다. Shigesada 등 (1986)은 동물이 좋아하는 장소를 표시하기 위해서, 장소 x의 함수로서 환경 퍼텐셜(potential) $U(x)$를 생각하여, 생물이 평균적으로는 퍼텐설이 낮은 쪽으로 이동하는 경향이 있다고 했다. 앞 장의 식 (6.11)의 제1항은 평균적인 움직임을 표시하고 있는데, 이 속도를 $g(x) = -dU(x)/dx$로 둔 것이다. 그 결과 분포의 시간변화를 표시하는 편미분방정식에는 $-(\partial/\partial x)\{-(dU/dx)n\}$이라는 항이 부가 된다.

생물은 현재 서식하고 있는 장소에 먹이가 풍부하게 있고 살기가 편한 동안에는 움직이지 않으나 밀도가 높아져서 환경이 악화되면 다른 장소를 찾는 것처럼 이동분산하게 되는 것이 일반적이다. 이와 같이 생물의 랜덤한 이동분산이 밀도와 함께 상승하는 것은, 확산계수 D를 밀도 n의 증가함수로 가정해서 표시할 수 있다.

개미귀신은 모래에 화분형의 집을 만들어서 먹이인 개미가 떨어져 내리는 것을 기다리고 있다. 모래의 굵기에 따라서 개미지옥의 집을 만드는 장소의 선호도가 다르다. 거기에 더해서, 각각의 장소의 좋은 점은 밀도와 함께 점차로 감소한다. 森下(1952)는 생물은 기본적으로 고밀도를 피하는 경향이 있다고 가정하고, 장소간의 선호도의 차이를 '환경밀도'로서 실제의 생물의 밀도에 부가하여 생각하는 모델에 의해서, 생물이 분포하는 모양을 정량적으로 설명할 수 있음을 표현했다. 重定・寺本(1978)는 확산계수가 밀도 n과 함께 상승하여 $D = \alpha + \beta n$에 따른다면 그와 같은 움직임의 결과 형성되는 분포는 Morisita의 모델과 일치함을 지적했다.

증식률이 밀도에 의존하지 않고, 장소마다 정해진 값을 취한다고 하자. 만일 확산계수가 일정하면, 개체군밀도는 무한히 증가하든지 또는 0이 되는지의 한쪽이고, 중간적인 안정평형해는 존재하지 않는다. 그래서 개체군밀도와 함께 확산계수가 증가하는 경우를 생각해보자. 예를 들면 확산계수가 밀도에 비례하고($D = \beta n$), 증식률은 $x = 0$에서 최대가 되고, 거기에서 멀어질수록 감소하여 a이상 떨어지면 음(-)이 된다고 가정한다.

$$\frac{\partial n}{\partial t} = \frac{\partial^2}{\partial x^2}(\beta n \cdot n) + (a^2 - x^2)n \tag{7.10}$$

여기서 $(a^2 - x^2)$은 한 개체당의 증가율을 표시한다. 이 방정식에 대해서는, $-\sqrt{7}a < x < \sqrt{7}a$에서는

$$n(x) = \frac{(x^2 - 7a^2)^2}{56\beta} \tag{7.11}$$

이고, 그 외의 범위에서는 $n(x) = 0$이라는 분포가 평형해로 되어있다(그림 7.10)(연습 7.5 참조). 이것이 안정하다는 것도 증명할 수 있다(Namba, 1980). 밀도가 낮을 때는 증식률이 높은 장소에 머물고 있어서 효율 좋게 번식할 수 있으나, 밀도가 높을 때는 좋은 장소에서 자란 개체가 넓게 확산해서 나쁜 장소로 이동하므로 번식률이 저하하고, 그 결과 전체의 개체수가 안정하게 유지되는 것이다.

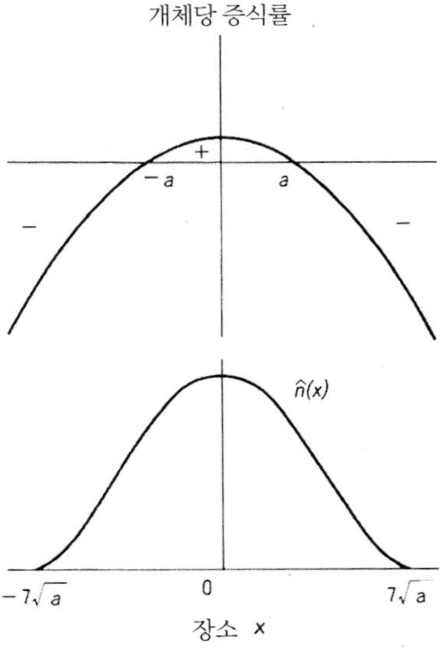

그림 7.10. 서식장소에 불균일성이 있고 이동확산율이 밀도와 함께 증가하는 경우에는 안정한 평형상태가 존재한다(Namba, 1980). 위 그림: 개체당의 증식률. 이 값이 양(+)이면 적합한 서식장소이다. 아래 그림: 평형해 식 (7.11).

7.6 공간적 서식지 분리

동종 개체가 반발하는 경향뿐만 아니라, 다른 종을 피하는 경향도 확산계수와 밀도에 의존하는 것으로 표현할 수 있다. Shigesada 등 (1979)은 경쟁하는 두 종의 밀도에 대해서, $n_1(x,t)$ 및 $n_2(x,t)$를 생각하여, 이들 사이에

$$\frac{\partial n_1}{\partial t} = \frac{\partial^2}{\partial x^2}\{(D_1 + \beta_{11}n_1 + \beta_{12}n_2)n_1\} + \frac{\partial}{\partial x}\left\{\frac{dU}{dx}n_1\right\} + r_1 n_1\left(1 - \frac{(n_1 + an_2)}{K_1}\right) \tag{7.12a}$$

$$\frac{\partial n_2}{\partial t} = \frac{\partial^2}{\partial x^2}\{(D_2 + \beta_{21}n_1 + \beta_{22}n_2)n_2\} + \frac{\partial}{\partial x}\left\{\frac{dU}{dx}n_2\right\} + r_2 n_2\left(1 - \frac{(bn_1 + n_2)}{K_2}\right) \tag{7.12b}$$

라는 식이 성립한다고 생각했다. 우변의 제1항은 생물의 랜덤한 움직임을 표시하며, 움직임이 격렬한 정도를 표시하는 확산계수가 밀도와 함께 증가한다. 그때는 자기 종뿐만 아니라 다른 종의 밀도가 상승하여도 도망가는 경향이 강해지게 되어 있다. 제2항은 두 종 모두 환경 퍼텐셜 $U(x)$가 낮은 곳을 선호함을 표시하고 있다. 증식을 나타내는 제3항은 장소 x마다 종간의 경쟁이 생기고 있는 것을 표시하고 있다.

그림 7.11의 예에서는 경쟁의 계수가 $ab > 1$이 되게끔 선택되어 있으므로, 만일 공간 구조가 없으면 두 종은 공존할 수 없다(제2장 및 그림 2.1c). 제1종은 환경 퍼텐셜이 낮고, 좋아하는 장소에 분포한다. 제2종도 같은 장

소를 좋아하나, 제1종을 강하게 기피하기 때문에 양종의 분포가 나누어진다. 그 결과 경쟁은 주로 같은 종 안에서 일어나므로 두 종이 안정하게 공존하는 것이다.

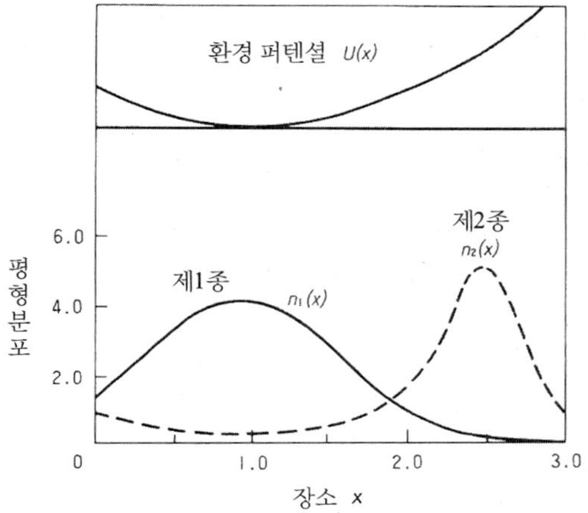

그림 7.11 두 종의 서식지 분리에 의한 공존. $U(x)$는 환경 퍼텐셜이고 양종 모두 $U(x)$의 값이 작은 곳을 선호하는 경향이 있다. 또 제2종은 제1종을 피하는 경향이 강하다. 그 결과 두 종은 공간적으로 서식장소를 나누어서 공존하게 된다. 공간구조가 없는 경우에는 이들 두종은 공존할 수 없다.
식 (7.12)에서 $U(x)=1.5(x-1)^2$, $D_1=D_2=1$, $\beta_{11}=\beta_{22}=\beta_{12}=0$, $\beta_{21}=10$, $r_1=r_2=6$, $K_1=K_2=4.286$, $a=b=2$ (Shigesada 등, 1979).

7.7 공간 양상(pattern)의 형성

물속에서 광합성의 주역인 단세포의 조류와 이것을 먹는 물벼룩 등의 동물플랑크톤은, 물속에 균일하게 혼합되어 있는 것이 아니고 고밀도의 패치를 이루고 있다. 이와 같은 플랑크톤의 패치는 물의 화학성분이나 온도에 차이가 있어서 단지 이것을 반영하고 있을 뿐인지도 모른다. 그러나 혹시 이 패치는 생물종간의 개체군동태에 확산이 더해짐으로써 만들어지는 것은 아닐까? $n_1(x,t)$는 식물플랑크톤, $n_2(x,t)$는 동물 플랑크톤의 분포밀도

를 나타낸다고 하자. Mimura (1979)는

$$\frac{\partial n_1}{\partial t} = D_1 \frac{\partial^2 n_1}{\partial x^2} + rn_1\left(1 - \frac{n_1}{K}\right) - \frac{an_1 n_2}{1 + hn_1} \tag{7.13a}$$

$$\frac{\partial n_2}{\partial t} = D_2 \frac{\partial^2 n_2}{\partial x^2} - cn_2^2 + \frac{an_1 n_2}{1 + hn_1} \tag{7.13b}$$

라는 모델을 생각했다. 이 모델에서는 각각의 장소 x마다 제3장에서 설명한 것과 같은 포식자와 먹이 동물간의 상호작용이 행해지고 있는데, 거기에 더해서 확산에 의한 혼합도 이루어진다. 그 결과 적당한 매개변수의 값을 취하면 완전히 균일한 환경이면서 그림 7.12와 같은 양상이 형성되게 된다.

공간적으로는 완전히 균일한 시스템일지라도, 요소의 상호작용과 확산에 의해서 불균일한 공간양상이 형성되는 일은, 생물의 발생과정에서 균일한 장소에 형이 만들어지는 수학모델로서 연구되어 왔다(Murray, 1989).

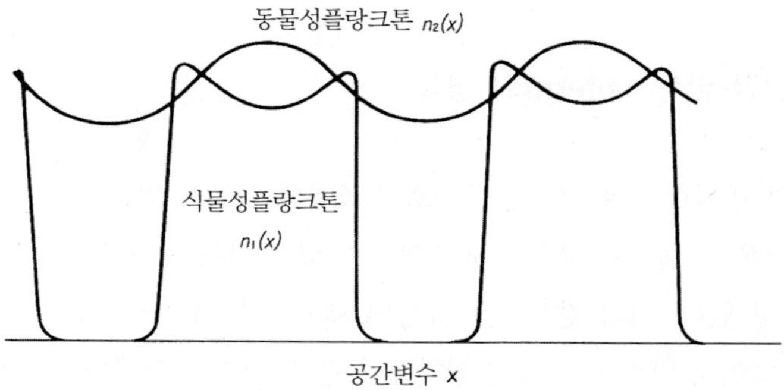

그림 7.12 제1종은 동물플랑크톤, 제2종은 식물플랑크톤을 표시. 전적으로 균일한 공간에서 두 종의 상호작용과 확산의 결과, 이 그림과 같은 패치 구조가 나타난다(三村, 1979).

또 이상의 몇 가지의 예와 같이, 각각의 장소에서는 미분방정식의 형으로 상호작용하고, 이것이 확산에 의해 결합되어 있다고 하는 수학모델은 **반응확산계**라고 불리며, 화학반응론이나 물성물리학에서 잘 연구되고 있다.

공간구조를 갖는 개체군의 동태를 해석하는 데는, 이상과 같은 편미분방정식으로 표현되는 것 외에, 이산적인 부분집단(국소 개체군)을 상정하고, 각각의 개체군동태를 상미분방정식으로 표현한 후에, 부분집단간의 교류를 표시하는 항을 부가하는 모델도 가끔 이용된다. 또한 이동분산에 의한 교류가 일어나는 것은 특정의 생육단계에 한정되고, 다른 단계에서는 각각의 부분집단으로 나누어진다는 것도 현실적인 가정이다. 예를 들면, Roughgarden and Iwasa (1986)는 따개비와 같은 조간대의 바위에 부착하는 생물에 대하여, 다른 영역에 서식하는 성체에 의해 만들어진 유생이, 플랑크톤 생활 동안에 물속에서 완전히 혼합되고, 그 후 넓은 범위의 암초에 정착한다는 모델을 연구했다. 또 각각의 부분집단 내의 개체군동태로는, 다수 종의 역학계나 연령구조를 갖는 역학계를 생각하는 경우도 조사되고 있다(Levin, 1976; Kawasaki and Teramoto, 1978).

연습문제 / 추가 참고문헌

연습 7.1 식 (7.2)는 확산방정식 (7.1)의 해임을, 대입하는 것으로 확인하라. 식 (7.2)는 위치 x에 관한 정규(상)분포를 상수배한 것이다. 표준균일분포는 평균치가 0이고 분산이 1인 균일분포이고, $(1/\sqrt{2\pi})\exp(-x^2/2)$라는 밀도함수를 가지고 있다. 이것을 참고로 하여 변수변환에 의해, 식 (7.2)의 함수가

$$(1)\int n(x,t)dx = N,\ (2)\int xn(x,t)dx = 0 \text{ 및 } (3)\int\frac{x^2n(x,t)}{N}dx = 2Dt$$

를 만족하는 것을 확인하라. 이것은 각각, (1) 개체의 총수가 N인 것, (2) 분포의 중심이 0인 것, (3) 분포의 분산이 $2Dt$인 것을 표시한라.

연습 7.2 식 (7.4)가 식 (7.3)의 해인 것을 다음과 같이 하여 증명하라.

(1) $n(x,t)$가 식 (7.3)을 만족할 때, $m(x,t) = n(x,t)e^{-rt}$는 식 (7.1)을 만족하는 것을 보여라.

(2) $m(x,t)$가 식 (7.2)로 주어진다고 하여 $n(x,t)$를 구하라.

연습 7.3 증식하면서 확산하는 생물 분포의 파면이 진행하는 빠르기의 식 (7.5)를 유도하라.

연습 7.4 식 (7.7)이 편미분방정식 (7.3)과 경계조건 (7.6)을 동시에 만족함을 보여라.

연습 7.5 식 (7.11)을 식 (7.10)의 우변에 대입하면 0이 됨을 증명하라. 이것은 편미분방정식 (7.10)의 평형해인 것을 의미한다.

추가 참고문헌: 형태의 형성에 대해서는 Meinhardt (1982), Murray (1989)에 상세히 나와 있다. 또, 土居 (1988)는 여러 가지의 화제에 대해 언급하고 있다. 개체군 동태에 대해서는 山口 (1979), 重定 (1992)을 참고하면 좋다.

제8장 개체의 분포형

앞 장에서는 생물개체군의 공간구조에 대해서 밀도가 연속변수에 의해 표시되는 경우를 다루었다. 보다 작은 스케일(scale)에서는, 예를 들면 지도에 수목의 장소를 표시하는 경우와 같이, 생물개체 하나하나를 평면상의 흩어진 점으로 표시할 수가 있다. 그림 8.1의 세 그림에는 같은 수의 점이 있다. 그림 8.1a는 각각의 점이 서로 독립적으로 자신의 위치를 선택한 경우에 해당하고, 이 분포에 가깝다고 생각되는 공간분포형을 **랜덤분포**라고 부른다. 이에 비해, 그림 8.1b에서는 점이 한부분의 장소에 몰려 있으므로 **집중분포**라고 부르며, 그림 8.1c에서는 역으로 점들이 서로 일정한 간격을 유지하기 위해 거리를 두고 분포하고 있으므로 **균일분포**라 부른다. 동물개체군

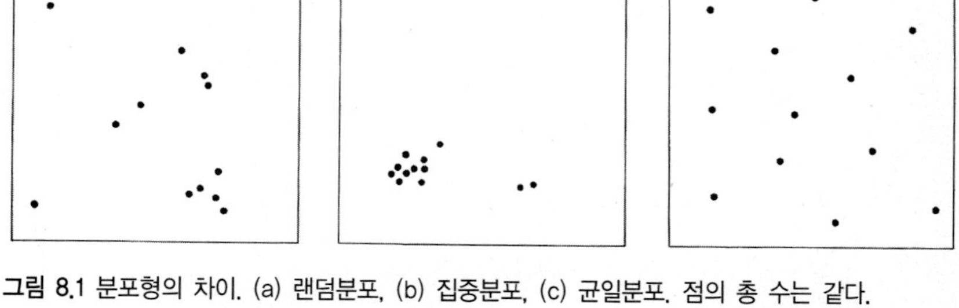

그림 8.1 분포형의 차이. (a) 랜덤분포, (b) 집중분포, (c) 균일분포. 점의 총 수는 같다.

에서도 개체의 위치를 지도상에 표기한 것은 같은 방법으로 구별할 수가 있다. 이들의 양상의 차이를 명시하기 위해서는 어떻게 하는 것이 좋을까? 또 분포형의 차이는 어떻게 해서 생기는 것일까?

8.1 포아송(Poisson) 분포와 구획법

점의 분포의 집중도를 측정하는 한 방법은, 그림 위에 정방형의 구획을 다수 놓아서 그 속에 들어가는 점의 수를 표본추출(sampling)하는 것이다. 점이 독립적으로 흩어져 있는 랜덤분포(그림 8.1a)에 있어서는, 어느 영역에 들어가는 개체의 수는 포아송 분포에 따른다. 포아송 분포는 값이 x가 될 확률이

$$p_x = \frac{m^x}{x!}e^{-m} \qquad x = 0, 1, 2, \cdots \tag{8.1}$$

이 되는 것으로, 그 확률분포는 그림 8.2a와 같이 정점(peak)을 하나 가지고 있다. 이 분포는 이항분포의 극한으로도 얻어진다(연습 8.1 참조). 또 평균치와 분산이 같아서 모두 m인 것이 특징이다(연습 8.2 참조).

평면상의 랜덤한 분포(2차 포아송 **점과정**(Poisson point process) 이라고도 한다)에 있어서, 면적 A인 영역에 들어가는 개체의 수는 영역의 형태에 상관없이, 평균 ρA의 포아송 분포를 따른다.

$$\text{Prob}\ [A\text{에 들어가는 개체의 수} = x\ ] = \frac{(\rho A)^x}{x!}e^{-\rho A} \tag{8.2}$$

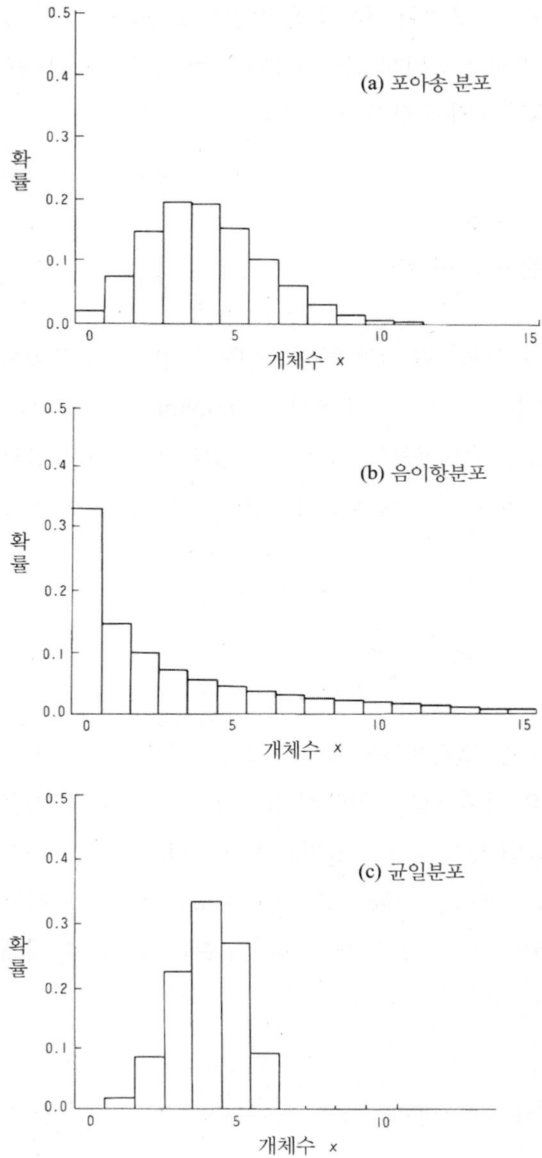

그림 8.2 랜덤하게 둔 구획에 들어가는 개체수의 분포. 그림 8.1의 세 개의 분포형에 대응한다. 평균값은 모두 4이다. (a)는 랜덤분포 때 얻어지는 포아송 분포. 식 (8.1)에서 $m = 4$. (b)는 집중분포의 구획 표본에 대해서 얻어진 것으로, 이따금 음이항분포로 근사시킬 수 있다. 식 (8.5)에서 $k = 0.5,\ q = 8$. (c)는 균일분포에서 표본추출한 경우로 분산이 작다. 식 (8.7)에서 $n = 6,\ p = 2/3$.

여기서 ρ는 밀도이다.

구획 표본추출을 했을 경우에, 그 자료가 포아송 분포에 가까우면 랜덤분포인 것이 확인된다. 이에 비해, 그림 8.1b와 같은 집중분포에 있어서 구획 표본추출을 하면, 대부분의 표본이 비고, 소수의 구획에 대단히 많은 개체가 들어오게 된다. 따라서 구획 표본의 평균값은 같더라도 분산이 크게 된다. 역으로 그림 8.1c의 균일분포에서는 어느 구획에도 거의 같은 수의 개체가 들어오는 경향이 있어서 분산은 작다. 포아송 분포의 성질에서, 랜덤분포는 구획 표본의 평균과 분산이 같을 것이다($v = m$). 또 집중분포에서는 구획 표본의 분산이 평균값보다 크고($v > m$), 균일분포에서는 작다($v < m$). 구획에 들어오는 개체수를 표본추출하고 그 분산과 평균값에서 계산되는 분포집중도의 지수로서 여러가지가 제안되고 있다(Pielou, 1974; 長谷川・種村, 1986).

8.2 최근접 개체까지의 거리

분포의 집중도를 측정하는 다른 한 방법은, 가장 가까이에 있는 개체까지의 거리를 이용하는 것이다. 그림 8.1b와 같은 집중분포에서는 개체가 서로 가까운 곳에 모여 있으므로, 랜덤하게 선택한 개체에서 제일 가까이 위치하는 개체까지의 평균거리가 극히 짧은 데에 반해서, 그림 8.1c와 같은 균일분포에서는 거리를 두고 분포하고 있기 때문에 길어진다. 그러나 랜덤하게 선택한 지점에서 제일 가까이 위치하는 거리를 생각하면, 역으로 집중분포에서 길고 균일분포에서는 짧다. 랜덤분포에서는 각각의 점이 독립적으로 놓여 있으므로 이들 두 종류의 거리는 같은 분포를 가진다.

랜덤분포의 관계식 (8.2)에서, 최근접 개체까지의 거리 R이 a와 b사이에 있을 확률은

$$\text{Prob}\,(a \leqq R < b) = e^{-\rho\pi a^2} - e^{-\rho\pi b^2} \tag{8.3}$$

이다(연습 8.3 참조). 이 결과에서, R의 2승이 지수분포를 하고 있어서 그 평균값이 점의 밀도 ρ에 반비례하여

$$E[R^2] = \frac{1}{\rho\pi} \tag{8.4}$$

임을 표시할 수 있다(연습 8.4 참조).

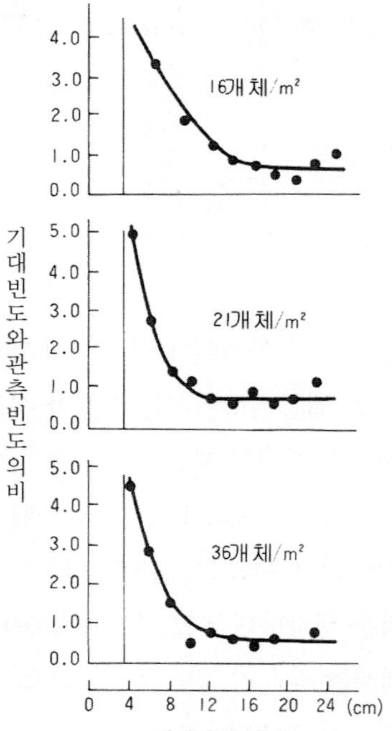

그림 8.3 Ono의 반발곡선. 세로축은 식 (8.3)에 의해 계산된 랜덤분포에서 기대빈도와 관측된 빈도의 비율. 흰발농게의 개체간 거리에 대해서, 세 개의 상이한 밀도에 대한 결과를 표시. 약 8cm에서 반발적 상호작용을 나타내는 것, 약 4cm보다 가까워지지 않는 것, 이 최소거리는 밀도가 변해도 변화하지 않는 것을 알 수 있다(Ono, 1965).

개체가 랜덤분포를 하고 있는 경우에는, 최근접 개체간 거리가 어떤 구간에 들어올 확률은 식 (8.3)으로 주어진다. 이 기대빈도와 관측된 빈도의 비를 취하여 그림 8.3과 같이 표시한다. 개체간의 반발이 작용하면 그 비의 값이 1보다 커지기 때문에, 이 그래프를 **Ono의 반발곡선**이라 한다(Ono, 1965). 그림 8.3에 있는 흰발농게의 예에서는, 개체간의 반발적 상호작용은 개체간 거리가 약 8cm 이내의 곳에서 생긴다는 것과, 밀도가 높아지면 반발곡선의 기울기는 커지나, 최근접 개체간에서 거리의 최솟값은 거의 변화하지 않고 4cm 이하로는 되지 않음을 알 수 있다.

8.3 음이항분포

야외에서 볼 수 있는 개체군에서는 한 구역에 들어오는 개체의 수가 대부분의 경우 집중분포를 보인다. 이와 같은 자료는 일반적으로 음이항분포를 사용해서 기술하는 것이 편리하다. 이것은 통상의 이항분포의 두 개의 매개변수를 형식적으로 음으로 바꾼 것이고, 제x항이

$$p_x = \binom{k+x-1}{x} q^x (1+q)^{-k-x} \tag{8.5}$$

이다. 이 분포의 평균은 $m = kq$, 분산은 $v = kq(1+q)$이며, 분산이 평균보다 크다(연습 8.6 참조). 0항은 $p_0 = (1+q)^{-k}$이다. 그림 8.2b에 있는 것과 같이, 같은 평균값을 갖는 포아송 분포에 비해서 0항이 큰 반면, 길게 뒷자락을 끌고 있으므로 큰 x가 될 확률을 무시할 수 없다. k가 무한히 클 때 그 극한에서 포아송 분포가 된다. 또 매개변수 k의 역수 $1/k = (v-m)/m^2$

이 분포의 집중도(포아송 분포에서 벗어나는 정도)를 표시하고 있다.

제4장에서 기생자와 숙주의 동태를 안정화하는 메커니즘으로서, 숙주 한 개체가 기생자에게 발견되는 수가 집중분포하고 있는 것을 다루었다. 음이항분포 (8.5)에서 분포의 집중도에 관계하는 매개변수 k가 일정하고, 또 한 쪽의 매개변수 q가 기생자의 개체수에 비례하여 $q = aY_t/k$로 변동한다고 해보자. 그러면 숙주의 생존율은 기생자에게 발견되지 않을 확률이므로, 식 (8.5)의 0항 $p_0 = (1 + aY_t/k)^{-k}$와 같다. 이렇게 해서 식 (4.8)이 얻어진다.

8.4 번잡도(crowding)

경쟁과 협동을 위시하여 생태적인 상호작용은 근거리에서 작용하는 일이 많다. 그렇다면 개체의 생존, 번식, 성장 등에 미치는 영향에 있어서는, 각각의 개체가 경험하는 국소적인 밀도의 평균치 쪽이 서식장소 전체의 평균밀도보다도 중요하다. 구획의 크기를 잘 선택하면, 강하게 상호작용하는 상대의 수를 같은 구역에 들어오는 개체수라고 볼 수 있을 것이다.

다수의 구획 표본추출의 결과 동일한 구획에 들어오는 개체수 x의 분포를 $\{p_x\}$라 하자. 그러면 구획당의 평균밀도는 $m = \sum_x xp_x$ 이다. 같은 표본 속에 있는 타 개체의 수 $x-1$을 개체당으로 평균한 것은

$$m^* = \frac{\sum_x (x-1)xp_x}{\sum_x xp_x} = \frac{(v - m + m^2)}{m} \tag{8.6}$$

이 되고, **평균번잡도**(mean crowding)라 부른다(Lloyd, 1967). 전체 개체수가 같더라도 소수의 구간 표본에 집중적으로 들어가는 경우에는 평균번잡도가 높아진다. 만일 분포 p_x가 음이항분포에 따르고 있으면 $m^*/m = 1 + 1/k$이고 분포집중도 지수 $1/k$과 함께 증가한다.

계절과 장소, 생육시기 등이 상이한 한 무리의 자료가 있을 때는 각각의 평균번잡도 m^*와 평균밀도 m을 계산한 후, 양자를 1차식 $m^* = \alpha + \beta m$으로 회귀시키는 것이 생물학적 정보를 읽어 들이는 데에 매우 유효하다(Iwao, 1968; Iwao and Kuno, 1968, 1971). 예를 들면 개체가 적당한 크기의 무리를 이루고 서식하여, 생물의 밀도가 변화할 때는 무리의 크기는 변하지 않고 무리의 밀도가 변하는 경우를 생각해보자. 그러면 α는 무리에 의해서 만들어지는 집중도, β는 구획사이에서 무리의 분포방법에 의해 만들어지는 집중도라고 구별할 수가 있다.

구획에 들어오는 개체수의 자료에서 분포의 집중도를 계산하는 것으로서, Morisita(森下, 1952)의 I_δ지수가 가끔 이용된다. 구획 표본에 수반되는 지수는 구획의 크기에 따라 상이하다. 옛날에는 이것이 결점이라고 생각되었으나, Morisita는 여러 가지의 상이한 크기의 구획에서 I_δ를 계산함으로써, 개체의 분포밀도가 변동하는 공간 스케일(scale)을 특징지울 수 있다는 것을 보여주었다.

8.5 분포의 집중도에 영향을 미치는 여러 가지 과정

상호작용은 근거리에 있는 개체사이에서 생기는 일이 많고, 그 결과는 공간양상(패턴)에도 영향을 미친다. 역으로, 관측되는 양상에서 상호작용의 양식이나 세기를 알 수도 있다. 동물이 집중분포를 하고 있는 경우에는 개체가 무리를 이루는 습성이 있는 것이 아닌가하고 우선은 생각된다. 역으로, 균일분포는 세력권 등의 개체간 반발이 있을지도 모른다. 이동할 수 없는 식물의 경우에는 생존율이 인접개체에 의해 영향을 받는다. 경쟁에 의해 생존율이 저하하는 경우에는 균일분포가 되기 쉽고, 예를 들어 방풍효과가 있기 때문에 고립하는 것보다는 모여서 서식하는 쪽이 유리한 경우에는 집중분포가 되기 쉽다.

적합한 환경과 부적합한 환경이 혼재하면 개체간의 상호작용이 없더라도 생물은 집중분포를 보인다. 이와 같은 환경의 불균일성의 영향은 통상 대단히 강하므로, 야외의 생물의 분포형이 집중분포였더라도 그 양상에서 개체간에 상호작용이 있다고 결론지을 수 없는 경우가 많다.

분포가 집중되도록 만드는 메커니즘으로서 또 하나 중요한 것이 있다. 이것은 번식 때에는 자손이 어미 가까이에서 태어나는 일이 많기 때문에 형제자매가 서로 모여 있게 된다는 점이다. 久野 (1968)는 이 과정에 주목하여 다음과 같은 시뮬레이션 (simulation) 모델을 조사했다. 초여름의 논에

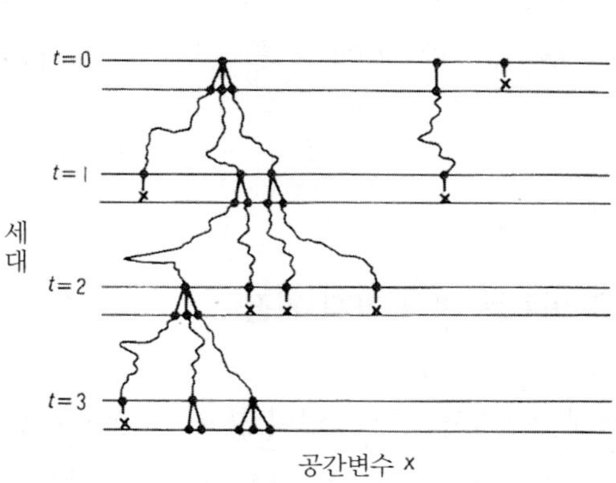

그림 8.4 번식, 사망, 이동을 각 개체가 독립적으로 행하는 모델.
1세대의 이동거리는 균일분포에 따른다고 한다. 공간은 2차원이나, 이 그림에서는 1차원으로 표시했다. 개체를 표시하는 점의 공간분포는 처음에는 랜덤하더라도 세대가 지남에 따라 집중적으로 되어간다(久野, 1968; Iwasa and Teramoto (巖佐・寺本), 1977). 이것은 수학적으로는 **분기확산과정**이라고 말한다.

끝동매미충이 뛰어 들어와, 균일 환경에서 번식과 사망 그리고 이동분산을 반복하여 수 세대를 지낸다(그림 8.4). 움직임과 번식이 개체마다 독립이면, 처음에는 분포형이 랜덤하더라도, 점차 집중적으로 된다. 분기확산과정의 해석법을 쓰면, 구획법의 집중도지수나 최근접 개체의 거리에 따른 지수가 계산되어 久野의 결론을 해석적으로 유도할 수 있다(巖佐・寺本, 1977; Iwasa and Teramoto, 1984).

8.6 분포형이 개체군동태에 미치는 영향

육상의 식물 개체군에서 경쟁은 극히 근거리 개체 사이에서만 일어나고, 종자의 살포도 비교적 좁은 범위에 한정되는 일이 많다. 이러한 일은 개체군동태에도 크게 영향을 미친다. 예를 들면, Pacala and Silander (1985)는 일년생 개체군동태에 있어서 어떤 거리보다 가까이에 서식하는 다른 개체의 수에 의해서 성장과 번식의 영향을 받는다는 모델을 해석했다. 종자가 분산하는 범위가 충분히 넓은 경우에는 전체가 균일하게 됨으로 평균밀도에 의한 역학모델과 같은 행동을 한다. 그러나 분산의 범위가 좁으면 동종 개체끼리 서로가 강하게 경쟁하는 효과 때문에 다수의 종이 공존하기 쉽게 된다(Pacala, 1986).

이상은 연속적인 평면상에 개체가 점으로서 분포하는 경우를 생각했으나, Ives and May (1985)는 서식장소가 다수의 패치로 이루어지고, 경쟁이 패치별로 일어나는 경우를 계산했다. 이 경우 각각의 종은 집중분포하고 다른 종간의 분포는 상관이 없다고 하면, 생존율 등이 같더라도 두 종이 안정하게 공존할 수 있다(Kuno, 1988도 참조). 앞서 제4장에서 숙주가 기생벌에게 발견되는 수가 집중분포하면 개체군동태가 안정화된다는 것을 기술했다(제4장 3절). 또 먹이를 잡는 자의 최적행동이 먹이분포의 집중도에 의해 좌우된다는 것도 알려져 있다(Iwasa 등, 1981; 제13장 참조).

8.7 격자모델

개체의 이동 · 분산이나 상호작용의 도달거리가 한정되어 있는 것을 비례적으로 고려한 모델로는 격자모델이 있다. 예를 들면, 서식장소가 바둑판의 눈과 같은 정방격자 모양으로 나열하는 다수의 장소로 이루어지고, 각 장소의 상태는 개체에 의해 점유되든지 공백이든지의 어느 한쪽이라고 하자. 경쟁에 의해 인접 개체의 생존율이 감소하고, 개체의 증식은 인접하는 빈 장소에서만 일어난다고 가정한다(Matsuda, 1987; Matsuda 등, 1987). 컴퓨터 시뮬레이션에 의하면, 증식과 분산의 범위가 좁기 때문에 클러스트를 만들어 단단해지는 경향이 있다. 그 결과 예를 들면, 인접개체의 사망률을 증가시키는 것과 같은 공격적인 유형이 퍼지기 어려운 점 등, 공간구조를 가지지 않는 균일한 집단과는 상이한 결과가 생긴다. 또 격자 상에 서식하는 숙주개체군에 있어서의 병원체의 동태에 대해서는, 인접하는 개체사이에서만 감염이 일어나지 않는다고 하면, 집단 전체에 균일하게 질병이 발생하는 경우, 예를 들면 식 (3.6)과 비교하여, 그 질병이 퍼지기 어려운 것도 확인되어 있다(佐藤 · 松田, 1989).

과일 나무가 2차원 정방격자형으로 나열하는 격자점에 어떤 비율로 랜덤하게 심어져 있다고 하자. 어떤 개체에 발생한 질병은 인접 개체에만 전염된다고 해보자(그림 8.5). 이때 질병은 인접 개체를 이은 선을 따라 어느 정도까지 퍼지는 것일까? 이것은 **사이트-퍼콜레이션 모델**(site percolation model)이라 불리고 물성물리학에서 잘 연구되고 있다(Hammerley, 1980). 이것에 의하면 어떤 장소에 수목이 있을 확률이 정방격자인 경우 임계치 0.59 이하에서는, 질병은 유한한 범위에만 퍼지나, 이것을 넘으면 무한히 만연하여 크게 유행할 가능성이 생긴다. 격자를 3각 격자나 6각 격자 등의 다른 격자로 바꾸면, 0.59라는 임계치는 변화하나 역시 같은 모양의 임계현상을 볼 수 있다.

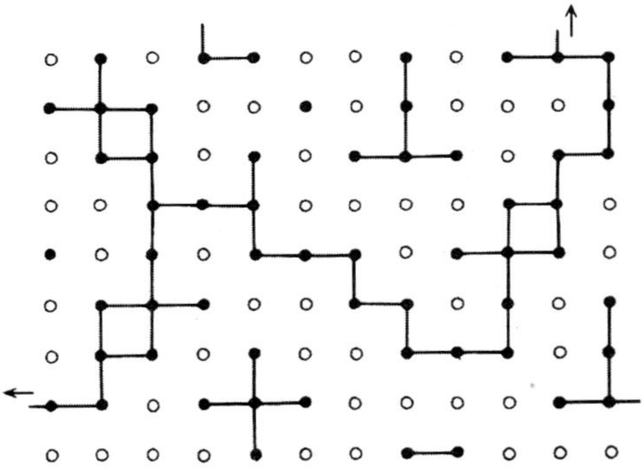

그림 8.5 퍼콜레이션 모델. 2차원 정방격자 모델에 있어서 각각의 격자점(사이트)에는 확률 p로 독립적으로 개체가 서식하고 있다고 한다. 인접하는 개체를 연결했을 때 생기는 클러스트의 크기는, p가 0.59 이하면 유한이다. p가 0.59에 근접함에 따라 클러스트의 평균 크기가 급격히 커지고, p가 0.59를 넘으면 무한히 넓은 클러스트가 출현한다.

연습문제 / 추가 참고문헌

연습 8.1 어떤 장소를 n개의 구획으로 나누었을 때 서로 독립하여 각각의 구획에 p의 확률로 생물이 있다고 한다. n개의 구획 가운데 생물이 있는 구획의 수가 x일 확률은 이항분포

$$B(x;n,p) = \binom{n}{x} p^x (1-p)^{n-x} \tag{8.7}$$

이다. 여기서 구획 짓는 방법을 세분해 갈 때 $m = np$를 일정하게 유지하면서 $n \to \infty, p \to 0$이라고 하면 포아송 분포 (8.1)이 얻어짐을 보여라
(힌트: $\lim_{n\to\infty} (1 - m/n)^n = e^{-m}$을 이용하라).

연습 8.2 포아송 분포에 대하여 다음 관계를 증명하라.

(1) $\sum_{x=0}^{\infty} p_x = 1$, (2) $\sum_{x=0}^{\infty} x p_x = m$, (3) $\sum_{x=0}^{\infty} x(x-1) p_x = m^2$

(4) 분산 $= \sum_{x=0}^{\infty} x^2 p_x - (\text{평균})^2$을 이용하여, 분산 = 평균

연습 8.3 어떤 개체에서 최근접 개체까지의 거리 R이 r을 초과한다는 것은, 반경 r인 원 안에는 다른 개체를 표시하는 점이 포함되지 않는다는 것과 같다. 이것에서 식 (8.2)를 써서 $\text{Prob}(R^2 > x) = \exp(-\rho\pi x)$를 유도하라. 다음으로 식 (8.3)을 보여라.

연습 8.4 최근접 개체까지의 거리 R의 제곱 R^2이 다음의 지수분포를 갖는 것을 보여라.

$$\text{Prob}\,(x \leqq R^2 < x+dx) = e^{-\rho\pi x}\rho\pi dx \;(x>0)$$

이 확률밀도를 0에서 ∞까지 적분하면 1이 되는 것과, 또 R^2의 평균이 $\dfrac{1}{\rho\pi}$임을 보여라.

연습 8.5 1차원의 포아송 점과정. 랜덤하게 전화가 걸려온다고 하고, 각각의 통화의 길이가 무시할 수 있을 정도로 짧으면, 길이 t의 시간구간에 걸리는 전화의 수 T는 평균 ρt의 포아송 분포에 따른다. 하나의 통화에서 다음 전화가 걸릴 때까지의 시간 간격은 지수분포이고 평균이 $1/\rho$인 것을 다음과 같이하여 밝혀라. 우선 $\text{Prob}(T \geqq t)$를 구하고, 다음에 $\text{Prob}(t \leqq T < t+dt)$를 구하여 그것에서 $E[T]$를 계산하라.

연습 8.6 이항분포 $B(x;n,p)$의 두 개의 매개변수를 형식적으로 음으로 하여 $n=-k$ 및 $p=-q$로 치환한다. 2항 계수에 대해서는

$$\begin{aligned}\binom{-k}{x} &= \frac{(-k)(-k-1)\cdots(-k-x+1)}{x!}\\ &= \binom{k+x-1}{x}(-1)^x\end{aligned}$$

로 한다. 이때 제x항은 식 (8.5)가 됨을 밝혀라. 이항분포의 평균이 np이고 분산 $np(1-p)$인 것에서 음이항분포의 평균과 분산을 계산하라. 또 분산이 평균보다 큰 것을 확인하라.

연습 8.7 모함수. 일반적으로 확률분포 $\{p_x\}$에 대해서 제x항을 x차의 계수로 하는 다항식

$$g(s) = \sum_{x \geqq 0} p_x s^x$$

를 **모함수**(generating function)라 부른다. 모함수는 평균이나 분산 등의 모멘트를 계산하는데 편리하다. 우선 다음 관계를 유도하라. m을 x의 평균치, v를 분산이라고 하면 (1)$g(1)=1$, (2)$g'(1)=m$, (3)$g''(1)=v-m+m^2$이 된다. 단 $g'(s), g''(s)$는 각각 $g(s)$의 1차 및 2차 도함수를 표시한다. 또 (4) $x=0$에 대응하는 확률은 $g(0)$와 같다. 다음으로, 포아송 분포 (8.1)에 대해서는 $g(s)=\exp[-m(1-s)]$, 이항분포 식 (8.7)에 대해서는 $g(s)=(ps+1-p)^n$, 음이항분포 (8.5)에 대해서는 $g(s)=(1+q-qs)^{-k}$가 됨을 확인하라.

추가 참고문헌: 격자모델의 예로서는 Hassel 등 (1991), Iwasa 등 (1991b), Sato and Iwasa (1993), Matsuda 등 (1992)을 참조.

제9장 환경변동과 멸종

지금까지는 환경이 시간적으로 일정한 경우의 개체군동태의 수리모델을 소개해 왔다. 그러나 야외의 생물 집단에서는 생존율과 출산율(식물에서는 종자 생산)이 해마다 크게 변한다. 예를 들면, 로지스틱 방정식 (1.2)나 경쟁방정식 (2.1) 등에 이와 같은 개체수의 변동을 적용하면, 매개변수 r과 K 등은 시간에 따라 주기적 또는 랜덤하게 크게 변동한다고 생각된다. 이 장에서는 환경변동을 취급하는 기법과 함께 개체수가 일시적으로 감소함에 따라서 일어나는 멸종에 대해서 기술한다.

9.1 환경의 주기적 변동

예를 들면, 환경이 일 년이라는 주기로 규칙적으로 변동하는 효과에 대해서 생각해보자. 이때 매개변수가 일정하다면 안정 평형점에 수렴해 있을 개체수는 주기적 변동에 의해 변화하게 된다. 예로서 로지스틱 식의 환경 수용력 K가 진동수 k를 가지는 sine파에 따라 시간적으로 변동하는 경우를 생각해보자(그림 9.1).

$$\frac{dx}{dt} = rx\left(1 - \frac{x}{K_0 + a\cos kt}\right) \tag{9.1}$$

만일 변동항 $a\cos kt$가 없으면 안정점 $x = K_0$에 수렴해 있을 것이다. 거기에서 벗어남을 $n = x - K_0$로 두면, 환경수용력의 진폭 a가 작을 때는 개체수의 벗어남 n도 작기 때문에 n과 a에 대한 2차 이상의 작은 항을 무시할 수가 있다. 그러면 변동에 의해 만들어진 벗어남 n의 시간변화는

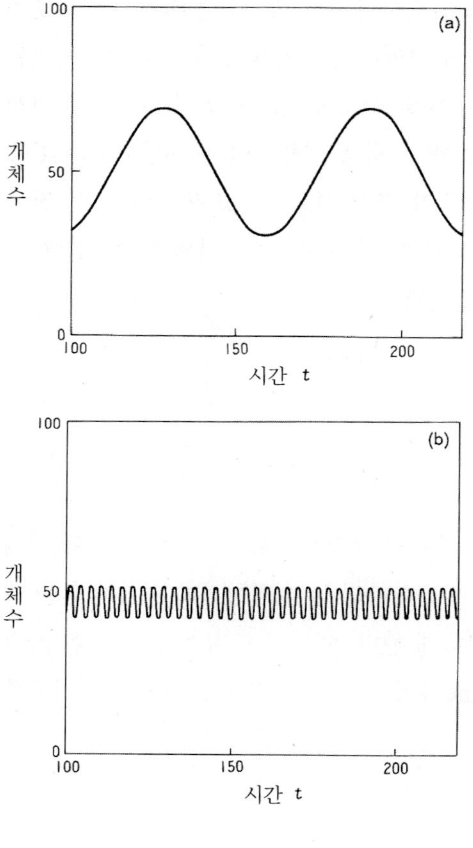

그림 9.1 환경수용력이 변동하는 경우의 개체군동태. (a) 진동수 k가 작고 천천히 변동하는 경우. 식 (9.1)에서 $r = 0.5, K_0 = 50, a = 20, k = 0.1$. (b) 진동수가 커서 빨리 변동하는 경우. $k = 2$이고 다른 것은 동일.

$$\frac{dn}{dt} = -rn + ra\cos kt \tag{9.2}$$

로 표시된다(연습 9.1 참조). 이 해의 $n(t)$는 조금 지나면 환경변동과 같은 진동수 k를 갖는 정상적인 변동을 하게 된다. 그 정상적 진동을 알기 위해서는 $n(t)$를 $\cos kt$와 $\sin kt$의 합

$$n(t) = A\cos kt + B\sin kt \tag{9.3}$$

라고 가정하고, 이것을 식 (9.2)에 대입하면 $\cos kt$와 $\sin kt$의 계수가 양변에서 같게 되게끔 A와 B를 결정할 수 있다. 개체수 변동의 진폭은 매개변수의 진폭 a에 비례하여

$$\sqrt{A^2 + B^2} = a\sqrt{\frac{r^2}{r^2 + k^2}} \tag{9.4}$$

가 됨을 알 수 있다(연습 9.2 참조). 이 비례계수에 포함된 $r^2/(r^2 + k^2)$이라는 인자는 진동수 k가 r보다 작을 때는 거의 1이나, r보다 크면 급격히 작아지는 성질을 가지고 있다(그림 9.2). r은 개체군동태가 평형상태에 수렴하는 속도를 표시하므로, 환경이 변화하는 빠르기 k가 느리고 개체수가 환경변동에 늦지 않게 따라가는(tracking) 상황에서는 개체수의 진폭이 크다(그림 9.1a). 그러나 환경의 진동이 지나치게 빠르면 개체수는 따라갈 수 없게 되어, 환경변동은 소위 시간적으로 평균화된 형으로만 효과가 있으므로 영향이 작게 되는 것이다(그림 9.1b).

K의 시간변화가 하나의 sine 함수가 아니고, 진동수가 다른 파를 몇 개 중첩하여

$$K(t) = K_0 + \sum_k (a_k \cos kt + b_k \sin kt) \tag{9.5}$$

로 표시된다고 하자. 역학계가 식 (9.2)와 같이 선형화되어 있으면 '중첩의 원리'라는 대단히 편리한 성질이 성립한다. 우선 진동수 k를 갖는 sine파에 의한 진동성분에 대해서, 그것에 의해 만들어지는 어긋남 n의 정상적인 진동을 식 (9.2)의 해에서 계산하여 n_k라 쓴다. 다음에 이들을 합한 $n = \sum_k n_k$를 계산하면 이것이 원래의 방정식의 해가 됨을 알 수 있다.

역학계가 다차원의 경우에도 같은 방법으로 취급할 수 있다. 예를 들면 포식자와 먹이의 동태와 같이, 요동되는 쪽의 시스템이 변수의 상호작용에 의해 진동하는 경향을 내재하고 있을 때는(즉, 평형점이 포커스(focus)이다) 그 진동수(고유 진동수)와 가까운 진동수로 매개변수가 요동되었을 때 공명하여 개체수의 진폭이 대단히 커지는 경우가 있다(그림 9.3).

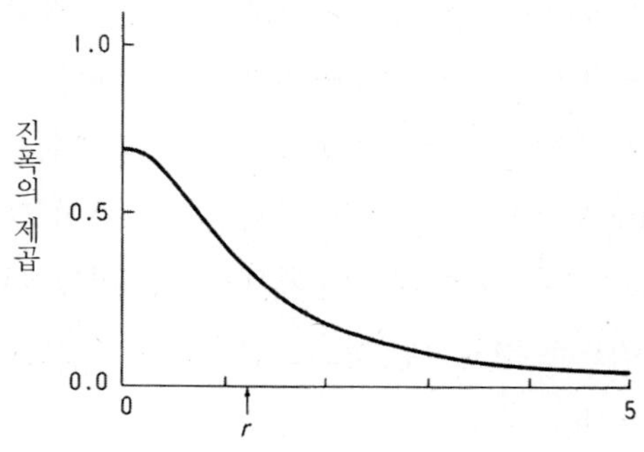

그림 9.2 개체수의 진폭은 진동수에 의존한다. 진동수가 개체군의 증식률 r보다 훨씬 커지면, 개체군동태가 지나치게 빠른 환경변동에 따라갈 수 없게 되므로 진폭이 작아진다.

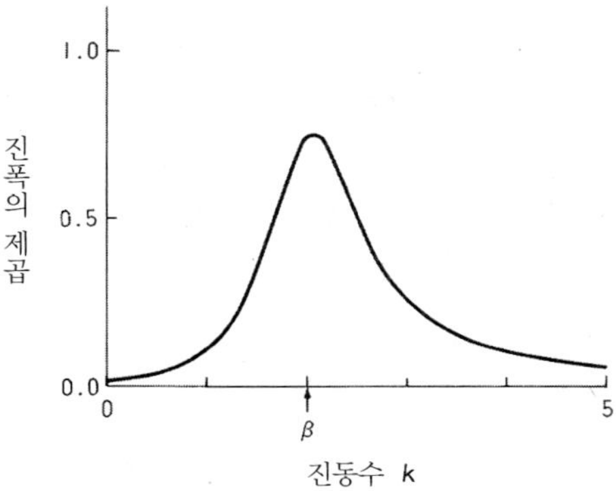

그림 9.3 개체수의 역학계가 진동하는 경향을 가지는 경우, 환경의 주기적 진동과 공명하여 크게 요동하는 수가 있다. 선형화 행렬의 고윳값이 $\lambda = -0.6 \pm 2\sqrt{-1}$일 때는 진동수 k가(고유진동수이다) $\beta = 2$에 가까울 때는 공명하여 진폭이 크게 된다.

9.2 변동의 스펙트럼분해와 자기상관

빛을 프리즘으로 분해하면 순수한 색 즉 각각의 진동수만을 포함하는 성분으로 나눌 수 있다. 이와 같이하여 임의의 정상적 변동(시계열)은 여러 가지 진동수를 갖는 sine파를 합한 것으로서 표현되고, 이를 **스펙트럼분해**라고 한다(日野, 1977). 시간구간 $[-T/2, T/2]$에 걸쳐 관측된 시계열 자료 $x(t)$가 다음과 같은 여러 가지 진동수 성분의 합으로 표시된다고 하자.

$$x(t) \sim x_0 + \int_0^\infty [a_k \cos kt + b_k \sin kt]\, dk \tag{9.6}$$

여기서 평균값 x_0 및 계수 a_k와 b_k는 다음 식에서 결정할 수 있다.

$$x_0 = \frac{1}{T}\int_{-T/2}^{T/2} x(t)\, dt \tag{9.7}$$

$$a_k = \frac{1}{2\pi}\int_{-T/2}^{T/2} x(t)\cos kt\,dt,\ b_k = \frac{1}{2\pi}\int_{-T/2}^{T/2} x(t)\sin kt\,dt$$

예를 들면 $x(t)$속의 $\cos kt$의 계수인 a_k를 계산하기 위해서는 식 (9.7)과 같은 자료 $x(t)$에 $\cos kt$를 곱하여 시간으로 적분하면 된다. 직관적으로는 $x(t)$에 포함되는 진동수 k이외의 성분이 이런 방법으로 상쇄되고 $\cos kt$에 동조하고 있는 성분만을 취하여 계산할 수가 있다(日野, 1977). 시계열 자료가 $x(1), \cdots, x(T)$라는 이산시각에서 주어졌을 경우에도, 적분이 합으로 바뀌지만, 같은 결과가 얻어진다.

sine파 성분의 계수 a_k와 b_k는 생각하고 있는 시간구간 T가 커감에 따라 값이 점차로 증가해간다. 거기서 자료의 단위길이당 시간평균으로

$$S(k) = \lim_{T\to\infty}\frac{4\pi}{T}(a_k^2 + b_k^2) \tag{9.8}$$

을 생각하면, 진동수 k인 성분이 $x(t)$ 속에 얼마나 포함되어 있는가를 표현하고 있다. 이것을 **파워 스펙트럼(power spectrum) 밀도함수**라 부른다.

그림 9.4에 표시한 두 개의 정상적 요동은 같은 정도의 진폭을 가지고 있으나 (a)는 천천히 (b)는 빠르게 변동하고 있다. 이들의 차이를 알기 쉽게 표시하는 한 가지 방법은 진동수가 다른 sine파의 중첩으로 분해하는 것이다. 빨리 변화하는 (b)쪽이 천천히 변화하는 (a)에 비해 진동수 k가 높은 성분을 많이 포함하고 있을 것이다.

(a)와 (b)의 차이를 표시하는 또 하나의 방법은 어떤 때의 $x(t)$와 τ만큼 후의 시각에서 값 $x(t+\tau)$를 비교하는 것이다. 만일 $x(t)$가 그림 9.4a와 같이 천천히 변화하면 두 개의 값은 비슷하게 되지만, 그림 9.4b와 같이 빠

른 변화에서는 τ시간 동안 여러 번 부호가 변화해 버리고 원래의 값과 거의 독립이 되어 버린다.

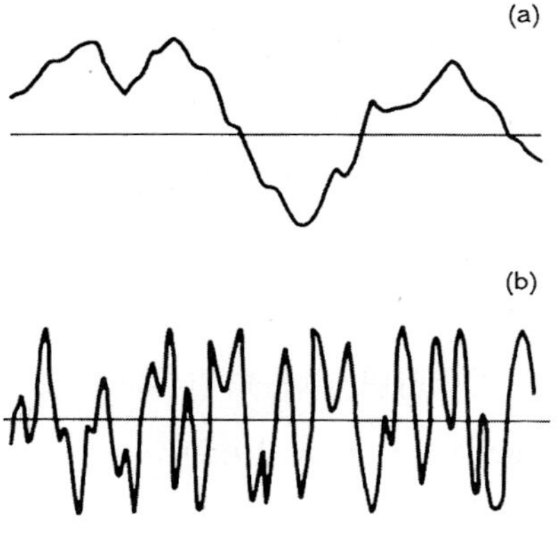

그림 9.4 같은 진폭을 갖는 두 개의 요동. (a)는 느리고 (b)는 빠르다. 이들을 구별하여 특징짓는 데는 스펙트럼분해와 자기상관함수의 두 개의 방법이 있다.

이 차이를 표시하기위해, 어떤 시간 τ만큼 어긋난 함수의 값 사이의 공분산을 보자.

$$C(\tau) = \lim_{T\to\infty} \frac{1}{T}\int_{-T/2}^{T/2} [x(t) - x_0][x(t+\tau) - x_0]dt \tag{9.9}$$

이것을 시간의 어긋남 τ의 함수로 보고 **자기상관함수**라 부른다. 특히 $\tau = 0$일 때는 $C(0)$는 변수 $x(t)$의 분산 즉 평균값과의 어긋남(차이)의 크기를 표현하고 있다(연습 9.4 참조).

그런데 이들 두 방법 즉 자기상관함수와 파워 스펙트럼은 실제로 같은 정보를 주고 있다. 왜냐하면, 이들은 다음의 '위너 · 힌친(Wiener-Khinchin)'의 정리

$$S(k) = \frac{2}{\pi}\int_0^{\infty} C(\tau)\cos k\tau \, d\tau \tag{9.10a}$$

$$C(\tau) = \int_0^{\infty} S(k) \cos k\tau \, dk \tag{9.10b}$$

에 의해 결합되어 있고, 서로 다른 편에서 계산할 수 있기 때문이다.

역학계의 매개변수가 정상적으로 변동하는 경우에, 시스템이 안정 평형점 근처에서 어떻게 응답하는가를 알기 위해서 이상의 해석법을 쓸 수가 있다. 우선 매개변수가 변동하지 않을 때의 평형점 근방에서 역학계를 선형화한다. 다음 매개변수의 변동을 스펙트럼으로 분해하여 여러 가지 주기성분의 중첩으로 표시한다. 그리하여 각각의 주기의 변동에 반응하여 시스템이 어떻게 변동하는가를 계산해 두고 이들을 중첩하면 된다. 다변수의 역학계에 대해서도 전적으로 같은 방식이다(Nisbet and Gurney, 1982).

그런데 비선형의 시스템에 있어서 매개변수의 진폭이 클 때는 중첩의 원리가 성립하지 않는다. 그 결과 매개변수의 변동과는 다른 주기로 시스템이 진동하는 일이 있다. 예를 들면, 식 (3.6)과 같은 질병의 역학계에 있어서 전염계수 $b(t)$가 1년 주기로 변동하는 경우에, 환자의 수가 그보다 긴 2년 주기로 변동하는 수가 있다. 이런 이유로 많은 전염병의 유행이 2~3년 주기로 나타난다고 생각하는 사람들이 있다.

9.3 상관이 없는 노이즈

빛은 여러 가지 색(즉 진동수)이 혼합되면 백색광이 된다. 그것과 유사하게 스펙트럼분해를 했을 때 서로 다른 주기의 진동 성분이 균등하게 혼합되어 있는 변동을 **백색잡음**(white noise)이라 부른다. 백색잡음은 조금이라도 시간이 다르면 서로 관련이 없다는 성질을 가지고 있다(연습 9.5 참조). 역학계의 매개변수가 이와 같은 확률과정에 따라 변동하는 경우에는 선형화하지 않고도 비선형의 역학계 그대로 취급할 수 있다. 예를 들면, 로지스틱 방정식 (1.2)에 개체수 X에 비례한 변동을 부가해보자.

$$\frac{dX}{dt} = rX\left(1 - \frac{X}{K}\right) + X\xi(t) \tag{9.11}$$

여기서 $\xi(t)$는 백색잡음이다. 변수 X는 결정론적인 식 (1.2)의 x와는 다르고, 초깃값 $X(0)$가 결정되더라도 그 후의 시각 t때의 값 $X(t)$가 하나만으로는 정해지지 않는다는 의미로 확률변수다. 그 때문에 식 (9.11)은 보통의 미분방정식이 아니며 **확률미분방정식**이라 한다. $X(t)$가 x의 근방에 있을 확률을

$$\text{Prob}\ (x \leqq X(t) < x + dx) = p(x,t)dx \tag{9.12}$$

라 쓰면 $p(x,t)$는 다음의 포커·플랑크의 방정식을 만족한다.

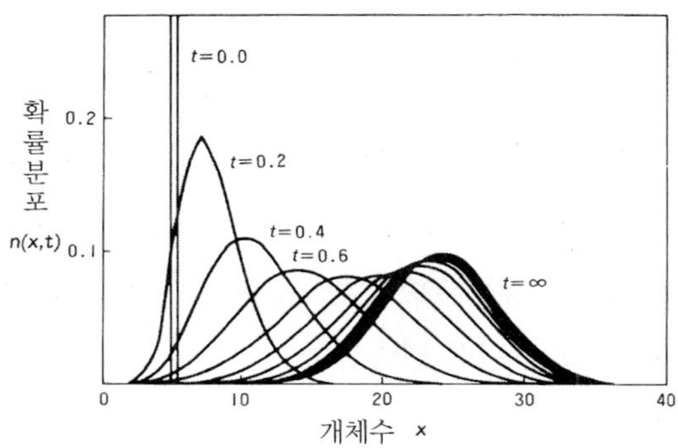

그림 9.5 개체수 x가 확률방정식에 따를 경우의 x의 확률분포 $n(x,t)$의 시간변화. 이것은 포커·플랑크 방정식 (9.13)에 의해 계산했다. 매개변수는 $r=3,\ K=25, v=0.15$. 그림의 숫자는 시각 t를 표시한다. 초기 개체수는 $x_0 = 5$이고 분포는 그 값에 집중하고 있으나 점차로 환경수용력 K에 접근하여 분산도 커진다.

$$\frac{\partial p}{\partial t} = -\frac{\partial}{\partial x}\left[rx\left(1-\frac{x}{K}\right)p\right] + \frac{1}{2}\frac{\partial^2}{\partial x^2}\left[vx^2 p\right] \tag{9.13}$$

여기서 v는 백색잡음의 세기를 표시하는 것이다. 이것은 제6장 6절에서 성장속도가 이리저리 변할 때의 개체크기분포의 동태(단, 사망이 없는 경우)로 소개한 포커 · 플랑크식과 같다. 이 경우에는 x가 개체크기, $rx(1-x/K)$가 개체크기의 증가속도, vx^2이 개체크기의 변동의 생성속도에 대응하고 있다. 그림(9.5)에는 초깃값 x_0에서 출발하여 점차로 퍼져서 정상분포에 수렴하는 것이 표시되어 있다. 평형분포는 시간변화가 0, 즉 $\partial p/\partial t = 0$인 식에서

$$p(x) \propto x^{-2+2r/v} \exp\left[-\frac{2r}{vK}x\right] \tag{9.14}$$

와 같이 구할 수 있다(연습 9.7 참조). 변동의 세기의 매개변수 v가 작을 때의 평형분포는 결정론의 식에 평형해 $x = K$ 가까이에 집중하고 있다. v가 크게 됨에 따라 분포는 넓어지고 결국 정점(peak)은 없어져서 단조감소가 된다(그림 9.6). 이때 $x = 0$ 근방에 있을 확률이 크나 한편으로 x가 대단히 크게 될 확률도 무시할 수 없다(그림 9.6). 이는 대부분의 시간에는 개체수가 대단히 낮은 수준에 있고, 가끔 폭발적으로 크게 되는 것을 표시하고 있다. 다시 $v > 2r$가 되면 평형분포도 존재하지 않게 된다. 이때 개체수는 최종적으로 0에 수렴하고 집단은 멸종된다.

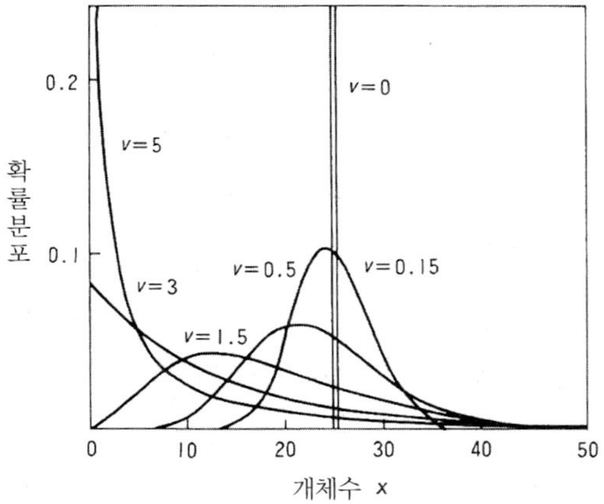

그림 9.6 평형분포의 형. 식 (9.14)에서 $r = 3, K = 25$. 환경변동이 없을 때($v = 0$)는 $K = 25$인 값에 집중하고 있다. 환경변동의 크기 v와 함께 x의 평균값이 감소하고 분산이 증가한다. v가 3을 넘으면 평형분포는 단조 감소한다. 이것은 개체수가 0 근처에 있고 이따금 대폭발을 하는 것을 표시한다. v가 6을 넘으면 평형상태는 존재하지 않는다.

9.4 인구학적 확률성과 멸종

앞 절까지는 환경조건의 시간적 변동을 생각해 왔다. 그러나 설령 환경이 일정하더라도 개체수가 연속적이지 않고 이산적이라는 것 때문에 확률성이 야기된다. 예를 들면, 어떤 환경에서 식물이 1년마다 20%의 증가율을 가진다고 하더라도, 이것은 금년에 열 개체가 있던 식물개체군이 다음 해에는 반드시 12개가 되는 것은 아니고 20개체로 증가하거나 전멸하는 경우도 있다. 왜냐하면, 이 예에서는 10개체의 각각에 대해서 고사하여 아무것도 남지 않을 확률과 함께 잘 번식하여 대단히 많은 차세대를 남길 확률이 있어서 이들의 평균으로 20%의 증가가 예측되기 때문이다. 그러나 원래의 개체수가 충분히 크면 대수(大數)의 법칙 때문에 증가율은 평균값에 의해 결정되게 된다. 즉 이와 같은 확률성은 개체수가 이산적이고 인구가 유한하다는 것에 의해 생기는 것이므로 환경확률성(environmental stochasticity)과 구별하여 **인구학적 확률성**(demographic stochasticity)이라 부르고 있다.

새로운 적합한 환경에 소수의 침입한 생물이, 평균적으로는 개체수가 증가할 것 같은 양(+)의 증식률을 가지고 있다 하더라도, 인구학적 확률성 때문에 멸종해 버릴 확률은 크다. 어느 정도의 개체수에 도달하면 멸종의 위험이 감소하므로 초기의 멸종위기를 극복하여 정착하는 데는 내적 자연증가율이 큰 것이 중요하다(MacArthur and Wilson, 1963, 1967). 이 때문에 번식하기 좋은 새로운 서식장소가 있으면 침입하는 생물은, 안정한 서식장소에서 편안히 지내는 생물에 비해, 내적 자연증가율이 높다고 생각되고 있다.

정착에 성공한 개체군의 밀도는 환경수용력 주변에서 인구학적 확률성 때문에 요동하고 있다. 때때로 크게 요동하여 0이 되어버리면 그 후에는 회복할 수 없다. 출생사망과정이라 불리는 방법을 써서 계산하면 충분히 긴 시간을 기다리면 반드시 멸종함을 알 수 있다. 자연 보호구를 설정할 때는 멸종할 때까지의 시간을 충분히 길게 해 둘 필요가 있다. 모델을 잡아서 조사해보면, 안정한 서식장소에 있는 생물이 어쩌다 멸망할 때까지 시간의 평균값을 작게 하기 위해서는 환경수용력을 높게 만들 필요가 있다. 이러한 관점에서 자연보호구의 최소한의 필요면적은 얼마인가, 또 같은 면적이라도, 하나의 큰 구역을 설정할 것인가, 아니면 여기저기에 다수의 보호구역을 만들 것인가 하는 문제가 의논되고 있다(Quinn and Hastings, 1987).

그러나 일정한 환경에서 인구학적 확률성에 의해서만 멸종이 일어날 때까지의 시간은 유한하다 하더라도 대단히 길다. 예를 들어 환경수용력이(암컷의 개체수로) 20개체 이상 유지할 수 있으면, 1,000세대 이상으로도 된다(Goel and Richter-Dyn, 1974). 개체군의 멸종은 부적합한 환경이 얼마간

지속되어 개체수가 일시적으로 감소했을 때 생기는 것으로 환경변동과 인구학적 확률성이 함께 작용하여 생기는 것이다.

9.5 개체수의 일시적 감소에 따른 멸종의 확률

환경이 일시적으로 악화되고 그 후 회복한다고 하는 상황에서 개체수가 감소하는 경우에 멸종하는 확률을 계산해보자(Iwasa and Mochizuki, 1988).

예로, 암컷의 개체수만을 추적하기로 하고 친자관계도 모자만을 추적하기로 한다. 개체수 $X(t)$는 확률변수이고 세대당의 증식률이 $\lambda(t)$라고 하자. 또한 t세대에 있던 암컷 한 개체에서 태어난 암컷 자손들 가운데, 다음 세대의 성체가 될 때까지 살아남는 수는 평균이 $\lambda(t)$인 포아송 분포에 따른다고 가정한다. 그 결과 $X(t)$개체가 있는 개체군에서는 다음 세대의 개체수 $X(t+1)$이, 평균이 $\lambda(t)X(t)$인 포아송 분포에 따른다.

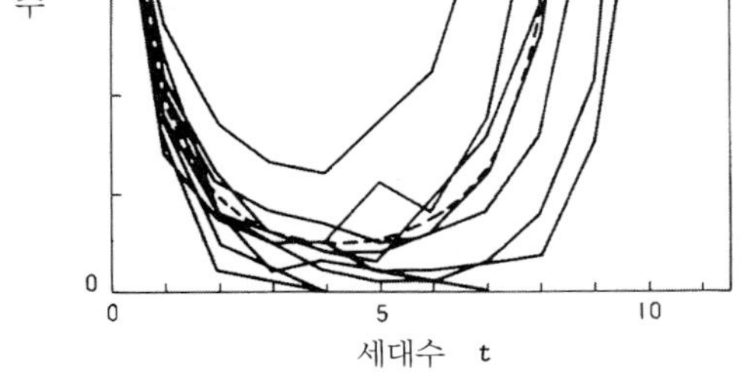

그림 9.7 환경의 일시적 악화에 수반되는 개체군의 멸종. $\alpha = 5$, $\beta = 4, \gamma = 4.292$이고 초기 개체수는 $X_0 = 50$. 점선은 대응하는 결정론모델의 궤적 $X^D(t)$를 나타낸다. 여기서는 10회의 시뮬레이션이 표시되고, 그 가운데 세 개에서는 개체군이 멸종하고 일곱 개에서는 회복되었다. 이와 같은 멸종이 일어나기 위해서는 인구학적 확률성과 환경의 변동이 모두 필요하다(Iwasa and Mochizuki, 1988).

$$\text{Prob}\,[X(t+1)=k|X(t)=y]=\left\{\frac{(\lambda(t)y)^k}{k!}\right\}\exp(-\lambda(t)y) \quad (9.15)$$

그림 9.7은 이와 같이해서 만든 확률적 개체군동태의 궤적이다. 이 그림에서는 개체수가 우선 평균적으로 감소하다가 어디선가부터 증가하는 $\lambda(t)$를 설명하고 있다. 점선은 이 확률모델과 대응하는 결정론모델의 궤적이고, 세대당의 증식률이 $\lambda(t)$이므로

$$X^D(t)=X_0\lambda(0)\lambda(1)\cdots\lambda(t-1) \quad (9.16)$$

이다. 이 결정론모델의 궤적이

$$X^D(t)=\alpha\exp\left[\frac{2(t-\gamma)^2}{\beta}\right]$$

라는 형태를 하고 있는 경우를 생각해보자. 증가율 $\lambda(t)$는 처음에는 1보다 작으나 조금 지나면 1보다 커진다.

한편 한 개체의 암컷에서 출발하여 t세대째에서 자손이 멸종할 확률을 $p(t)$라 하자. 초기에 있던 X_0개체의 집단이 멸종하는 것은 그 개체의 모든 암컷 자손이 절멸하는 것이므로

$$P_{\text{ext}}=p(0)^{X_0} \quad (9.17)$$

가 된다. 또 $p(t)$는 다음 점근식을 만족한다.

$$\begin{aligned} p(t) &= \sum_k \frac{\lambda(t)^k}{k!}\exp(-\lambda(t))p(t+1)^k \\ &= \exp[-\lambda(t)(1-p(t+1))] \end{aligned} \quad (9.18)$$

이 식을 유도하는 데는 우선 다음 세대의 성체수가 k 일 때는 그들의 자손이 모두 절멸할 확률이 $p(t+1)^k$인 것에 주목한다. 식 (9.18)은 이 멸종확률을 다음 세대에서 성체수의 확률분포에 의해 평균화한 것이다. 세대 T를 위기가 지난 후의 시각이라고 하면, 개체군이 그 후에 절멸할 확률은 무시할 수 있으므로

$$p(T)=0 \tag{9.19}$$

이 최종치에서 출발하여 식 (9.18)을 써서 시간의 역방향으로 $p(t)$를 차례로 계산해, 시각 0에 도달하면 $p(0)$이 구해지고, 식 (9.17)에 기초하여 멸종확률 P_{ext}를 계산할 수 있다.

여기서 잠시 환경이 일정한 경우를 생각해보면, 식 (9.18)의 λ는 t에 무관한 상수가 되어, 이 식을 이용하여 멸종확률이 계산된다(연습 9.8 참조). 극소수의 개체에서 출발하면 증식률 λ가 1보다 커서 평균적으로는 증가경향에 있어도, 개체군이 멸종할 확률이 비교적 높은 것을 알 수 있다.

그런데 환경이 일시적으로 악화되는 경우로 돌아와서, 수학적인 해석과 수치계산을 결합하여 풀었을 때 결과는 다음 공식으로 마무리 지을 수 있다 (Iwasa and Mochizuki, 1988). 결정론적인 모델이 그리는 개체수 변동의 궤적에 있어서, 최소 개체수를 α, 개체수가 최소치 α 가까이(1.65α)에 머무는 세대수를 β라 하면 집단의 멸종률은 다음과 같이 된다.

$$P_{\text{ext}}=\exp\left[-\frac{\alpha}{(0.3563+0.6165\beta)}\right] \tag{9.20}$$

이 공식은 조사한 범위에서 비교적 정확했다(오차는 수% 이하).

이상의 계산은 다른 개체의 자손의 수가 독립이라는 가정에 기초하고 있으므로 증식률이 밀도에 의존하는 경우에는 정확하지 않다. 단 멸종의 위험은 개체수가 적을 때 생기고, 또 밀도가 낮을 때는 개체군동태의 밀도 의존성은 무시해도 좋기 때문에, 다음 절에서 보이는 것처럼 (9.20)이라는 공식은 실용상 유효하다.

9.6 해충의 멸종확률

해충을 억제하기 위해서 기생벌 등의 천적을 도입하는 생물적 방제에 있어서는, 해충을 낮은 개체수로 안정하게 억제하여 천적과 해충이 공존하게 하는 것이 목표였다(제4장 4절 참조). 예를 들어 해충의 개체수를 $x(t)$, 천적의 개체수를 $y(t)$라고 하면, 이들의 역학계는

$$x(t+1) = x(t)\exp\left[r\left(1-\frac{x(t)}{K}\right)-ay(t)\right] \tag{9.21a}$$

$$y(t+1) = x(t)\exp\left[r\left(1-\frac{x(t)}{K}\right)\right](1-\exp(-ax(t))) \tag{9.21b}$$

로 표시된다. 처음에는 해충만이 그 평형밀도에 도달해 있고 거기에 약간의 기생벌이 방출되었을 때, 그림 9.8과 같이 개체수가 변동한다. 그때 두 변수는 몇 번이나 크게 진동하면서 점차로 평형상태에 수렴한다.

그런데 Murdoch 등(1985)이 천적도입의 성공 예라고 하던 것을 재검토하였더니, 거의 모든 경우에 해충과 천적의 안정한 공존은 발견되지 않고 국소 개체군의 멸종이 관측되고 있었다. 또한 그림 9.8에 도시된 것과 같이

최종적으로는 낮은 평형개체수에 도달한다고 해도, 그때까지 몇 번이고 큰 진동을 반복하여 피해를 준다. 그러므로 생물적 방제가 성공하기 위해서는 낮은 평형밀도를 실현하는 것보다는 오히려 천적을 도입하여 해충개체수가 최저점에 이르렀을 때 그 개체군이 멸종하는 확률을 높이는 쪽이 중요한 것인지도 모른다.

결정론모델 (9.21)에서는 멸종은 생기지 않는다. 그래서 인구학적 확률성을 받아 들여서, 앞 세대의 인구 $x(t)$와 $y(t)$를 써서 식 (9.21a)와 식 (9.21b)의 우변에 의해 계산된 평균값을 갖는 포아송 분포에서 다음 세대의 수 $X(t+1)$을 결정한다고 하는 확률모델을 시뮬레이션했다. 그리고 각각의 매개변수의 값에 대해서 1000회의 독립적인 반복 중에서 해충 개체군이 멸종한 비율을 구했다.

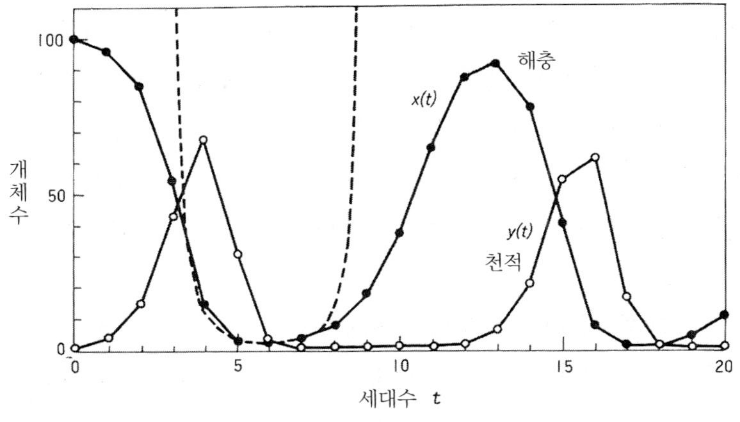

그림 9.8 해충과 천적의 결정론적 역학계. 식 (9.21)에서 $r=0.9, \alpha=0.04, K=100$. 초깃값은 $x(0)=100, y(0)=1$. 점선은, 해충 개체수의 최솟값의 전후 3세대를 잡아서 이들에 적합시킨 것으로, $\alpha=1.56, \beta=1.96, \gamma=5.80$ 이다(Iwasa and Mochizuki, 1988).

다음으로 앞 절에서 도출한 멸종률의 식 (9.20)을 이용하는 것을 생각해 보자. 우선 식 (9.21a)와 식 (9.21b)의 결정론 모델의 궤도(그림 9.8)에서 최소 개체수 α와 위험 세대수 β를 구한다. 이때 멸종이 일어나기 쉬운 것은 개체수가 극히 작을 때인 것에 주의하여 밀도가 최소가 되는 곳의 궤도에 맞추어서 계산한다. 이들의 값을 써서 식 (9.20)에 의해 집단의 멸종률을 추정했다. 그 결과는 원래의 확률모델의 결과를 오차 수% 이하로 정확하게 예측할 수 있음을 알았다(Iwasa and Mochizuki, 1988).

같은 방법으로, 한정된 기간에 걸쳐서 농약을 살포하는 것에 의해 해충이 멸종할 확률을 계산했으나, 이 경우에도 대응하는 결정론 모델에서 구한 α와 β를 써서 식 (9.20)에 의해 추정하는 방법을 사용하여, 멸종률을 정확히 추정할 수 있었다.

또 천적방사에 의한 방제에 있어서는, 방사 개체수 $y(0)$를 많게 하더라도 해충의 멸종률은 거의 개선되지 않으나, 탐색효율 α가 높은 기생벌을 선택하면 효과적으로 멸종률을 개선할 수 있음을 알았다. 이에 대해서 농약살포의 경우에는 살포하는 양을 늘리고 기간을 길게 함으로써 멸종률을 올리는 것은 간단하다. 단 해충이 농약내성을 진화시키는 것, 다른 개체군에서 재침입해 오는 가능성, 또한 인간이나 환경에 미치는 농약의 악영향은 전혀 생각하지 않으므로 이 결론을 바로 야외에서 실제의 효과라고 생각할 수는 없다.

야외의 개체군동태는, 밀도의 역학계가 표시하는 것과 같은 연속적인 과정이라고 하기보다는, 국소적인 개체군의 멸종이 일어나고 가까이 있는 개체군에서 침입하여 다시 회복되는 것의 반복일지도 모른다.

연습문제 / 추가 참고문헌

연습 9.1 식 (9.1)에 $x = K_0 + n$을 대입하고, a와 n의 2차항(n^2, an, a^2)과 그 이상의 고차항을 무시함으로써 식 (9.2)를 도출하라.

연습 9.2 식 (9.3)을 식 (9.2)에 대입하여 계수 A와 B를 결정하고, 식 (9.4)를 유도하라.

연습 9.3 n_k가

$$\frac{dn_k}{dt} = -rn_k + r(a_k \cos kt + b_k \sin kt)$$

의 해일 때, $n = \sum_k n_k$는 어떠한 식을 만족하는가?

연습 9.4

(1) $x(t) = a\sin\omega t$에 대해서, 그의 자기상관함수는

$$C(\tau) = \langle x(t)x(t+\tau) \rangle = \frac{a^2}{2}\cos\omega\tau$$

임을 보여라. 여기서 < · >는 시간에 대한 평균을 표시한다.

(2) $x(t) = a\sin\omega t + \gamma(t)$에서, $\gamma(t)$는 잡음을 표시한다고 한다. $\gamma(t)$의 자기상관함수를 $\phi(\tau) = \langle r(t)r(t+\tau) \rangle$라 쓴다. $x(t)$의 자기상관함수는 $C(\tau) = \frac{a^2}{2}\cos\omega\tau + \phi(\tau)$가 됨을 증명하라.

연습 9.5 어떤 시각 $x(t)$의 자기상관함수가 $C(\tau) = sae^{-a|\tau|}$로 주어진다고 한다.

(1) 이것을 식 (9.10b)에 대입하여 적분을 계산해서 파워 스펙트럼 $S(k)$를

구하고, $S(k)=\dfrac{2sa^2}{\pi(a^2+k^2)}$ 임을 확인하라.

(2) 다음, a가 무한히 커지는 극한을 생각하면 백색잡음이 구해진다. 거기서는 조금이라도 떨어진 시각의 상관이 0인 것, 즉 $C(\tau)=0, (\tau \neq 0)$을 확인하라.

(3) 대응하는 파워 스펙트럼은 $S(k)=2s/\pi$가 되고, k에 무관하게 일정하다. 이것은 백색잡음에는 서로 다른 진동수 성분이 동등하게 포함되어 있다는 것을 표시하고 있다.

연습 9.6 이산시간의 시계열 자료에 대한 백색잡음 $\{\cdots,\xi(-1),\xi(0),\xi(1),\cdots\}$은 평균이 0이고 분산이 V이며, 서로 독립이고 분포가 같은 확률변수의 수열로 정의된다.

(1) 자기상관함수 $C(\tau)=<\xi(t)\xi(t+\tau)>$는

$$<\xi(t)^2> \; = V, \; <\xi(t)\xi(t+\tau)>=0 \;\; (\tau \neq 0)$$

임을 보여라. 이 백색잡음을 써서 다른 시계열 $\gamma(t)$
$(t=\cdots,-1,0,1,2,\cdots)$를

$$\gamma(t+1)=\rho\gamma(t)+(1-\rho)\xi(t) \tag{9.22}$$

로 정의한다. 즉 현재의 값과 백색잡음의 값에서 다음 시점의 값을 정한다. ρ는 현재의 값의 영향을 나타내는 상수이고 $-1<\rho<1$이라고 한다. ρ가 1에 가까우면 $\gamma(t)$의 값은 거의 변화하지 않고, ρ가 작으면 매회 거의 독립이 된다. 역으로, ρ가 음(-)이 되면 하나 바로 앞의 값과 음(-)의 상관을 가진다.

(2) $C(0)$를 다음과 같이하여 구하라. 우선 식 (9.22)의 양변을 제곱하고, 시간 t에 대해서 평균을 취하면

$$<\gamma(t+1)^2> \; = \rho^2 <\gamma(t)^2> + 2\rho(1-\rho)<\gamma(t)\xi(t)> + (1-\rho)^2<\xi(t)^2>$$

여기서 $\gamma(t)$와 $\xi(t)$가 독립인 것에 주목하면

$C(0)=\rho^2 C(0)+(1-\rho)^2 V$

따라서 $C(0)=(1-\rho)V/(1+\rho)$가 도출된다.

(3) 식 (9.22)의 양변에 $\gamma(t)$를 곱하여 평균하여, 같은 의논에 의해 $C(1)=\rho C(0)$을 유도하라.

(4) 식 (9.22)의 양변에 $\gamma(t+1-\tau)$를 곱하여 같은 계산을 하면 $C(\tau)=\rho C(\tau-1)$이 얻어진다. 여기에서

$$C(\tau)=\rho^{\tau}C(0)=\frac{\rho^{\tau}(1-\rho)}{(1+\rho)}V$$

를 유도하라.

연습 9.7 식 (9.14)를 식 (9.13)의 우변에 대입하여 0이 되는 것을 확인하라. 이것은 식 (9.14)가 평형상태의 해임을 나타내고 있다. 또한 식 (9.14)를 분포로 하면, x의 평균값이 $\bar{x}=K(1-V/2r)$인 것을 부분적분에 의해 표시하라. 이것은 개체수의 평균값이 잡음의 세기 V와 함께 감소하는 것을 표시하고 있다.

연습 9.8 일정한 환경에서 멸종률의 계산을 다음과 같이 하여 보아라. 최종시각 T까지의 시간을 $k=T-t\,(k=0,1,2,\cdots)$라 쓴다.
그리하여 $(X_k=p(T-k))$로 두고, $f(x)=\exp[-\lambda(1-X)]$라 한다. 이에 의해서 식 (9.19)와 식 (9.18)은 각각

$$X_0=0$$
$$X_{k+1}=f(X_k) \qquad (k=0,1,2,\cdots)$$

와 같이 바꾸어 쓸 수 있음을 보여라.

시각 0의 1 개체에서 출발했을 때 시각 T까지에 멸종할 확률은 $p(0)=X_T$이다. 그래서 충분한 미래의 시각까지 멸종할 확률은 $p(0)=\lim_{k\to\infty}X_k$가 된다.

이 값은 제4장의 이산시간의 동태모델과 같은 방법으로 계산할 수 있다. $f(x)$가 아래로 볼록한 단조증가함수이고 $f(1)=1$인 것에 주목한다. $f'(1)=\lambda<1$인 경우에는 $\lim_{k\to\infty} X_k=1$이고, $f'(1)=\lambda>1$이면 $\lim_{k\to\infty} X_k$는 $f(X)=X$의 해로, 1보다 작은 것과 같은 것으로 표시된다. 이와 같이 계산하여 1개체에서 출발한 경우의 멸종확률 $p(0)$이 구해지면, 식 (9.17)을 씀으로써 다수 개체에서 출발한 집단의 멸종률을 계산할 수가 있다.

연습 9.9 박테리아가 한 시간에 두 개로 분열할 확률이 p_2, 죽을 확률이 p_0 그대로 있을 확률이 $1-p_0-p_2$ 라고 한다. 이때 하나의 세포에서 출발하여 최종적으로 멸종할 확률 q는 다음 식을 만족함을 보여라.

$$q=p_2q^2+(1-p_0-p_2)q+p_0$$

이것을 근거로 $p_2>p_0$이면 $q=p_0/p_2$, $p_2\leqq p_0$이면 $q=1$임을 밝혀라.

추가 참고문헌: 확률적으로 변동하는 개체군 모델에 대해서는 Goel and Richter- Dyn (1974), 연령구조가 있는 경우에 대해서는 Turjapurker (1989)가 좋은 총설이다. 확률론 일반에 대해서는 Feller (1957, 1971), Karlin and Taylor (1975, 1981)가 우수하다. 개체군의 멸종에 대해서는 松田・巖佐 (1993)를 참조.

제2부
적응전략

제10장 먹이의 선택방법과 탐색방법

생물의 생태나 행동, 형태 등이 효율 좋게 설계되어 있다는 생각은 옛날부터 있어왔다. 근래에 와서, 생물이 취하는 행동은 다양한 가능성(전략) 중에서 전 생애에 걸친 번식 성공률을 최대로 하는 적응전략이라고 보고, 이 생각을 수학모델에 의해 명확히 표현하고 최적제어이론, 통계적 결정이론, 게임이론 등의 기법을 사용하여 해석할 수 있게 되었다(Iwasa, 1981). 최적행동이 실현되고 있는 것은 자연선택을 주요인으로 하여 생물이 진화해 온 결과라고 생각되므로 이 분야를 **진화생태학**(evolutionary ecology)이라 부른다.

이 장에서는 먹이의 선택방법과 탐색방법에 대한 최적화모델을 소개한다.

10.1 먹이의 선택방법

동물은 영양이 되는 것이라도 아무 것이나 먹지는 않는다. 물고기 등의 먹이선택행동을 관찰하면, 풍부하게 먹이를 얻을 수 있을 때는 특정한 먹이만을 선택하여 먹으나, 먹이가 부족하면 선택의 폭을 넓혀서 아무 것이나

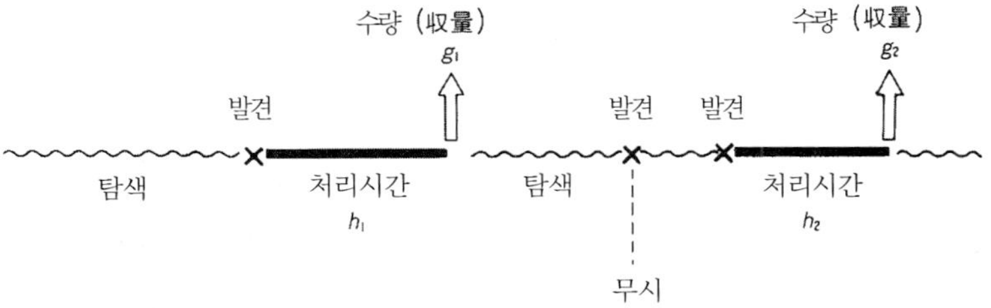

그림 10.1 먹이선택 모델의 설명. 포식자는 탐색하여 먹이와 만나면 거기서 먹을지 말지를 결정한다. 만일 먹는다면 처리시간 h_i 를 들여서 에너지 수량 g_i 를 얻을 수 있고, 그 후 다시 탐색을 한다. 먹지 않으면 무시하고 탐색을 계속하므로 처리시간은 걸리지 않는다.

먹는 것을 흔히 볼 수 있다. 이와 같이 먹이의 풍부여하에 따라서 선택방법을 바꾸는 것은 경제적으로 효율적인 행동이 아니겠는가?

먹이가 되는 것 $i = 1, 2, \cdots, n$에 의해 구별되는 n종류가 있다고 하자. 포식자는 이들을 찾아 헤매고 이따금 만난 먹이에 대해서 그것을 먹을지 말지를 결정한다고 하자. i종의 먹이를 단위시간당 λ_i 의 확률로 만난다고 가정한다. 만일 i종의 먹이를 먹으면 g_i칼로리가 얻어지는데, 먹이를 잡아서 처리하고 다시 다음 먹이를 찾기 시작할 때까지 처리시간 h_i 가 걸린다고 하자. 그리하여 처리하는데 시간이 걸림으로 그다지 영양이 없는 먹이는 무시하는 쪽이 좋을 것이다. 그래서 포식자는 i종의 먹이를 만났을 때 확률 p_i 로 먹는다고 하자(그림 10.1). n 종류의 먹이에 대해서 그것을 먹는 확률의 벡터$(p_1, \cdots, p_n)$가 그 포식자의 먹는 방법을 표시한다. 먹이를 찾고 그것을 만나서 판단하여(만일 먹는다면) 처리하는 사이클을 여러 번 반복하는 경우를 생각하면, 포식속도의 장시간 평균은, 한 사이클당 얻어지는 칼로리의 평균을 한 사이클에 걸리는 시간평균으로 나눈 값과 같으므로

$$r(p_1, p_2, \cdots, p_n) = \frac{\sum_i \lambda_i p_i g_i / \sum_i \lambda_i}{1/\sum_i \lambda_i + \sum_i \lambda_i p_i h_i / \sum_i \lambda_i} \tag{10.1}$$

이 된다. 먹이를 찾고 있을 때 n 종의 먹이의 어느 것과 만날 확률은 단위시간당 $\sum_i \lambda_i$ 이므로 분모의 제1항은 만날 때까지 기다리는 시간의 평균이다. 또 만난 것이 i 종일 확률이 $\lambda_i / \sum_j \lambda_j$ 이므로 분자와 분모의 제2항은 각각 얻는 칼로리량의 평균과 평균 처리시간을 표시한다.

포식속도 r을 최대로 하는 먹는 방법을 조사하기 위해서, p_k에 관한 미분을 계산하면

$$\frac{\partial r}{\partial p_k} = \frac{\lambda_k h_k}{1 + \sum_i \lambda_i h_i p_i}\left(\frac{g_k}{h_k} - r\right) \tag{10.2}$$

이라는 식이 도출된다(연습 10.1 참조). p_i는 확률이므로 $0 \leqq p_i \leqq 1$ $(i = 1, 2, \cdots, n)$인 범위에 있는 것에 주목하면, 최적포식에서는 식 (10.2)에서 g_k/h_k가 r보다 큰 먹이의 종류는 확실하게 먹히고($p_k = 1$), r보다 작은 먹이는 확실히 피해지는 것($p_k = 0$)을 알 수 있다. 그래서 n 종류의 먹이를 g_i/h_i(칼로리 값을 처리시간으로 나눈 값)의 순으로 번호를 붙이고, 장시간 포식속도 r^*와 함께 순서대로 나열하면

$$\frac{g_1}{h_1} > \frac{g_2}{h_2} > \cdots > \frac{g_k}{h_k} > r^* > \frac{g_{K+1}}{h_{K+1}} > \cdots > \frac{g_n}{h_n} \tag{10.3}$$

와 같이 된다. 따라서 g_i/h_i가 큰 것에서 k 종류$(i = 1, 2, \cdots, k)$의 먹이가

먹히고 나머지 $i = k+1, \cdots, n$은 무시되는 것이다. r^*는 최적행동에서 무시될 먹이의 양과는 무관하다. 이 때문에 $k+1$번째의 먹이종이 이용되는지 아닌지는 그 자신의 g_{k+1}/h_{k+1}과 그것보다 선호되는 k종류의 먹이의 양 $(\lambda_1, \lambda_2, \cdots, \lambda_k)$에 의해서 결정되고, 스스로의 양 λ_{k+1}은 전혀 관여하지 않게 된다. 가장 좋아하는 제1종의 먹이가 충분히 있으면 다른 먹이는 모두 무시된다. 제1종의 먹이가 적을 때는 제2종도 먹게 되나 그것이 충분히 있으면 제3종 이하는 무시된다. 제1종, 제2종이 모두 적으면 제3종도 먹게 된다 (연습문제10.2 참조).

최적의 먹이선택 모델이 나타내는 것과 같은 행동은 여러 가지 야외 생물의 행동관찰에서도 확인되고 있는데, 보다 정밀한 검증은 실내실험에 의해 이루어진다. 예를 들면 물고기의 몇 가지의 먹이 종에 대해서 각각의 영양가와

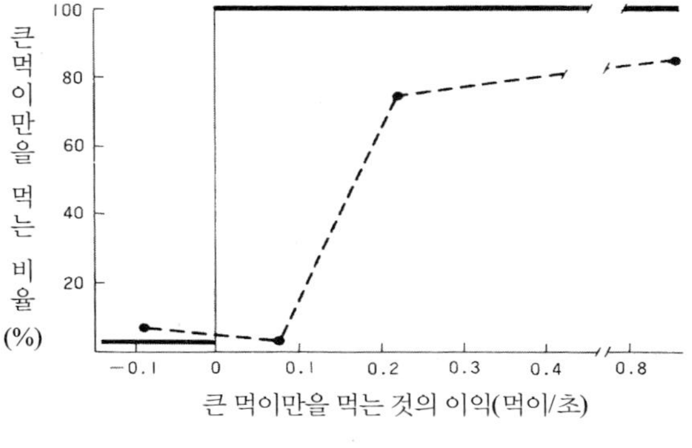

그림 10.2 박새를 이용한 먹이선택모델의 검증 실험의 결과. 대소 두 종의 갈색거저리 벌레를 먹이로 하면, 큰 먹이는 반드시 먹히나 작은 먹이의 무시여부는 큰 먹이의 빈도에 따라 변한다. 그림의 가로축은 큰 먹이만을 먹고 작은 먹이는 무시함에 의한 이익을 표시하고, 세로축은 작은 먹이 가운데 무시된 비율을 표시한다. 실선은 최적포식의 예측을 표시하고, 검은 점과 점선은 실제 자료를 표시한다. 박새의 먹이선택은 모델에서 예측되는 것과 같이 큰 먹이가 많을수록 선택적이 된다. 단 큰 먹이의 빈도가 전환이 일어나는 값보다 높아도 차선의 먹이가 이용되는 확률은 0이 되지 않는다. Krebs 등(1977)에서.

그들을 먹을 때의 처리시간을 따로 측정해 두는 한편, 각각의 먹이를 여러 가지의 밀도로 조합하여 수조의 물고기에 주어 포식했는지 여부를 기록함으로써 최적먹이선택 모델이 잘 맞다는 것이 확인되고 있다. 그림 10.2는 새를 이용한 실험을 표시하고 있다. 두 종류의 먹이 가운데 차선의 것이 먹히게 되는지 여부는 그 차선 자체의 양에는 무관하고 보다 선호하는 먹이의 양에만 영향을 받는 것이 확인되었다. '한쪽만'에서 '양쪽 모두'로의 먹이선택행동의 전환은 최적해가 표시하는 것과 같이 갑작스러운 것은 아니고, 보다 완만하게 이루어졌다.

10.2 어떻게 해서 생물이 적응적 행동을 한다고 생각하는가

대관절 어떻게 동물이 적응적으로 행동하고 있는 것일까? 먹이를 찾는 것은 동물에게는 살기 위해서 불가결의 행위이고, 야외의 많은 동물은 하루 중의 상당한 시간을 먹이를 찾는데 보내고 있다. 한정된 시간에 효율 좋게 먹이를 모으는 능력이 있으면 여분으로 얻은 물질로 빨리 성장할 수 있어서, 장래의 생존율과 번식률이 높아질 것이다. 예를 들어, 조류(새)의 경우 많은 자손을 기를 수가 있을 것이다. 같은 양의 먹이만을 먹는다고 하더라도, 먹이를 찾는데 소비하는 시간이 짧아져서 먹이를 찾는 활동 중에 스스로가 포식되는 위험이 줄고, 남은 시간을 세력권의 유지와 확장, 교미상대의 획득 등에 쓸 수 있다. 이와 같이 효율 좋게 먹이를 찾아내는 능력은 결국 그 개체의 생애에 걸친 번식성공도(lifetime reproductive success; 적응도(fitness))를 높이는 것이 된다.

먹이를 찾는 행동의 차이가 개체가 가지는 유전자가 다른 것에 기인한다면, 개체에 효율이 높은 행동을 하게하는 유전자는 그 개체가 많은 자손을 남김으로 다음 세대에서는 그 빈도가 증가한다. 근소한 빈도변화라도 대단히 많은 세대에 걸쳐 축적되면, 결국에는 효율이 좋은 먹이탐사를 하게하는 유전자만이 집단을 점하게 된다. 또한 새로운 유형의 개체가 외부에서 이주하든지 돌연변이로 만들어지든지 하여 원래의 유형과 경쟁하는 일도 반복된다. 상상을 초월하는 긴 시간에 걸친 진화의 과정에서는 여러 가지 유형이 시도되었을 것이므로, 그 결과로 만들어진 현재의 생물은 개체로 하여금 가장 효율이 좋은 먹이잡이 행동을 하게하는 유전자를 가진 것이 틀림없다고 생각되는 것이다.

여기서 몇 가지 주의할 점이 있다. 진화에 의한 것이므로 유전하는 요소가 없으면 안 되나, 이것의 모든 행동이 유전적으로 결정되고 있다는 것은 아니다. 그뿐만 아니라 무엇을 먹고 무엇을 무시하는가는 장소마다 시간마다 상이하므로, 먹이를 먹는 방법이 유전적으로 고정되어서는 환경에 적응한 최적먹이선택이 될 수는 없다. 환경에서 먹이의 질과 양에 관한 자료를 기초로 하여 먹이선택행동을 결정하는 방법은 유전이 되어 있어서, 가장 적응적인 의사결정양식이 자연선택에 의해 진화되었다고 생각된다.

생물의 행동 중에서 효율이 최고인 것을 알아내는 것은 최적화문제(optimization problem)로 정식화하여 수학적으로 취급할 수 있다. 이때 생물 자신이 선택할 수 있는 행동요소를 **전략**(strategy), 이들의 효율을 표시하는 척도를 **평가함수**(performance function, 또는 목적함수)라 한다. 앞의 먹이탐색의 예에서는 n종류의 먹이의 각각을 먹을지 어떨지 $(p_1, p_2, \cdots, p_n)$가 전략이고, 장시간 평균포식속도 r이 평가함수다. 이 최적화 수학은 원래 공학이나 경제학에서 다양한 가능성을 고려하여 합리적으로 의사결정을 하기 위해서 발달해 왔다. 그러나 이 정식화가 성립한다고 하더라도 생물

자신이 의식을 가지고 계획하고 함수를 계산할 필요는 없다. 생리적 메커니즘이 결과로서 최적에 가까운 행동을 취하도록 설계되어 있다고 주장하고 있을 뿐인 것이다. 실제로 다음 장 이하에서 소개하는 것과 같이 의식을 가질 수 없는 식물의 성장 스케줄이나 박테리아와 바이러스의 발병 시기에도 적응전략이라는 생각이 대단히 유효하게 사용된다.

'어떤 행동을 하게하는 유전자'라고 하는 표현은 다소 어색한데, 실은 하나의 행동에 다수의 유전자가 관여하고, 역으로 행동 · 형태 · 생리 등의 다수의 측면이 하나의 유전자의 영향을 받는다. 또한 자연선택 외에 진화과정도 중요하다. 이와 같은 적응의 유전적 기초에 관한 여러 문제는 제18장에서 종합하여 설명하겠다. 여기서는 현실의 생물이 주어진 환경 속에서 번식성공도를 개선한다는 의미로서, 효율이 높은 적응적인 행동 · 생리 · 생태 · 형태를 취하도록 진화해 왔다고 생각하고, 그 근거가 다양한 유전자 간의 경쟁에 기인한 자연선택에 있다고 하는 것을 기술하는 데에 그치고 싶다.

10.3 먹이를 잡는 장소의 결정

먹이선택 모델에서는 모든 먹이가 완전히 혼합되어 있어서 포식자는 이들 먹이와 랜덤하게 만난다고 가정했다. 조금 다른 상황을 생각해 보자. 예를 들면 두 종의 곤충 가운데 한쪽은 숲에 있고, 다른 쪽은 초원에 많다고 하자. 이들을 모두 포식하는 새는 숲과 초원의 어느 곳에서 먹이를 찾는가를 결정할 필요가 있다. 이 상황에서는 앞서 기술한 먹이선택 모델과는 달리 양쪽의 먹이를 동시에 겨냥할 수는 없다. 그래서 각각의 장소의 포식속도 r_1

과 r_2의 어느 것이 큰 것인가를 비교하면 된다. 예를 들면, 제1종의 먹이가 선호되는 것은

$$\frac{\lambda_1 g_1}{(1+h_1\lambda_1)} > \frac{\lambda_2 g_2}{(1+h_2\lambda_2)} \tag{10.4}$$

일 때이다. 그 결과 어떤 먹이의 밀도가 충분히 높아지면 그 먹이가 갑자기 먹히기 시작한다(제1장 4절 참조). 이것은 앞의 먹이선택 모델의 결론(어떤 먹이가 먹히는지 아닌지는 그 자신의 밀도에는 의존하지 않는다)과는 전혀 다르다. 어떤 먹이를 선택하기로 결정하면 다른 종류의 먹이와 만나기 어렵게 되는 것은, 하천에 사는 물고기가 수면에 떠서 흘러가는 곤충을 먹을 것인가, 지렁이 등의 바닥에 사는 먹이를 겨냥할 것인가하는 보다 작은 스케일(scale)에서도 생긴다.

10.4 먹이를 찾는 방법: 패치(patch) 사용

수목에 숨어있는 곤충의 유충을 잡아먹는 새는 나무 사이를 날아다니면서 먹이를 찾는다. 이와 같이 먹이가 나무라는 패치에 있고, 그 패치들 사이를 날면서 먹이를 찾는 포식자를 생각해 보자(그림 10.3). 하나의 패치 속에서 먹이를 계속 찾고 있으면 먹이의 수가 감소하여 포식속도는 점차 떨어지므로 적당할 때 다음 패치로 옮길 필요가 있다. 각각의 패치에서는 먹이가 완전히 없어질 때까지 찾을 것인가? 아니면 빨리 끝내고 다음 패치로 옮겨갈 것인가?

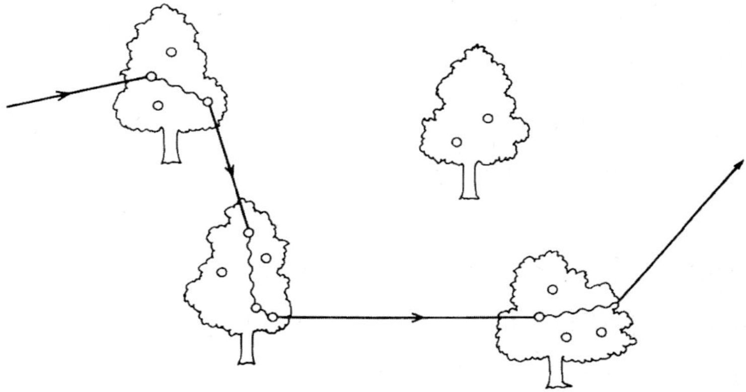

그림 10.3 패치사용모델의 설명. 포식자는 먹이의 패치를 건너다니면서 먹이 찾기를 한다. 각각의 패치에서 탐색을 중지하고 다음 패치로 옮기는 시간이 문제가 된다.

먹이가 되는 곤충의 양과 발견하기 쉬운 정도가 다른 n종류의 패치가 있다고 하자. 하나의 패치에 머물러 획득할 수 있는 먹이의 양은 거기에서 탐색시간 t_i의 증가함수 $G_i(t_i)$로 주어진다고 가정하자. 하나의 패치에서 먹이의 발견속도는 시간과 함께 감소하므로 그 누적치 $G_i(t_i)$는 위로 볼록한 그래프를 그린다(그림 10.4). 또 먹이가 많이 있는 풍족한 패치에서는 $G_i(t_i)$는 빨리 증가한다. 그러면 패치를 건너다니면서 장시간동안에 잡아먹는 먹이의 속도는, 먹이선택 모델에서 먹이를 패치로 치환하는 것에 의해 생각될 수 있다. 장시간의 평균속도는 한 사이클 동안에 잡히는 먹이의 평균량을 한 사이클의 평균시간으로 나눈 것이므로

$$r(t_1, t_2, \cdots, t_n) = \frac{\sum_i \lambda_i G_i(t_i) / \sum_i \lambda_i}{1/\sum_i \lambda_i + \sum_i \lambda_i t_i / \sum_i \lambda_i} \tag{10.5}$$

이 된다.

각각의 종류의 패치에서 먹이를 찾는 시간 $(t_1, t_2, \cdots, t_n)$이 포식자의 전략을 표시하고 있다. 포식속도 r를 $t_1 \geqq 0, \cdots, t_n \geqq 0$이라는 제약 하에서 최대로 하는 것을 찾기 위해서, t_k에 대한 미분을 계산한다. r을 최대로 하는 해가 $t_1^* > 0, \cdots, t_k^* > 0, t_{k+1}^* = \cdots = t_n^* = 0$인 형태를 하고 있다고 하면

$$\frac{dG_i(t_i^*)}{dt} = r^* \qquad i = 1, 2, \cdots, k \tag{10.6a}$$

$$\frac{dG_i(0)}{dt} < r^* \qquad i = k+1, \cdots, n \tag{10.6b}$$

이 성립한다(연습 10.3 참조). 단 $r^* = r(t_1^*, \cdots, t_n^*)$는 최적포식행동의 장시간 평균포식속도이다. dG_i/dt가 포식속도인 것에 주목하면 이 결과는 알기 쉽다. 즉 새로운 패치에 막 날아들었을 때는 먹이를 발견하기 쉬우나, 점차로 포식속도가 감소하여 결국은 그 환경에서(패치간의 이동시간도 포함한) 장시간 평균포식속도 r^*까지 감소하면 패치를 떠난다는 것을 표시하고 있다. 질이 나쁜 패치에서는 먹이가 빨리 없어지므로 빨리 끝내게 되고, 먹이가 많이 있는 질이 좋은 패치에서 보다 장시간 먹이를 찾게 된다. 단 날아오를 때의 포식속도는 어느 패치에서나 같다. 경제학에서는 이득함수의 미분계수를 **한계치**(marginal value)라고 부르므로 식 (10.6a)는 **한계치 정리**라 한다(Charnov, 1976).

패치간의 거리가 멀어져서 이동에 시간이 걸리게 되면 $1/\sum_i \lambda_i$가 커지므로 평균포식속도 r^*가 작아진다. 그 결과 어떤 패치에서도 먹이의 탐색에 긴 시간이 걸릴 것이다.

이러한 예측들을 검증하기 위해서 수많은 실험이 행해졌다. 예를 들면 Kreb 등 (1974)은 실내의 나무에 고깔을 몇 개 만들고 거기에 구멍을 뚫어서, 어떤 비율로 랜덤하게 갈색거저리를 넣어서 먹이의 패치로 하고, 이들 사이를 날아서 박새가 먹이를 찾는 모양을 영화로 촬영하여 관찰하였다. 그

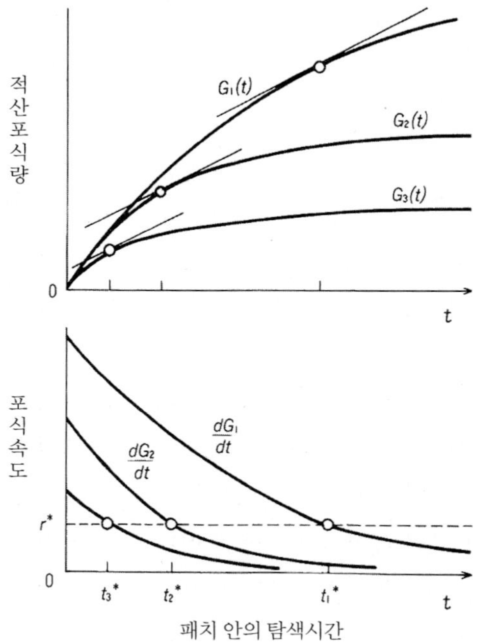

그림 10.4 패치사용모델. 위 그림: 가로축은 패치에 들어 왔을 때부터의 시간 t_i, 세로축은 누적포식량 $G_i(t_i)$를 표시한다. 질이 다른 3개의 패치에 대해서 표시했다. 좋은 패치($i = 1$)에서는 같은 시간이라도 많은 먹이를 먹을 수 있다. 아래 그림: 포식속도는 누적포식량의 미분계수 dG_i/dt이다. 최적행동에서는 포식속도가 점선으로 표시된 패치 사이에서 공통의 임계치(threshold)까지 내려가면 다음 패치로 옮긴다. 이 임계치는 그 환경에서 장시간 평균포식속도와 같다. 그 때문에 환경 속에서 질이 좋은 패치가 많이 있고 패치간의 이동시간이 짧으면 임계치는 높아지고 각각의 패치에 머무는 시간이 짧아진다.

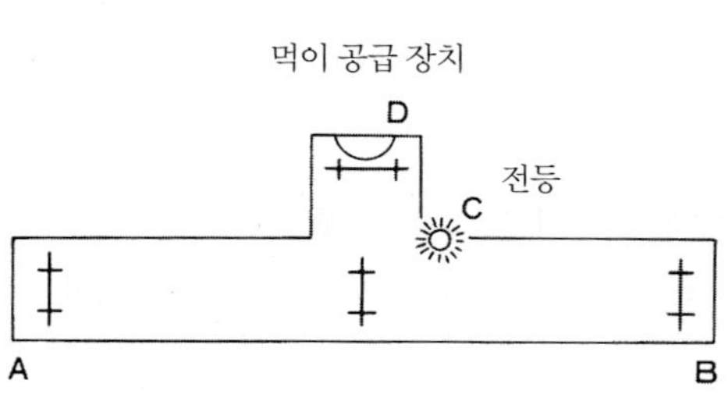

그림 10.5 최적패치 모델의 예측을 정밀하게 검증하기 위한 실험장치. 설명은 본문을 참조

결과 어떤 패치에서 최후의 먹이를 발견한 후 떠날 때까지의 시간간격을 **'포기시간'**이라고 하면, 그것이 먹이가 많은 패치에서나 적은 패치에서나 거의 같다는 것을 알았다. 포식속도가 계속되는 포획시점의 간격에 역비례하는 것을 고려하면, 이 결과는 떠나는 시점의 포식속도가 패치에 관계없이 같다는 것을 의미하고 있다. 또 먹이가 많은 패치의 수가 적은 빈곤한 환경에서는, 포기하는 시간이 길어져서 새는 각각의 패치를 오래 동안 탐색하게 되는 것도 알았고, 식 (10.6)의 예측이 검증되었다(그 후의 전개에 대해서는 巖佐 (1981)을 참조).

보다 상세하고 정량적인 검증을 하기 위해서는 심리학에서 사용되는 것과 같은 실험장치가 이용된다. Kacelnik and Cuthill (1987)은 흰점찌르레기를 훈련하여 다음과 같은 실험 장치에 익숙하게 했다(그림 10.5). 새는 우선 A, B 2개의 홰(perch) 사이를 왕복하는데, 이것은 패치를 찾아서 날고 있는 것이 된다. 수 차례의 왕복 후에 C의 전등이 켜진다. 그 후, 중앙에 있는 먹이 공급 장치 D에 가면 먹이가 나오게끔 되어 있다(이것은 패치의 발견을 나타낸다). D에서 먹이를 얻어내기 위해서는, 그 앞에 있는 홰(perch)에서 팔짝팔짝 뛰는 것이 필요하고, 처음에는 한번 뛰면 먹이가 나오나, 다음에는 두 번 뛴 후에, 세 번째는 보다 많이 뛴 후에 먹이가 나오는 것과 같이 먹이가 나오는 것을 어렵게 한다. 이것은 하나의 패치 속에서 먹이를 찾고 있으면 포식속도가 점차로 떨어지는 것에 해당한다. 새는 적당한 때에 다시 앉는 나무 AB사이를 날기 시작하여, 시스템이 처음상태로 돌아오게 된다. 이상의 일을 반복했을 때 긴 시간 동안 먹을 수 있는 먹이의 포식속도를 최대가 되도록 하는, 패치를 떠나는 방식을 생각하면, 이것은 앞의 모델에서 패치가 한 종류인 경우와 같다. 실험 장치는 모두 컴퓨터로 제어되고 새가 어떠한 행동을 했는가도 모두 기록된다. 개체차는 있으나, 새는 비교적 빨리 상황 설정을 알게 되어 모델에서 예측된 것과 같은 최적행동을 하게 되는 것이 확인되었다. 또 앉는 나무 사이를 날아다니는 횟수를 증가시키면, 각각의 패치에서 오래 머물게 된다는 식으로, 환경의 변화를 학습할 수도 있다.

이상 3개의 기본적 모델(먹이선택, 먹이장소의 선택, 패치사용)을 그 후 여러 가지 생물에 적용해 감에 따라 차츰 문제점이 명백해졌다. 다음절에서 그중 몇 개에 대해서 설명해보자.

10.5 수량(yield) 변동의 효과

이상에서 생물은 얻을 수 있는 먹이양의 평균값을 최대로 하는 행동을 취할 것이라고 가정해 왔다. 그렇다면 다음과 같은 경우 어떤 장소에서 먹이를 찾을 것인가? 즉 한쪽 장소에서는 이따금 다량의 먹이가 얻게 되는 일이 있으나 전혀 발견할 수 없는 일도 가끔 있으며, 한편에서는 양은 적으나 확실히 먹이가 발견되는 경우가 있다. 이 문제를 실험적으로 조사해보면, 많은 상황에서 동물은 평균이 같더라도 변동이 적은 쪽을 선택하는 경향을 나타낸다. 이것은 경제학에서 **위험회피행동**(risk aversive)이라고 하는 것이다. 그 이유는 다음과 같이 설명된다. 생존율 등의 적응도 성분은 섭식 양과 함께 증가하나 증가속도는 점차 늦어진다고 하자(그림 10.6). 어떤 값을 기준으로 하여 먹이의 양이 증가하여도 그다지 적응도가 올라가지 않는데도, 같은 만큼의 먹이의 양이 감소하면 적응도가 현저히 내려간다. 이 때문에 적응도의 평균값을 적응의 척도라고 하면, 얻을 수 있는 먹이의 양에 변동이 없는 경우가, 같은 평균값이고 변동이 큰 경우보다도 먹이 탐사의 장소로서 적합한 것이 된다. 즉, 어떤 양의 먹이가 확실히 예상된다면 평균값이

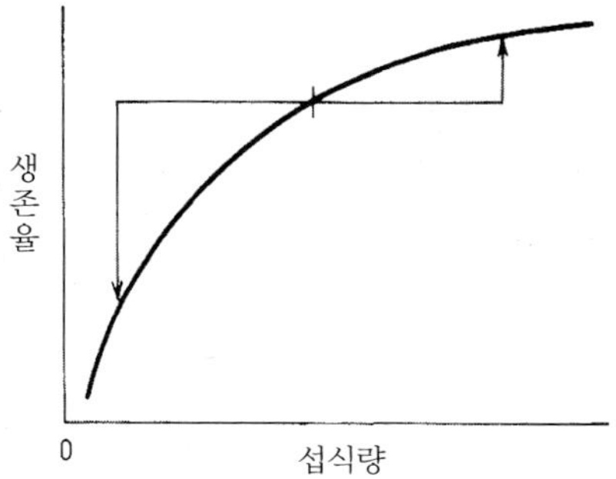

그림 10.6 생존율과 먹은 먹이양과의 비선형 관계. 먹이의 수량이 증가하여 생존율이나 번식 성공 등이 증가한다고 해도 그 증가 양상은 직선적이지는 않다. 이 그림과 같이 위로 볼록하게 휘어 있으면, 먹이 수량의 평균값이 같더라도 분산이 적은 쪽이 평균생존율이 높은 것이 되고, 자연선택의 결과 동물은 분산이 작은 행동을 선택하게끔 진화할 것이다. 이것을 위험 회피라 한다.

다소 내려가도 무관한 것이다.

Caraco (1981)는 곡물 등의 종자를 먹는 새가 겨울에 무리를 이루고 있는 것은 위험회피행동으로써의 효과가 있음을 지적했다. 항온 동물인 새는 체온을 유지하기 위해서 다량의 에너지를 소비하지 않으면 안 된다. 이 때문에 주간에 충분한 양의 먹이를 취하지 않으면, 그 밤에 얼어 죽을 위험이 있다. 한편으로는 가끔 다량의 먹이를 만나더라도 모두 먹을 수 없다. 무리에 속해서 모두 함께 먹이를 찾으면 어떤 새가 한 무더기의 먹이를 발견해 주면 스스로도 알 수 있으나, 자기가 발견한 먹이는 독점할 수 없고 다른 개체에게도 이용되어 버린다. 따라서 무리에 참가하면 단독으로 먹이를 찾는 경우에 비해 얻게 되는 먹이양의 평균은 같더라도 분산은 감소하게 된다(단 새가 겨울에 무리형성하는 요인으로는 포식자에 대해서 경계하는 효과가 보다 중요하다고 생각된다). 일반적으로 한 번에 다량의 먹이가 손에 들어오더라도 충분하게 활용되지 않는 상황에서는, 사자와 같이 복수의 개체가 무리를 만들어서 협력하여 먹이를 잡고, 잡은 먹이를 나누는 행동이 유리해진다고 생각된다.

같은 현상으로 인간의 경우에 있어서도, 보험회사는 새의 무리형성과 같은 원리에 따라 경영이 이루어지고 있다. 계약자는 불의의 사고나 병에 걸릴 때 손해가 적게끔 보험에 가입하는 것인데, 이것은 평균적으로는 조금 손해를 보더라도 수익의 변화를 감소시키게끔 노력하는 것이 된다. 보험회사에는 다수의 계약자가 가입하고 있으므로 대수(大數)의 법칙(law of large numbers)에 의해 전체로는 수익의 변화가 적다.

10.6 여러 가지 발전

소나 말과 같이 식물의 잎을 다량으로 먹는 동물은 먹이를 소화하기 위해 대단한 노력을 한다. 소는 위가 네 개의 방으로 나뉘어져 있어서 먹이를 발효시켜 일단 먹은 것을 입으로 되돌려서 씹는 반추를 행하고, 말은 위장에서 발효시킨다. 소화기관의 부피에는 제약이 있으므로 최적의 먹이선택은 먹이를 발견하기 위한 시간뿐만 아니라 소화기관의 부피에도 크게 영향을 받는다. 이외에 먹이가 식물성이므로 에너지 외에 영양의 균형을 잡는 것도 중요하다.

많은 곤충의 유충은 잎을 먹는데, 이때 먹이가 되는 식물은 그들의 어미인, 알을 낳는 암컷이 선택한다. 또 기생자가 숙주에 산란하는 것도 포식자가 먹이를 먹는 것과 같은 면이 있다. 그러나 산란하는 암컷은 알을 생산하는 것 자체가 제약되어 있다. 알을 낳는 암컷이 지니고 있는 알의 수에 의해 산란행동이 변화하는데, 예를 들면 많은 알을 가지고 있는 경우에는 보다 넓은 범위의 숙주를 이용하든지, 또는 하나의 숙주당 많은 알을 낳든지 하는 것이 예측된다. 이 문제는 제12장에서 소개하는 동적계획법으로 해석할 수 있다.

이 장에서는 포식자가 야외환경에 있는 먹이의 질과 입수하기 쉬운 정도에 대해 잘 알고 있는 것으로 가정하여 계산하였다. 그러나 이와 같은 환경매개변수는 시간과 함께 변동하여 국소집단마다 다르므로, 유전적으로 결정된 값을 사용할 수 없고, 장소마다 경험에 따라 다시 추정하는 것이 필요해진다. 이와 같은 학습과정에 대해서는 제13장에서 기술한다.

어떤 장소에서는 영양이 풍부한 먹이가 많이 있다고 해도 거기에는 천적도 있어서 습격을 받아 목숨을 잃을 위험도 높다고 하자. 그러면 포식효율의 크기와 생명의 위험을 비교하는 것이 필요해지는데, 일생을 통한 번식성공도에의 기여를 계산함으로써 이들의 가치를 동일한 척도로 측정할 수 있다. 이와 같은 생활전략의 문제는 다음의 몇 장에서 취급한다.

연습문제 / 추가 참고문헌

연습 10.1 식 (10.1)에서 식 (10.2)를 유도하라.

연습 10.2 먹이가 두 종류인 경우에 $\frac{g_1}{h_1} > \frac{g_2}{h_2}$라 한다. '첫 번째만 먹는 것'과 '양쪽 모두를 먹는 것'의 각각이 보다 높은 장시간 평균포식속도 (10.1)을 가질 조건을 구하라. 또 '두 번째만을 먹는 것'은 최적전략이 되지 않음을 확인하라.

연습 10.3 식 (10.5)를 최대로 하는 해가 식 (10.6)임을, r의 t_i에 대한 편미분을 계산함으로써 밝혀라.

연습 10.4 패치가 한 종류뿐일 때 식 (10.5)는 $r(t) = G(t)/(1/\lambda + t)$가 된다. 최적의 패치 내의 탐사시간은 $G(t)$의 그래프의 가로축상의 점 $(-1/\lambda, 0)$에서 그린 접선의 접점의 좌표와 같음을 확인하라. 다시 패치간의 이동시간 $1/\lambda$이 길어지면 패치에 머무르는 시간이 길어짐을 보여라.

연습 10.5 어떤 동물이 먹이를 찾기 위해 세력권을 가진다고 하자(長谷川・種村, 1986). 그 면적이 x, 먹이의 밀도가 y일 때, 하루에 먹을 수 있는 먹이의 양은

$$B(x) = \frac{ayx}{(1 + hyx)}$$

가 된다. 또 세력권을 방어하기 위한 에너지는 면적에 비례하여 증가해서 $C(x) = cx$이다. 이때 이들의 차 $B(x) - C(x)$를 최대로 하는 세력권의 면적은 얼마인가? 그리하여 먹이의 밀도 y가 증가했을 때 최적인 세력권의 크기는 어떻게 변화하는가? 또 먹이의 밀도가 낮아지거나, 또는 방어 때문에 비용 c가

증가하면 세력권을 방어하는 것이 어려워짐을 확인하라.

연습 10.6 1차 회귀. n쌍의 자료가 $(x_1, y_1), \cdots, (x_n, y_n)$으로 주어져 있다고 하자. 1차식 $y = ax + b$중에서, 이것(n쌍의 자료)에 가장 적합한 것이 다음의 양 V를 최소로 하는 것이라고 하자.

$$V(a, b) = \sum_{i=1}^{n} \{y_i - (ax_i + b)\}^2$$

a와 b를 $\partial V / \partial a = 0$ 및 $\partial V / \partial b = 0$에서 구하라.

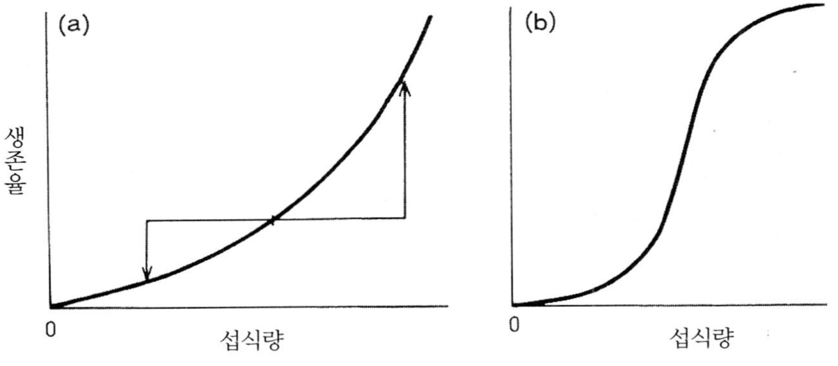

그림 10.7 생존율과 먹이의 수량과의 관계곡선. (a) 생존율이 먹이양에 대해서 밑으로 볼록한 곡선을 그리는 경우. 이때는 먹이수량의 분산이 좋아지게끔 진화한다(위험선호). (b) S자형의 곡선을 그리는 경우 위험을 회피하는가 또는 선호하는가는 먹이의 수준에 의해 변화한다.

연습 10.7 적응도와 포식량의 관계가 그림 10.7a에 있는 것과 같이 밑으로 볼록한 곡선을 가지고 있을 때, 평균적응도가 높은 쪽의 선택지를 취하는 것은, 같은 평균값이면 섭식량의 변화가 큰 쪽을 좋아하는 것임을 확인하라. 이것을 '**위험을 선호한다**'(risk prone)라고 부르며 도박심리를 나타내고 있다. 또 그림 10.7b에 있는 것과 같이 S자 곡선을 그릴 때는, 현재의 먹이의 수준에 응해서 위험을 회피하든지 또는 좋아하든지 하여 변화하는 것이 된다. 실제로 같은 새라도 공복일 때는 평균을 내려서도 변동이 큰 쪽을, 만복(배부름)일 때는 변동이 작은 쪽을 좋아한다는 실험결과가 있다(Caraco 등, 1980). 이것은 다음과 같이 설명된다. 하루가 끝날 때까지 어떤 필요량의 먹이가 얻어지지 않으면 그 밤의 생존율이 급격히 내려가는데, 그것을 초과하여 많이 먹더라도 어쩔 수 없다고 하자. 그러면 현재까지의 포식속도로 그대로 가면 굶어 죽게 될 경우에는, 곡선이 밑으로 볼록하므로 위험을 좋아하는 행동을 취하고, 현재대로 충분한 먹이가 얻어질 경우에는, 곡선이 위로 볼록하므로 위험회피행동을 취하여 안정을 선택하게 된다.

추가 참고문헌: Stephens and Krebs (1986)는 최적포식이론 및 검증실험에 대하여 종합하고 있다. Commons 등 (1986), Kamil 등 (1987)은 최적포식과 학습의 관계에 대하여 상세히 설명하고 있다. 이 장에서 18장까지는 행동생태학이라 부르는 분야에 해당하는데, Krebs and Davies (1987), 伊藤 (1987), 粕谷 (1990), Trivers (1985)는 훌륭한 교과서이다. Krebs and Davies (1991), Sibly and Smith (1985)는 여러 연구자에 의한 편저이다.

제11장 성장과 번식의 전략

적은 수의 큰 알을 낳는가? 작은 알을 많이 낳는가? 식물의 지상부와 지하부의 비율은 어떻게 될까? 번식을 1회에 집중할 것인가 아니면 몇 번이고 반복할 것인가? 이 같은 질문들은 물리적·발생적 제약 하에서 생물이 생장과 성장 및 번식의 양상을 최적화한다는 모델로 설명할 수 있다. 이 장에서는 몇 가지 예를 소개하고 생활사 스케줄에 대한 진화기준에 대해서 설명한다.

11.1 알의 개수와 알의 크기

분류학적으로 가까운 종 사이에서도 알의 수나 크기가 크게 다른 경우가 있다. 예를 들면, 같은 물고기라도 수억 개의 극히 작은 알을 낳는 것에서부터 몇 개의 큰 알을 낳아서 소중하게 기르는 것까지 여러 종류가 있다. 소수의 큰 알을 낳는 것과 다수의 작은 알을 낳는 것은 각각 어떠한 환경조건에서 유리해질 것인가?

한 알의 중량을 x라 하고 알의 수를 y라 하자. 만일 모든 알이 잘 자라면 어미로서는 가능한 많은 알을 낳는 것이 유리할 것이다. 그러나 알이나 종자의 생산에 사용할 수 있는 자원의 양에는 한정이 있으므로 알을 많이 만들면 각각의 알은 극히 작아진다(그림 11.1). 야외의 생물은 생활사의 초기 단계(물고기일 경우는 플랑크톤성일 때, 수목에서는 싹이 텄을 때)에 사망률이 대단히 높은데, 알이나 종자의 크기가 작으면 발육기간이 길어지고 살아남는 자손의 총 수가 적어진다. 그래서 자손의 생존율을 알의 크기 x의 증가함수 $S(x)$로 쓰기로 하면, 살아남는 자손 수의 기대치는

$$\phi = yS(x) \tag{11.1}$$

이다. 여기서, 알을 생산하는데 어미가 사용할 수 있는 자원의 총량을 ρ라고 하면

$$xy = \rho \tag{11.2}$$

이다. 이러한 제약조건하에서 ϕ를 최대로 하는 알의 크기 x와 알의 수 y를 구해보자.

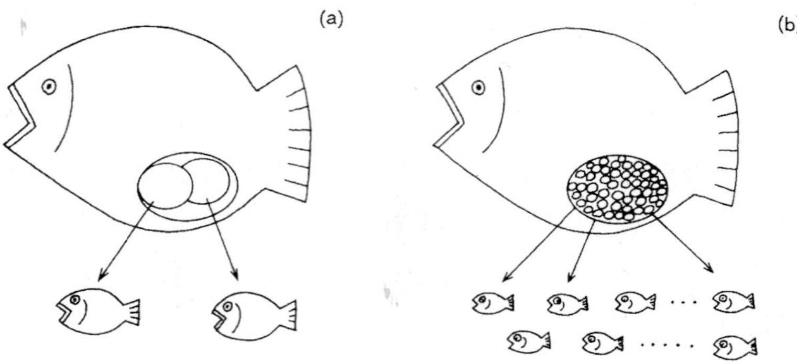

그림 11.1 큰 알을 적은 수만 낳을까? 작은 알을 다수 낳을까하는 문제는 한정된 자원을 크게 나눌 것인가 세밀하게 나눌 것인가에 의존한다.

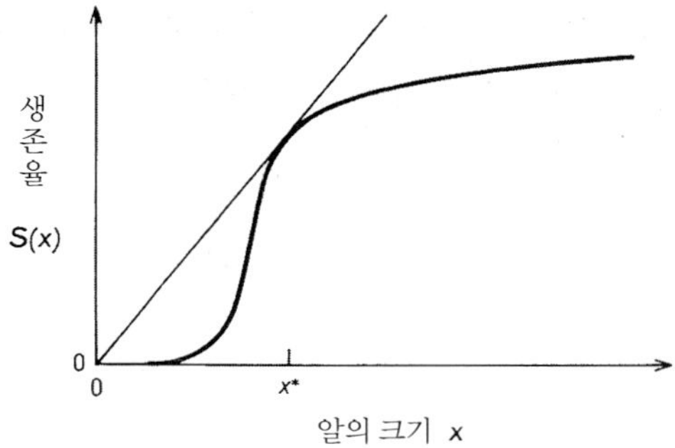

그림 11.2 자손의 생존율 $S(x)$가 알의 크기 x의 S자 곡선이라고 한다. 살아남는 자손의 수를 최대로 하기 위해 어미가 가질 수 있는 최적해 x^*는 원점에서 이 곡선에 그은 접선의 접점의 x좌표와 같다. 이것은 $S(x)/x$가 곡선상의 점과 원점을 연결하는 직선의 기울기인 것에서 알 수 있다.

이 문제를 푸는 데는 식 (11.2)에서 한쪽의 변수를 다른 변수에 의해 $y=\rho/x$로 표시하고, 이것을 식 (11.1)에 대입하여 $\phi=\rho S(x)/x$ 인 1변수함수로 바꾸어 쓴 후, 이것을 최대로 하는 x를 구하면 된다. 생존율과 알의 크기와의 관계를 표시하는 곡선을 생각하면, $S(x)/x$는 이 곡선상의 점과 원점을 이은 선분의 기울기이므로, 이것을 최대로 하는 x^*는 원점에서 곡선에 그은 접선의 접점의 x좌표와 같다(그림 11.2). ϕ를 x로 미분하면, $d\{S(x)/x\}/dx=0$ 에서

$$x^*\frac{dS(x^*)}{dx}=S(x^*) \tag{11.3}$$

가 유도되고, 이것에서 최적의 알의 크기 x^*를 계산할 수 있다.

제약조건이 붙은 최적화문제를 풀기 위해서는 일반적으로 사용되는 유용한 방법이 있으므로, 그것을 위의 문제에 적용해보자. 우선 미지의 상수 λ를 써서, 최대로 할 ϕ와 제약조건 $\rho-xy=0$에서

$$\Phi=yS(x)+\lambda(\rho-xy) \tag{11.4}$$

를 만든다. 이러한 ϕ를 2개의 변수 x와 y의 함수로 하여 최대로 하도록 미분계산을 한다. 우선 각각의 변수에 대한 편미분을 0으로 두어

$$\begin{aligned} 0 &= \frac{\partial \Phi}{\partial x} = y\frac{dS(x)}{dx} - \lambda y \\ 0 &= \frac{\partial \Phi}{\partial y} = S(x) - \lambda x \end{aligned} \tag{11.5}$$

라는 두 개의 식을 얻는다. 이 식에서 λ를 소거하면 최적해가 만족할 식 (11.3)을 유도할 수 있다. 이 상수 λ를 **라그랑지의 승수**라 부른다.

일반적으로 2변수함수 $\phi(x,y)$를 제약조건 $C(x,y)=\rho$하에 최대로 하는 것은(그림 11.3), $\Phi(x,y)=\phi(x,y)+\lambda(\rho-C(x,y))$에 관한 정상조건(편미분계수가 0),

$$\frac{\partial \Phi}{\partial x} = \frac{\partial \phi}{\partial x} - \lambda\frac{\partial C}{\partial x} = 0 \tag{11.6a}$$

$$\frac{\partial \Phi}{\partial y} = \frac{\partial \phi}{\partial y} - \lambda\frac{\partial C}{\partial y} = 0 \tag{11.6b}$$

여기에 제약조건

$$\frac{\partial \Phi}{\partial \lambda} = \rho - C(x,y) = 0 \tag{11.6c}$$

에서 계산할 수 있다(연습 11.1 참조). 즉 제약조건 하에서 최대화문제는 제약조건이 없을 때의 정상조건으로 치환할 수가 있다. 이 제약조건의 ρ를 변화시키면 최적해인 x와 y가 모두 변화하므로 이들을 $x(\rho)$ 및 $y(\rho)$로 쓰자. 이들에 의해 표현되는 (최대의) 평가함수 ϕ의 값도 변화하므로, ρ의 함수로

보고 미분하면

$$\frac{d}{d\rho}\phi(x(\rho), y(\rho)) = \lambda \tag{11.7}$$

라는 식이 성립한다(연습 11.3 참조). 즉 라그랑지 승수 λ의 값은 제약을 약간 느슨하게 하는 것으로, 목적함수의 증가의 정도를 표시하고 있다.

그런데 최적의 알의 크기 x^*는 식 (11.3)에 의해 결정되므로 ρ에는 의존하지 않는다. 어미의 몸이 커서 알 생산에 사용될 수 있는 자원 ρ가 충분히 있더라도 최적의 알의 크기 x^*는 변화하지 않는다. 그 결과 최적 알의 수는 $y^* = \rho/x^*$와 같이 총 자원량에 비례해서 증가하게 된다. 알의 크기 x^*는 생존율과 알의 크기의 함수관계 $S(x)$에 의해 결정되므로, 자손이 먹이를 얻기 어려워서 큰 알에서 깨어난 자손만 생존할 수 있는 환경에서는, 적은 수의 큰 알을 낳는 것이 유리하다(伊藤, 1978).

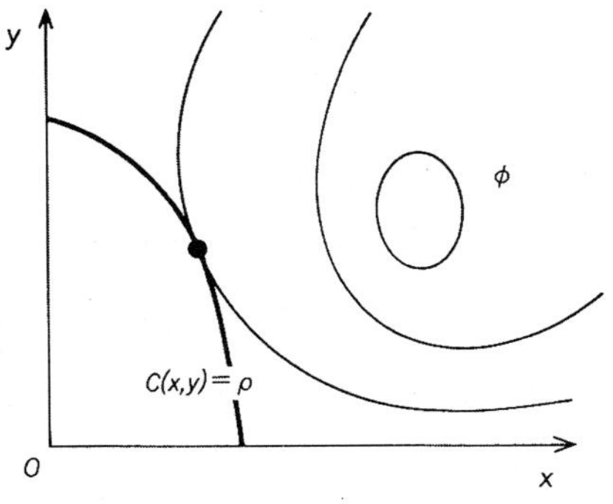

그림 11.3 제약조건하의 최대화. $\phi(x,y)$의 등고선과 제약 곡선 $C(x,y)=\rho$가 그려져 있다. 제약을 만족하는 점 가운데 ϕ를 최대로 하는 점 (그림 속의 검은 점)을 구하는 데는 라그랑지 승수법이 편리하다. 이것은 $\phi(x,y)$와 $C(x,y)$에서 식 (11.4)와 같이 $\Phi(x,y)$를 구성하여 그 함수의 정상조건을 만족하는 점을 구하는 것이다.

실제로도 동물의 알이나 식물 종자의 크기가 어미의 크기와는 거의 독립한 값을 갖는 비교적 안정한 형질적 특성인 것에 비해, 알의 수나 종자 수는 어미의 크기와 더불어 급격하게 증가하는 예는 여러 가지 분류군에서 알려져 있다. 한편, 예를 들어 담수산 줄새우의 알의 크기는 호수나 하천마다 크게 변동하는데, 이것은 자손의 생육환경이 개체군마다 상이하기 때문일 것이다(Nishino, 1980). 그럼에도 불구하고 알에 주는 양분의 더함, 부화까지의 포란(알 품기), 부화한 자손에의 먹이주기 등 여러 가지 방법으로 자손의 보호가 행해지는 동물의 경우, 어미가 알을 낳아서 방치하는 것을 가정한 위의모델이 그대로 적용되지 않는다(상세한 것은 巖佐 (1981)을 참조).

11.2 육상식물의 지상부/지하부의 균형

많은 동물과는 달리, 고착성인 식물은 좋아하는 서식장소를 움직여서 선택할 수가 없다. 그 대신에 생리와 형태를 크게 변화시킴으로써 여러 가지 환경에 적응한다. 이것을 **가소성**(plasticity)이라 한다. 예를 들어 식물을 키우는데 충분한 물을 주면, 잎과 가지 등 지상부는 왕성하게 자라지만 뿌리는 잘 뻗지 못하고 바람에 넘어지기 쉽다. 역으로 영양염류나 물이 부족하고 빛이 강한 장소에서는 지상부는 빈약하나 지하부는 깊은 곳까지 퍼진다. 또 가지치기를 하면 뿌리의 성장이 정지하여 지상부의 크기가 재빨리 회복되고, 뿌리를 제거하면 지상부의 성장이 억제되어 지하부가 회복된다. 이와 같이 식물은 기관의 크기가 그 환경에 있어서의 적응적인 균형을 유지하도록 성장한다(그림 11.4).

환경요인에 대한 이러한 식물의 성장 대응을 **적응전략**이라고 생각해보자. 광합성에 의한 물질생산은 잎에서 행해지고, 줄기와 가지는 잎과 잎이 포개지지 않도록 배치되어 광환경을 개선한다. 그러므로 광합성의 속도는 지상부의 크기와 더불어 증가한다. 한편 뿌리는 수분과 영양염류를 빨아들이는 역할을 하고 있는데, 만일 뿌리의 작업이 불충분하면 수분의 손실을 억제하기 위해 잎의 기공이 닫혀져서 원료인 CO_2가 광합성 조직에 도달하지 않게 되므로 광합성속도가 떨어진다. 따라서 큰 지하부를 가지는 것도

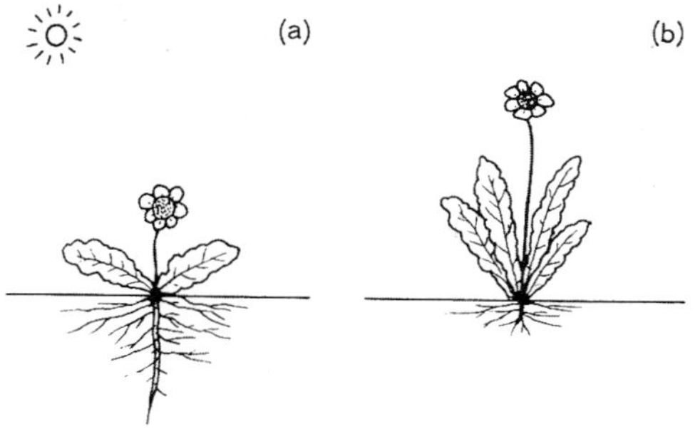

그림 11.4 식물의 지상부와 지하부의 비율은 환경조건에 따라 크게 다르다. (a) 빛이 세고 토양수분이 적으면 지하부가 상대적으로 크고, (b) 어둡고 습기가 많은 환경에서는 지상부가 상대적으로 커진다.

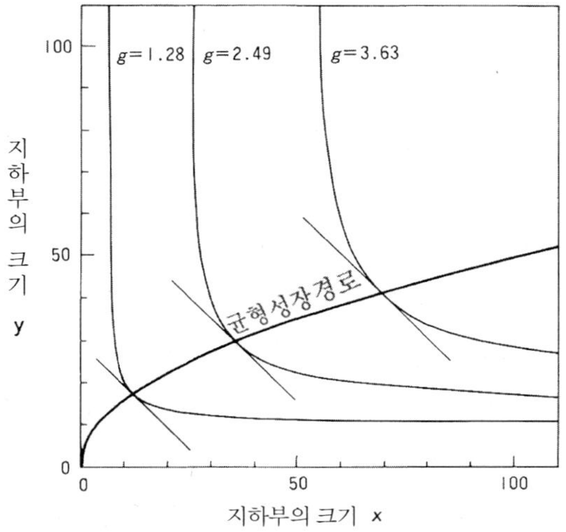

그림 11.5 순광합성을 최대로 하는 지상부와 지하부의 균형. 한 무리의 곡선은 하루당의 순광합성량 $g(x, y)$의 등고선을 표시한다. 전중량이 일정($x+y=$상수)하다는 제약 하에서 $g(x, y)$를 최대로 하는 균형은, 등고선에 그은 기울기가 -1인 접선의 접점에 해당한다(연습 11.4 참조). 이들을 연결한 굵은 곡선에 따라 성장하는 것이 식물의 균형성장경로이다. 이것은 뒤에 제12장 3절에서 설명한다. 식 (11.8)에서 $a=2$, $b=0.5$, $c=60$, $d=2$, $L=1$, $W=1$. Iwasa and Roughgarden (1984)에서.

광합성 속도를 개선하는데 도움을 준다.

광합성에서 얻은 물질에서 호흡에 의한 손실을 뺀, 광합성의 일일순생산 속도를 지상부의 크기 x 와 지하부의 크기 y의 증가함수인 $g(x,y)$로 쓰기로 하자. 여기서 x 와 y 각각에 대해서 증가하여 포화하는 함수로,

$$g(x,y) = \frac{1}{\left\{\dfrac{a}{Lx^b} + \dfrac{c}{Wy^d}\right\}} \tag{11.8}$$

을 선택해보자(Iwasa and Roughgarden, 1984). 여기서 L은 지상부에서 빛의 세기, W는 토양의 함수량을 표시한다. $g(x,y)$의 등고선을 그림 11.5에 표시했다.

그런데 식물의 총중량이 일정한 값을 취하는 $x+y=\rho$라는 조건하에서, 지상부와 지하부가 여러 가지 비율을 갖는 식물을 조사했을 때, 어떤 형이 순광합성 속도를 최대로 할까? 이 문제를 라그랑지 승수법에 의해 풀면

$$[\text{지하부}] \propto [\text{광/토양수분}]^{\frac{1}{(d+1)}}[\text{지상부}]^{\frac{(b+1)}{(d+1)}} \tag{11.9}$$

라는 관계를 만족하는 것을 알 수 있다(연습 11.4 참조). 일정한 환경에서 최적의 비율을 취하면서 식물이 성장해 갈 때는 x와 y는 이 최적균형의 곡선을 따라가게 된다. 이것을 **균형성장경로**라 부르기로 한다. 식 (11.9)가 표시하는 것과 같이, 상이한 기관의 크기의 log값이 선형관계를 만족한다는 상대(相對)성장법칙은 실제의 식물에서도 자주 관찰된다. 또 식물에서는 빛이 강하고 토양성분이 부족한 생육환경에서는 지하부가 상대적으로 큰데, 식 (11.9)는 이것을 식물 제기관의 최적균형의 결과로 설명하

고 있다. 그럼에도 불구하고 각 기관의 크기는 식물이 날마다 광합성에 의해 얻은 물질을 여러 기관에 분배해가는 동적과정을 통해서 형성되는 것이다. 이와 같은 생애를 통한 성장 스케줄의 최적화는 다음 장에서 취급한다.

11.3 일회번식인가 반복번식인가

연어는 하천에서 태어난 후 바다로 내려가서 수 년을 지낸 뒤, 번식하는 해가 되면 자기가 태어난 하천에 돌아와서 많은 알을 낳고 에너지를 소진하여 죽어버린다. 이에 반해 친척격인 송어는 일단 성숙한 후에도 수년에 걸쳐 반복해서 번식에 참가한다. 식물에서는, 종자에서 발아하여 크게 성장한 후 1년째의 말기에 모든 것을 번식에 사용하는 일년생 풀과 고구마 같이 저장기관에 저장해서 겨울을 지내고 여러 해에 걸쳐 번식을 반복하는 것 등과 같은, 다양한 번식 스케줄을 볼 수 있다. 이들은 각각 어떤 조건하에서 유리할 것인가?

이와 같이 상이한 번식 스케줄을 비교하여 어떤 것이 유리한가를 알아내는 데는, 각각의 번식·사망 양식에 따른, 생물이 번식하는 속도를 조사하면 된다. 알기 쉽게 하기 위해 무성생식을 하는 생물이 하나의 집단 내에서 상이한 스케줄을 가지는 다수의 유형이 경쟁하는 경우를 생각해보자. 긴 시간이 지나면 유형마다 각각의 안정연령분포에 도달하여 밀도가 시간 t와 더불어 지수증가하게 된다(제5장 참조). 이때의 지수증식 속도는, 각각의 유형의 번식 스케줄에 의해 계산된 맬서스 계수와 같다. 이산시간의 연령분포 모델에서는, 식 (5.4)에서 $\lambda = e^r$로 둔 경우,

$$1 = \sum_{x=0}^{w} e^{-r(x+1)} l_x m_x \tag{11.10}$$

의 근 r이 그 계수이다. '연속시간모델에서는 이 식의 합이 시간적분으로 변하고, 제6장의 식 (6.5)를 만족하는 근 r이다'. 그리하여 자연선택의 산물인 현재의 생물에서는 최대의 맬서스 계수를 실현하는 번식 스케줄을 가지는 유형만이 남아 있다고 생각하는 것이다.

한 예로서, 일 년째부터 성숙하여, 매년 같은 비율로 죽을 때까지 번식을 계속하는 생물을 생각해보자. 암컷 한 마리에서 태어난 자손의 수가 N이고, 그 반이 암컷이고 그중 다음 해까지 살아남는 비율(자손생존율)이 q이면, $m_0 = m_1 = \cdots = qN/2$ 이다. 성체의 연간 생존율은 같아서 $p_0 = p_1 = \cdots = p$라 하자. 맬서스 계수 r은

$$1 = \sum_{i=0}^{\infty} e^{-r(i+1)} p^i q \frac{N}{2} = q \frac{N}{\left[2e^r\left(1 - \frac{p}{e^r}\right)\right]} \tag{11.11}$$

의 실근이므로 $r = \log(qN/2 + p)$이다.

여기서 최초의 번식 때에 모든 성체가 죽는 유형($p = 0$)과 성체가 살아남아서 반복해서 번식을 하는 유형($p > 0$)을 비교하여, 전자가 후자에 비해 자손의 수 N이 많다고 가정한다. 이들의 맬서스 계수 r을 비교해보면, 자손의 수 N의 차가 $2p/q$를 초과하면 1회 번식이 유리함을 알 수 있다. 만일 유체의 생존율과 성체의 생존율이 크게 다르지 않는($p = q$)다고 하면, 큰 나무나 물고기 등의 성체가 스스로 살아남는 것을 단념하고, 대신에 생산하는 자손(도토리나 알)의 수를 한 2, 3개라도 증가시키는 것 등은 극히 쉬운 일이므로, 성체가 왜 살아남아서 여러 번 번식하는가가 이상하게 생각된다

(Cole의 paradox). 그러나 바다동물의 플랑크톤 시기나 수목의 종자에서 묘목까지의 시기 등, 생활사 초기의 사망률은 성체에 비해 극히 높은 것이 보통이므로, 성체와 유체의 연간 생존율의 비 p/q가 대단히 큰 수가 되어 성체의 생존을 보증하는 쪽이 유리한 경우도 나온다. 이와 같이 주어진 상황에 대응해서 어떤 생물 종에서는 1회 번식이, 다른 종에서는 다수 번식이 유리하게 되어 각각 진화해 온 것이라 생각된다.

11.4 왜 맬서스 계수가 진화의 기준으로 사용되는가

맬서스 계수를 적응도로 이용할 경우에 주의해야 할 점을 두 가지 들어보자. 첫째의 의문은 어떤 암컷 개체에서 태어난 자손이 모두 어미와 동일한 생활사 유형을 가진다는 가정으로, 이것은 무성생식을 하는 생물에만 해당된다. 유성생식을 하는 2배체 생물의 집단에서는 각각의 개체는 부모에게서 받은 두 쌍의 유전자를 갖는다. 예를 들면 AA 유형의 생물이 전체를 점하고 있는 집단에 생존율, 출산율 등이 근소하게 다른 Aa나 aa 유형이 침입해서 증가하여 결국은 모두 aa 유형이 되었다고 하자. 그 결과인 번식 스케줄이 원래의 것과 다르면 생활사가 진화했다고 할 수 있다. 진화적으로 안정한, 즉 긴 진화의 결과로서 최종적으로 형성되는 생활사가, 그 유형 집단의 대부분을 점유하고 있으면 그 외에 생활사를 가지는 변이 유형이 증가할 수 없다는 것을 나타내고 있다. 구체적으로 AA 유형이 점유하는 집단에 Aa 유형이 침입했을 때 대립유전자(allele) a의 빈도가 증가하는지 여부를 생각해보면, Aa를 가지는 암컷이 낳는 자손에는 Aa 유형뿐만 아니고 AA와 aa도 출현하고, 역으로 AA의 암컷이 Aa의 수컷과 교미하여 Aa 유형의 자손을 낳는 수도 있다. 즉 어떤 유형의 암컷의 자손이 모두 어미와 같은 유형이라는 앞 절의 가정은 허용되지 않고, 더 이상 수컷의 존재는 무시될 수 없다.

그래서 x세의 수컷이 집단속의 암컷을 수정시킴으로써 생겨나는 자손의 수의 평균값을 수컷의 번식능력이라고 생각한다. 이때 각 연령의 번식능력을 m_x로 하여 수컷과 암컷의 것을 따로따로 생각하고, 그 위에 어떤 연령의 암컷이 어떤 수컷과 교미하는가를 정확히 계산하는 것이 필요해진다. 다행스럽게도, 만일 암컷과 수컷의 연령별 출산율이 비례하고 임의교배를 가정할 수 있으면, 앞 절의 무성생물의 생활사 진화에 관한 결과가 거의 그대로 성립하는 것으로 알려져 있다. 예를 들면 Aa가 AA의 집단속에서 증가하는지 여부는 Aa 유형의 l_x와 m_x에 의해 계산한 생활사의 맬서스 계수가, AA 유형의 l_x와 m_x를 이용하여 계산한 맬서스 계수와 비교해서 큰지 아닌지에 따라 결정되는 것이다. '이 결과는 Norton (1928)에 의해 얻어졌고, Charlesworth (1980)에 의해 상세히 검토되었다. 연속시간 모델에 관해서는 Roughgarden (1979)이 알기 쉽게 설명하고 있다'. 이 결과 교미나 짝짓기시스템에 있어서, 암수의 기능상의 차이에 의한 형질에는 주의가 필요하나, 그 외의 여러 측면인 각각의 유전자형이 가지는 연령별 생존율, 출산율에서 계산한 맬서스 계수의 유전자형 적응도와 같이 세대가 겹치지 않는 시스템을 의논해도 상관없다. 이와 같이 하여 맬서스 계수가 보다 큰 유형이 자연선택으로 선택되어 퍼진다고 결론지을 수 있다.

또 하나 의문은, 생존율과 출산율이 개체군의 밀도에 영향을 받지 않는 것처럼 논의해 온 것이다. 이 가정 아래에서, 개체수는 시간에 대해 지수함수적으로 증가(또는 감소)해 버린다. 그러나 실제로는 밀도가 높아지면 환경의 악화나 자원의 고갈, 노폐물의 축적 등에 의해 생존율과 출산율이 감소하여 개체수가 조절된다. 이 때문에 어떠한 생활사 유형이라 하더라도,

집단의 전체를 점하고 있으면 평형상태에서는 맬서스 계수 r이 반드시 0이 (유한 증가율 λ는 1이) 된다. 생활사의 차를 비교하여 적응도를 평가하기 위해서는, 각각의 유형이 점하는 집단전체의 증가율이 아니라, 동일 집단에 상이한 유형이 혼합되어 있을 때, 각각의 유형의 증가율을 비교하는 것이 필요하다. 이 목적에는 역시 맬서스 계수가 필요하다.

다음과 같이 생각해보자. s^*라는 유형만의 집단을 생각하여, 그 밀도가 개체군동태의 평형상태에 도달해 있다고 하자. 거기에 극히 적은 돌연변이 유형 s가 혼합해 올 때는 이것이 증가할 수 있는지 여부를 계산해야한다. s 유형은 극히 근소하므로 이것에 의한 환경의 변화는 무시할 수 있다. 이 때문에 그 동태는 일정환경에서 연령구조의 어떤 개체군모델(제5장)에 의해 기술되고, 증감이 맬서스 계수 r의 부호로 판정될 수 있다. s^* 유형이 타의 침입을 허락하지 않고 진화적으로 안정한 것은, 돌연변이 s유형의 생활사에서 계산한 맬서스 계수 r이 음인 것에 대응한다. 한편 대부분을 점유하고 있는 s^* 유형은 정상상태에 있으므로, 그의 생활사에 관한 맬서스 계수는 반드시 0이 될 것이다. 이상에서 어떤 유형이 진화의 최종결과이면, 그 형만으로 구성되는 집단의 평형상태에서 만들어지는 환경에 있어서, 다른 어떤 돌연변이 유형보다도 맬서스 계수가 크다고 결론지을 수 있다.

11.5 노화의 진화

앞의 일회번식인가 여러회번식인가의 논의에서는, 어떤 해에 생산하는 자손의 수를 증가시키는 것은 다음 해 이후의 성체의 생존과 성장을 위해서 저장한 물질이나 에너지를 희생함으로써 비로소 가능하였다. 바꾸어 말하면 생존율과 출산율 가운데 어느 것을 개선하게끔 진화하는가가 문제가 되고 있다. 이와 같이 한쪽을 유리하게 하면 다른 면은 필연적으로 불리해진다는 것은, **상반관계**라 하여, 알의 수와 알의 크기의 모델이나 식물의 지상부와 지하부의 크기의 모델에서도 표현되고 있다. 한정된 물질을 한쪽의 과정에 사용하면 다른 쪽에는 쓸 수 없다는 생리학적인 원인에 의해 야기되는 것 이외에, 하루의 활동시간이 제한되어 있어 먹이 찾기, 세력권 방어, 배우 상대의 탐색 등 다른 목적의 활동이 경쟁하거나, 먹이 찾기 활동에 스스로가 포식자에 발견될 위험의 수반, 빠른 성장과 높은 번식능력을 달성하기 위해서 생존율 감소의 각오 등 생태적 제약에 의한 상반관계도 있다.

여러 연령의 출산율과 생존율 사이에 상반관계가 있을 때 진화해야할 생활사를 알기 위해서는, 각각의 맬서스 계수에의 공헌도를 아는 것이 중요하다. 이것에는 제5장에서 도출한 감도의 식 (5.10a)를 쓸 수 있다. 한 예로서, 노화의 진화에 관한 설명을 들어보자. 노화란 1년당 사망률이 연령과 더불어 증가하는 것으로 표시된다. 이와 같은 진화의 양상에 대한 한 설명은, 상이한 연령에 있어서의 생존율의 효과를 비교함으로써 도출되어진다. 식 (5.10a)에 의하면 젊은 연령에서 생존율 쪽이 적응도의 영향이 크고, 번식 연령을 지나서는 생존율이 개선되어도 적응도에는 거의 공헌을 하지 않는다. 그러므로 어떤 사망 요인이 발현하는 시기를 고령 쪽으로 가게 하는 변경 유전인자가 출현하면, 이것은 자연선택에 의해서 집단 속으로 퍼진다. 그 결과로 형성되는 생활사 양상으로 고령이 되면 몸의 기능에 여러 가지 장애가 나타나게 된다(Hamilton, 1966). 제2의 설명은 출산율과 생존율의 상반관계를 생각하는 것이다. 예를 들면 k세의 생존율과 출산율에 대한 맬서스 계수의 감도의 비는, 식 (5.10)에 의해

$$(\frac{\partial \lambda}{\partial p_k})/(\frac{\partial \lambda}{\partial m_k}) = \frac{v_{k+1}}{v_0}$$

이고, $k+1$세의 번식치에 비례하고 있다. 번식치는 노령이 되면 감소하므로 생존하여 장래의 번식을 기대할 수 없게 되고, 현재의 시점에서 달성되는 번식이 중요해진다. 실제로 많은 다년생의 동식물에서는, 개체가 획득한 자원 가운데 번식에 사용되는 비율(번식 노력이라 한다)이 연령과 더불어 증가하는 경우가 많다. 노화 진화의 설명으로는 이들 상반관계에 기인하는 것 외에, 유해한 돌연변이가 끊임없이 생기고 있어서 자연선택이 변위 개체를 계속 제거하고 있으나, 노령의 생존율에 작용하는 자연선택의 힘이 약하기 때문에 제대로 제거할 수 없는 것, 자원이용의 효율을 생각하는 것, 병원체나 기생자에 의한 조작을 생각하는 것 등 여러 가지의 생각이 있다 (Rose, 1985; Sasaki (佐々木, 1989).

예를 들면, 상반관계는 어떤 연령의 출산율을 억제하면 그 후의 연령에서 생존율과 출산율이 어떻게 증가하는가 하는 함수관계로서 표시되는 일이 있으나, 진화해야할 생활사의 형은 그 함수의 기울기와 곡률 등 상세한 점에 좌우되는 일이 많다. 이 때문에 생활사의 진화에 대해서 반증 가능한 예측을 유도하려고 하면, 상반관계를 일으키는 메커니즘으로까지 파고들어서 모델로 고려할 필요가 있다. 이와 같은 예를 다음 장에서 소개한다.

11.6 생애의 번식성공도

맬서스 계수 r은 각 연령의 생존율과 출산율의 증가함수이고, 생활사 스케줄을 정리하는 변수로 되어 있다. 이것은 식 (11.10)에 의해 음함수로 정의되어 있으므로 수학적으로 취급하기는 어렵다. 보다 직관적이고 알기 쉬운 것으로, 갓 태어난 한 개체가 일생동안 생산하는 다음 세대의 평균수

$$R_0 = \sum_{x=0}^{\infty} p_0 \cdots p_{x-1} m_x = \sum_{x=0}^{\infty} l_x m_x \tag{11.12}$$

가 있는데, 이것을 **순번식율**(net reproductive rate)이라 부른다. 이것을 생활사 스케줄 비교에 사용할 수는 없을까? 간단한 예로, 1년 만에 2개체의 암컷(약간의 수컷)을 생산하고 죽어 버리는 유형과, 2년째에 3개체의 암컷을 생산하고 죽는 유형을 비교해 보면 된다. 후자가 번식할 때쯤에는 전자의 자손이 이미 성숙하여 번식을 하고 있다. 그 때문에 일생동안 낳은 자손의 수를 식 (11.12)로 측정하면 후자 쪽이 크지만, 집단의 증가율에서는 전자 쪽에 지게 된다. 이와 같이 식 (11.12)에는 상이한 시점에서 행해지는 번식의 효과에 차이가 있는 것이 고려되지 않았다는 결점이 있다. 이것을 보정하기 위해서는, 집단의 크기가 급격히 증가하고 있을 때는 늦게 이루어진 번식의 가치를 1년당 증가율 e^r로 나눌 필요가 있다.

$$f(s,r) = \sum_{x=0}^{\infty} p_0(s) \cdots p_{x-1}(s) m_x(s) e^{-r(x+1)} \tag{11.13}$$

여기서는 각 연령의 생존율 $p_x(s)$와 출산율 $m_x(s)$가 전략 s에 좌우됨을 명시한다. 식 (11.13)은 바로 0세에서 피셔의 번식치의 모습을 하고 있다 '식 (5.6)에서 $x=0$으로 해보라'. 실은 맬서스 계수 r을 최대로 하는 것과 늦게 생산되는 자손의 가치를 나눈 일생의 번식성공도 (11.13)을 최대로 하는 것은 수학적으로 등가임을 증명할 수 있으므로(연습 11.7 참조) 이것을 정리로 분류해 둔다.

생활사 전략의 기본정리

s^*는 맬서스 계수 $r(s)$를 최대로 하는 전략이라고 하자. 이때 $r^* = r(s^*)$로 두면 $f(s, r^*)$는 s의 함수이고 s^* 때 최대가 된다. 역으로, s^*가 함수 $f(s, r^*)$를 최대로 하면 그것은 맬서스 계수 $r(s)$를 최대로 하는 것이다.

식 (11.13)은 각 연령에서 행해진 번식의 합의 형을 하고 있으나, 이것을 최대로 하는 문제는 공학 등에서 개발되어 온 최적제어 이론에 의해 용이하게 취급할 수 있다.

더 나아가 출산율과 생존율 등이 밀도의 영향을 받으면, 비교해야할 최적 유형이 전체를 점하는 평형상태에서는 $r^* = 0$이 성립하고, 진화적 안정조건에서 최대가 될 0세의 피셔의 번식치 $f(s, r^*)$는 일생의 번식성공도 $R_0 = f(s, 0)$과 같다. 즉 어떤 생활사 유형이 진화의 결과에 도달한 것이면, 그것이 전체를 차지하여 개체군동태가 평형에 도달한 환경에 있어서, 1개체가 일생동안에 생산하는 차세대의 평균수가 기타의 돌연변이 유형에 비해서 크다. 다음 장에서는 이 기준에 입각하여 진화해야할 생활사 스케줄을 계산해보자.

연습문제 / 추가 참고문헌

연습 11.1 라그랑지 승수법. $\phi(x,y)$를 $C(x,y)=\rho$인 구속조건하에서 최대로 하는 것은, $\Phi(x,y)=\phi(x,y)+\lambda[\rho-C(x,y)]$에 관한 정상조건 $\partial\Phi/\partial x=\partial\Phi/\partial y=0$에서 계산할 수 있음을 다음 차례로 증명하라.

(1) 우선 $C(x,y)=\rho$를 y에 대해서 풀어서 $y=Y(x,\rho)$가 되었다고 하면 $C(x,\ Y(x,\rho))=\rho$가 성립한다.

(2) 다음, 이 식을 x에 대하여 편미분하여 $\partial C/\partial x+(\partial C/\partial y)(\partial Y/\partial x)=0$을 도출한다.

(3) 한편, $\phi(x,\ Y(x,\rho))$가 최대가 된다는 조건에서, 이것을 x로 편미분하여 0으로 두면 $\partial\phi/\partial x+(\partial\phi/\partial y)(\partial Y/\partial x)=0$이 얻어진다.

(4) 양변에서 $(\partial\phi/\partial x)/(\partial C/\partial x)=(\partial\phi/\partial y)/(\partial C/\partial y)$가 얻어지고, 이것을 λ로 두면 $\Phi(x,y)$에 관한 정상조건 $\partial\Phi/\partial x=\partial\Phi/\partial y=0$과 같은 식이 얻어진다.

연습 11.2 위 문제에서 원래의 최대 해가 $\Phi(x,y)$의 국소 최대를 갖게 한다고는 할 수 없음에 주의하라. 예를 들면, $\phi=xy$를 $C=x+y=1$인 조건하에 최대화할 때, 해는 $(x,y)=(1/2,1/2)$이고 $\lambda=1/2$인데, 이 점은 함수 $\Phi=xy+(1/2)(1-x-y)$의 정상치(편미분이 0인 점)이나 극대도 극소도 아니다. 이것을 확인하라.

연습 11.3 라그랑지 승수의 의미. 구속조건 $C(x,y)=\rho$의 우변의 값 ρ를 변화시키면 최적해 x,y도 변화하고 그 결과, 그것들에 의해서 실현되는 (최대의)목적함수 ϕ의 값도 변화한다. 이것을 ρ의 함수로 하여 미분을 구하면, 그것이 λ와 같게 된다. 이 사실을 다음과 같이 해서 증명하라.

(1) 최적해 $x(\rho)$와 $y(\rho)$를 매개변수 ρ의 함수로 보고, $C(x(\rho), y(\rho)) = \rho$를 ρ로 미분하면 $(\partial C/\partial x)(dx/d\rho) + (\partial C/\partial y)(dy/d\rho) = 1$이 얻어진다.

(2) 라그랑지의 방법에 의하면 $\partial\phi/\partial x = \lambda\partial C/\partial x$, $\partial\phi/\partial y = \lambda\partial C/\partial y$가 얻어진다(연습 11.1). 이것을 써서 앞 식의 양변에 λ를 곱한 식을 바꾸어 쓰면 $(\partial\phi/\partial x)(dx/d\rho) + (\partial\phi/\partial y)(dy/d\rho) = \lambda$가 얻어진다.

(3) 이 식의 좌변은 $\phi(x(\rho), y(\rho))$를 ρ로 미분한 것과 같다. 이와 같이 하여 본문의 식 (11.7)이 도출 되었다.

연습 11.4 지상부와 지하부의 균형. 순광합성속도 $g(x, y)$를 $x + y = \rho$라는 조건 하에 최대로 하는 지상부와 지하부의 비율을 구하면, $\partial g/\partial x = \partial g/\partial y$를 만족하는 것임을 보여라. 다음 $g(x, y)$가 식 (11.8)로 주어질 때, 이 식으로 표시되는 곡선을 구하여 식 (11.9)와 같이 되어 있음을 확인하라. 이것은 총량 ρ를 여러 가지로 바꿀 때의 지상부와 지하부의 크기가 그리는 곡선을 표시하고 있다. Iwasa and Roughgarden (1984)은 **균형성장경로**라 불렀다.

연습 11.5 잎으로의 질소의 배분. 육상식물의 잎에 있는 질소의 상당량이 광합성효소로서 존재하고 있고, 빛이 충분히 주어질 때 잎의 광합성속도는 함유 질소량에 비례하는 것으로 알려져 있다(Field, 1983). 그래서 한 장의 잎의 광합성속도를 빛의 세기 L과 질소의 양 x 의 증가함수로서,

$$f(L, x) = \frac{aLx}{(bx + L)}$$

로 가정한다. 식물이 총량 $N = \sum_{i=1}^{n} x_i$ 인 질소를 n장의 잎에 분배하여 전체의 광합성속도

$$\phi = \sum_{i=1}^{n} f(x_i, L_i)$$

를 최대로 한다고 하면, 어떠한 분배가 바람직한가? 여기서 L_i 는 i 번째의 잎에

서 빛의 세기, x_i는 i번째 잎의 질소량을 표시한다. 라그랑지 승수법을 써서 최적해는 $x_i = NL_i / \sum_{j=1}^{n} L_j$ 임을 밝혀라. 이 해는 각각의 잎에 쪼이는 빛에 비례하여 질소를 배분하는 것이 좋다는 것을 표시한다.

연습 11.6 제6장에서 소개한 연속시간모델에서 $m(x) = m_0 x$ 및 $u(x) = u_0$인 경우에 대해서, 맬서스 계수는 식 (6.5)에서 적분에 의해

$$r = \sqrt{m_0} - u_0$$

로 계산된다. 여기서 출산율 m_0가 커지면 사망률 u_0도 필연적으로 커진다는 상반관계 $u_0 = a + bm_0$가 있다고 하고, 이 제약 하에서 r을 최대로 하는 생활사를 구하면, $m_0 = 1/4b^2$, $u_0 = a + 1/4b$ 인 것을 보여라(Roughgarden, 1979).

연습 11.7 생활사 진화의 기본정리를 다음의 차례로 증명하라.

(1) 우선 유형 s에 대한 맬서스 계수 r은 $1 = f(s, r)$의 해임을 확인하라.

(2) 다음에 $f(s, r)$은 r에 대해서 단조감소함수임을 보여라.

(3) 맬서스 계수를 어떤 함수로 하여 $r(s)$라 쓰기로 한다. 그러면 s와 s^*에 대해서, $r(s) < r(s^*)$일 때는 $f(s, r(s^*)) < f(s, r(s))$ $= 1 = f(s^*, r(s^*))$이고, 그 역도 성립한다.

(4) 따라서 s^*가 맬서스 계수 $r(s)$를 최대로 하는 것이라는 것과, $f(s, r(s^*))$를 최대로하는 s라는 것은 등가이다. 이 정리는 Taylor 등 (1974)과 Leon (1976)에 의해 증명되었다.

추가 참고문헌: Kitahara 등 (1987)과 Hiyama 등 (1988)은 수산자원학에서 최적화에 기초한 생활사 모델을 유효하게 사용한 예이다. 조건부 최적화는 Intriligator (1971)가 알기 쉽게 되어있다. Hirose and Kachi (1982)는 맬서스 계수를 써서 2년생 풀의 진화를 해석했다.

제12장 스케줄의 동적 최적화

일회번식과 수회번식의 차이 등 생활사 전략 외에, 일 년 중에 식물이 잎을 전개한다든지 꽃을 피운다든지 하는 계절성, 하루 동안의 생활 시간대, 또는 벌의 산란숙주선택 등, 다양한 시간 스케줄의 문제가, 스케줄을 선택하는 동적최적화 문제로서 수식화된다. 이들은 제어공학에서 전개된 두 개의 기법(최대원리와 동적계획법)을 사용해서 해석할 수 있다. 이 장에서는 식물의 성장과 번식의 스케줄을 예로 들어 그 기법들의 생물학적 의의를 직관적으로 설명한다.

12.1 일년생식물의 개화의 시기

식물은 매일 광합성에 의해 얻은 물질을 잎, 뿌리, 줄기, 꽃 및 과실 등의 기관에 분배하면서 성장과 번식을 한다. 야외에는 다양한 성장번식의 스케줄을 갖는 식물들이 서식하고 있는데, 이들은 어떠한 환경에서 적응하는 것일까?

가장 간단한 예로서, 우선 일년생 풀에 대해서 생각해보자. 전형적인 것은, 봄에 종자에서 발아하여 잎을 전개하고, 그 후 광합성을 하면서 점차로 성장하여 가을에는 꽃을 피우고 열매를 맺어서 종자를 남기는 생활을 하고 있다. 광합성의 속도는 잎, 가지 및 뿌리 등의 영양기관의 크기와 더불어 증가한다. 그렇다고 해서 언제까지나 영양기관은 성장만을 계속할 수는 없다. 이들은 생육기간의 말기에는 없어지기 때문이다. 스스로 종자를 만들든지, 꽃을 피워서 타 개체에 수분(꽃가루받이)시켜, 타 개체가 만드는 종자의 애비가 된다든지 하는 번식의 성과만이 다음 세대에 기여할 수 있다. 그렇다면, 광합성에 의해서 얻은 물질을 번식활동과 영양기관성장 사이에 어떠한 스케줄로 분배하는 것이 효과적일까?

영양기관의 크기를 x로 하고, 순광합성의 속도 $g(x)$는 x와 더불어 증가한다고 하자. 얻어진 물질은 u 대 $1-u$인 비율로 번식활동과 영양성장에 분배되고, 그 분배 비율은 일반적으로 시간 t에 의해 변화한다고 하자. t까지 행해진 번식활동(꽃과 과실을 생산하고 유지하는)의 총량을 $y(t)$라고 하면

$$\frac{dx}{dt} = (1-u(t))g(x) \tag{12.1a}$$

$$\frac{dy}{dt} = u(t)g(x) \tag{12.1b}$$

가 된다. 생육기간의 초기에는, 종자에 저장되어 있던 자원으로 잎과 뿌리를 만들므로 $x(0) = x_0$, $y(0) = 0$이다. 생육기간의 길이 T는, 물리적 환경에 의해 정해져 있다고 하면, 여러 가지 성장스케줄을 생각할 수 있다. 예를 들면, 우선 약간의 꽃을 피우고 나서 잎과 뿌리를 펼치고 마지막에 열매를 맺는 것, 영양기관을 성장시키고 나서 최후에 번식을 행하는 것, 또는 거의 일정한 비율로 영양기관과 번식기관에 투자를 계속하는 것 등이 있다. 이들은 분배율을 시간의 함수로, $0 \leqq u(t) \leqq 1$의 범위에서 변화시킴으로써 표

현할 수 있다. 그러면 일 년 동안의 번식활동의 총량을 최대로 하는 가장 효율이 좋은 성장전략은 어떠한 것일까?

$$\phi = y(T) \rightarrow \text{최대} \tag{12.2}$$

이와 같은 문제를 정식화하려면, 제어이론의 기법을 사용하여 풀 수 있다. 도출 방법은 뒤로 미루고 우선 결과를 말하면, 최적성장 스케줄은 성장기의 전반에는 영양성장에 철저하여 번식활동을 하지 않고, 어느 시점 $t = t_s$ 에서 번식성장으로 바꾸어, 이후에는 광합성 산물의 모두를 꽃이나 열매 등의 번식활동에 사용하는 것이다(그림 12.1). 이 결과를 인정하면, 최적의 전환시점 t_s를 구하는 것은 쉽다. 예를 들면, 광합성속도가 영양기관의 크기에 비례하여 $g(x) = fx$ 라고 쓸 수 있는 경우에는 $t_s = T - 1/f$ 임을 알 수 있다(연습 12.1 참조). f 는 영양기관의 단위중량당 순광합성속도를 표시하고, 영양성장기의 상대성장속도(relative growth rate, RGR)에 대응한다.

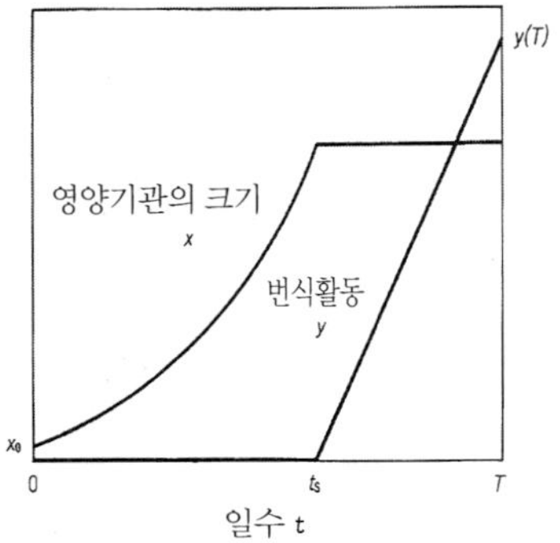

그림 12.1 일년생 풀의 성장. 광합성에 의해 얻어진 물질은, 잎과 뿌리 등의 영양기관의 성장과 꽃과 과실 등의 번식활동에 분배된다. x는 영양기관의 크기, y는 번식활동의 누적치를 표시하고, 가로축 t는 시간을 표시한다. 생육기간은 0에서 T까지다. 분배의 스케줄 가운데 전 기간에서 번식활동의 총량 $y(T)$를 최대로 하는 최적성장전략은 어떤 시각 t_s에서 영양성장에서 번식성장으로 옮겨가는 것이다.

위의 결과에 의하면, 빛·영양염류·물 등의 자원이 충분히 얻어지는 생산적 환경에서는 f가 커서, 이때는 생육기간의 늦게까지 잎을 계속 만들어 큰 영양기관을 가지는 것이 효율적이다. 역으로 어두운 숲 바닥이나 영양염류가 부족한 환경에서는, 생산속도가 낮으므로 빠른 시간에 번식성장에 들어 갈 필요가 있다. 이들의 예측은 야외에서 관찰된 양상과도 잘 일치한다.

12.2 폰트리아긴(Pontryagin)의 최대원리: 한계가치의 역학계

식 (12.1)과 식 (12.2)와 같이 주어진 동적최적화 문제는, 폰트리아긴의 최대원리를 사용하여 다음과 같은 순서로 풀 수가 있다. 우선 미분방정식 (12.1)의 두 변수 x와 y에 대응하는 두 개의 보조변수 $\lambda_x(t)$와 $\lambda_y(t)$를 시간 t의 함수라 생각한다. 이들을 사용하여 해밀토니안(Hamiltonian)이라고 하는 다음과 같은 함수를 생각한다.

$$H(x, y, \lambda_x, \lambda_y, u) = \lambda_x(1-u)g(x) + \lambda_y u g(x) \tag{12-3}$$

이것은 식 (12.1a)와 식 (12.b)로 주어지는 x와 y의 증가속도에 대응하는 보조변수 λ_x 및 λ_y를 곱해서 합한 것이다. 보조변수는 다음 미분방정식을 만족한다.

$$\frac{d\lambda_x}{dt} = -\frac{\partial H}{\partial x} = -\{\lambda_x(1-u) + \lambda_y u\}\frac{dg}{dx} \tag{12.4a}$$

$$\frac{d\lambda_y}{dt} = -\frac{\partial H}{\partial y} = 0 \tag{12.4b}$$

여기서 편미분은 다른 변수와 보조변수 및 제어변수 u를 모두 일정하다고 보고 미분하는 것이다. 그리고 마지막 시각에서 값이 다음과 같이 주어진다.

$$\lambda_x(T) = 0, \quad \lambda_y(T) = 1 \tag{12.5}$$

이들을 풀어서 계산된 보조변수의 값을 이용하면, 식물의 최적전략 $u^*(t)$는 해밀토니안 (12.3)의 값을 생육기간의 각각의 시점 t에서 최대로 하는 것이다.

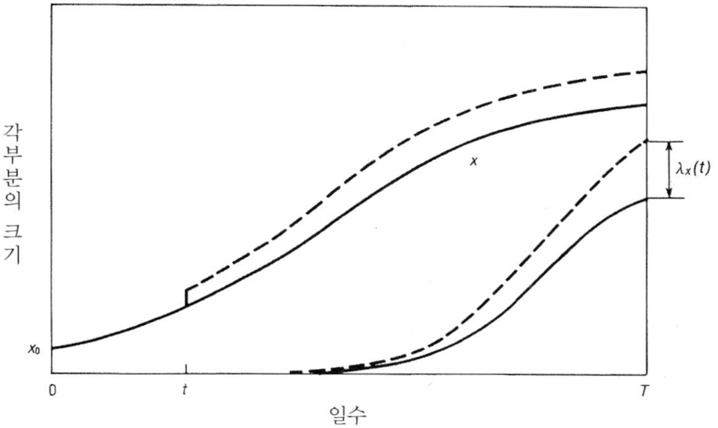

그림 12.2 한계치. 어떤 시점 t에서 영양기관의 크기(예를 들면 잎의 면적) $x(t)$를 단위량만큼 증가시킴으로써, 그 후의 광합성속도의 개선을 통해서 최종적으로 번식성공 $y(T)$가 증가하는 양이, 영양기관 크기의 한계치 $\lambda_x(t)$이다. 이것은 증가가 생긴 시점 t와 함께 단조롭게 감소한다. 폰트리아긴의 최대원리는, 각각의 변수의 한계치를 생각하고, 이들의 시간변화를 나타내는 역학계를 풀어서 최적해를 구하는 방법이다.

$$H(x, y, \lambda_x, \lambda_y, u^*) \geq H(x, y, \lambda_x, \lambda_y, u) \tag{12.6}$$

이상의 관계에서 최적성장 스케줄을 구할 수 있는데, 이 계산의 직관적인 의미에 대해서 설명해보자. 우선 영양기관 크기의 한계치를 생각해보자. 어떤 궤적을 그리면서 최적성장을 하고 있는 식물에 대해서, 생육기간 도중의 시점 t에서 영양기관의 크기(구체적으로는 잎의 면적) $x(t)$가 약간 증가했다고 가정하자(그림 12.2). 그러면 식물은 그때부터 생육기간 동안 원래의 궤적보다 높은 광합성속도를 얻을 수가 있다. 이와 같이 해서 얻어진 여분의 광합성 물질은 영양기관의 성장이나 번식활동에 사용되어, 최종적으로는 전 기간의 번식활동의 총량 ϕ를 증가시키게 된다. 시각 t에서 행해진 영양기관 크기의 단위량의 증가가 최종적으로 갖게 되는 평가함수 ϕ의 증가량을 영양기관 크기 $x(t)$의 시점 t의 **한계치**라고 하면, 보조변수 $\lambda_x(t)$가 이것을 표시하고 있는 것이다. 한계치 $\lambda_x(t)$는 t와 더불어 감소한다. 왜냐하면, 영양기관의 증가가 생긴 시점 t가 늦어질수록 생육기간의 마지막인 T까지의 시간은 짧아지므로, 그 효과가 감소하기 때문이다. 식 (12.4a)는 영양기관 크기의 한계치 $\lambda_x(t)$가 감소해 가는 모양을 나타내는 미분방정식이고, 역으로 이와 같은 해석에 의거해서 도출할 수가 있다(연습 12.2 참조). 영양기관은 계절의 끝에는 버려지는 것이므로 그 한계가치는 종단조건식 (12.5)와 같이 최후에는 0이 된다.

이에 대해, 번식활동은 어느 시점에서 이루어져도 평가함수 ϕ에 같은 정도로 기여하므로, 번식활동의 한계치에 대해서는 항상 $\lambda_y(t) = 1$이 성립한다(연습 12.3 참조). 영양성장의 한계치 λ_x가 단조롭게 감소하고, 번식활동의 한계치 λ_y가 일정하므로, 이들의 대소는 어떤 시점 t_s에서 뒤바뀌게 된다.

최적의 성장 스케줄을 갖는 식물은, 날마다 생산하는 광합성 물질을 적응도의 효과를 최대로 하게끔 각 기관에 배분하고 있을 것이라 생각된다. 이것이 바로 최대원리 식 (12.6)이 뜻하는 것이다. 왜냐하면, 하루에 생산된 광합성 물질의 양은 $g(x(t))$이고, 이것을 $1-u$대 u의 비율로 영양성장과 번식활동에 나눈다고 하면, 평가함수 ϕ에의 최종효과는 각각에 한계가치를 곱해서 합한 것이 되며, 이것이 해밀토니안 (12.3)이기 때문이다. 영양성장과 번식활동에 있어서 적응도의 효과에 차이가 있으면, 식물로서는 모든 산물을 보다 효과가 높은, 즉 한계가치가 큰 쪽에만 투입하는 것이 유리하기 때문에 t_s때 영양성장에서 번식성장으로 분명하게 전환하는 것이다.

12.3 지상부와 지하부의 비율

앞 장에서 논한 지상부와 지하부의 비율을 번식 성공을 최대로 하는 최적 스케줄의 문제로 생각해보자. 영양기관의 크기를 1변수가 아닌 지상부 x_1과 지하부 x_2의 2변수로 표시해보자. 각 부분의 성장 및 번식활동은

$$\frac{dx_1}{dt} = u_1(t)g(x_1, x_2) \tag{12.7a}$$

$$\frac{dx_2}{dt} = u_2(t)g(x_1, x_2) \tag{12.7b}$$

$$\frac{dy}{dt} = u_0(t)g(x_1, x_2) \tag{12.7c}$$

가 된다. 여기서 순광합성속도 $g(x_1, x_2)$는 지상부 x_1과 지하부 x_2의 증가함수로 식 (11.8)과 같이 주어진다고 가정하자. 성장 스케줄은, 광합성 산물의 세 곳으로의 분배 비율 $u_i(t)$ $(i=1,2,0)$에 의해 표시되는데, $\sum_i u_i = 1$을

만족하는 것 가운데서, 생육기간을 통하여 번식총량 $\phi = y(T)$를 최대로 하는 것을 구하면 된다.

이 문제도 폰트리아긴의 최대원리로 풀 수 있다(Iwasa and Roughgarden, 1984). 세 변수에 대응하는 보조변수를 λ_{x_1}, λ_{x_2} 및 λ_y와 같이 정의하여, 위와 같이 계산하면 된다. 최적성장을 하는 식물은 한계치가 최대인 곳에만 광합성 산물을 투자할 것이다. 어떤 기간에 걸쳐서 지상부와 지하부가 동시에 성장하는 것이 최적해에서 생긴다고 하면, 이 기간에는 지하부 크기와 지상부 크기의 한계치가 같고, $\lambda_{x_1}(t) = \lambda_{x_2}(t)$가 성립할 것이다. 이 조건에서, 식물이 앞 장에서 표시한 균형성장경로를 따르면서 성장하는 것이 유도된다(연습 12.4 참조). 균형성장경로는 매일의 순광합성속도를 최대로 하는 지상부와 지하부의 비로 구해진 것이므로, 하루당 생산속도의 최대화와 생육기간을 통해서 행해진 번식활동 총량의 최대화가 잘 결합되어 있음을 알 수 있다.

이 모델을 검토함으로써, 환경의 자원량에 대응하여 지상부, 지하부의 균형이 변화하는 것과 수확 등 환경변화에 의해 균형이 무너졌을 때에 우선 균형을 회복하게끔 성장하는 것 등을 나타낼 수 있다(Iwasa and Roughgarden, 1984).

12.4 다년생 식물의 최적성장

생육하기 좋은 계절의 끝자락에서 번식에 사용해야할 물질의 일부를 감자나 토란 같은 저장기관에 저장하면, 다음 해의 처음에는 이것을 사용하여 잎 등의 광합성 기관을 전개할 수가 있다(그림 12.3). 이와 같은 다년생의 생활은 일년생의 것과 비교하여 어떤 조건일 때 유리할까?

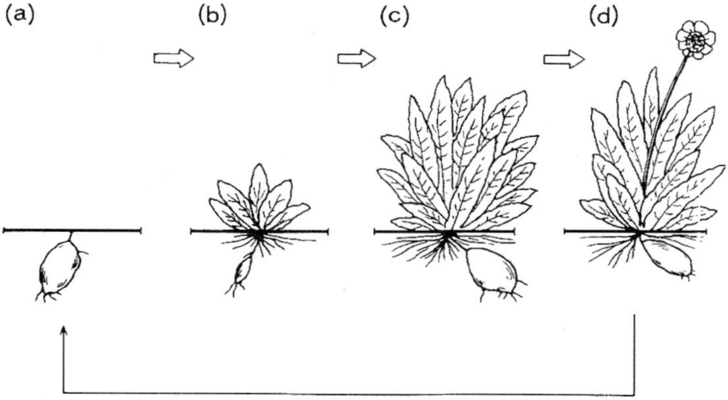

그림 12.3 다년생 식물의 성장. 매년 생육기간의 처음에는 전년도에서 이월된 물질을 이용하여 생산부(잎, 뿌리 등)가 만들어진다. 광합성 산물은 저장부와 생산부로 분배되는데, 계절의 끝에서는 영양기관이 버려진다. 저장부에 저장한 물질의 일부를 번식활동에 사용하고, 나머지는 다음해로 넘긴다. 생육년도 중에 있어서의 성장의 스케줄과, 생육년도의 사이에 있어서의 번식과 성장의 분배라고 하는 두 개의 문제가 있다.

번식을 개시하는 것은 몇 년째가 좋을까? 이와 같은 물음에 답할 수 있는 모델을 생각해보자(Schaffer, 1983; Iwasa and Cohen, 1989).

식물은 낙엽성이고, 매년의 생육기간의 끝에서 광합성 기관이 버려진다고 하자. 잎 등의 광합성 기관을 생산부라 하고, 그 크기를 $x_i(t)$로 표시한다. 저장물질과 시각 t까지 번식활동에 사용한 것을 합해서 저장부라 하고, 그 크기를 $y_i(t)$라고 한다. 생육년도는 첨자 $i(i=1,2,\cdots)$로, 각 생육년도 내의 날들은 연속변수 $t(0 \leq t \leq T)$로 구별한다. 광합성으로 얻은 물질의 x_i와 y_i에의 분배는 (12.1)과 같은 식에 의해 기술되는데, 저장부의 물질을 사용하여 생산부가 만들어지는 것을 고려하지 않으면 안 된다. 생육기간의 처음에는 잎이 없으므로, $x_i(0) = 0$이다. 저장부의 초기 크기 $y_i(0)$은 전년도 말에 있어서 저장부의 크기 $y_{i-1}(T)$에서 번식투자 R_{i-1}을 빼고, 저장효율(저장물질 가운데서 다음 연도에 회수되는 부분의 비율) γ을 곱한 것이므로

$$y_i(0) = \gamma(y_{i-1}(T) - R_{i-1}) \tag{12.8}$$

이 된다. 번식투자량은 $0 \leqq R_i \leqq y_i(T)$를 만족하고 있다. 또 잎을 전개하는 속도에는 상한이 있어 $dx_i/dt \leqq ax_i + b$, 일단 잎에 투자한 물질은 회수할 수 없다고 생각하여 $dx_i/dt \geqq 0$, 저장부의 크기가 음(-)이 되지 않으므로 $y_i \geqq 0$ 등의 제약이 있다. 식물 개체의 생애를 통한 번식활동량은, 1년당 생존율을 p라 하면

$$\phi = \sum_{i=1}^{\infty} p^i R_i \rightarrow \text{최대} \tag{12.9}$$

이다. 이것을 최대로 하는 각 연도내의 성장스케줄 $u_i(t)$ 및 연도 사이의 분배 R_i를 결정하는 문제를 생각해보자.

이 최적화문제는 두 단계로 나누어서 풀 수 있다. 제1단계는 생육기간 중의 성장스케줄 $u_i(t)$를 최적화하는 문제이다. 이것은 최초의 저장부의 크기 $y_i(0)$이 주어진 것으로 하면, 최후의 크기 $y_i(T)$를 최대로 하는 문제와 같다는 것에 주목하자(Yokoi, 1976). 왜냐하면, $y_i(T)$는 그 해의 번식활동과 다음 해의 저장분을 합한 것인데, 이것은 개체의 생애번식성공에는 기여할 수 있으나, 생산부의 크기 $x_i(T)$에는 기여하지 않기 때문이다. 기관 크

기나 성장속도에 의해 부등식 조건이 복잡해지지만, 앞의 일년초의 스케줄과 같이, 최대원리에 의해 해를 구할 수 있다. 그 결과는 최초에는 전년도의 저장물질을 사용하여 허용된 최대속도로 잎을 전개하고, 다음에는 저장기관이 바닥을 드러내어도 날마다의 광합성산물을 써서 잎의 전개를 계속하고 [$y_i(t) = 0$, $u_i(t) = 0$], 최후에는 잎의 전개를 중지하고 모든 생산물을 저장 또는 번식에 사용한다 [$u_i(t) = 1$]. 이와 같은 최적 스케줄의 결과로 얻어진 생육계절 최후에서 저장부의 크기 $y_i(T)$를 최초의 크기 $y_i(0)$의 함수로 표시하고, $\psi(y_i(0))$라고 쓰기로 한다(그림 12.4). 잎의 양이 많아지면 서로 그림자가 지기 때문에 순광합성속도는 생산부 크기에 비례하여 증가할 수가 없다. 그 결과, 저장부의 최종크기 $\psi(y)$도 초기 크기에 대해 위로 볼록한 증가함수가 된다($d\psi/dy > 0$, $d^2\psi/dy^2 < 0$).

제2단계인 번식투자량 R_i의 최적결정은, 동적계획법(dynamic programing)에 의해, 그 해의 번식과 다음 해 이후의 번식의 상반관계를 고려하여 정할 수 있다. i년째의 생육기간에 $y_i(T)$의 물질을 갖는 식물에

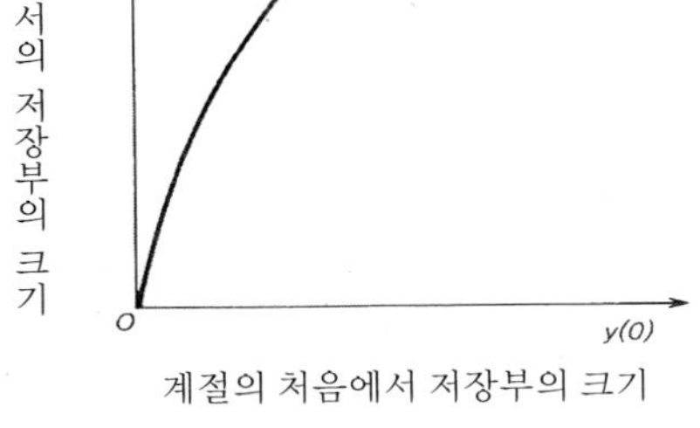

그림 12.4 생육기간의 최후에 있어서 저장부의 크기와 최초 크기의 관계. 이것은 생육년도 내에서 성장스케줄 문제를 풀면 구할 수 있다. 생육년도 사이의 분배문제를 푸는 데는, 처음부터 이 함수를 구해 둘 필요가 있다.

대해서, 말라버릴 때까지 할 수 있는 번식활동의 총량을 생각하면, 이것은 $y_i(T)$만의 함수가 되어 있을 것이다.

$$V[y_i(T)] = \max(R_i + pR_{i+1} + p^2R_{i+2} + \cdots) \tag{12.10}$$

여기서 max는 그 이후에 최선을 다함을 표시하고 있다. 이것을 R_i의 최적결정과 그 이후의 스케줄의 최적결정으로 나누면

$$\begin{aligned} V[y_i(T)] &= \max_{0 \le R_i \le y_i(T)} \{R_i + p\max(R_{i+1} + pR_{i+2} + \cdots)\} \\ &= \max_{0 \le R_i \le y_i(T)} \{R_i + pV[y_{i+1}(T)]\} \end{aligned}$$

가 된다. 다시, 다음 연도 최후의 $y_{i+1}(T)$가 최소의 값의 함수로서 $\psi(y_{i+1}(0))$으로 표시되는 식과 식 (12.8)을 쓰면

$$V[y_i(T)] = \max_{0 \le R_i \le y_i(T)} \{R_i + pV[\psi(\gamma(y_i(T) - R_i))]\} \tag{12.11}$$

이 얻어진다. 양변에 동일한 미지함수 $V[y]$가 표시되어 있다. 이 식을 만족하는 $V[y]$가 구해지면, 그것에서 최적번식투자 R_i를 결정할 수 있다(연습 12.5 참조). 그 결과를 $p\psi(\gamma y) - y$를 최대로 하는 y의 값을 y^*로 쓰기로 하면, 최적스케줄에서는 $y_i(T)$가운데 y^*를 초과한 양만큼을 번식에 투자하는 것이 된다(Iwasa and Cohen, 1989; Pugliese, 1988).

$$R_i = \begin{cases} 0 & y_i(T) \leq y^* \text{일 때} \\ y_i(T) - y^* & y_i(T) > y^* \text{일 때} \end{cases} \tag{12.12}$$

y^*가 양(+)이면, 수년간에 걸쳐서 번식하지 않고 성장하며, $y(T)$가 y^*를 초과할 때 번식이 시작되고, 이후에는 반복해서 번식하는 다년생의 생활사가 최적스케줄임을 알 수 있다. 생존율 p와 저장효율 γ가 작을 경우에는 y^*는 0이 되어, 1년째의 끝에는 다음 연도에 아무것도 남기지 않고 모두를 번식에 사용하는 1년생 풀의 생활이 최적해가 된다.

12.5 전엽(展葉)의 생물계절학(phenology)

낙엽성의 수목과 다년생 초목은 생육시기의 극히 초기에 대부분의 잎을 피우는 일제전엽형과 그 후에도 계속 장기간에 걸쳐 잎을 피우는 **순차전엽형**이라는 계절성의 구분을 가진다(그림 12.5). 일반적으로 생태천이의 초기 및 화재, 폭풍우, 수해, 포식자 등에 의한 교란을 빈번히 받는 장소에서는 순차전엽이, 극상림(極相林) 등에서는 일제전엽이 보이고 있다. 이와 같은 잎이 전개하는 시기에 관해서, 앞 절의 최적성장스케줄 모델이 보이는 행동을 조사하여 다음과 같은 결과가 얻어졌다(Iwasa and Cohen, 1989).

우선 개체가 작을 때는 늦게까지 잎을 전개하고, 커짐에 따라 차례로 전엽을 빨리 중지하게끔 변하는 것이 예측되는데(그림 12.6), 야외의 수목에서도 이와 같은 경향이 인정되고 있다. 다음으로, 작은 미성숙개체의 전엽정지 시기에 대해서는 빛과 수분 등의 자원이 풍부하여 높은 광합성속도가 허용

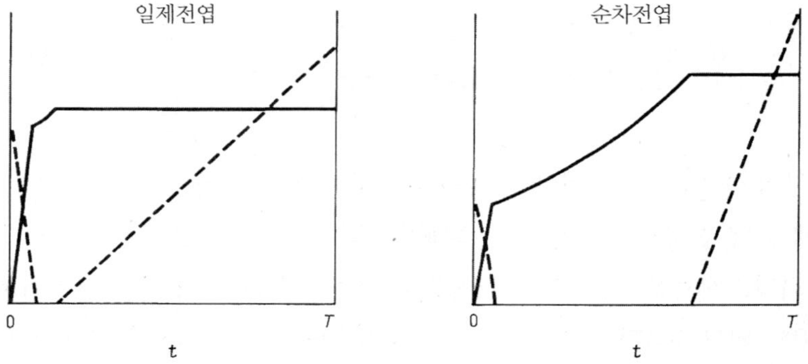

그림 12.5 잎의 전개에 대한 두 개의 생물계절학. 실선은 잎의 양, 점선은 저장물질의 양을 표시한다. 극상림 등 안정된 환경에서는 계절의 초기에 모든 잎을 생산하는 일제전엽을 볼 수 있고, 천이의 초기와 불안정한 환경에서는 계절의 중간까지 잎을 계속 만드는 순차전엽을 볼 수 있다(菊澤, 1986).

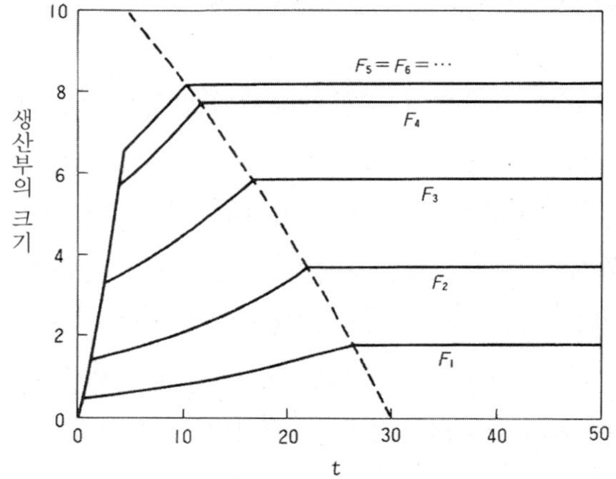

그림 12.6 최적성장스케줄 모델에서 잎의 전개 스케줄. 가로축 t는 일 수, 세로축은 생산부 크기를 표시한다. 다른 연도의 그래프를 포개서 그렸다. 각각의 연도는 전년도의 저장물질에 의해 잎을 전개하는 시기, 저장이 소진되고 광합성산물로 잎을 계속 만드는 시기, 그리고 잎의 전개를 중지하고 저장부에 축적하는 시기의 세 개로 이루어진다. 전엽이 정지하는 시기는 식물이 커질수록 빨라진다. 결국은 번식이 시작되고, 그 이후에는 같은 성장스케줄을 반복한다. 식물이 작을 때의 전엽정지 시기는 환경의 생산성(광합성속도)에, 성숙했을 때의 전엽정지 시기는 환경의 안정성에 의해서 결정된다. (Iwasa and Cohen, 1989)에서.

될 때는 비교적 늦게까지 전엽을 계속하는 순차전엽형이 되나, 비생산적인 환경에서 광합성속도가 작으면 빠른 시기에 잎의 전개를 중지하는 일제전엽형이 된다. 이와 같은 환경의 생산성과 전엽 시기의 관계는 Yokoi (1976)에 의해 예측되고, 참마를 이용한 실험에 의해 확인되고 있다(Hori and Oshima, 1986).

이에 비해서, 성숙 개체의 전엽시기는 생산성과는 그다지 관계가 없고, 저장효율 γ와 연간 생존율 p의 곱에 의해서 거의 결정된다. 환경이 안정되고 저장효율도 높은 경우에는, 다음 해에도 틀림없이 번식을 할 수 있으므로 식물은 가능한 많은 물질을 남기려고 한다. 이 결과 생육시기의 처음에는 잎을 전개할 수 있는 공간이 가득 차서, 그 이상 추가할 필요가 없는 일제전엽형이 된다. 이에 반해, 다음 연도에 번식이 확실하지 않을 때는 저장한 것을 전 해의 번식에 사용해 버리고 충분히 남기지 않으므로, 연도의 초기에 잎을 피운 후에 추가해 가는 순차전엽형이 유리하다고 해석할 수 있다.

이상의 결과를 종합하면 표 12.1과 같이 된다. 작은 개체와 성숙한 개체의 전엽시기를 지배하는 요인은 다르나, 양쪽 모두 생태천이의 초기에는 순차전엽적, 극상림에서는 일제전엽적이 되게끔 작용하는 것을 알 수 있다.

표 12.1 최적성장의 생물계절학에 대한 결론의 정리

		환경의 생산성	
		낮다	높다
환경의 안전성	안정	일제히	어린나무는 순차적 어른나무는 일제히
	불안정	(1년생 풀)	순차적

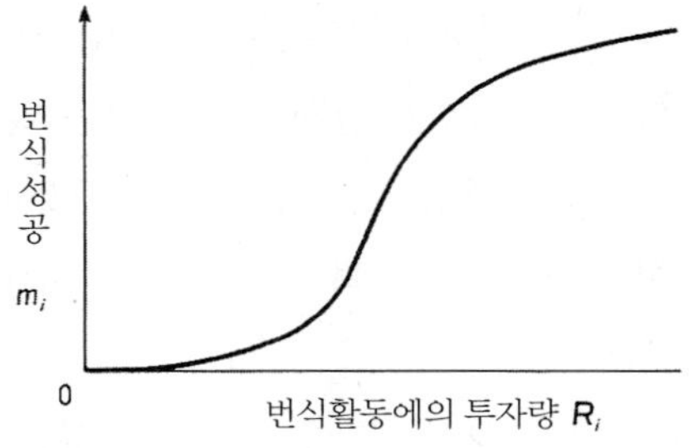

그림 12.7 번식성공도와 번식투자량의 비선형 관계. 번식성공도가 번식활동에 투자한 에너지와 물질에 비례하지 않고 S자 곡선을 그리는 경우는, 최적성장해에서 번식활동이 해마다 변동하든지 또는 한 번의 번식으로 소진하든지 한다는 해가 최적이 되기 때문이다.

한 해 동안의 광합성에 의해 얻은 물질 가운데, 번식에 사용하는 부분의 비율(번식노력이라 함)을 보면, 다년생식물은 일년생식물보다 낮은 값을 가지는 것이 일반적이다. 그러나 대단히 생산적인 환경에서 서식하는 다년생식물이 일년생식물보다 높은 번식노력을 가지는 수도 있는 등, 앞의 최적성장 모델을 조사함으로써 지금까지 믿어지고 있던 것과는 상이한 여러 가지 예측결과를 유도할 수도 있다.

위에서 기술한 모델에 의하면, 다년생의 최적해에는 일단 번식이 시작되면 매년 같은 모양으로 반복된다. 그런데 긴 세월에 걸쳐서 영양성장을 행하고, 꼭 한 번의 번식에서 모든 것을 써버리고 어미가 죽어버리는 양상은, 유명한 대나무뿐만 아니라, 모래언덕에 서식하는 2년생 풀에서도 볼 수 있다. 또 수목의 번식활동이 주기적으로 변하는 것은 **결실년 현상**으로 널리 알려져 있다. 이와 같은 행동을 취하는 한가지 이유는 번식활동을 하면, 어느 정도의 투자를 하지 않으면 충분한 효과가 얻어지지 않는다는 것이다. 이 경우에는, 번식성공도 m_i 와 번식에 투자한 에너지와 물질의 양 R_i 의 관계가 그림 12.7에 있는 것과 같이 S자 형을 하고 있고, 식 (12.9) 대신에

$$\phi = \sum_{i=1}^{\infty} p^i m(R_i) \rightarrow \text{최대} \tag{12.13}$$

를 최대로 하는 문제를 생각하는 것이 된다. Schaffer and Schaffer (1977)는 북미의 서부 건조지대에 서식하는 용설란이 몇 년이나 지나서 한 번에 대량의 번식을 하는 것과, 큰 꽃을 피우면 그 크기에 비례하는 것 이상으로 많은 수의 꽃가루받이 곤충을 모은다는 것을 설명하였다.

12.6 생활사 전략: 현재와 미래의 상반관계

보다 일반적인 생활사 전략에 대한 동적계획법을 생각하는 방법을, 이산시간 모델을 예로 들어 설명해보자. 연령 x에서 성장・번식 등에의 물자의 분배를 z_x로 표시하면, 이들을 나열한 벡터 $(z_0, z_1, \cdots, z_n)$에 의해 생물의 생활사 스케줄을 표현할 수 있다. 시간의 전후관계에서, x세에서 출산율과 생존율은 그 연령 및 그 이전의 연령에 있어서의 분배에는 영향을 받으나, x세 이후에 행해진 분배에는 의존하지 않으므로, $m_x(z_0, \cdots, z_x)$와 $p_x(z_0, \cdots, z_x)$와 같이 되어 있을 것이다.

여기서 생애의 번식성공도 $\phi = \sum_x p_0 \cdots p_{x-1} m_x$를 최대로 하게끔 $(z_0, \cdots, z_n)$을 선택하는 문제를 생각해보자. 우선 i세에서 번식치,

$$V_i(z_0, \cdots, z_{i-1}) = \max \sum_{x \geqq i} p_i p_{i+1} \cdots p_{x-1} m_x \tag{12.14}$$

를 생각하면, $i = 0$일 때에 우변의 합은 ϕ와 같다. max는 i세와 그 이후에 있어서의 분배 $z_i, \cdots, z_n$에 관한 최적화를 표시한다. 식 (12.14)의 합을 i세에서의 번식과 그 이후의 것으로 나누고, 각각의 함수의 전략에의 의존성에 주의하면,

$$V_i = \max_{z_i} \{m_i(z_i) + p_i(z_i) V_{i+1}(z_i)\} \tag{12.15}$$

를 도출할 수 있다(연습 12.8 참조). 이 식의 모든 양은 $z_0, \cdots, z_{i-1}$ 에도 영향을 받으나 무시하고 있다. 이 동적계획법의 기본식을 보면, i에서 최적전략 z_i가 그 연령의 번식과 그 이후의 번식의 상반관계에서 결정되는 것을 알 수 있다. 그러나 어떤 시각의 적응적 행동을 결정하기 위해서는, 그때 여러 가지 행동을 한 결과로써 미래에 어떠한 성공이 얻어지는가를 미리 알 필요가 있다. 수식으로는 식 (12.15)에서 최적의 z_i를 결정하기 위해서는 $V_{i+1}(z_i)$를 미리 알아 둘 필요가 있다. 이것은 식 (12.15)에서 i를 하나 변화시켜 $i+1$로 둔 식에서 결정되는데, 거기서는 $V_{i+2}(z_{i+1})$을 알지 않으면 안 된다.

최고령 n에 있어서는 $V_{n+1} = 0$ 이므로, 식 (12.15)는

$$V_n = \max \{m_n(z_n)\} \tag{12.16}$$

이 되어, 바로 풀 수가 있다. 이 결과를 이용하여, 하나 앞의 시점에서 z_{n-1}을 $i = n-1$ 로 둔 식 (12.15)에 의해 결정할 수 있다. 이와 같이, 최종시각에서 출발하여 시간을 역으로 더듬어서 최적화문제를 풀어 가면, $i = 0$인 $V_0 = \max \phi$ 까지에 이르러, 최적해를 만족하고 ϕ를 최대로 하는 분배 스케줄이 구해진다.

최적화문제를 풀어서 검증할 수 있는 예측을 도출하기 위해서는, m_x와 p_x가 $z_0, \cdots, z_x$에 어떻게 좌우되는가를 명기할 필요가 있다. 앞의 다년생 식물의 모델에서는, 생존율 p_x는 상수이고, m_x는 x 년째의 연말의 번식투자량 R_x와 같다. 어떤 해에 번식활동이 왕성한 경우, 물질의 보존법칙에 의해 남

기는 물질이 감소하고, 다음 해의 연말에 번식투자능력이 감소하게 된다. 이와 같이 과거의 행동의 선택 z_x가 뒤의 결과에 영향을 미치는 것은 생물의 크기와 체내의 에너지 비축량 등의 '내부 상태'의 변화를 통하여 모델화 할 수 있다. 그래서 현재의 상태에 의해 과거의 이력의 차이를 제대로 표현할 수 있는 경우에는 최적해에 있어서는 이전의 상태와 전략이 무엇이었든지 간에, 나머지 기간에서 전략이 현재의 상태에서 출발하였을 때의 최적해가 되고 있다고 하는 최적성의 원리가 성립하게 된다.

일반적으로, 해를 수식으로 결정하는 것은 어려우나, 컴퓨터에 의해 수치계산을 하는 것은 간단하고, 내부 상태가 있는 경우의 최적포식문제에 있어서도 수치계산에 의한 동적계획법 모델이 유효하다(Mangel and Clark, 1988).

생존율과 출산율이 연령의 함수가 아니고, 크기 등의 내부 상태의 함수라고 하면, 언제까지나 생존할 가능성이 조금 남기 때문에 최고령 n이 존재하지 않고, 계산의 출발시각이 잡히지 않게 된다. 그러나 다행스럽게도, 식 (12.15)의 V_i가 연령 i에는 직접 의존하지 않고 내부 상태만의 함수가 되므로, 식의 양변에 동일한 미지함수가 나타나게 된다. 이것이 (12.11)의 $V[y]$라는 함수이다.

연속시간 모델에 동적계획법을 이용한 해석의 예로 연습 12.7에서 기생벌의 최적산란수를 소개한다(Iwasa 등, 1984).

12.7 병의 스케줄

병원체는 숙주를 감염시킨 후에도 여러 가지 경로를 거친다. HIV 바이러스는 감염직후에 활동하나, 이후 약 10년의 긴 잠복기에 들어가서, 그것이 증식을 재개했을 때는 후천성면역결핍증후군(에이즈)을 일으킨다. 숙주가 다른 바이러스(예를 들면 헤르페스 바이러스)에 중복 감염되는 것이 단서가 되어 잠복 중의 바이러스가 증식을 시작하는 일도 있다. 이에 비해서, 인플루엔자 바이러스 등은 감염 후 바로 증식을 한다.

숙주의 면역력이 강한 동안에는 병원체는 얌전히 잠복하고 있으나, 약해지면 활동을 시작한다고 보통은 해석된다. 그러나 혹시 이와 같은 다양한 병의 경위는 병원체에 따른 적응적인 스케줄은 아닐는지? 실제로 급격하게 증식하는 것이 병원체에 있어서 적응적인 것만은 아니다. 왜냐하면, 숙주를 빨리 죽여 버리면 스스로가 다른 숙주로 넓혀갈 기회를 잃기 때문이다.

병원체는 숙주의 체내에 침입해서부터 $dx/dt = r(t)x$ 에 따라 증식한다고 하자. 이때 증식률 $r(t)$에는 상한 r_m이 있고, $0 \leqq r(t) \leqq r_m$라 한다. 전염속도 $f(x)$도, 숙주의 사망률 $u + bx$ 도, 숙주의 체내에 있는 병원체의 개체수 x와 함께 증가한다. 한 인간의 환자가 죽을 때까지 그 환자에서 타 개체로 전염하는 수의 기대치는, T를 숙주의 최대수명이라고 하면,

$$\phi = \int_0^T f(x(t)) \exp\{-\int_0^t (u + bx(s))ds\}dt \qquad (12.17)$$

이다. ϕ가 큰 병원체 계통일수록 숙주개체군 속에서 퍼지기 쉬우므로, 이 값은 병원체의 적응도라고 해도 좋다. 최대원리와 동적계획법을 사용하면, 식 (12.17)을 최대로 하는 증식률 $r(t)$를 시간의 함수로 구할 수 있다 (Sasaki and Iwasa, 1991a).

병원체의 최적증식 스케줄은 감염속도 $f(x)$의 형에 따라서 크게 다른데, 이 함수는 병원체의 전파 양식에 의해 변할 것이다. 예를 들면, 숙주개체

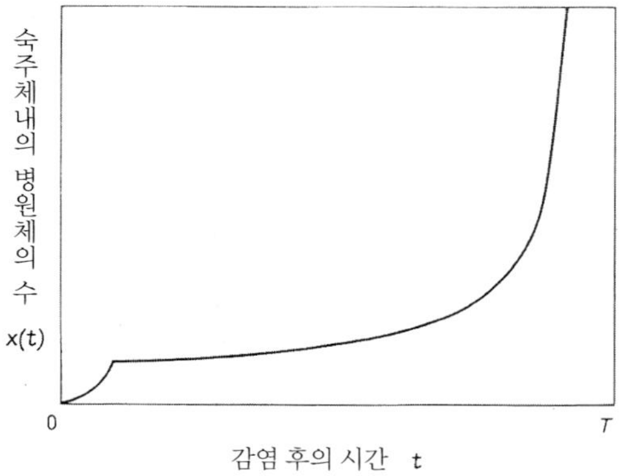

그림 12.8 숙주체내에서 병원체의 최적성장스케줄의 한 예. 감염직후는 급속하게 성장하나 어느 수준에 도달하면 증식이 정지하여 긴 기간에 걸쳐 잠복한다. 숙주의 수명 $t = T$에 가까워지면 다시 증식을 시작한다(Sasaki and Iwasa, 1991a).

의 성적접촉에 의해 전파되는 병원체는 숙주 체내의 밀도를 높게 해도 전염속도가 개선되는 것이 아니므로 $f(x)$는 포화하고, $f(x)/(u+bx)$를 최대로 하는 밀도 x^*가 존재한다. 최적증식 스케줄에서 감염 직후는 최대속도로 증가하여 x^*근처까지 개체수가 증가하고, 그 후는 증식이 거의 정지하고, 숙주의 수명 T에 임박하면 다시 증식을 시작하는 양상이 된다(그림 12.8). 즉 긴 잠복기를 가지게 진화하는 경향이 있다. 이에 비해, 인플루엔자 바이러스 등 공기 전염을 하는 것은 인후를 자극하여 숙주가 기침을 하게 해서 전파하므로, 숙주 체내에 있는 병원체의 협동효과에 의해 $f(x)$는 비례관계 이상으로 빨리 증가한다. 이 때문에 최대한의 속도로 증식하는 것이 병원체에게는 최적이다.

숙주간의 접촉에 의한 (수평)전염에 더해서, 모자감염(수직감염)하는 경우에는, 숙주의 번식기 전에는 얌전히 있고 번식기의 말기경에 급격히 증식을 시작하여, 높은 수준에 도달하면 정지하는 것이 예상된다.

유전적으로 상이한 병원체가 숙주 내에 중복 감염하는 상황에서는, 다른 병원체에 의해 일어나는 사망률 상승의 영향으로, 각각의 병원체의 최적평형밀도는 단독감염 때에 비해 상승한다. 그 때문에 타 계통의 바이러스가 감염되면, 지금까지 잠복하고 있던 것이 증식을 시작한다고 예측되는데, 이것은 기회감염이라는 현상을 설명하고 있는 것 같다.

연습문제 / 추가 참고문헌

연습 12.1 순광합성속도가 $g(x) = fx$인 경우에, 최적성장에서는 영양성장에서 번식성장으로 바뀐다고 가정하여, 그 최적 시기를 다음과 같이 하여 구하라.

(1) 바뀌는 연령 이전에는 $u^* = 0$이고, 영양기관의 크기는 $dx/dt = fx$에 의해 $x(t) = x_0 e^{ft}$로 지수적으로 증가하는 것, 번식하지 않으므로 $y(t) = 0$인 것을 확인한다.

(2) 바뀌는 연령 이후는 영양기관은 성장하지 않고, 크기는 일정하므로 $x(t) = x(t_s) = x_0 \exp(ft_s)$이다. 광합성산물은 모두 번식에 충당되므로($u^* = 1$) 그 속도는 $dy/dt = fx_0 \exp(ft_s)$이다. 거기에 기간의 길이 $(T - t_s)$를 곱하면, 번식투자의 총량은 $\phi = (T - t_s) f x_0 \exp(ft_s)$가 된다. 이것을 최대로 하는 t_s를 구하면 $t_s = T - 1/f$이다.

연습 12.2 $\lambda_x(t)$가 만족하는 미분방정식 (12.4a)를 다음과 같이 도출하라.

(1) 시점 $t - \Delta t$ 때 영양기관의 크기가 Δx만큼 증가한다고 하고, t까지의 시간구간에서 효과를 생각한다.

(2) 순광합성속도는 $(dg/dx)\Delta x$만큼 증가하므로, t인 시점에서는 $(dg/dx)\Delta x \Delta t$인 산물이 여분으로 얻어진다. 이것을 $u(t)$의 비율로 분배하므로, 각각의 한계가치를 생각하여

$$\lambda_x(t - \Delta t)\Delta x = \lambda_x(t)\Delta x + [\lambda_x(t)(1 - u) + \lambda_y(t)u](dg/dx)\Delta x \Delta t$$

라는 식이 성립한다.

(3) 이 식을 $\Delta x \Delta t$로 나누고 Δt가 작은 극한을 계산하면 식 (12.4a)가 얻어진다. 상세한 것은 Iwasa and Roughgarden (1984)을 참조.

연습 12.3 식 (12.4b)와 식 (12.5)에서 $\lambda_y(t) = 1$을 유도하라. 이것은 어떤 시점에서 행한 번식활동도 ϕ에 대해서는 동등하게 기여함을 표시하고 있다.

연습 12.4 식 (12.7)의 역학계에 대하여, 해밀토니안은 $H = (\lambda_y u_0 + \lambda_{x_1} u_1 + \lambda_{x_2} u_2) g(x_1, x_2)$로 정의되고, 보조변수 λ_{x_1}과 λ_{x_2}의 시간변화는

$$\frac{d\lambda_{x_1}}{dt} = -\frac{\partial H}{\partial x_1}, \qquad \frac{d\lambda_{x_2}}{dt} = -\frac{\partial H}{\partial x_2}$$

에 따른다. 만일 $x_1(t)$와 $x_2(t)$가 모두 성장을 계속하는 해 $u_1 > 0, u_2 > 0$가 어떤 시간구간에 걸쳐서 성립하면, 그 구간에서는 $\lambda_{x_1}(t) = \lambda_{x_2}(t) > \lambda_y(t)$가 성립한다. 여기서는 $\partial g/\partial x_1 = \partial g/\partial x_2$가 항등적으로 성립함을 증명하라. 이 결과가 제11장 2절의 해와 일치함을 확인하라. 이것은 생산을 통한 번식활동의 총량을 최대로 하는 성장해에서는, 하루당 순광합성속도를 최대로 하는 지상부/지하부의 비율을 계속 유지하는 것을 의미하고 있다.

연습 12.5 식물에는, 한편으로 멀리 산포되거나 다른 한편으로 어미의 극히 가까이에 떨어지는 두 종류의 종자를 생산하는 것이 있다. 이 식물은 한정된 자원을 써서 각각의 유형의 종자를 얼마만큼 생산하는 것이 좋을까? 산포형 종자의 생산에 x만큼 투자하면 ax라는 투자에 비례한 번식성공이 얻어지지만, 비산포형 종자에 y만큼 투자할 때 얻어지는 번식성공은 $f(y) = by/(1+cy)$라는 포화형의 증가함수가 된다고 하자. 왜냐하면, 어미 가까이에 떨어진 종자 사이에는 경쟁이 생기기 때문이다. 단, 어미 근처에 머무는 것은 랜덤하게 산포되는 것보다도 안전하므로 $b > a$로 해둔다. 식물 개체가 $x + y = K$라는 물질을 두 종류의 종자에 투자할 때, 번식성공도

$$\phi = ax + by/(1+cy) \rightarrow \text{최대}$$

를 최대로 하는 것을 구한다. 라그랑지 승수를 써서 계산하여, $df/dy = a$가 되는 y의 값을 y^*로 두면($y^* = (\sqrt{b/a} - 1)/c$), 답은

$$K \leqq y^* \text{에서} \qquad x = 0, \qquad\qquad y = K$$
$$K \geqq y^* \text{에서} \qquad x = K - y^*, \qquad y = y^*$$

가 됨을 보여라. 이 결과는 충분한 자원을 생산하지 못한 식물은 모두를 비산포 종자의 생산에 사용하나, 좋은 환경에서 생육된 다량의 광합성산물을 가진 식물은 y^*를 초과한 생산물을 산포 종자의 생산에 돌린다는 것을 나타낸다. 그 때문에 비산포형 종자는 해마다 대략 일정하게 생산되고, 산포형 종자의 생산량은 해에 따라 크게 변동하게 된다(Zeide, 1978; Iwasa, 1990). 여기서 y^*는 두 유형의 종자에서 한계치(미분계수)가 같다는 조건으로 계산된다.

연습 12.6 식 (12.11)은 $z = y - x$로 두면
$$V[y] = \max_{0 \leqq z \leqq y} \{y - z + pV[\psi(\gamma z)]\}$$

가 된다. 여기서 미지함수 $V[y]$는, 다음의 함수열
$$V_1[y] = y$$
$$V_{n+1}[y] = \max_{0 \leqq z \leqq y} \{y - z + pV_n[\psi(\gamma z)]\} \; (n = 1, 2, \cdots)$$

의 극한으로, $V[y] = \lim_{n \to \infty} V_n[y]$에 의해 구할 수 있다. 또 { } 안은 z의 함수로, $z < y^*$에서 증가하고, $z = y^*$일 때 최대가 되는 것을 수학적 귀납법에 의해서 증명할 수 있다(Iwasa and Cohen (1989)의 Appendix B). 이것을 가정하면, 최적의 번식투자 R은 식 (12.12)와 같이 됨을 확인하라.

해가 식 (12.12)와 같은 형이 되는 것은, 직관적으로는 다음과 같이 하여 이해할 수 있다. 다음 해를 위해서 자원을 y만큼 남겼을 때, 그로 인해 최종적으로 얻어지는 번식성공도를 $f(y) = pV[\psi(\gamma y)]$로 쓴다. 이 함수는 y와 함께 증가하나, 증가속도는 점점 느려진다는 수량체감을 표시한다. 두 배의 물질을 남겼다고 해서 두 배의 광합성이 얻어지는 것도 아니고, 두 배의 번식 성공을 달

성할 수도 없다. 이 때문에 $f(y)$는 y와 함께 위로 볼록한 증가함수이다 ($df/dy > 0$, $d^2f/dy^2 < 0$). 이와 같이 보면 식 (12.11)의 우변에 있는 최대화 문제는 $y_i(T)$만큼의 자원을 그 해의 번식 R_i와 다음 해를 위한 저장에 분배하는 것을 나타내고 있다. 전자는 투자량에 비례한 번식성공을 가져오고, 후자는 $f(y)$라는 함수로 번식성공을 가져온다. 이 문제는 연습 12.5에 있는 두 종류의 종자를 생산하는 식물의 문제와 같다. $df(y^*)/dy = 1$이 되는 투자량을 y^*라 하면, 식 (12.12)와 같은 y^*를 초과한 양만큼을 번식에 사용하는 것이 최적해가 된다.

연습 12.7 기생벌의 암컷은, 다른 곤충의 유충이나 번데기를 숙주로 하여 그것에 알을 낳는다. 암컷 벌이 생산할 수 있는 알의 수에 상한이 있을 때는, 발견한 숙주 한 개체에 몇 개의 알을 낳을 것인가 하는 문제는, 연속시간 모델의 동적계획법에 의해 해석할 수 있다(Iwasa 등, 1984). 한 개체의 숙주에 x개의 알을 낳을 때, 그 생존율은 x와 더불어 감소하여 $S(x)$라 한다. 산란을 위한 시간은 $H(x)$라 한다. 암컷은 우화했을 때 가지고 있던 알을 추가하는 일은 없는 것으로 한다. 체내에 E개의 알을 가진 암컷이 죽을 때까지의 산란으로 실현할 수 있는 총번식성공의 기대치를 W_E라고 하자. 숙주탐색 중의 암컷이 숙주와 만나는 속도를 λ, 사망률을 u라고 한다. Δt라는 단시간에 살아남을 확률은 $(1-u\Delta t)$이고, 살아남은 경우에는 $\lambda\Delta t$의 확률로 숙주와 만나고, $1-\lambda\Delta t$의 확률로는 만나지 않는다. 숙주와 만났을 경우에는 x개의 알을 낳으면 $xS(x)$의 번식성공이 얻어지나, 체내에 남는 알의 수는 $E-x$로 감소한다. 산란 수 x는 이들의 상반관계에서 결정된다.

$$W_E = (1-u\Delta t)\left\{(1-\lambda\Delta t)\,W_E + \lambda\Delta t \max_{0\leqq x\leqq E}\,[xS(x) + W_{E-x}]e^{-uH(x)}\right\}$$

이 식에서 $\Delta t \to 0$인 극한을 취하면

$$W_E = \frac{\lambda}{\lambda + u} \max_{0 \leq x \leq E} [xS(x) + W_{E-x}]e^{-uH(x)}$$

가 도출되는 것을 확인하라. 이 식과 $W_0 = 0$에서, 최적산란수는 우변의 max를 만족하는 x로서 구할 수 있다. 이 결과, 예를 들면 체내에 남아 있는 알의 수 E가 적어질수록 산란 수는 감소할 것이 예측되는데, (단, 단조하다고 한정되지는 않는다) 이것은 실험적으로도 확인되어 있다.

이 모델을 여러 가지로 확장함으로써, 예를 들면 많은 종류의 숙주가 있을 때는 기생자는 어떤 범위의 숙주를 이용할 것인가, 또는 알이 추가 생산될 경우에는 어떠한가, 또 산란 암컷 자신이 섭식할 필요가 있는 경우 등도 취급할 수가 있다(Iwasa 등, 1984; Mangel, 1987).

연습 12.8 식 (12.15)를 다음과 같이 유도하라. 우선 식 (12.14)는

$$V_i = \max_{z_i} [m_i(z_i) + p_i(z_i) \max \sum_{x \geqq i+1} p_{i+1} \cdots p_{x-1} m_x]$$

와 같이 바꾸어 쓸 수 있다. 최초의 max는 z_i에 관한 것이고, 다음의 max는 $z_{i+1}, \cdots, z_n$에 관한 것이다. 위 식에 나타나는 모든 함수는 $z_0, \cdots, z_{i-1}$에도 영향을 받으나 이것은 생략했다. 우변의 제2항이 식 (12.14)의 i를 $i+1$로 치환한 것이므로, 본문의 식 (12.15)가 얻어진다.

추가 참고문헌: 동적최적화의 교과서로는 Intriligator (1971)가 직관적으로 쓰인 훌륭한 교과서이다. Pontryagin 등 (1962)과 Bellman (1957)은 고전이다. Leitmann (1981)은 수학적으로 상세하게 되어 있다. Cohen (1967)은 식물의 성장을 동적최적해로서 받아들였다. King and Roughgarden (1983)은 일년생 초본의 개화시기의 모델을 검증하고 있다.

제13장 변동환경에서 적응

생물이 서식하는 환경은 시간적으로 크게 변동하고, 공간적으로도 불균일하다. 이 장에서는 변동환경에서 적응에 대해서 기술한다. 먼저 휴면·이동분산·반복번식 등에는, 예측 불가능한 환경 변동에 평균화로 대처하는 양쪽 걸치기(bet-hedging) 전략의 효과를 기술한다. 다음으로, 과거의 경험을 살려서 환경을 추정하여 적응적으로 행동을 변화시키는 학습과, 적극적으로 정보를 모으는 표본추출 행동, 식물 성장의 가소성(plasticity)에 대해서 기술한다.

13.1 기하평균과 산술평균

환경이 변동하더라도 생물이 환경변동을 알고서 형질을 선택할 수 있다면, 각각의 환경에 가장 적합한 형질을 취하면 된다. 실제로 식물은 환경에 따라 기관의 형태나 수가 크게 변화하는 가소성을 가진다. 그러나 환경을 알기 전에 형질을 결정하지 않으면 안 되는 경우도 있다. 종자가 발아할지 아닐지는 그 해의 강우량을 알기 전에 정하지 않으면 안 되고, 조류는 먹이의 크기를 보고 나서 입부리의 크기를 변하게 할 수는 없다. 이와 같은 경우에는 보다 빈도가 높은 환경조건에 잘 적응한 형질이 진화하는 것일까? 또는 각각의 조건에 적응한 다수의 유형이 집단에 섞여 있는 것일까?

환경조건이 시간적 또는 공간적으로 불균일한 경우에는, 각각의 환경조건에서 적응도의 평균값을 이용하여 변동환경 전체에서 적응도를 측정하는 잣대로 사용할 수 있다. 이러한 평균의 계산은 산술평균과 기하평균에 대한 두 개의 전형적인 예가 있고, 이들은 상이한 결과를 보인다.

우선 그림 13.1의 예를 생각해보자. 세대당의 증식률(또는 생애번식성공, 적응도)이 한 세대마다 교대로 2와 0.5가 되는 경우를 나타내고 있다. 각 세대의 개체수는 앞 세대의 값에 증식률을 곱하면 정해지는데, 변동은 하지만 증가하지는 않는다. 세대당 증식률은 두 개의 증식률의 기하평균 $\sqrt{2 \times 0.5} = 1$이 된다.

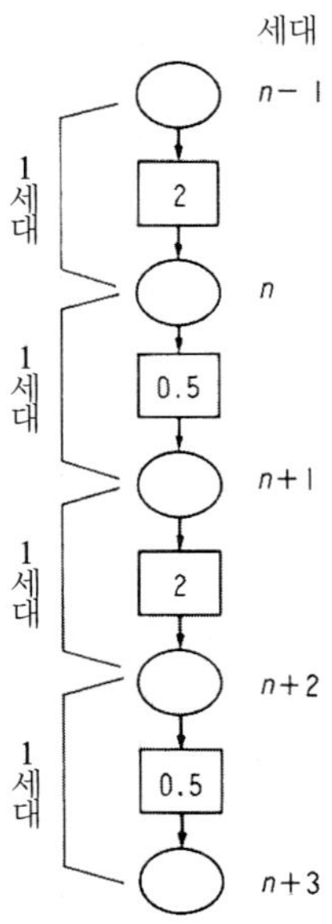

그림 13.1 동그라미는 각 세대 처음의 개체군을 나타내고, 네모는 한 세대의 중간에서 일어나는 성장 · 사망 · 번식 등을 한 묶음으로 표시한 것이다. 가운데 숫자는 증식률을 표시한다. 한 세대마다 좋은 환경과 나쁜 환경이 있고, 생물의 증식률이 각각 2 및 0.5라고 하자. 한 세대당의 평균증식률은 기하평균이고, $\sqrt{2 \times 0.5} = 1$이 된다.

서식장소에는 공간적으로 불균일성이 있어서, 국소적인 각 서식장소에서는 상이한 환경을 경험할지도 모른다. 그림 13.2a의 경우에는, 두 종류의 서식장소가 있는데, 각 장소에서 증식률은 시간적으로 변동하고 있는데, 장소에 따라 위상이 어긋나 있다. 각 세대의 최초(또는 끝)에는 개체군이 넓게 분산하는 시기가 있고, 상이한 장소에서 생산된 종자와 알이 섞이게 되고, 매 세대마다 반씩 나뉘어져 각각의 환경을 경험하게 된다. 그 결과 평균 증식률은 세대당$(2+0.5)/2=1.25$가 된다. 이와 같이 이동분산에 의해 공간적인 불균일성이 집단전체에서 평균화 되는 경우에는, 적응도의 산술평균이 높은 유형이 자연선택에서 남는다고 생각되어진다.

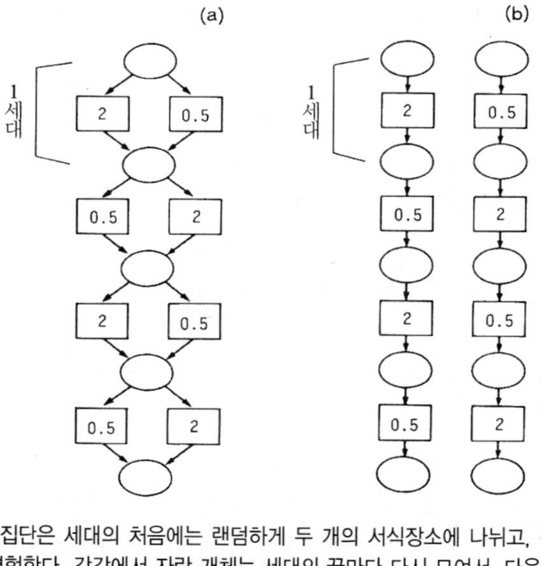

그림 13.2 (a) 집단은 세대의 처음에는 랜덤하게 두 개의 서식장소에 나뉘고, 각각은 좋은 환경과 나쁜 환경을 경험한다. 각각에서 자란 개체는 세대의 끝마다 다시 모여서, 다음 세대로 재분배되는 것으로 한다. 이때는 집단 전체의 증식률이 각각의 환경에서 증식률의 산술평균 $(2+0.5)/2=1.25$이고, 기하평균보다 크다. (b) 동일한 환경에서도, 생물에 랜덤한 이동분산의 능력이 없으면, 증식률의 기하평균이 된다. (a)와 (b)의 평균증식률의 차가 이동분산의 적응적 의의를 준다.

보다 일반적으로, 두 가지의 환경($i = 1, 2$)의 비율이 1대 1이 아니고, p대 $1 - p$인 비율로 혼합된다고 하자. 각 환경에서 적응도가 W^1과 W^2라고 하면, 적응도의 기하평균은

$$\overline{W}_G = (W^1)^p (W^2)^{1-p}$$
$$= \exp\{p \log W^1 + (1-p) \log W^2\} \tag{13.1}$$

이고, 집단전체의 장시간 평균을 표시한다. 이에 대해서, 동일한 어미에서 태어난 자식 가운데, p로 환경 1을 경험하고, $1 - p$로 환경 2를 경험하는 경우를 생각하면, 각각에서는 증식률 W^i $(i = 1, 2)$를 경험하므로, 전체의 증식률은 각 환경에서 증식률의 산술평균

$$\overline{W}_A = p W^1 + (1-p) W^2 \tag{13.2}$$

가 된다.

기하평균과 산술평균의 차이를 확실히 하기 위해서는, 매우 드물게 나타나는 나쁜 환경을 경험하고 증식을 할 수 없어서 적응도가 0이 되는 경우를 생각하면 된다. 예를 들면, 환경 1인 비율 p는 극히 적다고 해도, 만일 $W^1 = 0$이면 기하평균 (13.1)은 0이 된다. 이것은 극히 드물지만 부적합한 환경의 해가 되면 그 유형이 멸종해 버리는 것을 의미하고 있다. 이에 반해, 산술평균 (13.2)는 드문 환경에도 거의 영향을 받지 않는다. 왜냐하면, 서식 장소의 일부에서 증식률이 0이 되더라도, 다른 장소에서는 생육할 수 있으므로 멸종하지 않기 때문이다.

산술평균 (13.2)는 기하평균 (13.1)보다 반드시 크다. 그러므로 공간적으

로 불균일하고 시간적으로 변동하는 환경에는 랜덤하게 분산시키면 세대당의 평균증식률이 기하평균 (13.1)에서 산술평균 (13.2)로 변하므로 값이 커진다(그림 13.2). 양자의 차이가 이동분산의 적응적 의의를 만들어 낸다.

자연선택의 결과를 알기 위해서는, 이상과 같은 집단전체의 증식률로 적응도가 정해지는 것이 아니라, 하나의 집단속에서 상이한 유형이 경쟁하여 한쪽이 다른 쪽을 밀어내는 과정을 볼 필요가 있다. 그래서 환경조건이 세대마다 변동되는 경우에는, 적응도의 기하평균이 진화의 기준이 되는 것을 확인해 두자. 집단 중에 두 개의 유형($j = A, B$)이 있다고 하자. 각각의 유형은 상이한 환경에서 다른 쪽보다 증식률이 높다고 가정한다. 세대 t에서 유형 j의 평균 증식률을 $W_j(t)$라 하면

$$N_j(t+1) = W_j(t)N_j(t), \quad j = A, B \tag{13.3}$$

가 된다. 연습 13.1의 계산에 의하면, t를 무한히 크게 했을 때는

$$\frac{N_A(t)}{N_B(t)} \sim \exp\{t(E\log W_A - E\log W_B)\} \tag{13.4a}$$

가 된다. 여기서 $E\log W_j$는 증식률 $W_j(t)$의 로그값의 평균

$$E\log W_j = \lim_{t\to\infty} \frac{1}{t} \sum_{s=0}^{t-1} \log W_j(s), \quad j = A, B \tag{13.4b}$$

이다. 식 (13.4a)는 다수의 세대를 지난 후에는, 증식률 대수의 평균치가 약간이라도 큰 쪽의 유형이 비율에 있어서 다른 쪽을 압도하는 것을 나타내고 있다. 식 (13.4b)의 지수함수 $\overline{W}_G = \exp[E\log W]$는 기하평균이므로, 적응도의 기하평균이 제일 큰 유형이 자연선택의 결과로 남는다고 할 수 있다

(Lewontin and Cohen, 1969).

13.2 혼합전략: 불확정성 환경에 대한 확률적 대응

Levins (1968)는, 적응의 척도로써 기하평균을 사용해야만 할 때와 산술평균을 사용해야만 할 때를, 각각 **굵게 쪼갬**(coarse grained)과 **잘게 쪼갬**(fine grained)이라 부르고, 이들이 대단히 상이한 결과를 초래한다는 것을 적응도균(fitness set)이라는 표시법을 사용하여 설명했다(巖佐, 1982). 이 설명 중에 가장 흥미 있는 것은, 환경 변동이 예측되지 않는 경우에, 확률적인 행동을 하는 것이 적응적이라는 발견이다.

예를 들면, 곤충에서 긴 날개와 짧은 날개라는 두 개의 표현형을 생각하여, x_A와 x_B로 표시했다고 하자. 두 환경($i = 1, 2$)이 있고, 환경 i에서 두 유형의 적응도를 각각 W_A^i와 W_B^i라 하자. 각각의 환경에서 적응도를 두 개의 축으로 잡아 그려보면, x_A와 x_B의 두 유형이 (W_A^1, W_A^2)와 (W_B^1, W_B^2)의 두 점으로 표시된다(그림 13.3). 적응도의 기하평균 (13.1)이 어떤 쪽에서 높은가를 비교하기 위해서, 등고선을 그리면 그림 13.3과 같이 되고, 기하평균은 오른쪽 위일수록 큰 값이 된다. 축 위에서 기하평균이 0이 되어 있는 것은 앞서 설명하였다.

한편 여기서, 생물이 어떤 확률 q로 x_A, 확률 $1-q$로 x_B라는 전략을 취하는 혼합전략을 취할 수가 있다고 하자. 각각의 환경에서 적응도는,

$$W^1 = q\,W_A^1 + (1-q)\,W_B^1 \qquad (13.5a)$$

$$W^2 = q\,W_A^2 + (1-q)\,W_B^2 \qquad (13.5b)$$

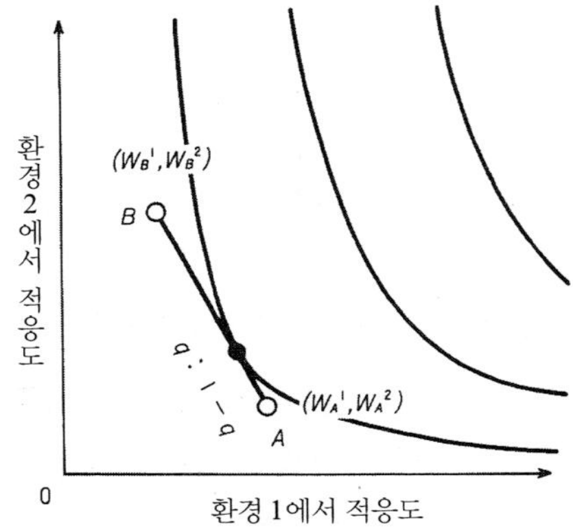

그림 13.3 표현형이 많은 형이 적응되는 상황. 두 개의 축은, 두 개의 환경($i = 1, 2$)에서 적응도를 표시한다. x_A와 x_B라는 두 개의 표현형은, A와 B의 두 점으로 표시된다. 확률적으로 두 표현형의 어느 쪽을 취할 것인가의 혼합전략은, AB를 연결하는 선분상에 나열된다. 곡선군은 적응도의 기하평균 (13.1)의 등고선을 표시한다. 이 그림에서 선분의 중간점, 즉 곡선과의 접점에 있어서 기하평균적응도가 최대로 되어있고, 이 경우에는 두 개의 표현형을 확률적으로 혼합하는 행동이 진화한다.

가 되므로, (W^1, W^2)를 좌표로 하는 점을 그림 13.3에 그려 넣으면, 확률 q가 0에서 1까지 변할 때, 두 점 (W_A^1, W_A^2)과 (W_B^1, W_B^2)를 연결하는 선분상을 움직이게 된다. 만일 적응도의 기하평균 (13.1)의 등고선이 선분과 접점을 가지면, 그 점에서 기하평균 $\overline{W}_G$가 최대가 된다. 이때 최적전략은 x_A와 x_B를 어떤 확률 q^*로 혼합하는 것이다. 또 두 환경의 비율 p를 차례로 변화시켜 갈 때는, 최적전략에 대응하는 혼합율 q^*가 연속적으로 변화하여, 대응하는 점은 선분 위를 움직이게 된다.

그러면 다음으로, 두 환경에서 적응도의 산술평균 (13.2)가 전체 적응의 척도가 되는 경우에 대해서 생각해보자. 평균적응도의 등고선은 직선이 되므로 선분 위에서 그것을 최대로 하는 점은 양단의 어느 한쪽이다(그림 13.4). 또 두 환경의 비율 p가 차례로 변화할 때의 최적전략은 한쪽의 환경에 전적으로 적응한 유형에서 다른 쪽의 환경에만 적응하는 유형으로 명확히 바뀌게 된다.

두 개의 표현형의 중간 유형(앞의 예에서는 날개의 길이가 중간)을 생각

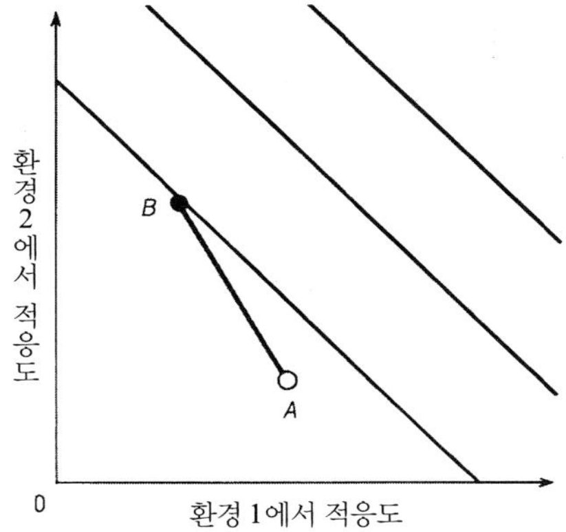

그림 13.4 산술평균 (13.2)의 등고선은 직선이다. 이 때문에, 산술평균을 최대로 하는 해는 한쪽의 표현형만을 취하는 순수전략이고, 그림 속의 선분으로 표시되는 혼합전략이 최적해가 되는 일이 없다.

해보자. 두 환경이 크게 상이한 경우에는, 중간 유형은 어느 환경에도 적응하지 못하고 제대로 생존할 수 없으므로, 최적해의 고찰에서는 문제 삼을 필요가 없다. 그러나 두 환경 사이의 차이가 적으면, 중간적인 표현형이 양쪽의 환경에 겨우겨우 적응할 수 있을 것이다. 양쪽의 환경에 적응할 수 있기 때문에 양 극단의 유형이 혼합된 상황이 산술평균이나 기하평균에서도 유리하게 되어, 이 중간 유형이 전체를 점하는 상태로 진화한다.

표 13.1

	변수의 모양 (적응의 척도)	
	세대사이에서 변동 (기하평균)	부분집단마다의 변동 (산술평균)
환경의 차가 적다	중간적 타입이 전체를 점한다.	
환경의 차가 크다	각각의 환경에 잘 적응한 타입을 양쪽 모두 동시에 만든다.	빈도가 높은 환경에 잘 적응한 타입이 전체를 점한다.

이상의 결과는 표 13.1과 같이 종합할 수 있다. 표현형의 다형(多型)이 진화하기 위해서는, 환경의 차이가 커서 중간적인 표현형의 적응도가 낮을 것, 적응의 척도로써 산술평균이 아니고 기하평균이 사용되어야 할 것의 두 조건이 필요하다. 이 다형은 유전적으로 상이한 유형이 공존하는 것이 아니고, 하나의 유전자가 두 개 이상의 표현형을 만드는 것을 의미하고 있으므로 주의해 두자(이 점은 다음 장에서 설명하는 게임에서 볼 수 있는 혼합전략과는 다르다).

13.3 종자의 휴면율

건조지대에 자라는 일년생 풀의 종자의 경우, 일 년에 한번 생육 가능한 시기가 온다고 하자. 그 해 환경의 좋고 나쁨(예를 들면 강우량)은 해마다 변동하는데, 종자는 그것을 알기 전에 발아할지 휴면할지를 결정해야 한다. t년째의 연초에 땅속에 있는 종자의 수를 N_t 라 하고, 이 가운데서 발아하는 종자의 비율을 x 라 하자. t 년째에 발아한 종자의 평균성공률, 즉 한 개에서 출발하여 그 해 말에 최종적으로 생산되는 종자의 평균값을 Y_t 라 하자. S 가 휴면종자의 생존율이고 $0 < S < 1$을 만족한다. 그러면 다음 해 초에서 종자 수는

$$N_{t+1} = N_t\,[x\,Y_t + (1-x)S] \tag{13.6}$$

가 된다. 종자 총 수의 일 년당 증가율은 $R_t = x\,Y_t + (1-x)S$이다. 발아율 x 가 서로 다른 유형의 식물이 경쟁할 때는, 앞 세대의 겹치지 않는 모델

(13.3)과 같이 생각하여, 자연선택의 결과 R_t의 기하평균을 최대로 하는 유형이 이겨 남는 것을 알 수 있다.

우선 환경이 변동하지 않는 경우, $Y_1 = Y_2 = \cdots = Y_t$에 대해서 생각해보면, 최적의 x는 $x^* = 1$이고 매년 살아남은 모든 종자가 발아하는 것을 알 수 있다(연습 13.2 참조). 즉, 일정한 환경에서는 종자의 휴면이 진행하지 않는다.

반대로, 환경이 해마다 크게 변동하여, 좋은 해와 나쁜 해가 p 및 $1-p$의 비율로 섞이는 경우를 생각해보자. 비가 잘 오는 해에는 발아종자당 평균 $Y_t = Y_g$ 개의 종자를 남기나, 나쁜 해에 발아한 식물은 비가 부족하기 때문에 전멸하므로 $Y_t = 0$ 이라고 가정하자. 그러면 R_t의 대수의 평균치는

$$E\log R_t = p\log\{xY_g + (1-x)S\} + (1-p)\log\{(1-x)S\}$$

이고 이것을 최대로 하는 것은($pY_g > S$일 때는)

$$x^* = \frac{(pY_g - S)}{(Y_g - S)} \tag{13.7}$$

이다(Cohen, 1966). 좋은 해의 발아성공률이 크다고 하면($Y_g \gg 1$), 식 (13.7)은

$$x^* = p$$

가 되어, 진화해야할 발아율은 좋은 해의 비율과 같음을 알 수 있다.

환경조건에서 부적합한 시기로 예측되면 휴면함이 좋다. 예를 들면, 가을

에 만들어지는 많은 종자는, 그대로는 적당한 온도와 물을 주더라도 발아하지 않으나, 당분간 저온에 둔 후에는 잘 발아한다. 이것은 늦가을에 어쩌다 따뜻한 날이 있어서 발아해버리면 겨울에 말라버리므로, 이것을 피해서 봄까지 발아를 기다리기 위한 반응이다.

그런데 예측불가능한 환경에 서식하는 일년생식물의 종자는 어떠한 좋은 조건을 주더라도, 종자의 일부만 발아하고 나머지는 휴면을 계속한다. 그 결과 몇 년에 걸쳐서 조금씩 발아하게 된다. 이것은 어떤 해가 좋은 환경일 것이라는 징후를 믿고 모든 종자를 발아시켰을 때, 이 신호가 잘못되었을 경우 멸종할 수도 있기 때문이다. 생물은 확률적 행동, 즉 '혼합전략'에 의해서, 환경의 불확정성에 대처하고 있다. 이와 같은 휴면성은 박테리아에서도 볼 수 있다. 병원성세균과 장내세균 등은 영양의 급원(pool) 속에서 신속하게 증식하는 것에 적응하고 있으나, 토양이나 물속에 있는 박테리아의 대부분은 강한 휴면성을 가지며 증식속도도 대단히 느리다.

어떤 어미에서 태어난 종자의 운명을 관찰해보면, 일부가 발아함으로써 여러 해에 걸쳐 환경을 시험해 보는데, 이로 인해 멸종을 면하고 있다. 이것을 생활사의 **양쪽 걸치기전략**이라 부른다. 수목과 다년생 풀에서는, 어떤 해에 발아한 종자가 전멸하더라도, 다음 해에 다시 시도할 수 있다. 종자와 모종의 생존율이 해마다 크게 변동하는 경우에는, 이와 같이 많은 해에 걸쳐서 반복하여 조금씩 번식하는 것이 번식의 성공률을 평균화하게 되므로, 종자의 휴면과 같은 양쪽 걸치기(bet-hedging) 효과가 생긴다. 어류 등에서도, 유생의 생존율이 크게 변동하는 경우에는, 번식을 여러 번 반복하는 것이 같은 효과를 낸다(Murphy, 1968). 산림의 수목에서는, 일년생 풀만큼 종자의 휴면율이 강하지 않다고 알려져 있다. 이것은 성체가 오래 살아 이미 양쪽 걸치기를 하고 있으므로, 종자에 대해서는 그럴 필요가 없을 것이다.

13.4 이동분산

공간적으로 불균일 할 때는, 랜덤한 이동분산에 의해서 적응도의 기하평균을 산술평균으로 바꾸면 유리하다(그림 13.2). 이것 또한 선택지의 어느 하나에 집중하지 않고 조금씩 나누어서 투자함으로써, 위험을 분산하는 양쪽 걸치기 전략의 예이다. 그런데 이동분산에는 사망률과 에너지 분산 등 상당한 대가가 수반되는 일이 많다(Levin 등, 1984).

휴면과 이동분산은 모두 양쪽 걸치기 효과이다. 넓게 분산하는 종에서는, 평균적응도의 세대마다 변동이 작아지므로, 휴면성이 진화하기 어렵다. 역으로 생각하면, 휴면에 의한 양쪽 걸치기 효과가 작용하면, 대가를 지불하고 이동 분산하는 것의 이익이 감소하기 때문일 것이다. 그러므로 분산율과 휴면율의 진화는 상반된다는 논의도 있다(Klinkhamer 등, 1987).

이와 같은 불균일한 환경에서 양쪽 걸치기 효과 외에, 이동분산에는 어떤 서식장소에 먹이 등의 자원이 충분히 있는 동안에는 뭉쳐 있으나, 개체수 밀도가 높아져서 한 개체당 환경이 나빠지면 옮겨가기 시작한다는 밀도의존적인 행동도 흔히 볼 수 있다 (밀도의존적 분산(제7장 5절)과 서식장소 선택의 게임(제14장 1절)을 참조). 이와 같이 환경의 불균일성이 전혀 없는 안정된 환경에서도, 이동하는 개체와 이동하지 않는 개체 사이에 혈연관계가 높으면 비용이 드는 이동이 진화되는 것을 Hamilton and May (1977)가 지적하고 있다(다음 장의 연습 14.8 참조).

13.5 경험을 살린다

성장과 행동을 적응적으로 결정하기 위해서는, 경험에 의해 얻어진 정보를 토대로 환경의 평가를 변경하고, 순서대로 결정을 하는 것이 필요해진다. 예를 들면, 동물의 먹이활동에서는 최적의 먹이선택은 그 서식장소에 존재하는 여러 가지 먹이의 양에 따라 변화하는데(제10장 1절), 먹이의 양과 조성은 장소와 시간에 따라 변한다. 따라서 새로운 장소에 뛰어들어서, 다양한 단서와 경험을 사용해서 그 환경에서 먹이의 양과 비율을 추정한 후 이를 근거로 행동을 결정하지 않으면 안 된다.

그런데 기생벌의 암컷이 이미 다른 벌에 의해 기생된 숙주의 비율 p를 추정하는 상황을 생각해보자. 숙주를 한 개체씩 랜덤하게 조사한다고 가정한다. n개체의 숙주를 조사한 바, 그중 k개체가 기생이었다고 하자. 그러면 그 환경에서 기생률은 $p = k/n$이라고 추정해도 좋을까? 겨우 몇 개체만 조사했을 때는, 이와 같은 단순비로 추정하는 것은 바람직하지 않다. 보통은 표본을 추출하기 전에도, 암컷 벌은 그 환경에서 기생률 p에 대해서 어느 정도의 예상을 하고 있을 것이다. 이것을 기생률 p에 관한 확률분포로서 표시하면, **선험분포**(prior distribution)라고 한다. 예로서, p가 β분포를 하고 있어

$$f(p) \propto p^{a-1}(1-p)^{b-1} \tag{13.8}$$

이라고 가정하자. 이 분포의 평균치는 $a/(a+b)$이고 분산은 $ab/(a+b)^2(a+b+1)$이다. 한편 진짜 기생률이 p라고 하면, n개체를 표본추출해서 k개체가 기생이라는 (조건부)확률은 이항분포가 되어

$$\Pr(k|p) = \binom{n}{k} p^k (1-p)^{n-k} \tag{13.9}$$

이다. 여기서, k를 측정한 자료로 알았을 때의 p에 관한 확률분포는 베이즈의 공식에 의해

$$\Pr(p|k) = \frac{\Pr(k|p)f(p)}{\int \Pr(k|p')f(p')dp'} \tag{13.10}$$

인 것에 주목하자. 우변은 선험분포 (13.8)과 조건부확률 (13.9)의 곱에 비례하여

$$\begin{aligned} \Pr(p|k) &\propto p^k (1-p)^{n-k} f(p) \\ &\propto p^{a+k-1} (1-p)^{b+n-k-1} \end{aligned} \tag{13.11}$$

이 된다. 이것을 **사후분포**(posterior distribution)라고 하며, 역시 β분포이고, 평균치가 $(a+k)/(a+b+n)$이다. 사후분포의 평균을 사용한 p의 추정치 $(a+k)/(a+b+n)$는 선험분포의 평균치 $a/(a+b)$와 표본에 의한 평균치 k/n의 중간값이 되고 있다. 만일 a와 b가 크면 선험분포의 분산은 적고, 예리한 정점(peak)을 가지게 되는데, 이것은 벌이 기생률 p에 대해서 충분한 정보를 가진 것으로 나타난다. 이때 적은 표본추출 경험에서는 추정치가 변하지 않는다. 그러나 표본수가 증가함에 따라, 경험에 의한 자료가 보다 중요해진다.

Iwasa 등 (1981)은, 포식자의 패치 이용에 있어서, 패치간의 먹이의 분포가 선험분포이고, 그 패치 속에서 먹이 발견의 실적을 근거하여 패치 이용

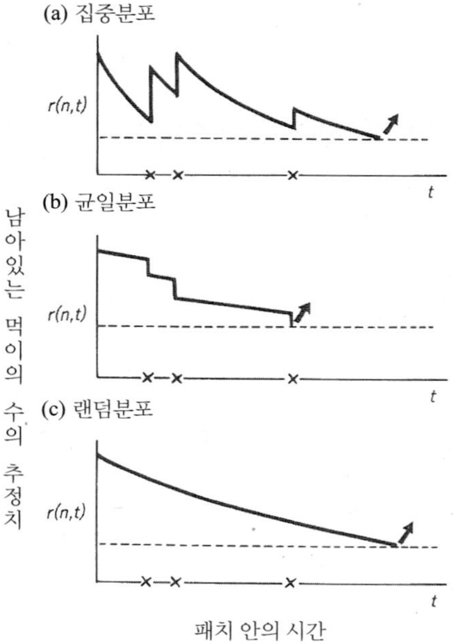

그림 13.5 패치에 날아 든 포식자가 먹이발견의 경험을 근거로, 아직 남아 있는 먹이의 수를 추정한다. 세로축은 남아 있는 먹이의 추정치, 가로축은 패치에 있는 시간, X는 먹이를 발견한 시점을 표시한다. 추정치는 패치당 먹이 수의 분포를 선험분포로 하여, 거기에 먹이탐색 결과의 정보를 추가함으로써 얻은 사후분포를 근거로 계산한다. 그 때문에 먹이의 분포 양식에 따라 크게 변한다. (a) 먹이가 집중분포를 하고 있는 경우. 먹이가 발견되면, 나머지의 먹이의 수에 관한 추정치가 급증한다. (b) 균일분포의 경우. 패치간 먹이 수의 변이가 작으므로, 발견에 의한 추정치의 개선은 작고, 먹이가 처리됨으로써 추정치는 역으로 감소한다. (c) 포아송 분포의 경우. 추정치는 시간 t만의 함수이다. Iwasa 등 (1981)에서. 상세한 것은 Iwasa (1981)을 참조.

의 계속 여부를 결정한다는 모델을 해석했다(巖佐, 1981). 패치간의 먹이분포가 집중분포(제8장을 참조)인 경우에는, 먹이가 보다 많이 발견될수록 그 패치에서 오래 탐색하는 것을 알 수 있다. 왜냐하면, 패치의 질에 큰 차가 있기 때문에 하나의 먹이가 발견되면 같은 패치에는 다른 먹이가 많이 있을 가능성이 높기 때문이다(그림 13.5a). 이에 반해서, 패치당 먹이 수의 분산이 적은 균일분포이면, 역으로 먹이가 잘 발견되는 경우에는 보다 빨리 먹이탐사를 중단해야함을 알 수 있다. 중간의 포아송 분포에서는 먹이가 잡히는 방법여하에 관계없이 정해진 시간이 되면 떠나는 것이 좋다(그림 13.5b와 13.5c). 즉 경험을 살린 최적 먹이잡이 행동을 하는 경우에는, 먹이의 분포 형이 큰 영향을 준다.

13.6 정보를 수집한다

다음과 같은 예를 생각해보자. 두 개의 어장이 있다. 한쪽 어장은 일정한 어획고를 나타내고, 다른 쪽은 평균적으로 어획고는 떨어지나 해마다 변동이 크므로 어쩌면 풍어가 될지도 모른다. 어획이 허용된 몇 일간의 기간에는, 매일 고기잡이에 나간다고 하자. 만일 과거의 경험을 근거로 추정한 어획고가 큰 쪽에서만 고기잡이를 한다면, 어획고의 평균치가 높은 제1어장에만 가게 될 것이다. 그러면 제2어장에서 그 해에 물고기가 얼마나 있는가를 조사할 기회가 없어진다. 따라서 이 경우의 최적전략은, 먼저 평균에서는 뒤지나 분산이 큰 제2어장에 가서 물고기가 많이 잡히면 거기서 고기잡이를 계속하고, 그다지 잡히지 않으면 그 후 제1어장에 간다는 것이다 (Mangel and Clark, 1983). Shettleworth 등 (1988)은 실내에서 장치를 사용한 고기잡이 행동의 실험에 의해, 흰점찌르레기가 이와 같은 조사를 위한 표본추출 행동을 하고 있는 것을 보여주고 있다.

이와 같이, 장래의 결정에 유리한 정보를 획득하기 위한 표본추출 행동을 하는 것을 **능동적 적응법**이라고 한다. 이에 비해, 과거의 경험에 기초하여 베이즈 공식을 사용하여 환경의 좋고 나쁨을 추정하고, 그 값을 써서 결정론적 모델에 적용하는 것은 **수동적 적응법**이라 하며, 반드시 최적은 아니다. 그러나 적극적 갱신에 기초한 최적해를 계산하는 것은, 극히 간단한 모델에 있어서도 방대한 수치계산을 요하므로, 중간적인 근사 해법이 제안되어 있다.

13.7 역경 적응 식물

앞 장에서는 성장의 최적 스케줄이 환경의 좋고 나쁨에 좌우됨을 보았다. 예를 들면 일년생 풀은, 빛과 수분 등이 충분히 있어서 광합성 속도가 높은 경우에는, 비교적 늦게까지 잎을 펴서 영양성장을 하는 것이 적응적이나, 자원 수준이 낮으면 일찍부터 번식에 들어갈 필요가 있다. 그러나 식물의 생육환경에서 자원 수준은, 시간적으로나 공간적으로 크게 변동하고 있다. 식물이 적응적인 성장을 하기 위해서는, 현재까지의 환경변동을 토대로 장래의 수준을 추정하고, 이를 바탕으로 결정을 내릴 필요가 있다. 예를 들면, 식물의 영양기관의 크기 $x(t)$가

$$\frac{dx}{dt} = (1 - u(t))\frac{a(t)x}{(1 + hx)} \tag{13.12}$$

에 따라서 변화한다고 하고, 자원 수준 $a(t)$가 고저의 두 값 사이에서 급증하는 경우, 또는 확산과정에서 요동하는 경우에 대해서 총 번식투자량의 평균치

$$\phi = E\left[\int_0^T u(t)\frac{a(t)x}{(1 + hx)}dt\right] \rightarrow \text{최대} \tag{13.13}$$

를 최대로 하는 성장 양상을 동적계획에 기초하여 해석할 수 있다. 최적의 성장 양상은, 현재의 자원 수준 $a(t)$가 높으면 당분간은 높은 값이 계속될 가능성이 있으므로 영양성장을 다시 계속하고, $a(t)$가 낮으면 일찍부터 번식을 시작하는 등, 현재의 환경의 자원공급 수준에 대응하여 성장스케줄을 바꾸는 것이다. 이것은 식물의 가소성의 적응적 의의를 표시한다고 생각된

다. 그러나 환경의 변동이 빈번히 일어나는 경우에는, 현재의 수준에 관계없이 평균자원 수준에 의해 정해지는 시점에서 번식을 개시한다는 고정적인 성장스케줄이 최적해이다.

Grime (1977, 1979)은 식물의 생활사를 유형화하여, 산불과 포식자 등의 교란에 의해 다른 식물이 제거된 틈을 타서 재빨리 성장한다는 교란 내성형(ruderal)과 빛, 영양염류, 서식장소 등의 자원을 둘러싸고 다른 개체에 이기려 하는 경쟁형(competitive), 그리고 물과 영양염류 등의 자원이 항상 적고 온도 조건 등이 나쁜 환경에 적응하는 성장속도가 대단히 느린 환경압 내성형(environmental stress tolerance)을 제시했다. 실험조건하에서 영양염류가 충분히 있는 환경에서 경쟁형 식물은 즉시 반응하여 적극적으로 잎을 전개하여 영양성장을 하는데 비해, 환경압 내성형 식물은 반응하지 않는다. 변동환경에서 최적성장을 생각하면, 식물이 그때 주어진 자원 수준에 재빨리 응답하는 것이 반드시 적응적인 것만은 아니다. 왜냐하면, 지금의 자원 수준이 높더라도 그것이 곧 원래의 낮은 수준으로 돌아간다고 하면 잎을 전개하기 위해 사용한 물질이 쓸데없게 되기 때문이다. 바꾸어 말하면, 환경압 내성형 식물은 항상 나쁜 환경에 적응하고 있기 때문에 장래에 대해 '비관적'이므로 실험적으로 주어진 좋은 환경에 응답하지 않는 것이다(Iwasa, 1991b).

많은 식물은 초식동물과 곤충 등에 잎을 먹힌 후 지하와 수목의 저장물질을 사용하여 광합성기관을 회복할 수 있다. 이와 같이 예측할 수 없는 재해에 대비할 저장물질의 양에 대해서도 동적계획법을 써서 풀 수가 있다.

연습문제 / 추가 참고문헌

연습 13.1 아래와 같이 하여 식 (13.4)를 도출하라. 식 (13.3)을 반복해서 사용하면, $N_i(t) = W_i(t-1) \cdots W_i(0) N_i(0)$이 나온다. 그러므로 두 유형의 수의 비율은

$$\frac{N_A(t)}{N_B(t)} = \frac{N_A(0)}{N_B(0)} \exp\left[t \left\{ \frac{1}{t} \sum_{s=0}^{t-1} \log W_A(s) - \frac{1}{t} \sum_{s=o}^{t-1} \log W_B(s) \right\} \right]$$

를 만족하는 것을 알 수 있다. 여기서 t가 무한히 크게 되면 식 (13.4a)가 얻어진다.

연습 13.2 환경의 연변동이 없는 경우에는 휴면하지 않는($x = 1$) 것이 최적해임을 다음과 같이 증명하라. 우선 $Y_1 = Y_2 = \cdots Y$이므로, 1년당의 종자의 증가율은

$$R_t = xY + (1-x)S \qquad (t = 1, 2, \cdots)$$

이다. 변동하지 않으므로 기하평균도 같다. $Y < S < 1$이면, x가 어떤 값이라도 $R_t < 1$이 되어 개체군은 멸종하므로, 당연히 $Y > S$이어야 한다. 그러면 R을 최대로 하는 최적해는 $x = 1$임을 알 수 있다.

연습 13.3 식 (13.7)을 유도하라.

추가 참고문헌: 정보의 수집과 이용에 대해서는 인간이 자연자원을 이용하는 경우에도 중요하다. Clark (1985)는 어업에 대하여 기술하고 있다. 확률적·동적계획법에 대해서는 Mangel (1985)이 알기 쉽다.

제14장 여러 가지 게임 모델

두 개의 먹이잡이 장소가 있다고 하면, 동물은 어느 장소에서 먹이를 찾을 것인가? 이 문제에 대해서는 제10장 3절에서 논의했다. 각각의 개체는 먹이가 많아서 보다 높은 섭식속도를 실현할 수 있는 쪽을 선택하려 할 것이다. 그런데 다수의 개체가 섭식할 경우에는, 각각의 장소를 이용하는 다른 개체의 수가 증가함에 따라 먹이를 구하기가 점점 어려워진다. 이 때문에 어떤 개체의 최적 행동은 다른 개체의 행동에 의해 변하게 되는데, 다른 개체도 자신의 행동을 적응적으로 결정하므로 다소 복잡해진다. 각각의 개체가 적응적으로 행동할 경우, 그 결과로서 나타나는 상태는 앞 장까지의 최적 제어이론이 아니고 게임 이론에 의해 다루어진다.

이 장에서는 게임 모델의 예로서 먹이잡이 장소의 선택 외에 암수 어느 쪽이 자손을 돌볼 것인가 동물의 의식(儀式)적 투쟁, 수목의 높이 등을 취급한다.

14.1 먹이잡이 장소 선택의 게임

두 개의 먹이잡이 장소($i = 1, 2$)에 있는 개체의 수를 x_1 및 x_2 라 하자. 먹

이잡이 장소에서 한 개체당 섭식속도는, 먹이잡이 개체수와 함께 감소하여

$$f_i(x_i) = a_i - bx_i \qquad (i = 1, 2) \tag{14.1}$$

가 된다고 가정하자. 다른 개체가 없을 때는, 제1의 먹이잡이 장소 쪽이 우세하므로 $a_1 > a_2$라고 한다.

전체로 N개체가 있어서 $N = x_1 + x_2$라 하자. N이 작으면, 모든 개체가 보다 좋은 장소($i = 1$)에서 먹이를 잡으므로, $x_1 = N$이고 $x_2 = 0$이다(그림 14.1). 개체수가 많아짐에 따라서, 각 개체의 섭식속도는 점차로 느려져, 어떤 밀도에서 제2의 장소에서 속도와 같게 된다. 더욱 더 밀도가 증가하면, 양쪽의 장소가 모두 이용된다. 각각의 개체가 섭식속도가 높은 쪽을 선택한다고 하면, 평형상태에서는 개체당의 섭식속도가 같다는 관계

$$f_1(x_1) = f_2(x_2) \tag{14.2}$$

가 성립할 것이다.

그림 14.1 두 개의 먹이잡이 장소를 사용하는 경우, 개체수가 적을 때는 좋은 쪽의 장소만 이용하나, 개체수가 많아지면 차선의 장소도 이용하게 된다. 이때 각각의 개체가 먹이잡이 효율이 높은 장소를 선택하는 게임의 모델과, 전체로서 자원이용의 효율을 높게 하는 것은, 양적으로 다른 결과를 낳는다.

이 식과 $N = x_1 + x_2$ 를 연립해서 풀면, 각각의 장소에서 먹이잡이 개체수를 전 개체수 N의 함수로 구할 수 있어서, 그림 14.2a와 같이 된다(연습 14.1 참조). 이것은 N명의 경기자(player)가 스스로의 먹이잡이 속도를 이득함수로 하여, 그것이 높게끔 먹이잡이 장소에서 어떤 전략을 결정하는 비협력 게임이다. 결과로서 얻어지는 해를 **비협력평형** 또는 **내시평형**(Nash equilibrium)이라고 부른다.

이것과 조금 다른 상황으로, 집단의 개체가 협력하여 N개체 전체에서 자원이용효율을 높게 하게끔 먹이잡이를 했다고 생각해보자. 이용한 자원량은,

$$\phi = x_1 f_1(x_1) + x_2 f_2(x_2) \tag{14.3}$$

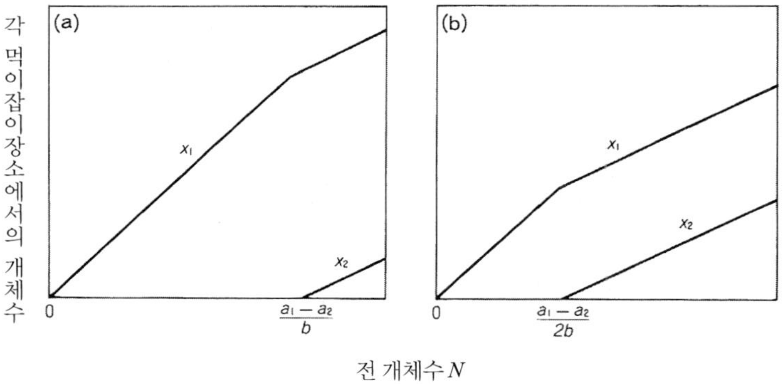

그림 14.2 가로축은 전 개체수, 세로축은 각각의 장소를 이용하는 개체수 x_1과 x_2를 표시한다. (a) 각각의 개체가 스스로의 먹이잡이 효율을 높이게끔 장소를 선택한 경우의 해. (b) 전체적으로 자원이용 효율을 최대로 하는 장소를 이용한 경우의 해. 차선의 장소를 이용하기 시작하는 밀도는 (a)쪽이 (b)쪽보다도 2배 큰 것에 주의.

이다. 이것을 $x_1 + x_2 = N$인 제약 하에서 최대로 하는 해는 그림 14.2b와 같이 된다(연습 14.2 참조). 각각의 개체가 스스로의 이익에 따라 장소를 선택한다는 앞 문제의 해와 비교하면, 보다 낮은 밀도에서(꼭 반의 밀도) 차선의 장소를 이용하기 시작하는 것을 알 수 있다. 이때는, 이동한 개체 자신의 섭식속도는 남아있는 것보다 나빠지나, 한편으로는 장소 1에서 밀도가 감소하므로 거기서 섭식을 계속하는 나머지 $N-1$개체에 대해서는 섭식속도가 개선되는 것이다.

이와 같이 집단의 개체가 협력한 경우와, 각각이 자신의 이득을 높이게 선택한 경우의 해가 다르다고 하면, 어느 쪽의 양상이 진화할 것인가? 적응전략이 성립한다고 생각하는 근거에 대한 의논(제10장 2절)을 생각하면 알 수 있는 것과 같이, 자연선택이라는 면에서는, 각각의 개체가 스스로의 번식성공도를 높이게 선택하는 비협력평형이 기본적이다.

그러나 협력이 진화하는 것이 불가능하다는 것은 아니다. 예를 들면, 양친이 같은 형제는 약 반수의 유전자를 공유하므로, 형제가 번식하면 간접적으로 스스로의 유전자를 증가시키는 효과가 있다. 그 결과, 자신의 섭식속도가 낮아져도 제1장소에 남은 형제의 섭식속도를 개선하게, 일찌감치 차선의 장소를 사용하는 행동을 일으키는 유전자는 집단 중에 퍼져나갈 수 있다. 이것을 **혈연선택**(kin selection)이라고 한다. 그 결과 그림 14.2a와 그림 14.2b의 중간적인 행동이 진화하게 될 것이다. 이와 같이 상호작용하는 개체가 형제, 자매 등의 혈연관계에 있을 경우에는, 진화해야할 행동을 결정하는 잣대는 다른 개체의 번식성공도도 고려할 필요가 있다. 자신의 번식성공도를 낮추고 다른 개체의 번식성공도를 개선하는 이타행동(altruistic behavior)이 진화하는 메커니즘에 대해서는, 제18장에서 설명한다.

수조의 물고기나 연못의 오리 등에게 2개의 장소에서 동시에 먹이를 주는 실험을 하면, 먹이의 공급 속도에 비례하여 각각의 장소에 개체수가 나뉘는 결과가 나온다. 이것은 1개체당 먹이의 수량이 같아진다는 이상자유분포와 일치하고 있다(연습 14.3 참조).

14.2 어느 쪽이 자손을 돌볼 것인가

어미가 태어난 자손을 돌보는 동물이 있다. 포유류는 암컷이 자손에게 젖을 주는 것에 비해, 수컷은 교미만 하고 자손을 돌보지 않는 것이 보통이다. 이와는 달리, 새는 수컷과 암컷이 모두 자손에게 먹이를 주는 것이 많고, 어류는 포유류와는 반대로 암컷은 산란만하고 수컷이 깨끗한 물을 보내고 청소를 하는 식으로 알과 자손을 돌보는 경우가 적지 않다. 물론 자손을 낳아놓고 돌보지 않는 동물도 많다. 이와 같이 양친 또는 한쪽 성이 자손을 돌보는 것은 어떠한 상황에서 진화하는가를 설명하는 게임 모델을 소개하고자 한다(Maynard Smith, 1977).

이 게임의 경기자는 수컷과 암컷의 두 개체이다. 태어난 자손을 돌보는지 돌보지 않는지는 스스로의 번식성공을 높이게 정해진다고 하자. 자손의 생존율을 양친이 돌보면 S_2, 한쪽만 돌보면 S_1, 부모가 모두 돌보지 않으면 S_0라고 하면, $S_2 > S_1 > S_0$ 이 된다. 자손을 돌보는 데는 비용이 든다. 자손을 돌보는 암컷이 생산하는 알의 수는 v이고, 낳고 방치하는 암컷의 알의 수 V보다 작다($v < V$)고 가정하자. 수컷이 자손을 돌보고 있으면 암컷과 교미하는 기회를 놓쳐버려, 다음 번식에 참가할 수 있는 확률 P가 감소하여 p가 된다고 하자($p < P$). 암수 각각의 이득, 즉 번식성공도는 표14.1과 같이 쓸 수 있다. 예를 들면 양성이 돌볼 경우에는, 암컷의 이득은 산란수와 자손의

생존율의 곱 vS_2이고, 수컷의 이득은 다른 암컷과 교미할 가능성 p를 생각하여 $vS_2(1+p)$가 된다.

그런데 이와 같은 집단에 있어서, 수컷이 자손을 돌보는 것을 포기하는 돌연변이가 생겼다고 하자. 그러면 수컷의 이득은 $vS_1(1+P)$로 변한다. 이것이 자손을 돌보는 수컷의 것보다 크면, 돌연변이체는 집단 중에서 빈도가 증가해 버린다. 따라서 수컷의 돌보는 행동이 진화과정에서 유지되기 위해서는 $vS_2(1+p) > vS_1(1+P)$가 필요하다. 같은 방법으로 암컷이 돌보는 것의 조건은 $vS_2 > VS_1$ 이다. 합해서

$$S_2(1+p) > S_1(1+P) \text{이고} \quad vS_2 > VS_1 \tag{14.4}$$

일 때는, 암수가 돌보는 상태가 진화적으로 안정(evolutionarily stable)하다고 할 수 있다. 여기서는 상대가 그 전략을 계속하는 한, 스스로의 전략을 바꾸면 손해를 보므로 게임 이론의 용어로는 비협력평형 또는 내시평형이라고 한다. 한쪽 어미만으로는 자손을 돌보는 것이 충분하지 않고, 양친에 의한 돌봄이 필요한 경우에는, S_2가 S_1에 비해 압도적으로 크므로 식 (14.4)가 만족되어 암수 모두에 의한 돌봄이 진화해야함을 알 수 있다.

표 14.1에는 (1) 암수 모두가 돌보고, (2) 수컷이 돌보고 암컷이 돌보지 않는, (3) 암컷이 돌보고 수컷이 돌보지 않는, 그리고 (4) 어느 쪽도 자손을 돌보지 않는 상태가 있고, 각각이 진화적으로 안정해지기 위한 조건을 구할 수 있다(연습 14.4 참조). 이들은 각각의 상태가 진화하기 위해서 매개변수의 값이 만족해야할 필요조건이다. 그러나 매개변수가 결정되더라도 진화해야할 상태가 하나로 정해진다고는 할 수 없다. 예를 들면, 자손을 돌보는 것은 어느 한쪽의 어미만으로 충분하나, 돌보지 않는 경우에는 생존율이 대

단히 저하하는 경우를 생각해보면, $S_2 = S_1 \gg S_0$ 이다($\gg$는 대소관계에 큰 차가 있는 것을 표시). 그러면 (2) 수컷이 돌보고 암컷은 돌보지 않는 상태와, (3) 암컷이 돌보고 수컷은 돌보지 않는 상태의 양쪽 모두가 진화적으로 안정해진다. 어느 상태에서도, 일단 진화하면 그 후는 거기에 머무르므로, 어느 쪽으로 진화하는가는 역사적 경위에 의해 결정되게 된다.

표 14.1 자손 돌보기 게임의 이득표

		암컷이 자손 돌보기를	
		한다	하지 않는다
수컷이 자손 돌보기를	한다	vS_2 $vS_2(1+p)$	VS_1 $VS_1(1+p)$
	하지 않는다	vS_1 $vS_1(1+P)$	VS_0 $VS_0(1+P)$

사선 아래쪽은 수컷에 대한 이득(번식성공), 위의 것은 암컷에 대한 이득을 표시한다. 자손을 돌볼지 여부는, 상대가 돌볼지 여부에 좌우되므로 게임 모델이 된다. 진화적으로 안정한 자손을 돌보는 양상에서는, 어느 쪽의 어미도 지금과 다른 행동을 하면 이득이 감소한다. S_0, S_1 및 S_2는 자손의 생존율, V와 v는 암컷의 산란수, P와 p는 수컷이 다시 번식할 수 있는 확률을 표시하고 있다.

14.3 동물의 투쟁: 매 · 비둘기 게임

동물이 교미상대와 먹이라는 자원을 둘러싼 투쟁을 하는 경우에, 설령 상대에게 치명상을 주는 무기를 가지더라도 동종 개체에 대해서는 그것을 사용하지 않고, 의식적인 위협에 의해서 결말을 짓는 일이 흔하다. 과거에 이러한 행동이 진화한 이유는, 격렬한 투쟁에서 서로 살상을 반복한 종은 소모하여 멸망해버리고, 살상을 피하는 행동 규칙에 성공한 종만이 현재 남아있는 것이라고 설명되어 왔다. 그러나 가지고 있는 무기를 최대한 유효하게 사용하여 상대를 이기려고 하는 개체는 투쟁에 이기기 쉽고, 그 자손이 퍼질 것이다. 그러면 종 전체에 이득이 되는 행동은, 바로 공격적인 행동으로 바뀔 것으로 생각된다. 지금까지 생물의 적응전략을 설명하는데 이용되어 온 것은, '번식성공도가 높은 형이 퍼져간다'는 자연선택이었는데, 이것에 의해서만 의식적 투쟁이 진화하는 것을 설명할 수 없는 것일까? 그래서, Maynard Smith and Price (1973)는 다음과 같은 양자간의 투쟁 게임을 생각했다.

집단 중의 두 개체 간에 먹이와 배우자 등을 둘러싼 투쟁이 일어난다. 이때 싸움이 격렬(escalate)해져, 가지고 있는 무기를 유용하게 사용하여 상대를 이기려는 '매(hawk)' 전략과, 의식(儀式)적인 투쟁을 하다가 상대가 격렬해지면 도망가는 '비둘기(dove)' 전략을 생각하자. 투쟁에 이기면 V만큼 이득이 얻어지나, 양자가 격렬해진 쪽이 부상을 입을 경우 C만큼의 손실을 입는다고 하자. 그러면, 자기와 상대의 전략에 대응해서 투쟁에 의한 이득과 손실은 표 14.2와 같이 된다. 예를 들면, 매끼리 만나 양쪽 모두 격렬해질

표 14.2 매 · 비둘기 게임의 이득표

		상 대	
		매(H)	비둘기(D)
자 신	매(H)	$\frac{V-C}{2}$	V
	비둘기(D)	0	$\frac{V}{2}$

표 14.2 매와 비둘기가 섞이는 집단에서는, 매와 비둘기의 투쟁에 의한 이득은 대전 상대에 따라 달라진다. V는 이겨서 자원(먹이와 교미상대)을 얻음으로써 생기는 이득, C는 투쟁이 격렬해져 부상당함으로써 입는 손실을 표시한다. 본문에서는 이들의 요소를 $E(H,H)=(V-C)/2$, $E(H,D)=V$, $E(D,H)=0$, $E(D,D)=V/2$로 표시했다.

경우, 승률에 차가 없으면, 1/2확률로 V만큼 얻어지고 1/2확률로 C만큼 잃으므로 평균 이득은 $E(H,H)=(V-C)/2$이다. 매가 비둘기와 만나면 반드시 이기므로 $E(H,D)=V$이고, 역으로 매를 만난 비둘기는 도망가므로 $E(D,H)=0$이나, 어느 쪽도 부상을 입지 않는다. 비둘기끼리이면 랜덤하게 이겨서 $E(D,D)=V/2$이다(연습 14.5 참조).

어떤 전략의 투쟁에 의한 평균이득은, 집단에 있는 다른 개체의 행동의 빈도에 의해 변화한다. 예를 들면, 매는 비둘기만의 집단에 침입하면 항상 이기므로 유리해져 점점 퍼져가나, 매만의 집단 중에서는 서로 해침으로써 오히려 불리해진다.

이와 같이 계산한 이득에 따라서 번식의 성공도가 정해지고, 다른 쪽보다 높은 이득을 가지는 행동이 다음 세대에서 보다 높은 비율을 점유하는 형(型)의 동태를 생각하자. 그 결과 실현되는 안정한 평형상태에서 우점하는 행동 유형(전략)은, 그것과 다른 행동을 하는 개체가 소수 침입하더라도, 적응도가 낮기 때문에 침입자의 자손이 퍼질 수 없다는 성질을 가질 것이다. 이것을 **진화적 안정 전략**(evolutionarily Stable Strategy, ESS)이라고 한다. 지금 전략 I를 행하는 개체가 차지하고 있는 집단에, 근소한 빈도 p만큼 전략 J를 취하는 개체가 섞여 있어서, 랜덤하게 만난 상대와 투쟁한다고 하자. 각각의 유형의 평균이득은

$$W(I)=W_0+(1-p)E(I,I)+pE(I,J) \tag{14.5a}$$

$$W(J)=W_0+(1-p)E(J,I)+pE(J,J) \tag{14.5b}$$

이다. 여기서 W_0는 투쟁이 없을 때의 값이다. 돌연변이 J가 증가할 수 없는 것은 $W(I)>W(J)$일 때인데, p가 1에 비해 대단히 작으므로, 이 부등식은

$$E(I,I) > E(J,I)$$
$$\text{또는,}\quad E(I,I) = E(J,I)\text{이고}\quad E(I,J) > E(J,J) \tag{14.6}$$

으로 바꾸어 쓸 수 있다. 식 (14.6)이 I 외에 모든 전략 J에 대해서 성립하는 것이 전략 I가 ESS이기 위한 조건이다.

부상에 의한 손실은, 자원량보다 클 것이므로 $C > V$라고 가정하자. 비둘기만 있는 집단에서 매는 항상 이기므로 증가하고, 비둘기전략은 ESS가 될 수 없다. 이것은 표 14.2에 있어서 $E(H, D) > E(D, D)$이므로 식 (14.6)이 만족되지 않는다. 그런데 매전략도 ESS가 아니다. 왜냐하면, 매끼리는 싸움에 의해 부상을 입는 것에 반해 비둘기는 도망만 하므로, 이기지는 못하더라도 부상은 입지 않기 때문에 매만이 있는 집단에서는 비둘기가 증가할 수가 있기 때문이다.

그래서, 확률적으로 매전략과 비둘기전략을 섞어서 사용하는 혼합전략을 생각해보자. 그러면 '확률 V/C로 매, 확률 $1 - V/C$로 비둘기'라는 혼합전략이 식 (14.6)을 만족하는 ESS인 것을 증명할 수 있다. 그것이 차지하는 집단에서는 매와 비둘기의 평균이득이 같아진다(연습 14.6). 혼합전략의 의미로서는, 집단 중의 각각의 개체가 상기의 비율로 매와 비둘기의 전략을 사용하는 경우 외에, 매전략가와 비둘기전략가가 일정한 비율로 공존한다는 다형(多型)으로도 생각되어 지는데, 어느 쪽이 실현될 것인가는 이 게임모델에서는 의논될 수 없다.

$V > C$이면, 매전략이 진화적으로 안정해진다. 이것은 대단히 가치가 높은 것을 둘러싸고 다투는 경우에는, 의식화된 투쟁보다는 직접적인 투쟁으로 진화하는 것을 의미하고 있다.

그러나, 가령 $V < C$라 하더라도 어떤 비율로 투쟁은 생길 것이다(연습

14.7 참조). 옛날에 동물은 인간과 달라서 동종내 투쟁에서는 상처받지 않게끔 진화된다고 했으나, 잘 관찰하면 싸움이 격렬해져 부상을 입든지, 드물게 서로 죽이기까지도 한다. 그렇더라도 어떤 개체도 무기를 사용하지 않는 상태로 진화할 수 없는가? 여기서, 동일한 상대와 여러 번 투쟁을 할 때 처음은 비둘기로 행동하고 있으나, 상대가 격렬해지면 성을 내서 다음부터는 스스로도 격렬해진다는 보복 전략을 생각하게 되었다. 앞의 매 · 비둘기 게임에 보복 전략을 더해서 확장하면, 이것이 ESS가 됨을 알 수 있다. 즉 보복 전략을 취하는 개체만으로 이루어진 집단에는 매전략은 침입할 수 없는 것이다. 이것이 의식적 투쟁의 진화를 설명하고 있다고 할 수 있다.

먹이잡이나 집짓기 장소 및 세력권을 둘러싼 동물의 투쟁에 있어서 한쪽이 먼저 발견하여 사용하고 있는 곳에 다른 쪽이 침입해 온다는 비대칭성이 보통이다. 그래서 스스로가 소유자인 경우에는 강인하게 나와서 매처럼 행동하나, 침입자일 때는 조심해서 비둘기전략을 취하는 부르주아(bourgeois)전략을 생각해보자. 이것은 자원의 소유권을 존중하는 행동이라 할 수 있다. 1/2의 확률로 소유자가 된다고 하면, 이득행렬은 표 14.3에 있는 것과 같이 계산될 수 있다. 부르주아전략이 전체를 차지하는 집단에는 매도 비둘기도 침입할 수 없으므로, 이 게임에서는 부르주아전략이 ESS이다.

동물에는 세력견제를 위시하여, 소유권을 인정하는 것과 같은 행동이 보인다. 예를 들면, 숲 속의 뱀눈나비의 수컷은 나무 사이로 햇볕이 쪼이는 무늬모양의 장소(패치)에서 몸을 따뜻하게 하면서 암컷을 기다리나, 다른 수컷이 나타나면 날아올라서 쫓아버린다. 보통은 침입자가 먼저 있는 수컷을 알아차리고 떠난다. 인위적으로 수컷을 제거해보면, 다른 수컷이 와서 자리를 잡고, 그 후에는 소유자로서 행동하게 된다. 두 마리 수컷 모두 자신이 패

표 14.3 매–비둘기–부르주아 게임의 이득표

		상 대		
		매	비둘기	부르주아
자 신	매	$\frac{V-C}{2}$	V	$\frac{3V-C}{4}$
	비둘기	0	$\frac{V}{2}$	$\frac{V}{4}$
	부르주아	$\frac{V-C}{4}$	$\frac{3V}{4}$	$\frac{V}{2}$

부르주아전략은 경쟁하고 있는 자원(먹이와 교미상대)을 상대보다 먼저 발견했을 때는 강하게 되어 매로서 행동하고, 뒤에 발견했을 경우에는 약하게 되어 비둘기로 행동하는 것이다. 부르주아전략끼리는 서로 다툼을 일으키지 않고 자원을 잘 나눌 수가 있다. 이에 대해서, 자원을 발견한 순서를 무시하고 행동하는 비둘기와 매는 부르주아가 차지하는 집단에는 침입할 수가 없다.

치의 소유자라고 생각되게 하면, 서로 양보하지 않고, 대단히 긴 투쟁이 계속되는 것을 볼 수 있다(Davies, 1978).

이외에도 격렬해졌을 때 이길 확률과 부상을 입었을 때의 대가, 자원을 입수했을 때의 이익 등이 개체에 의한 차이가 있는 경우와 그 차이를 알고 싸우는 경우 등, 동물의 투쟁에 수반되는 여러 가지 흥정을 설명할 수 있게끔 게임 모델이 전개되고 있다(Maynard Smith, 1982).

14.4 지구전 게임

혼합전략의 전형적인 예는, 지구전 게임이다. 이것은 두 개체가 자원을 둘러싸고 투쟁하여, 어느 한쪽이 물러났을 때 다른 쪽이 자원의 이득 V를 모두 차지한다는 게임이다. 싸움이 길어지면, 어느 개체에도 그 시간 t에 비례한 ct라는 비용이 든다고 가정한다.

어떤 시간 t만큼 버텨봐서, 그때까지 상대가 항복하지 않으면 자기가 물러난다는 전략을 생각해보자. 전원이 공통적으로 버티는 시간을 가지는 상황은 ESS가 되지 않는다. 왜냐하면 만일 상대가 어떤 시각에 포기하는 것이 미리 알려져 있으면, 상대보다 약간 길게 버티는 유형은 추가비용을 거의 지불하지 않고 반드시 승리하기 때문이다. 그러므로 진화적으로 안정한 상태에서는 버티는 시간을 다양하게 가지는 개체들이 혼합되어 있어서, 상대가 언제 항복할 것인가를 예측할 수 없는 형이 되어 있을 것이다. 계산해보면, 다음의 지수분포

$$p(t) = \exp\left(-\frac{c}{V}t\right)\frac{c}{V} \tag{14.7}$$

가 진화적으로 안정한 혼합전략이다. 이것을 실현하기 위해서는, 각각의 개체가 식 (14.7)의 분포를 가지고 랜덤하게 항복하는 경우라도 좋고, 여러 가지 버티기 시간 t를 가지는 개체가 이 식이 표시하는 비율로 혼합되어 있어도 상관없다. ESS인 식 (14.7)을 사용하는 상대와 대전했을 때는, 상이한 t를 가지는 개체들이 동일한 평균이득을 누린다(연습 14.8 참조). 이와 같이 혼합전략이 ESS일 때는 각각의 행동을 취하는 개체의 평균이득이 같아진다는 성질은 비둘기와 매 게임의 혼합전략이나 서식장소선택 게임의 이상자유분포에도 공통되는 결과로서 이를 **비숍·캐닝의 정리**라 부른다.

14.5 수목의 높이와 수관의 모양

앞 절까지는 동물행동에 관한 예만 들었으므로, 이 절에서는 식물이 행하고 있는 게임 모델을 고려해 보자(Iwasa 등, 1985).

수목은 상당한 대가를 지불하고 수관을 들어 올려서 광합성기관의 광환경을 개선하고 있다. 고립하여 생육하는 수목에는 수관을 높게 하기 위한 줄기는 필요 없다. 그러나 숲 속의 수목은 둘러싸는 다른 개체보다 수관이 낮으면 광환경이 나빠지므로 긴 줄기를 가져야만 한다. 가상적으로 숲의 모든 개체가 일제히 수관을 내렸다고 상상해보자. 그러면 줄기를 만드는 대가를 지불하지 않아도 되므로, 어느 개체에 대해서도 유리할 것이다. 그러나 이 상황은 진화에서는 실현되지 않는다. 왜냐하면, 다른 개체보다 조금이라도 높은 수관을 가지는 개체는 주위의 개체를 희생으로 보다 좋은 광환경을 누릴 수 있어서 결국 많은 자손을 남기게 되어 집단 중에 퍼져 나가게 되기 때문이다. 이와 같이 점차로 줄기가 길어지게끔 진화를 계속하여, 보다 긴 줄기를 만드는 대가의 상승과 비교해서 이득이 없어지는 상황에서 성장을 중지한다. 그 결과, 숲에서 자라는 수목은 상당한 대가를 지불하여 큰 줄기를 가지게끔 진화한다고 생각된다.

수관의 크기와 형이 일정하다고 하고, 어느 높이까지 들어 올릴까를 각각의 개체가 자유로이 결정하는 게임을 생각해보자. 지상에서 수관 한가운데까지의 높이를 x라 하고 그 수목의 이득을

$$\phi = f(L(x)) - c(x) \tag{14.8}$$

로 두자. 여기서 제1항은 광합성에 의한 물질생산이고, 수관의 높이 x에서

빛의 세기 $L(x)$와 함께 증가하며, $f(L(x)) = a\log L(x) + b$라 하자. 식 (14.8)의 제2항은 수관의 높이를 x까지 들어 올리는데 수반되는 대가를 표시하는데, 바람에 넘어지지 않는 단단한 수목을 구축하는 대가와 높은 수관까지 물질을 수송하는 유지대가를 포함하고 있다. 높이에 비례하는 이상의 속도로 증가하는 것으로 생각하여, $c(x) = c_0 x^2$으로 두어보자.

어떤 높이에서 빛의 세기는, 그 보다 높은 층에 있는 잎의 양과 함께 지수함수로 감소하는 것이 알려져 있다. 높이 x이상에 있는 잎의 양(엽면적지수, Leaf Area Index)을 LAI_x라 쓰면, 높이 x에서 빛의 세기는

$$L(x) = L_0 \exp(-\alpha \mathrm{LAI}_x) \tag{14.9}$$

가 된다. 숲의 모든 수목의 높이가 x^*이고, 수관의 폭이 k라고 하면, 간단하게

$$\alpha \mathrm{LAI}_x = \begin{cases} D\rho_w, & x < x^* - k/2 \\ D\rho_w (x^* - x + k/2)/k, & x^* - k/2 < x < x^* + k/2 \\ 0, & x > x^* + k/2 \end{cases} \tag{14.10}$$

로 둘 수 있다(그림 14.3). 여기서 ρ_w는 수관에 의해 빛이 차단되는 효과의 세기를 표시하고, 수목의 잎의 양과 투과계수에 의해서 결정된다. D는 수목의 밀도다.

이와 같이 하여 진화한 결과로 실현되는 ESS 또는 단형평형해(monomorphic equilibrium)에 있어서의 나무 높이 x^*는, ϕ가 x^*에서 최대로 되는 것에서

$$x^* = \frac{aD\rho_w}{2c_0 k} \propto \frac{(\text{광합성속도})(\text{차광도})}{(\text{대가의계수})(\text{수관의두께})} \tag{14.11}$$

로 구해진다(연습 14.9 참조). 즉 나무높이는 수목의 밀도, 잎의 양 등의 빛을 차단하는 효과의 세기와 함께 증가하고, 줄기를 가지기 위한 대가 및 수관의 두께와 함께 감소한다.

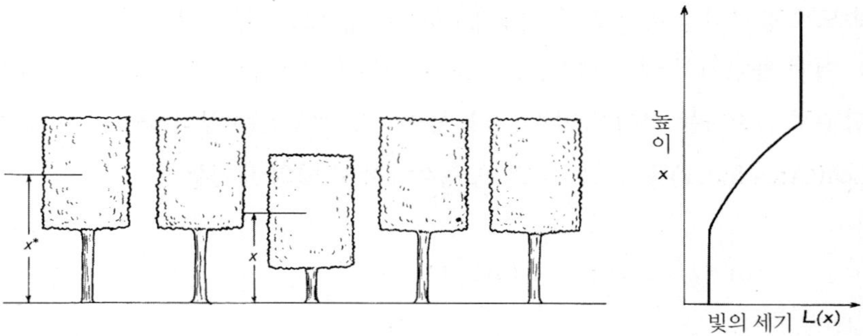

그림 14.3 수목 높이의 게임. 각각의 개체는 수관을 줄기로 들어 올리는 높이 x를, 스스로의 순생산식 (14.8)을 최대로 하게끔 결정한다. 주변의 수목보다 수관이 낮으면 빛 조건이 나빠지므로, 촘촘한 숲에서는, 높은 대가에도 불구하고 높은 줄기를 가져야 이익이 생긴다. 단형평형해에서는 다른 것과 상이한 높이의 수관을 가지면 불리해진다. 진화적으로 안정한 수관의 높이 x^*는 밀도와 잎의 양과 함께 증가한다(Iwasa 등, 1985).

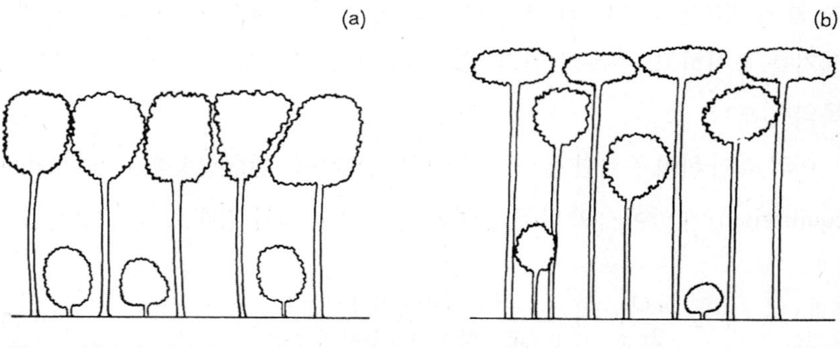

그림 14.4 (a) 높은 나무와 낮은 나무의 두 층으로 되는 평형해. 높은 나무의 밀도가 높다. (b) 다수 높이의 수목이 공존하는 평형해. 나무 높이가 높을수록 밀도가 높다.

수관의 두께가 감소하여 ESS에서 수관이 높아지면 결국에는 단형해(monomorphic solution)가 불안정해지고 수목과 그 밑에 자라는 것 또는 고목층과 저목층이 공존하는 다형의 평형해가 출현한다(그림 14.4a). 더욱 더 엷어지면, 열대의 경우와 같이 다수의 층이 섞이는 다형평형해(polymorphic equilibrium)가 나타난다(그림 14.4b). 대단히 많은 수의 층이 혼합하고 있는 곳에서 높이마다의 밀도분포는 군락의 가장 높은 곳에서 최대이고, 낮아짐에 따라서 점차로 감소하여 숲 바닥의 식물은 극히 적어 열대 다우림의 분포를 나타내고 있는 것과 같이 보인다.

이상에서는 수관의 높이만을 자유로이 선택한다고 생각했으나, 각각의 개체의 잎의 총량은 정해져 있는 상태에서, 어떤 높이에 잎을 분포시킬지를 자유로이 선택하는 게임 모델도 생각할 수 있다(Iwasa 등, 1985). 많은 잎이 하나의 층에 집중해 있으면, 이것을 분산시키기 위해서 가지가 필요해지는 등의 대가가 필요하다. 숲 속의 개체가 같은 형의 수관을 가지고 있는 단형해를 계산하면, 저밀도에서는 돔형 또는 원추형을 하고 있으나, 고밀도가 되면 점차 키가 높아지고, 모양도 역원추형이 되는 것을 볼 수 있다(그림 14.5).

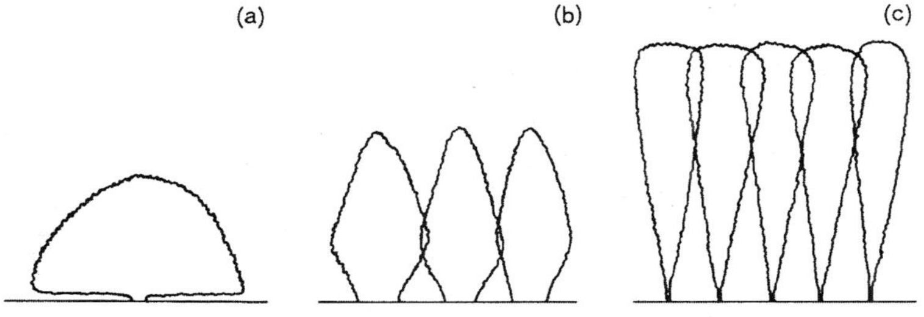

그림 14.5 나무줄기의 형을 선택하는 게임. 정해진 양의 잎을 여러 가지의 높이로 분포시켜서 순생산을 최대로 한다. 각 층의 빛 조건은 주위의 수목의 수관의 모양에 영향을 받는다. (a) 단독으로 생육하면, 하층일수록 잎이 많은 원추형이 된다. (b) 밀도가 상승하면 전체로 높게 되고, 결국은 (c) 상층에서 잎의 양이 많은 역원추형이 된다(Iwasa 등, 1985).

수목의 높이와 수관의 모양은 순서대로 정해지는 것이 아니고, 동적인 성장과정을 거쳐서 형성되는 것이다. 다음 장에서는 동적인 스케줄을 전략으로 하는 게임을 취급한다.

연습문제 / 추가 참고문헌

연습 14.1 식 (14.1)과 $x_1 + x_2 = N$을 연립시켜서 이상자유분포를 구하라. 그림 14.2a와 같이 됨을 보여라.

연습 14.2 $x_1 + x_2 = N,\ x_1 \geqq 0,\ x_2 \geqq 0$ 인 제약 하에서 식 (14.3)을 최대로 하는 해를 라그랑지 승수법에 의해서 구하고, 그림 14.2b와 같이 됨을 보여라.

연습 14.3 i번째의 장소에서 먹이가 공급되는 속도를 K_i라 하고, 거기서 먹이를 잡는 개체의 수를 x_i라 한다. 1개체당의 먹이의 공급률을 $f_i(x_i) = K_i/x_i$로 하여 식 (14.2)를 만족하는 이상자유분포를 구하라.

연습 14.4 수컷과 암컷이 자손을 돌볼 것인지 아닌지에 관한 4개의 상태(표14.1)의 각각에 대해서 ESS가 되는 조건을 구하라.

연습 14.5 매・비둘기 게임에 대해서 한 번의 투쟁마다의 이득을 계산하고, 표 14.2를 확인하라.

연습 14.6 '확률 V/C로 매, 확률 $1 - V/C$로 비둘기'라는 혼합전략을 사용하는 상대와 대전할 때는, 매의 평균이득은 $E(H,H)V/C + E(H,D)(1 - V/C)$가 된다. 같은 방법으로, 비둘기가 혼합전략으로 대전할 때의 평균이득을 구하라. 표14.2의 값을 대입하여, 양자가 같아짐을 보여라.

연습 14.7 매・비둘기 게임의 ESS에 있어서, 한번 투쟁시의 부상에 의한 손실의 평균값을 구하라. 이것은 매가 될 확률이 V/C이고, 매끼리가 랜덤하게 만났을 때 한쪽만이 부상을 하여 손실 C를 입으므로 $V^2/2C$이다. 이것은 투쟁의 원인이 되는 자원의 가치 V가 높을수록 부상에 의한 손실이 증가함을 표시하고 있다.

연습 14.8 지구전 게임에 있어서, 상대가 식 (14.7)의 확률분포로 '버티기 시간'을 정하고 있다고 하면, 상이한 버티는 시간에 대해서 평균이득이 같아짐을 보여라. 버티기 시간 t를 가진 개체의 평균이득은

$$\int_0^t e^{-(c/V)s} \frac{c}{V} ds\,(V - cs) + \int_t^\infty e^{-(c/V)s} \frac{c}{V} ds\,(-ct)$$

가 됨을 확인하라. 이것은 t에 무관하다.

연습 14.9 나무 높이 게임의 단형평형해가 식 (14.11)을 만족해야하는 것을 다음과 같이 유도하라. 우선 식 (14.8)에 있는 적응도 ϕ를 x로 미분하여 0으로 두면, $f(L), c(x)$ 및 $L(x)$의 가정에서

$$a(-1)\frac{d(\alpha\,\mathrm{LAI}_x)}{dx} = 2c_0 x$$

가 얻어진다. 다음 LAI_x에 대해서는, 높이 x^*에 있어서는 (14.10)의 제2식이 사용되므로, 거기에서 식 (14.11)이 도출된다.

연습 14.10 Hamilton and May (1977)는 벌레혹을 만드는 진디의 자손의 이동을 생각하여, 안정한 환경에서도 이동분산이 진행하는 것을 다음 모델로 보여주었다. 서식장소는 다수의 구획으로 되고, 성체가 각각 한 구역씩을 차지한다고 한다. 각각은 N개체의 자손을 만드나, 그중 Nx개체는 옮겨가고, $N(1-x)$개체는 어미 곁에 머문다고 한다. 이동 중에 많은 개체가 죽고, p율의 것만이 살아남아서 랜덤하게 다른 구획에 들어 갈 수가 있다. 따라서 분산 후에는, 각각의 집단에서 평균하여 $N(1-x)+pNx$의 개체가 남아 있는 것이 된다. 이 가운데 1개체가 랜덤하게 선택되어 성체가 된다고 한다. 여기서 어미의 번식성공을 최대로 하는 이출율(이주율, emigration rate) x 를 구하자 '진디는 단위생식

에 의해 무성적으로 증가하므로, 혈연도는 $r=1$이다. 따라서 한 마리의 어미에서 태어나는 자손은 어미와 동일한 유전조성을 가지고, 마치 어미의 번식성공을 최대로 하는 행동을 취하게 진화한다고 기대된다. 제18장 참조'. 다른 어미가 모두 x의 이출율로 자손을 낳는 경우에, y의 이출율로 자손을 낳는 어미가 나타났다고 하면, 그의 번식성공도는

$$\phi(y,x)=\frac{N(1-y)}{N(1-y)+Npx}+\frac{Npy}{N(1-x)+Npx}$$

가 된다. 제1항은 어미의 구획에 머문 자손에 의한 번식성공이고, 제2항은 다른 곳으로 이동분산한 자손에 의한 번식성공이다. 이동 분산한 자손은 넓은 범위에 퍼지므로, 서로 경쟁하는 일이 없다고 가정한다. 여기서 어미가 이출율을 선택하는 게임의 평형해에서는, 다른 것과 다른 이출율 y를 가지는 어미가 최적 이출율 x인 것보다 번식성공이 낮다는, ESS조건이 성립한다. 따라서 y를 변화시켜 비교하면 $y=x$일 때 최대가 되므로, $\partial\phi/\partial y=0$인 식을 $y=x$에서 계산하는 것이다. 이 결과,

$$x=\frac{1}{(2-p)}$$

라는 진화적으로 안정한 이동분산율이 도출됨을 표시하라. 이것은 이주하는 개체의 대부분이 사망하여 p가 거의 0인 경우에도, 반의 자손을 이동분산형으 되게 진화하는 것을 나타내고 있다.

추가 참고문헌: 山村 (1986)은 교미의 전후의 기간을 수컷이 암컷의 곁에서 다른 수컷에게 빼앗기지 않도록 지킨다고 하는 교미지킴이 행동의 모델에 대해 상세히 설명하고 있다. 또 무리의 크기를 결정하는 게임도 해설하고 있다. Iwasa (1982), 巖佐 (1981)는 동물 플랑크톤이 하루 사이에 크게 수직이동하는 것을, 플랑크톤과 그것을 먹는 물고기 등이 장소를 선택한다고 하는 게임으로서 취급하고 있다. 이것의 그 후의 발전은 Clark and Levy (1988), Gabriel and Thomas (1988)를 참조.

제15장 스케줄의 게임

이 장에서는 동물의 활동 스케줄에 관한 게임 모델을 소개한다. 우선 곤충의 우화(emergency)의 시기에 관한 게임부터 시작하여, 개구리 성비의 계절변동, 나비의 하루 동안의 활동 시간대에 대한 게임을 기술한다. 전략이 시간의 함수가 되는 경우에는, 동적최적화(dynamic optimization) 계산이 필요하다. 또 소수의 경기자(player) 사이의 동적 게임에 있어서는, 전략을 결정하는 순서와 다른 경기자의 전략을 아는 능력 등에 의해서 해가 크게 변하는 수가 있다.

15.1 나비의 우화 계절

많은 곤충에서 수컷이 암컷보다 빨리 우화하는 것으로 알려져 있다. 예를 들면, 어떤 나비의 암컷은 우화한 날에 교미를 끝내고 이후는 수컷을 받아들이지 않게 된다. 수컷은 처녀 암컷을 획득하는 것이 번식의 유일한 길이므로 암컷보다 먼저 우화하여 기다리고 있는 것이 번식성공도를 높이는데 효과적일 것이다. 그렇다고 해서 너무 빨리 우화해도 암컷을 만나기 전에 죽어버리므로 수컷에 있어서는 최적 우화 시기가 있을 법하다. 또한 암컷을 둘러싸고 경쟁하는 다른 수컷의 스케줄도 생각해야 한다.

t일째에 우화하는 수컷과 암컷의 수를 각각 $g(t)$와 $f(t)$로 표시하면, 이들의 그래프는 우화곡선이 된다. t일째에 생존하고 있는 수컷의 수 $m(t)$는 그 날까지 우화한 수컷을 합한 것이므로

$$m(t) = \int_0^t g(x) e^{-\mu_a(t-x)} dx \tag{15.1}$$

와 같이 계산할 수 있다. 여기서는 우화일 x에서 t일째까지의 생존확률을, 하루당 사망률을 μ_a로 하여 고려하고 있다. 번식 계절은 $t=0$에서 $t=T$까지에 걸친다. 아침에 우화한 암컷 $f(t)$마리가 그 날 중에 교미를 마친다고 하면 생존하고 있는 수컷 한 마리당의 교미수는 평균 $f(t)/m(t)$이다. 그러므로 t일째에 우화한 수컷이 생애를 통해서 교미할 수 있는 수는

$$\phi(t) = e^{-\mu_b t} \int_t^T \frac{f(x)}{m(x)} e^{-\mu_a(x-t)} dx \tag{15.2}$$

가 된다. 적분은 우화일 t 이후의 모든 x에 걸쳐서 1일당 기대교미수와 그 날까지의 생존율의 곱을 합한 것이고, t일째 우화한 수컷이 죽을 때까지의 기대교미수를 나타낸다. 식 (15.2)는, 이 적분에 우화일 t까지 생존할 수 있는 확률을 곱한 것이다. 하루당의 사망률을 μ_b로 했다. 이것은 늦게 우화하는 스케줄을 가진 수컷이 우화 전에 죽을 위험을 고려한 것이다.

같은 계절 중 다른 날에 이루어진 암컷과의 교미가 수컷에게 동일한 번식성공을 가져온다고 하면 식 (15.2)의 ϕ는 수컷의 생애번식성공도 즉 적응도를 표시하고 있다. 우화일을 조절하는 유전자 중에 수컷으로 하여금 많은

암컷과 교미할 수 있는 시기에 우화시키는 전략은 그 수컷이 다수의 자손을 남기므로 다음 세대에 보다 많은 자손을 남기게 된다. 다수의 세대를 경과하면, 이와 같은 유전자가 퍼지므로 집단 중의 수컷은 좋은 시기에 우화하는 것만 남는다. 그리하여 긴 진화과정 후에는 각각의 수컷이 최고의 교미수를 가질 수 있는 날에 우화하게 되는 것이다.

그러나 이 모델을 조사해보면 교미수 $\phi(t)$를 최대로 하는 최적일이 따로 있어서 그 날에 모든 수컷이 우화하지는 않는다. 이것을 설명하기 위해서는 t일째에 우화한 수컷이 다른 날에 우화한 것보다 많은 교미수를 갖는다고 상정해보자. 그러면 수컷의 우화일에 대해서 자연선택이 작용하여 그 결과 t일째에 우화하는 수컷의 수가 증가할 것이다. 수컷은 우화일이 같은 다른 수컷들과 암컷의 획득을 둘러싸고 경쟁하기 때문에 수컷 한 마리당의 교미수는 각각의 수컷이 증가함에 따라 감소해진다. 식 (15.2)에 있는 $\phi(t)$는 다른 수컷의 수 $m(t)$에 의존하는 것에 주의하자. 그리고 결국에는 '최적'의 날에 우화하더라도 다른 날에 우화한 경우와 같은 기대교미수만을 가진다.

각각의 수컷이 최대교미수를 가질 수 있는 날에 우화하게끔 진화했다고 하면, 결과로 나타나는 평형상태에서 수컷의 우화는 특정한 날에 집중하지 않고 여러 날에 걸치게 된다. 다른 날에 우화한 수컷은 동일한 교미기대수를 가질 것이므로, 이것을 λ라 하면

$$g(t) > 0 \text{인 모든 } t \text{에서 } \phi(t) = \lambda \tag{15.3a}$$

$$g(t) = 0 \text{인 모든 } t \text{에서 } \phi(t) < \lambda \tag{15.3b}$$

가 성립한다. 이 제2식은 진화 평형상태에 있어서 수컷이 한 마리도 우화하지 않는 날에 어쩌다 우화한 수컷이 다른 수컷보다 낮은 교미수만을 가지는

것을 표시한다. 이러한 조건은 수컷이 경기자이고 평가함수 '생애의 교미수 $\phi(t)$'를 최대로 하게끔 각각에 전략(우화일 t)을 선택한다는 게임의 비협력 평형조건에 해당한다. 또 우화일에 관한 이상자유분포(제14장 1절)라고 생각할 수도 있다.

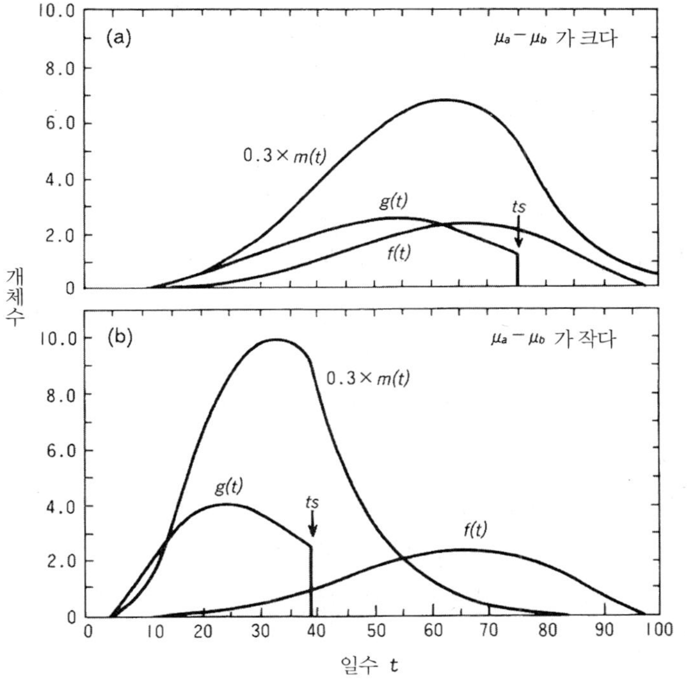

그림 15.1 수컷 나비가 스스로의 교미기대수가 최대가 되게끔 우화일을 선택한다는 게임 모델의 해. 암컷의 우화곡선 $f(t)$ 및 우화 후와 우화 전의 하루당의 사망률(μ_a와 μ_b)이 주어질 때, 수컷의 우화곡선 $g(t)$가 계산된다. $m(t)$는 생존하는 수컷의 수. (a) $f(t)$는 (1, 100)에서 β분포를 한다. $\mu_a = 0.1$, $\mu_b = 0.01$. (b) $\mu_b = 0.09$이고 나머지는 (a)와 같음. (a)와 (b)에서는 $f(t)$와 μ_a는 같으나, 우화 전의 사망률 μ_b는 다르다. 사망률의 차 $\mu_a - \mu_b$가 작으면, 수컷은 암컷보다 훨씬 빨리 우화하나, 사망률의 차가 크면, 양성의 우화곡선이 포개진다(Iwasa 등, 1983).

암컷의 우화곡선 $f(t)$ 및 우화 전과 우화 후의 하루당의 사망률(μ_b와 μ_a)이 주어지면, 진화평형상태에 있어서의 수컷의 우화 양상을 정할 수 있다(Iwasa 등, 1983). 이에 따르면 수컷은 암컷보다 빨리 우화하는데, 수컷의 하루당 사망률이 우화 전·후에서 크게 다르면 양성의 우화곡선이 겹치는데 반해, 사망률의 차가 적으면 수컷은 암컷보다 훨씬 앞에 우화하게 된다(그림 15.1). 흥미 있는 점은 완만한 암컷의 우화곡선에 비해 진화평형상태에서 수컷의 우화곡선은 끊긴 분포가 되어 어느 날 t_s까지는 매일 약간의 수컷이 우화하나 그 날 이후에는 갑자기 수컷의 우화가 정지한다는 점이다(연습 15.1 참조).

이들 예측을 검증하기 위해서, 캘리포니아의 사문암석의 초지에 서식하는 테일러 장기판 점무늬 나비(*Euphydryas editha*)의 표지-방사-재포획(mark-recapture) 자료를 분석했다. 결과는 그림 15.2와 같이 전체의 양상이 예측과 잘 맞고 있다. 그러나 수컷의 우화는 모델의 예측보다도 폭넓은 분포를 나타내었다. 또 가장 흥미 있는 예측인 '끊긴 분포'는 보이지 않았다. 후에 같은 나비를 대상으로 가장 평탄한 서식장소에 있는 개체군을 이용하여 측정한 결과가 그림 15.3이다. 수컷의 하루당 우화수는 예측된 t_s근처에서 급격히 감소하였으나, 우화가 완전히 멎지는 않았다.

수컷의 우화의 폭이 게임 모델의 예측보다 넓은 것은, 기온의 변동 등에 의해 암컷의 성장속도가 영향을 받기 때문에 수컷은 암컷의 우화 스케줄을 완벽하게는 예측할 수 없는 것으로 설명된다. 이와 같은 확률적 환경에서 최적화는 확률적 동적계획법이 필요하다.

여기서는 주어진 암컷의 우화 양상에 수컷이 우화일을 맞춘다는 모델을 생각했다. 수컷으로서는 다수의 처녀암컷을 획득하여 교미하는 것이 번식성공을 증가시키는 길이기 때문이다. 이에 비해서 암컷의 번식성공에 중요한

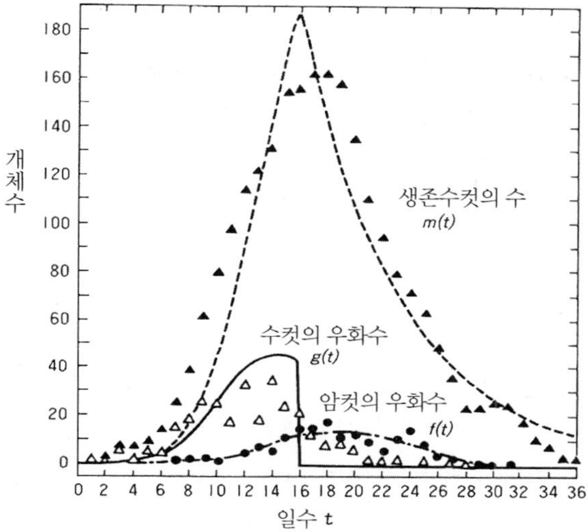

그림 15.2 테일러 장기판 점무늬 나비의 우화 스케줄 자료. 곡선은 모델에 의한 예측을 표시한다. 전체의 형은 거의 맞고 있으나, 수컷의 우화곡선이 ESS 모델보다 넓어져 있는 것과, 끊긴 분포가 아닌 것에 주의(Iwasa 등, 1983).

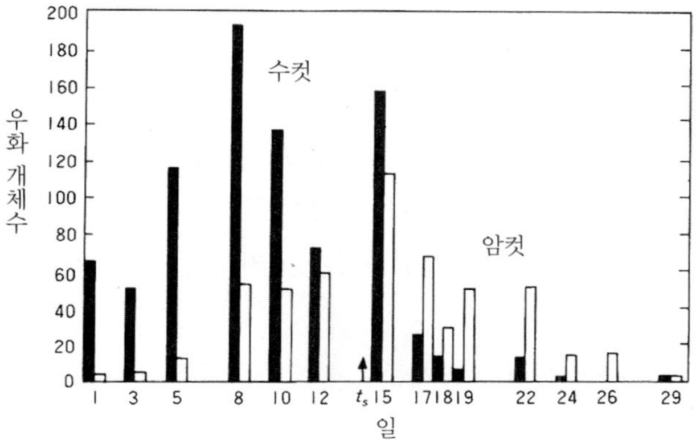

그림 15.3 테일러 장기판 점무늬 나비의 우화 스케줄 자료. 그림 15.2와는 다른 개체군에 관한 것이다. 검은 막대는 수컷의, 흰 막대는 암컷의 추정 우화수. 화살표는 본문의 게임 모델에 의한 해의 t_s를 표시한다. 수컷의 우화수는 t_s부근에서 급격히 작아지나, 0은 되지 않는다(Baughman 등, 1988).

요인은, 유충기에 많은 영양을 취하여 다수의 알을 생산하는 것과, 자손을 위한 먹이풀을 골라 적절한 시기에 산란하는 것의 두 가지이다. 반면 암컷 자신의 우화시기를 정하고 나서 다수의 수컷에 둘러싸이게끔 우화일을 선택할 필요성은 그다지 중요하지 않다.

15.2 개구리의 성비의 계절변화

오스트레일리아의 하천에 서식하는 *Ranidella* 속의 개구리 수컷은 반년의 번식시기 동안에 합창을 하며 암컷을 기다리고 있다. 암컷은 통상 인근의 초지에서 생활하고, 알이 성숙하면 하천에 와서 밤에 산란을 끝내고 떠나버린다. 성숙한 수컷 모두가 매일 밤 활동하는 것은 아니며 밤에 따라 활동하든지 안하든지 하고 있다. 또 합창에 참가하는 수컷의 수도 기온과 달의 크기 등에 의해 밤마다 크게 변동한다. 그러면 수컷은 어떤 활동 스케줄을 갖는 것이 적응적인 것일까?

활동하는 수컷 한 마리당의 기대교미수는, 밤에 하천에 오는 암컷의 수 $f(t)$를 활동하는 수컷의 수 $m(t)$로 나눈 $f(t)/m(t)$이다. 돌 밑 등에서 쉬고 있는 수컷은 교미를 원하지 않는다. 한편 활발하게 울고 있는 수컷은 포식자에 발견되기 쉽고, 하루당의 사망률 μ_a가 활동하지 않을 때의 μ_i 보다 클 것이다.

수컷이 계절 중에 어떠한 스케줄로 활동하는가를 표현하기 위해서, 활동수준 $\sigma(t)$를 생각한다. t 일째에 하루 종일(full time) 활동하면 $\sigma(t)=1$, 쉬고 있으면 $\sigma(t)=0$으로 하고, 중간적인 경우도 생각하여 $0 \leqq \sigma(t) \leqq 1$인 범위에서 t의 함수로서 자유로이 선택할 수 있다고 가정한다. 그러면 t 일째의 교미성공도는 $\sigma(t)f(t)/m(t)$, 사망률은 $\mu_a\sigma(t)+\mu_i(1-\sigma(t))$이다. 그러므로 계절을 통한 수컷의 번식성공도는

$$\phi=\int_0^T\sigma(t)\frac{f(t)}{m(t)}\exp\left[-\int_0^t\{\mu_a\sigma(x)+\mu_i(1-\sigma(x))\}dx\right]dt \tag{15.4}$$

가 된다. 수컷은 ϕ를 최대로 하도록 번식 스케줄 $\{\sigma(t)\}$을 선택한다고 하자.

이 문제는 연속시간의 동적계획법을 사용해서 풀 수 있다. 우선 t일째에 생존하고 있는 수컷이 번식기간 동안 달성하는 교미수의 기대치를

$$V(t)=\max\int_t^T\sigma(s)\frac{f(s)}{m(s)}\exp\left[-\int_t^s\{\mu_a\cdots\cdots\}dx\right]ds \tag{15.5}$$

라고 정의한다. max는 t 이후의 활동 스케줄을 최선의 것으로 선택함을 표시한다. 두 개의 적분을 길이 Δt인 시간구간 $(t, t+\Delta t)$과 그 이후의 것 $(t+\Delta t,\ T)$으로 분할하면

$$V(t)=\max\left[\sigma(t)\frac{f(t)}{m(t)}\Delta t+\{1-(\mu_a\sigma+\mu_i(1-\sigma))\Delta t\, V(t+\Delta t)\right]$$

라고 쓸 수 있다. 제1항은 그 시간구간 내에서 평균교미수, 제2항은 $t+\Delta t$ 이후의 번식성공을 표시한다. 여기서 Δt에 대해서 테일러급수로 전개한 후, Δt를 작게 한 극한을 생각하면

$$0=\max_{0\leqq\sigma(t)\leqq 1}\left[\sigma(t)\left\{\frac{f(t)}{m(t)}-(\mu_a-\mu_i)V(t)\right\}+\frac{dV}{dt}-\mu_i V\right] \tag{15.6}$$

이 얻어진다(연습 15.2 참조). t일째의 최적 활동수준 $\sigma(t)$는

$$\frac{f(t)}{m(t)} - (\mu_a - \mu_i)V(t)$$

라는 값의 부호에 의해 결정된다. 이 제1항 $f(t)/m(t)$는 그 날에 활동할 때의 번식성공도이다. 이에 비해, $V(t)$는 t일 이후의 번식의 총량이고, $(\mu_a - \mu_i)$는 활동하는 수컷이 쉬고 있는 것에 대한 상대적 사망률의 증가분이므로, 이들의 곱인 제2항은 활동함으로써 사망률이 올라가 장래의 번식 기회를 잃게 되는 평균손실을 표시한다. 이들 두 양의 상반관계에 의해 활동 수준이 정해진다.

각 수컷의 최적 활동수준 $\sigma(t)$는 활동하는 다른 수컷의 수 $m(t)$에 의해 영향을 받는다. 각 수컷이 최적행동을 하려할 때의 비협력평형해를 생각해 보자. 만일 식 (15.6)에서 $\sigma(t)=1$이 다른 값보다 낫다고 하면, 집단 중의 다른 수컷도 하루 종일 활동하는 것이 최적이므로 $m(t)$는 어른 수컷의 전체수와 같을 것이다. 역으로 $\sigma(t)=0$이 다른 값보다 나으면 어떤 수컷도 활동하지 않고 $m(t)=0$이다. 일부의 수컷이 활동하고 다른 수컷이 쉬는 해 $0<m(t)<1$이 게임의 평형해에 나타난다고 하면 상이한 활동 수준 $\sigma(t)$가 동등하게 우세할 것이다.

이상의 조건을 만족하게 활동하는 수컷의 수 $m(t)$를 구할 수가 있는데 (Iwasa and Odendaal, 1984), 다음과 같은 결과가 얻어진다(그림 15.4).

번식기간 중간에는 수컷의 일부가 쉬고 다른 일부가 활동하는 날이 계속된다. 이 기간 동안 활동하는 수컷의 수 $m(t)$는 날마다 크게 변동하는데 암컷이 도래한 수 $f(t)$와는 양(+)의 상관을 갖는다. 이들의 비율은 비교적 안정하여,

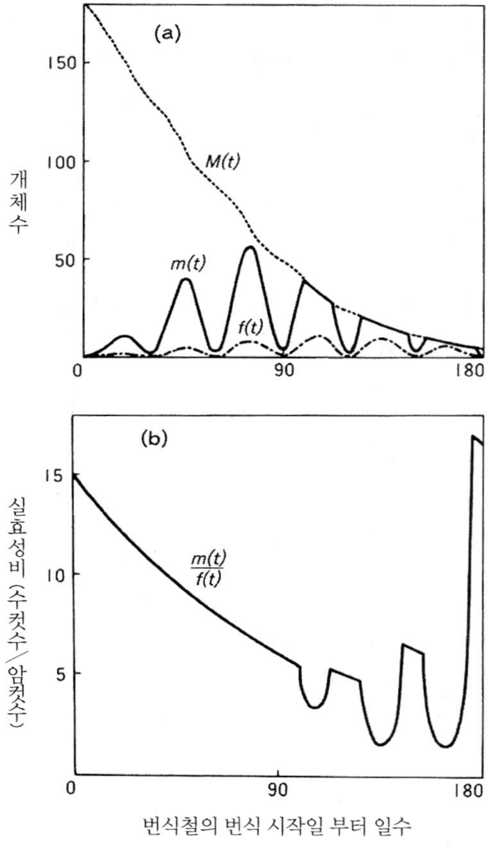

그림 15.4 개구리 수컷의 활동 수준을 자유로이 선택하는 게임 모델. $f(t)$는 하천에 도래하는 암컷의 수이고, 이것은 수컷이 알고 있는 것이라고 하자. 활동하는 수컷의 수 $m(t)$는 암컷이 도래한 수와 양(+)의 상관을 가진다. 그들의 비(실효 성비) $m(t)/f(t)$는 계절의 초기에는 천천히 지수함수로 감소하고, 끝 무렵에는 진동하여 다시 높아진다. 이때의 지수함수 (15.7)에 있어서의 감소속도는, 번식활동을 쉬고 있는 수컷의 하루당의 사망률 μ_i와 같다. 상세한 것은 Iwasa and Odendaal (1984) 참조.

$$\frac{m(t)}{f(t)} \propto \exp[-\mu_i t] \tag{15.7}$$

와 같이 지수함수를 그려서 감소하는데 그 감소속도의 계수는 활발하지 않은 수컷의 하루당의 사망률 μ_i와 같다. 식 (15.7)을 **실효 성비**(operational sex ratio)라고 하며 성적으로 활발한 수컷의 수와 교미 가능한 암컷의 수의 비율로 정의된다. 일반적으로 암컷이 일생에 한번만 교미하는 동물에 있어서는 이따금 나타나는 암컷을 많은 수컷이 (기다리고 있는 상황이므로) 실효 성비는 크게 수컷으로 기운다. 이것은 암컷을 둘러싼 수컷간의 경쟁이 강한 것을 나타낸다고 생각된다(Emlen and Oring, 1977).

만일 활동하지 않고 수컷이 안전한 장소에 숨어 있으면($\mu_i = 0$), 식 (15.7)은 수컷 한 마리당의 교미기대수가 날짜에 관계없이 일정하다는 것을 표시하고 있다. 이것은 활동하는 날을 자유로이 선택한 결과의 이상자유분포라고 생각할 수 있다. 그러나 만일 후반에 활동하기 위해 전반에 쉬고 있는 수컷도 죽을 위험이 있으면($\mu_i > 0$), 후반에 수컷 한 마리당의 교미성공도(실효 성비의 역수)가 상승하여, 이 사망률의 위험을 상쇄할 수 있을 만큼 유리해져 있다는 것을 식 (15.7)은 의미하고 있다.

교미 기간의 후반에는 집단 중의 모든 수컷이 활동하는 날이 나타나 실효성비가 크게 변동하고 마침내는 상승하게 된다. 이것은 장래의 번식성공률이 크지 않으므로 생존보다는 그날 밤에 암컷획득이 더 중요해지기 때문이다. 이 모델을 확장하면 다음 해에도 살아남아서 번식할 수 있는 경우도 취급할 수 있다.

오스트레일리아의 같은 하천에 있는 근연(近緣)의 개구리 두 종을 비교하면 안전한 은신장소가 없는 종에서는 실효 성비가 현저히 감소하고, 반면 돌 밑에 숨을 수 있는 종에서는 성비가 변하지 않았다(Odendaal and Iwasa, 1987). 이러한 성비 변이는 상기의 모델에 의해서 설명될 수 있는지도 모른다. 그러나 야외의 사망률을 개체의 행동(활동 수준)마다 나누어서 측정하는 것은 대단히 어렵다.

15.3 하루 동안의 활동시간대

배추흰나비의 암컷은 여름날 아침 일찍이 우화하여 양배추의 잎에 매달린다. 30분 정도 지나면 수컷을 받아들이게 되고 일단 교미하면 암컷은 재교미를 거부하게 된다. 그러므로 수컷에 있어서는 처녀암컷을 찾는 것이 중요하다. 암컷의 우화는 대부분 아침 7시전에 끝나므로 만일 우화하는 암컷이 수컷에 바로 발견되어 교미한다면 수컷의 암컷 찾기 활동의 정점(peak)은 암컷의 우화가 한참인 이른 아침이라고 기대된다. 그러나 실제는 그림 15.5와 같이 9시 또는 10시경에 가장 많은 수컷이 활동하고 있다. 관측되는 양상이 수컷이 번식성공을 높이는 활동시간대를 선택한 결과라고 하면, 우화암컷은 바로 수컷에 발견되지는 않고 상당한 시간을 미교미 상태로 지나는 것이 아닌가 생각된다. 수컷의 활동시간대를 적응전략으로서 이해하기 위해 게임 모델을 생각해 보자.

미교미 암컷의 수 $F(t)$가 해 뜨는 시각($t=0$)에서 해지는 시각($t=T$)까지 시간과 함께 변화하는 모양은

$$\frac{dF}{dt}=f(t)-b(t)m(t)F(t) \tag{15.8}$$

에 따른다. 우변의 제1항은 처녀암컷이 속도 $f(t)$로 우화하는 것을 나타낸다. $f(t)$는 아침 일찍이 정점을 갖는다. 제2항은 수컷에 포획되는 것을 나타내고 포획속도는 이때 활동하는 수컷의 수 $m(t)$와 미교미 암컷의 수 $F(t)$에 비례하는데 그 비례계수 $b(t)$는 이른 아침과 해질녘에는 작고 한 낮에는 최대가 된다. 번식 최적기의 정상상태에서 수컷과 암컷의 활동은 매일 같은 스케줄로 행해지는 것으로 가정한다. 그러면 교미를 하지 않고 남은 암컷

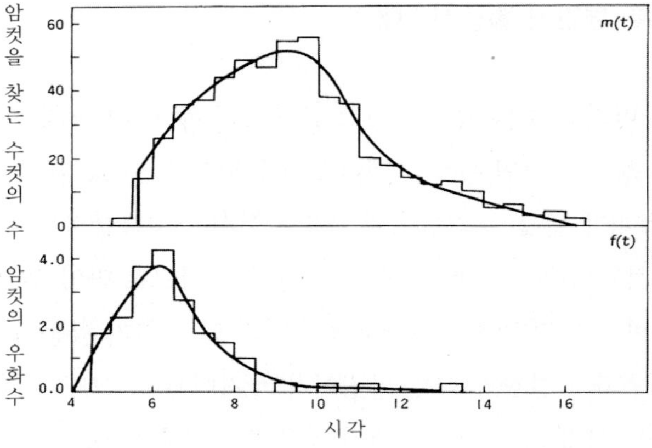

그림 15.5 배추흰나비의 활동 시간대. 위 그림: 암컷을 찾는 수컷의 수, 아래 그림: 암컷의 우화수. 동경농공대학의 실험포장의 양배추 밭에서, 많은 암컷은 7시 이전에 우화하나, 수컷의 활동의 정점은 10시경이다. 오후에 수컷은 근처의 꿀을 채취하는 장소로 이동하고, 암컷 찾기는 하지 않는다. 암컷은 우화 후 20~30분 지나서 수컷을 받아들이게 된다. 여기서는 교미가능한 암컷의 공급속도를 표시하기 위해서, $f(t)$를 실제의 암컷의 우화에서 30분 이동시켜 표시했다.

은, 다음 날 아침으로 옮겨지므로 $F(0) = F(T)$가 성립한다. 나비의 사망은 무시한다.

수컷의 암컷 찾기는 하루 평균 3시간 이하이고, 나머지 시간은 양배추 밭 근처에 피는 꽃에서 꿀을 섭취하거나 쉰다. 여기서는 하루 동안 암컷 찾기 활동에 주어지는 시간이 한정되어 있을 때, 이를 어떤 시간대에 사용하는가 하는 문제를 생각해보자. 앞 절의 개구리의 모델과 같이 시각 t에서 수컷의 번식활동수준 $\sigma(t)$를 1(하루 종일 활동)에서 0(활동 않음)까지의 값으로 하여 번식활동의 스케줄을 시간의 함수 $\sigma(t)$로 표시한다. 각 수컷은 하루에 K시간의 번식활동이 가능하다고 한다.

$$\int_0^T \sigma(t)\,dt = K \tag{15.9}$$

각 수컷은, 이 제약 하에서 교미기대수

$$\phi = \int_0^T b(t)F(t)\sigma(t)\,dt \rightarrow \text{최대} \tag{15.10}$$

가 최대가 되게끔 활동 스케줄을 선택한다고 가정한다.

게임의 평형상태에서 수컷나비의 활동 스케줄을 계산할 수 있는데, 그 결과는 그림 15.6에 나타나 있다(Iwasa and Obara, 1989). 이른 아침에는 암컷의 우화가 시작되어도 수컷은 탐색활동을 하지 않는다. 이것은 탐색효율이 낮으므로 이득이 낮기 때문이다. 미교미 암컷 개체수가 누적되어 탐색효율이 상승했을 때에, 다수의 수컷이 갑자기 번식활동을 개시한다. 수컷의 탐색활동의 정점은 암컷의 우화 $f(t)$의 정점(아침 일찍)보다 늦어지나, 탐색효율 $b(t)$의 정점(한낮 후)보다는 앞이 된다. 오후가 되면 수컷의 번식활동이 행해지지 않게 된다.

수컷이 활동하고 있는 기간 $(m(t) > 0)$에 있어서는,

$$m(t) = \frac{f(t)KM_{\text{total}}}{F_{\text{total}}} + \frac{1}{b^2}\frac{db}{dt} \tag{15.11}$$

가 성립한다(연습 15.3 참조). M_{total}은 어른 수컷의 총수, F_{total}은 하루당의 우화 암컷의 수이다. 수컷의 수 M_{total}과 탐색효율 b가 클 때는, 우화한 암컷은 바로 교미하게 된다. 이때 식 (15.11)의 제2항은 제1항에 비해서 무시할 수 있으므로 활동하는 수컷의 수 $m(t)$가 교미가능한 암컷의 공급 속도 $f(t)$에 비례한다. 또 포획효율 $b(t)$가 시간과 함께 변화하지 않는 경우에도 제2항이 무시된다. 앞서 기술한 바와 같이, 배추흰나비 수컷의 활동정점이

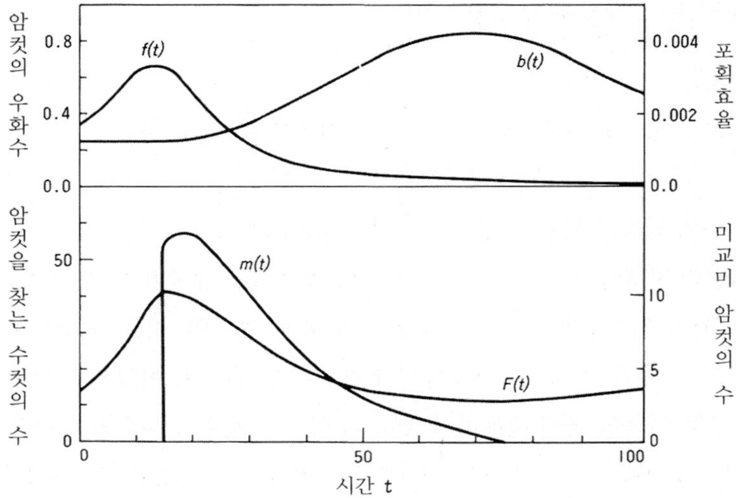

그림 15.6 수컷이 하루당 교미상대를 탐색하는 시간의 총량이 한정되어 있을 때, 이것을 자유로이 분배하여 교미성공률을 최대로 하는 게임의 비협력 평형해. 하루의 시간을 100으로 표시했다. 위 그림: $f(t)$는 암컷의 우화곡선, $b(t)$는 수컷에 의한 미교미 암컷의 탐색효율. 이들의 곡선은 미리 주어진 것으로 한다. 아래 그림: $m(t)$는 번식활동을 하는 수컷의 수. $F(t)$는 미교미 암컷의 수. 이들은 계산 결과로 구해진다(Iwasa and Obara, 1989.

암컷의 우화가 일어나는 이른 아침이 아니고 몇 시간 늦기 위해서는 수컷의 암컷 발견능력이 낮아서 암컷이 평균 몇 시간은 미교미상태에 머무는 것과 탐색효율이 오전 중에 걸쳐서 차츰 상승해 가는 것이 함께 필요하다.

이 모델에 배추흰나비의 자료를 맞추어 보았다. 암컷 찾기 활동을 하는 수컷의 수 $m(t)$는 관찰할 수가 있고, 암컷의 우화시기 $f(t)$도 번데기를 모아서 우화 시각을 측정하면 된다. 그런데 수컷에 의한 처녀암컷의 탐색효율 $b(t)$는 직접 측정할 수가 없다. 그래서 역으로 관측되는 수컷의 활동 양상이 각각의 수컷의 최적행동의 결과라고 가정하여 관측되지 않는 $b(t)$의 값과 시간변화를 계산해보면 그림 15.7에 도시한 것처럼 되었다. 결정되지 않는 매개변수(적분상수)가 하나 남아 있다.

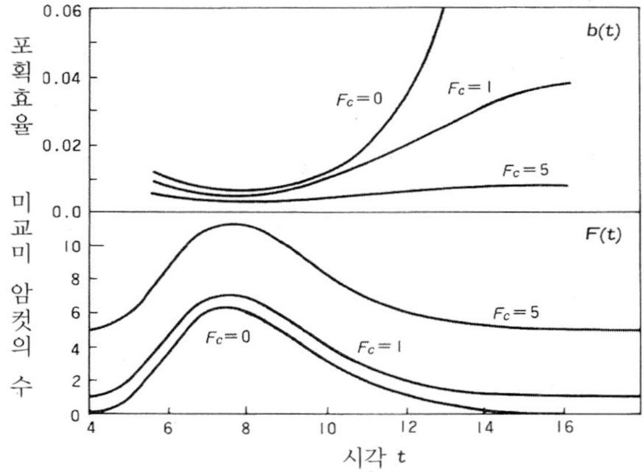

그림 15.7 암컷의 우화 $f(t)$ 와 수컷의 활동 $m(t)$ 의 자료(그림 15.5)에 맞게끔 탐색효율 $b(t)$를 결정했을 때의 해. $b(t)$ 의 결정에는 한 개의 미지의 매개변수 F_c 가 남아 있으므로, 한 무리의 곡선을 그렸다(Iwasa and Obara, 1989).

15.4 게임에 있어서의 순서와 정보

동적인 게임에 있어서 상대의 전략을 알고 내린 결정인지 또는 아닌지는 결과에 크게 영향을 준다. 상대가 이쪽의 수에 반응해 오면 그것을 보고나서 행동하는 것이 때에 따라서는 유리해지기 때문이다. 지금까지 소개한 모델에서는 경기자의 수가 대단히 많기 때문에 한 인간의 행동이 전체에 주는 영향이 작아서 이와 같은 효과가 나타나지 않았다. 여기서는 가장 간단한 예에 대해서 설명해보자.

어떤 숙주를 발견한 암컷 기생벌이 몇 개의 알을 낳는가를 결정하는 문제에 대해 생각해보자. 한 숙주에서 태어난 자손은 한정된 자원을 나누게 되므로 밀도가 높으면 성장이 나쁘고 각각의 자손의 적응도가 떨어진다. 한 숙주에 x개의 알을 낳았을 때 각각의 알에 의한 번식성공의 기대치를 $S(x) = a - bx$ 라 하자. 간단히 하기 위해서 알의 수에는 제약이 없고 산란에 걸리는 시간은 충분히 짧다고 가정한다. 만일 암컷 벌이 그 숙주를 독점적으로 이용할 수 있으면 그 숙주에서 자라는 자손의 수를 최대로 하는 최적의 산란수는

$$\phi(x) = xS(x) = x(a - bx) \tag{15.12}$$

를 최대로 하는 x 이므로, 미분하여 0으로 두면 $x^* = a/2b$ 로 구해진다.

다음으로, 하나의 숙주에 2개체의 암컷이 중복하여 산란하는 때를 생각해보자. 제1과 제2의 암컷의 산란수를 x 와 y로 한다. 1개체가 양쪽의 입장을 경험하므로 x 는 산란암컷이 제1암컷의 입장이 되었을 때의 산란수, y는 제2암컷이 되었을 때의 산란수라고 하는 것이 보다 정확할 것이다. 제1암컷의 번식성공도는

$$\phi_1(x, y) = xS(x+y) = x\{a - b(x+y)\} \tag{15.13a}$$

이고, 제2암컷의 번식성공도는

$$\phi_2(y, x) = yS(x+y) = y\{a - b(x+y)\} \tag{15.13b}$$

가 된다.

여기서 각각의 암컷이 상대의 산란수를 변하게 할 수 없는 것으로 가정하고 스스로의 산란수를 최적화하여 선택하는 경우를 생각해보자. 이것은 지금까지 계산에 사용되어 온 내시평형이다. 우선 x를 선택하여 ϕ_1을 최대로 하는 조건에서 $\partial\phi_1/\partial x = 0$이, y를 선택하여 ϕ_2를 최대로 하는 조건에서 $\partial\phi_2/\partial y = 0$이 얻어진다. 이들을 연립하여 $x = y = a/3b$인 답이 구해진다. 독점하는 경우의 산란수$(a/2b)$와 비교하면, 두 마리가 한 숙주에 중복하여 산란하는 경우에는 각각에서는 보다 적은 수의 알을 두 마리의 합계에서는 보다 많은 알을 낳는다고 예상된다.

그런데 합리적인 행동으로서 이와는 다른 것도 생각해 볼 수 있다. 예를 들면, 제1의 암컷이 자신의 산란수 x를 결정할 때 뒤에 오는 제2암컷의 산란수 y가 제1암컷의 산란수 x에 맞추어서 정하는 것을 고려할지도 모른다. 그러면 y가 ϕ_2를 최대로 하게끔 선택되는 것이므로 $\partial\phi_2/\partial y = 0$이 얻어지고, 이것에서 y는 x의 감소함수로 $y[x] = (a - bx)/2b$로 구해진다. 이것을 $\phi_1(x, y)$에 대입하여

$$\phi_1(x, y[x]) = xS(x + y[x]) = x\left[a - b\left\{x + \frac{(a - bx)}{2b}\right\}\right] \quad (15.14)$$

가 제1암컷의 번식성공도이다. 이것을 최대로 할 제1암컷의 산란수 x가 선택되는 것을 생각해보자. 간단한 계산에 의해, 독점했을 때와 같은 $x = a/2b$가 최적해가 된다. 이때 제2암컷의 산란수는 $y[a/2b] = a/4b$이다.

이 게임의 제1암컷과 같이 상대방이 자기가 취한 전략에 맞추어 강하게 나올 때는 주도자(leader)라 하고 그것에 맞추는 상대는 추종자(follower)라

고 한다. 주도자와 추종자에 의해 일어나는 평형상태를 **스탁켈베르그(Stackelberg) 평형**이라고 한다. 이것은 양 쪽의 경기자가 상대의 전략에 맞춘 결과인 내시평형(양쪽이 추종자)과는 다르다.

제1암컷이 다수의 알을 낳음으로써 제2암컷에 포기를 유도하여 스스로에게 유리하게 할 수 있는 이유는 같은 숙주에 대한 제1암컷의 산란수를 제2암컷이 알 수 있기 때문이다. 실제로 제2암컷이 제1암컷의 산란수를 아는 능력을 못 가졌다고 하면, 내시해에도 있는 것과 같이 양쪽 암컷은 같은 수의 알을 낳게끔 진화하므로 그 쪽이 제2암컷에는 유리할 것이다. 그러나 제2암컷 가운데는 제1암컷의 산란수 x를 측정하여 거기에 맞추어서 산란할 수 있는 개체가 나타나면, 이러한 개체는 x에 관계없이 산란하는 개체에 비해 유리해진다. 자연선택의 결과, 제2암컷에는 제1암컷의 행동을 아는 능력이 진화하여, 제1암컷이 보다 많은 알을 낳게 되고, 결국 제2암컷의 적응도가 떨어지게 되는 것이다. 이와 같이 게임에 있어서는 정보를 아는 능력을 진화시킨 결과 스스로에게 불리한 상황을 초래할 가능성이 있다.

연습문제 / 추가 참고문헌

연습 15.1 식 (15.3)의 해는, 기간이 두 개의 구간으로 나뉘고, (1) $0 < t < t_s$ 에 있어서는 $g(t) > 0$이고 $\phi(t) = \lambda$, (2) $t_s < t < T$에 있어서는 $g(t) = 0$이고 $\phi(t) < \lambda$가 되어 있다. 이때 구간의 경계를 표시하는 시점 t_s는 다음 식을 만족한다.

$$f(t_s) = (\mu_a - \mu_b)\int_{t_s}^{T} f(x)dx \tag{15.15}$$

이 식을 다음과 같이 하여 유도해보자. 우선 식 (15.2)를 t로 미분하면

$$\frac{d\phi}{dt} = (\mu_a - \mu_b)\phi - \exp(-\mu_b t)\frac{f(t)}{m(t)}$$

가 된다. 제1구간 $t < t_s$에서는 $\phi(t) = \lambda$이므로

$$0 = (\mu_a - \mu_b)\lambda - \exp(-\mu_b t)\frac{f(t)}{m(t)} \tag{15.16}$$

다음 제2구간 $t > t_s$에서는 $m(t) = m(t_s)\exp\{-\mu_a(t - t_s)\}$이므로, 식 (15.2)에 대입하여 정리하면

$$\phi(t) = e^{(\mu_a - \mu_b)t}\int_{t}^{T} f(x)dx\frac{e^{-\mu_a t_s}}{m(t_s)} \tag{15.17}$$

가 얻어진다. 여기에 (15.16)과 (15.17)의 두 식에 구간의 경계시점 $t = t_s$를 대입하여, λ를 소거하면 식 (15.15)가 유도된다.

연습 15.2 식 (15.6)을 유도하라. 상세한 것은 Iwasa and Odendaal (1984)을 참조.

연습 15.3 식 (15.9)의 제한 하에서 식 (15.10)의 ϕ를 최대로 하는 문제는

$$\Phi = \phi + \lambda [K - \int_0^T \sigma(t) dt] = \int_0^T (b(t)F(t) - \lambda)\sigma(t)dt + \lambda K$$

를 제한(구속조건)없이 최대화 하는 문제와 같다. 이것은, 각 시점 t에서 피적분함수 $(b(t)F(t) - \lambda)\sigma(t)$가 제한없이 최대로 되는 문제와 같다. 따라서 $bF > \lambda$이면 $\sigma = 1$, $bF < \lambda$이면 $\sigma = 0$이 되어 있을 것이다. 그러므로 일부의 수컷이 암컷을 탐색하고, 다른 것은 탐색하지 않는$(0 < \sigma(t) < 1)$다는 시간구간이 최적해에 있었다고 하면, 여기서는 $b(t)F(t) - \lambda = 0$이 항등적으로 성립하고 있을 것이다. 이 식에서 $F(t)$를 식 (15.8)에 대입하면

$$m(t) = \frac{f(t)}{\lambda} + \frac{1}{b^2}\frac{db}{dt}$$

가 얻어짐을 확인하라. 다른 구간의 해를 결정함으로써, $\lambda = F_{\text{total}}/KM_{\text{total}}$임을 알 수 있다. 이것에서 식 (15.11)이 얻어진다.

추가 참고문헌: Basar and Olsder (1982)가 동적 게임에 대하여 상세히 설명하고 있다.

제16장 성표현과 성체계의 진화

번식에는 스스로 알(종자)을 생산하는 암컷의 기능과, 정자(화분)를 생산하여 다른 개체가 만드는 알(종자)을 수정시키는 수컷의 기능이 있다. 자연계에는 개체마다 암수로 나뉘어져 있는 생물 외에, 성장하면서 성을 전환하는 것, 동시에 양 쪽의 기능을 가지는 것 등 여러 가지 성의 표현을 볼 수 있다. 또 수컷과 암컷의 자손을 생산하는 비율도 상황에 따라 변하는 일이 있다. 이와 같은 성에 대한 많은 측면은 각각의 개체가 최대의 번식성공을 얻으려하는 게임 모델의 결과로 정량적인 예측이 검증되어 왔다. 이는 생물학에서 게임 이론의 최대 성공 예라고 할 수 있다. 이 장에서는, 우선 이와 같은 성의 배분(sex allocation) 이론을 소개한다. 다음으로 유성생식의 진화에 관한 의논과 자식(selfing)과 타식(outbreeding), 성의 수, 알과 정자로의 분화 등 성체계의 진화에 대해 기술한다.

16.1 성의 전환

많은 동물은 개체마다 암수로 나누어져 있어서 성은 일생동안 변하지 않는다. 그러나 새우와 산호초의 물고기 등에는 성숙하면 우선 수컷이 되어 정자를 생산하고 다시 커지면 암컷으로 성전환하여 산란하기 시작하는 것이 있다. 역으로 작을 때는 암컷, 커지면 수컷이 되는 물고기도 있다. 이들의 성전환 순서와 시기는 각각의 개체가 적응적으로 성을 선택한다고 가정하는 게임 모델에 의해 잘 설명될 수 있다.

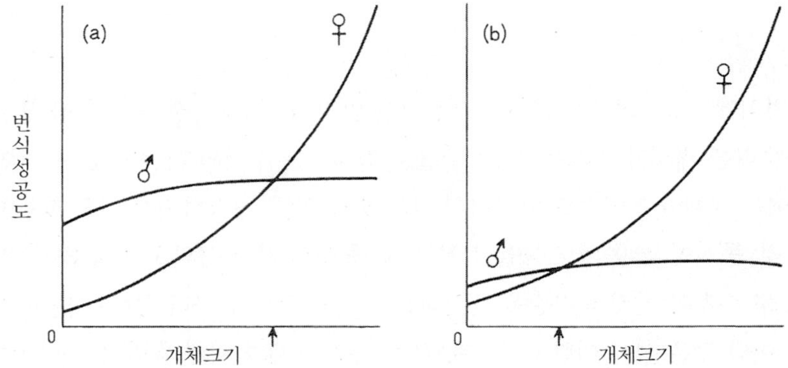

그림 16.1 암컷으로서의 번식성공도 및 수컷으로서의 번식성공도와 개체크기의 관계. (a) 화살표로 표시된 크기까지는 수컷으로서 번식하는 쪽이 유리하고, 그것을 넘으면 암컷으로 번식하는 것이 유리해진다. (b) 집단 중의 큰 개체가 적어지면, 수컷으로서의 번식성공의 곡선이 내려가고, 성전환해야 할 크기가 작은 쪽으로 기운다.

암컷으로서 번식하여 알을 생산하는 능력은 개체의 크기와 함께 증가한다. 그런데 교배가 랜덤하게 행해지는 경우에는 작은 수컷으로도 충분히 번식이 가능하고, 수컷으로서의 번식력은 크기에는 그다지 좌우되지 않는다(그림 16.1a). 그러므로 각각의 개체가 그 해에 수컷이 될지 암컷이 될지를 자유로이 선택할 수 있다고 하면, 작을 때는 수컷이 되고 크게 되면 암컷으로 변하는 것이 유리한 것이다. 암컷이 일제히 산란할 때 수컷이 정자를 사정한다는 간단한 경우에는, 개체의 번식성공은

$$(\text{번식성공도}) = (\text{산란수}) + (\text{정자량})\ \frac{(\text{집단 중의 총 알 수})}{(\text{집단 중의 총 정자량})} \qquad (16.1)$$

이 된다. 제1항은 생산되는 알의 수를 나타내는 암컷으로서의 번식을, 제2항은 다른 개체가 생산하는 알을 수정하는 것에 의한 수컷으로서의 번식을 표시한다. 적응적인 성의 선택방법은 각각의 연령에 있어서 이들 두 항 가운데 큰 쪽에 집중하는 것이다. 수컷으로서의 번식성공은 집단 중의 성비에 의해 변하므로, 각 개체에 있어서 수컷과 암컷의 어느 것이 유리한가는 집단 중의 다른 개체의 성에 의해서 변하게 된다. 즉, 게임 이론적 상황이라고 할 수 있다. 예를 들면, 수컷에서 암컷으로 전환하는 새우에 있어서, 어획에 의해 큰 개체가 제거되어 집단의 크기 분포가 작은 쪽으로 기울면, 암컷이 부족하여 수컷이 상대적으로 많아진다. 그러면 수컷으로서의 번식성공도가 낮아지고, 보다 작은 크기에서 암컷으로 전환하기 시작하는 것이 유리해질 것이다(그림 16.1b). 실제로 그와 같은 상황에서는 일찍부터 암컷으로 성전환하게 되는 것이 알려져 있다(Charnov, 1982). 성전환의 시기는 자신의 연령과 크기보다는 집단 속에서 상대적인 크기에 의해 결정되고 사회적 상호작용에 의해서 생리의 메커니즘이 영향을 받는 것이다(연습 16.1 참조).

이와는 반대로, 해안의 바위, 수초 사이에 사는 물고기는 작을 때는 암컷이고 커지면 수컷으로 변하는 것이 많다(中園・桑村, 1987). 이들에 있어서는 큰 것이 하렘(harem)을 가지든지 산란 장소에 세력권을 가져서 작은 수컷을 쫓아내기 때문에 수컷의 번식성공은 크기와 함께 암컷 이상으로 급격히 증가하는 것이다(그림 16.2). 수컷을 제거하면 하렘 속의 제일 큰 암컷 개체가 수컷으로 전환하고 다시 그것을 제거하면 그다음 큰 암컷이 수컷으로 변하는 것이 알려져 있다. 단, 작은 수컷도 전혀 번식할 수 없는 것은 아니고 큰 수컷의 하렘과 세력권에 있는 암컷이 산란할 때 은밀하게 접근하여 정자를 덮어씌우고 도망가는 '좀도둑' 행동에 의해 어느 정도는 자손을 남길 수 있다.

다음으로 계절변동이 있는 환경에 서식하고 연령 α에서 번식을 시작해서 이후 매년 1회 번식하는 새우를 생각해보자. P율의 개체는 계속 암컷인데, 나머지 $1-P$율의 개체는 최초의 해 α세에서는 수컷이고, 그다음의 $\alpha+1$세에서 암컷이 되는 것으로 한다. 이때 각각의 개체가 어느 유형이 되는가를 자유로이 선택할 수 있다고 하면, 어떠한 P값이 실현될 수 있을까? 만일 양 쪽 유형이 혼합해 있으면, 식 (16.1)로 주어지는 번식성공도는 같을 것이다. 연습 16.2에 있는 계산에 의하면, 처음부터 암컷이었던 개체의 생애

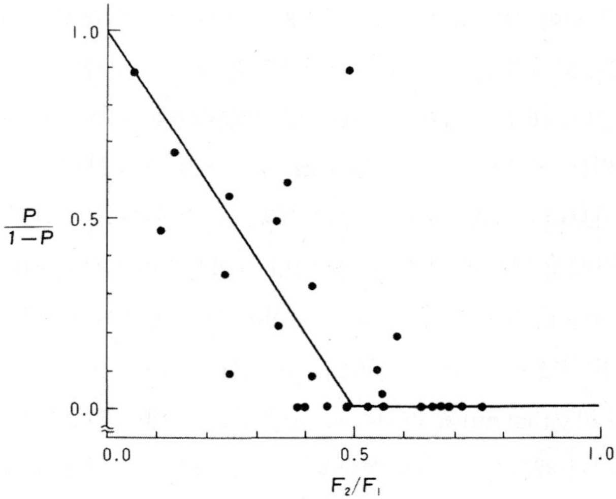

그림 16.2 세로축은 처음부터 암컷으로서 번식하는 개체와 수컷으로서 번식하기 시작하여 다음 해에 암컷으로 전환하는 개체와의 비율. 가로축은 성전환 개체와 암컷 개체의 생애알생산량의 비율. 직선은 게임 모델의 해 식 (16.2), 점은 도화새우의 27개체의 개체군에 관한 자료를 표시한다 (Charnov, 1982).

알생산량을 F_1, 성전환개체의 생애알생산량을 F_2라 두면, 진화평형상태에서 양자의 비율은

$$\frac{P}{1-P}=\begin{cases}1-2\dfrac{F_2}{F_1} & \dfrac{F_2}{F_1}<0.5\text{일 때}\\ 0 & \dfrac{F_2}{F_1}>0.5\text{일 때}\end{cases} \tag{16.2}$$

로 됨을 알 수 있다. 한 해당 생존율이 낮아서 다음 해 이후에는 번식이 거의 이루어지지 않을 때는($F_2/F_1=0$) 암컷개체가 반을 차지하게 된다($P=1/2$). 다음 해 이후의 성전환개체에 의한 암컷으로서의 번식이 중요해짐에 따라서, 처음부터 암컷이 되는 개체의 비율이 감소하고 결국에는 모두 성전환개체가 된다($P=0$). 그림 16.2는 도화새우에 대한 자료를 표시한 것으로 모델의 예측과 잘 일치하고 있다(Charnov, 1979).

16.2 성비

게임 모델이 성공한 또 하나의 예가 기생벌의 성비이다. 벌이나 개미 종류는 수정란(2배체)이 모두 암컷으로 자라고 미수정란(반수체)이 수컷이 된다는 반배수의 성 결정 양식이 행해지고 있다(그림 16.3). 이 때문에 산란성비는 산란시에 저장낭의 정자를 사용하는지 아닌지에 의해 어미가 자유로이 결정할 수 있다. 수컷과 암컷으로 나뉘어 있는 생물에서는 태어났을 때의 비율은 거의 1:1에 가까운데 기생벌의 많은 종에서 그러하다. 그런데 하나의 숙주에 다수의 알이 낳아지는 다기생벌에는, 100개의 알 가운데 겨우 한 두 개가 수컷이고 나머지는 모두 암컷이라는 크게 편중된 성비를 갖는

것이 있다. 이와 같은 벌에서는, 하나의 숙주에서 자란 형제와 자매 사이에서 교미를 끝낸다는 특징이 있다. 수컷은 한 개체가 다수의 암컷을 수정시킬 수가 있으므로, 어미로서는 수컷 알은 될 수 있는 한 적게 낳는 쪽이 유리하게 된다. 수컷의 일부가 다른 장소로 이동하고 나서 교미하는 경우에는, 아들이 자매 외의 암컷과 교미할 수 있는 비율에 따라서 수컷 알의 비율이 높아지는 것이 알려져 있다(Hamilton, 1967).

1개체의 수컷으로도 다수의 암컷을 수정시킬 수가 있으므로 기생벌에 한하지 않고 다른 동물도 수컷을 훨씬 적게 생산하고 암컷을 증가시키면 집단의 증식률이 개선될 것인데도 어째서 수컷이 반수 가깝게 만들어지는 것일까? 이에 답하기 위해 중복하여 기생하는 벌 예를 들면 한 마리의 숙주에

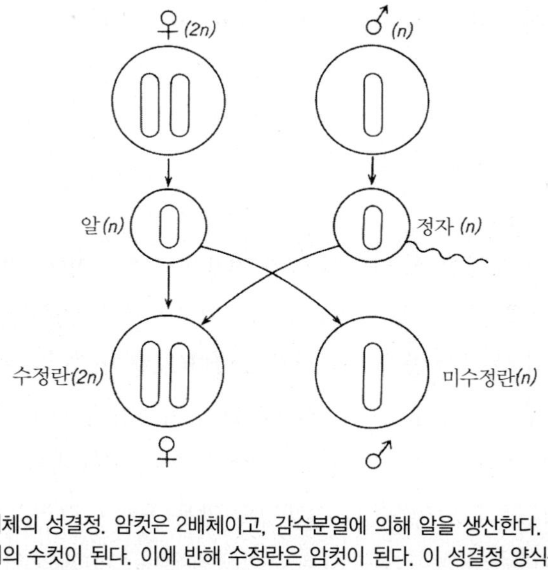

그림 16.3 반수개체의 성결정. 암컷은 2배체이고, 감수분열에 의해 알을 생산한다. 미수정란인 채로 발생하면, 반수체의 수컷이 된다. 이에 반해 수정란은 암컷이 된다. 이 성결정 양식은 벌, 개미 종류를 위시하여, 다수의 동물군에서 사용되고 있다. 이와 같은 생물에서는 어미가 자손의 성을 자유로이 결정할 수가 있다.

n마리의 암벌이 산란하는 경우를 생각해보자. 지금 n마리의 산란암컷이 각각 N개의 알을 낳는다고 한다. 각각의 성비(수컷 알의 비율)는 $x_i\ (i=1,2,\cdots,n)$라고 한다. i번째의 어미의 번식성공도는

$$\phi_i = N_i(1-x_i) + N_i x_i \frac{N_1(1-x_1)+N_2(1-x_2)+\cdots+N_n(1-x_n)}{N_1x_1+N_2x_2+\cdots+N_nx_n} \tag{16.3}$$

이다. 우변의 제1항은 낳은 암컷의 수이고, 제2항은 수컷이 수정할 수 있는 암컷의 총수를 나타낸다. 암컷이 수컷과 교미를 했을 경우에는 만들어진 자손은 양쪽 항에서 계산하기로 한다.

각각의 산란암컷이 산란성비 x_i를 자유로이 선택하여 번식성공도 ϕ_i를 최대로 한다는 게임을 생각해보자. 간단히 하기 위해서 우선 산란수가 모두 같다고 하자($N_1 = N_2 = \cdots = N_n = N$). 식 (16.3)은

$$\frac{\phi_i}{N} = 1 - 2x_i + \frac{x_i n}{\sum_{j=1}^{n} x_j} \tag{16.4}$$

로 된다. 이것을 자기의 성비 x_i의 함수로 최대가 되는 상태를 구하기 위해서 x_i로 미분하여 0으로 두어보자. $\partial\phi_i/\partial x_i = 0,\ (i=1,2,\cdots,n)$이라는 식을 풀면

$$x_1 = x_2 = \cdots = x_n = \frac{n-1}{2n} \tag{16.5}$$

이 된다(연습 16.3 참조). 여기서 다른 산란암컷이 사용하는 성비는 형편이 좋도록 바꿀 수 있는 것이 아니므로 일정하다고 보고, 자기의 성비 x_i만으

로 편미분하여 계산하는 것이다. 중복 산란하는 경우에는, 수컷이 다른 산란암컷이 낳은 암컷과 교미할 가능성이 있으므로, 수컷을 보다 많이 생산하는 것이 어미로서는 유리하다. 한 마리의 어미가 숙주를 독점($n = 1$)할 수 있으면 수컷 알은 적을수록 유리($x = 0$)하나, 두 마리가 중복하면($n = 2$) 수컷 알의 비율이 1/4($x = 0.25$)로, 세 마리 중복하면($n = 3$) 1/3 ($x = 0.333$)이 되고, 보다 많은 산란암컷의 자손이 섞여서 교미함에 따라, 수컷이 점점 높은 비율로 생산되게 된다(그림 16.4). 대단히 많은 수의 어미에서 태어난 자손 사이에서 교미가 일어날($n = \infty$) 때는 게임의 평형상태에서 수컷의 비율이 50%가 된다($x = 0.5$). 이와 같이 개체가 각각의 번식 성공도를 높이게 선택한 결과로 성비가 1:1로 진화한다는 생각을 **피셔의 원리**라 한다.

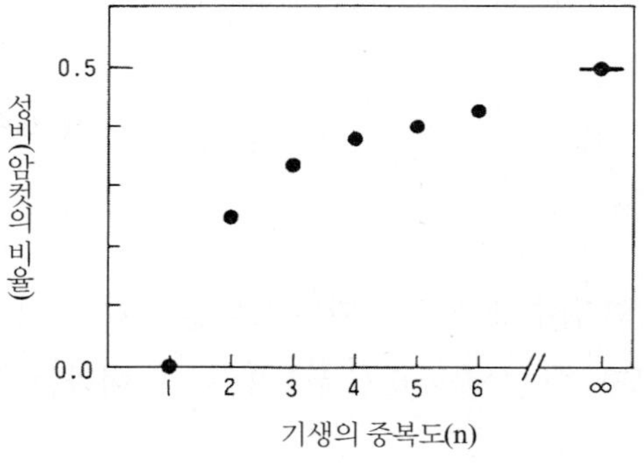

그림 16.4 진화해야할 성비와 한 숙주에 중복하여 산란하는 어미 벌의 수. 숙주의 중복도가 올라감에 따라서, 성비(암컷 알의 비율)도 상승하고, 결국은 50%가 된다.

기생벌의 경우에는 반배수성결정과 근연개체간의 교미 때문에 모계 유전자가 수컷보다 암컷 쪽으로 더 많이 가게 되어 진화해야할 성비는 식(16.5)보다 암컷 쪽에 더 기운다. 또 최초의 암컷과 뒤에 기생하러 오는 암컷과는 입장이 다르게 되는데 처음에 온 암컷은 때에 따라서는 숙주를 독점할 수 있을지도 모르나 두 번째 암컷은 독점의 가능성이 없다. 그러므로 첫째 것보다 두 번째 것의 산란수가 적기 때문에(제15장 4절 참조) 첫 번째 것은 암컷으로, 두 번째 것은 수컷으로 치우치는 경향이 있다(Suzuki and Iwasa, 1980; 巖佐, 1981; 鈴木, 1982).

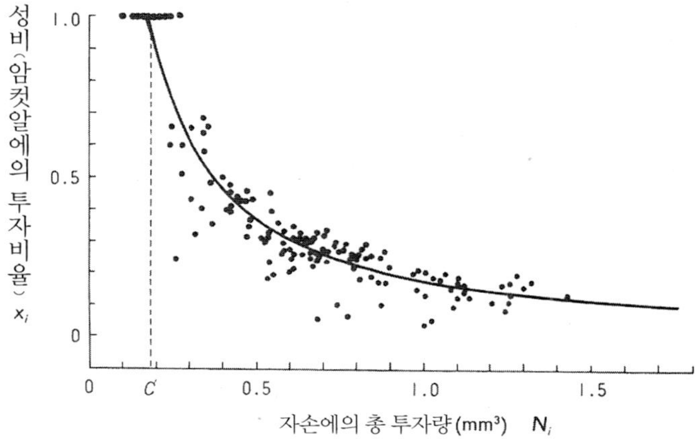

그림 16.5 진디의 성비와 어미의 번식투자 총량. 성비는 수컷자손을 생산하는 데 투자한 물질의 양의 비율로 표시했다(Yamaguchi, 1985). 곡선은 게임 모델의 예측을 나타낸다.

수목에 붙는 진디는 1년에 한번만 유성(有性)생식을 한다. 성비를 조사하면, 작은 어미는 수컷만을, 큰 어미는 암컷도 산란하는 것을 알 수 있다(그림 16.5). 상기의 성비 게임을 어미 사이에 산란능력의 차가 있는 경우에 대해서 계산하면 $c = \sum_j N_j x_j (1 - 2\sum_j N_j x_j / \sum_j N_j)$로 두어

$$N_i > c \text{의 개체는 } x_i = \frac{c}{N_i}$$
$$N_i < c \text{의 개체는 } x_i = 1(\text{수컷만을 만든다}) \quad (16.6)$$

가 된다(연습 16.4 참조). 즉 산란집단에 조금밖에 기여하지 않는 어미는 수컷만을 만드나 많은 자식을 남기는 어미는 암컷을 생산한다. 단 성비는 단순한 개체수비는 아니고 자손을 생산하기 위한 투자량의 비로 측정하고 있다. 그림 16.5에는 자료가 점으로 표시되어 있는데, 모델에 의한 예측곡선에 잘 일치하고 있는 것을 알 수 있다. 어미가 수정 후에 체내에 있는 알에 영양분을 공급할 때는 우선 수컷 알에만 공급하고, 여유가 있을 때는 암컷 알에도 공급한다는 것이 어미의 크기에 의해 성비가 변화하는 원리이다(Yamaguchi, 1985).

인간을 포함한 포유류에서는 수정시의 성비는 수컷에 기울고 있는데, 그 후 수컷 자손이 죽기 쉽기 때문에 성비는 1:1에 가까워지는 것이 알려져 있다. 이 현상을 어미가 스스로의 형편에 맞게 성비를 조정하는 수단이라고 해석하는 연구자도 있다. 다른 개체보다 강한 수컷은 경쟁의 결과 다수의 암컷을 획득하여 큰 번식성공을 이룰 수 있는 것에 비해 약한 수컷은 번식의 희망이 없다. 이 때문에 어미는 만일 자기의 생리적 상태가 좋고 사회적 순위도 높아서 강하고 훌륭한 수컷을 키울 수 있는 경우에는 수컷 자손을, 평균이하일 때는 암컷 자손을 낳는 것이 바람직하게 된다. 그래서 수정시의 성을 우선 수컷에 편중 시켜두고 생리적 상태가 나쁜 어미가 수컷 자손을, 임신한 경우에는 높은 비율로 유산을 하나 암컷 자손의 경우에는 출산하게끔 진화한 것이라고 한다. 그림 16.6에는 붉은 사슴 어미의 순위와 자손의 생애번식성공도의 관계를 표시하였는데, 수컷의 경우에는 어미의 순위에 크게 영향을 받는 것에 비해, 암컷의 경우에는 그렇지 않다.

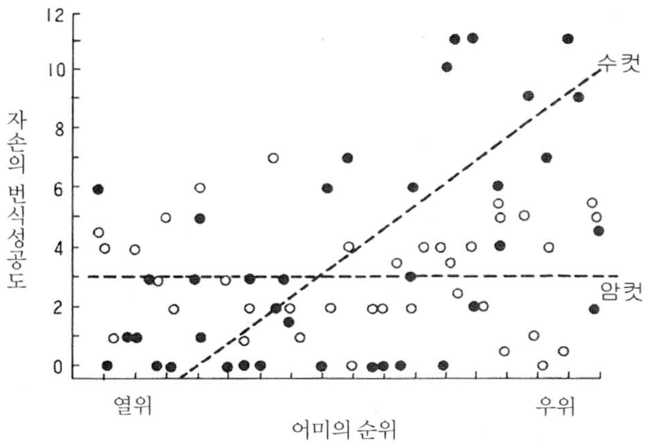

그림 16.6 붉은 사슴의 생애번식성공도와 어미의 순위와의 관계. 수컷(•)은 어미의 순위가 높을수록 번식성공도가 큰 것에 반해, 암컷(○)은 영향 받지 않는다. 점선은 회귀직선을 표시한다 (Clutton-Brock 등, 1984).

16.3 암수동체와 암수이체

유성생식을 하는 식물의 번식에도 종자와 과실을 스스로 생산하는 암컷 번식이 있고, 꽃잎이나 꽃가루, 꿀로 곤충을 유인해서 다른 개체에 수분시킴으로써, 다른 개체가 생산하는 종자의 아버지가 되는 수컷 번식 두 가지가 있다. 각 개체가 어느 한쪽으로 정해지는 암수이체와, 1개체가 양 쪽을 행하는 암수동체가 각각 어떠할 때 진화하는가, 또 암수동체라도 양성의 기능에 얼마만큼 투자해야할 것인가 등을 성표현의 문제라고 하는데, 이 경우 각개체가 번식성공이 최대가 되도록 양성에의 투자활동을 선택하는 게임 모델이 유효하다(Charnov, 1982; 梯, 1987). 식 (16.1)과 같이, 어떤 개체가 생산하는 종자의 수를 f, 화분의 양을 m으로 하고, [집단 중의 총종자수] /

[집단 중의 총화분량]의 비를 R^*로 두면, 번식성공도는

$$\phi = f + mR^* \rightarrow \text{최대}$$

로 쓸 수 있다. 화분의 생산량 m도 종자 생산 f 도 함께 크게 할 수 있으면 좋지만, 이들을 생산하기 위한 자원에는 한계가 있다. 그림 16.7의 곡선에 표시되어 있는 것과 같이, 이 제약조건이 $C(m, f) \leqq \rho$인 영역으로 표시된다고 하자. 그러면 제약영역의 유형에 의해, 그림 16.7a에서는 화분과 종자를 동시에 만드는 암수동체가 진화하고, 그림 16.7b는 화분 생산의 전문가(수컷 개체)와 종자, 과실 생산의 전문가(암컷 개체)가 집단 중에 공존하게 된다. 그림 16.7c에서는 암수동체와 암컷이 공존하고 있다.

식물이 충분한 양의 화분을 받아들일 수 있더라도, 수정란 모두를 성숙시킬 만큼의 자원이 없으므로 여분의 종자는 죽게 된다. 이때는 암수의 수분

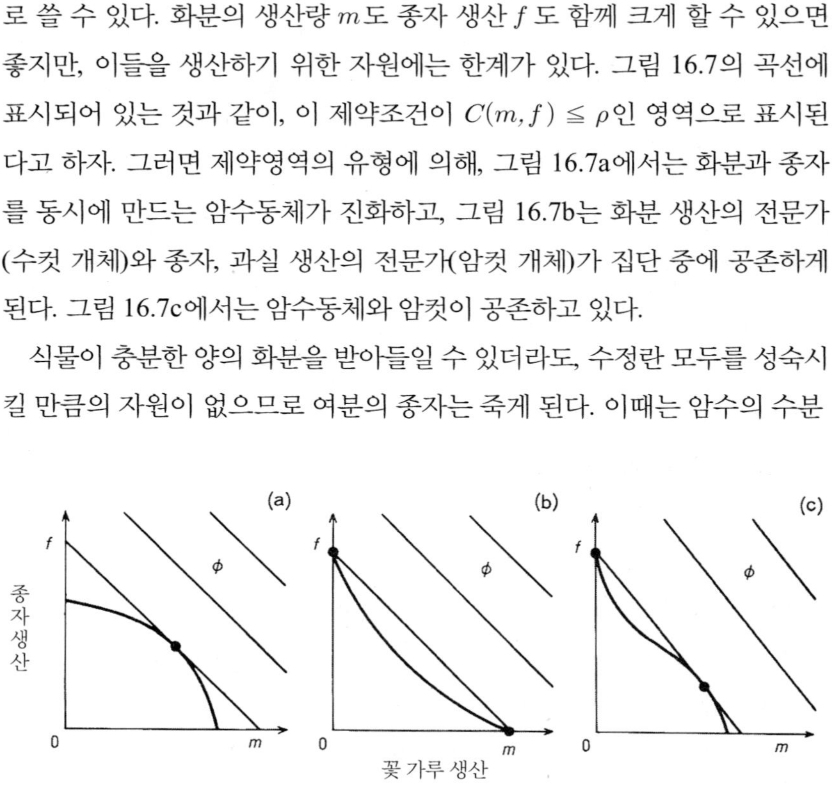

그림 16.7 m은 화분의 생산량, f 는 종자의 생산량이다. 직선은 적응도 ϕ의 등고선을 표시하고, 오른쪽 위일수록 적응도가 높다. 곡선 $C(m, f) = \rho$는 자원의 제약 때문에 식물의 생산 가능한 범위가 한정되는 것을 나타낸다. 제약의 형에 따라, 다음과 같은 결과가 된다. (a)에서는 각각의 개체가 종자와 화분의 양쪽을 생산하는 암수동체가 진화한다. (b)에서는 수컷전문과 암컷전문의 두 종류의 개체가 공존하는 상태가 진화한다. (c)에서는 암수동체와 암컷전문의 개체가 공존하는 상태가 진화한다.

효율을 높이더라도 개체의 종자생산은 개선되지 않는다. 그러므로 벌과 나비 등 화분매개동물을 유인하기 위한 꽃잎과 꿀에 대한 투자는, 다른 식물개체가 생산하는 종자의 애비가 되어 수컷으로서의 번식성공을 올리기 위한 전략이라고 볼 수 있다.

자가수분이 행해지지 않으면, 성비의 게임과 같은 논리에 의거하여, 화분과 꿀을 만들기 위한 수컷으로서의 번식노력과 과실과 종자를 생산하는 암컷으로서의 노력은 거의 같은 정도로 행하여질 것이라는 결론이 얻어진다. 이것은 암꽃에 비해서 수꽃의 수가 보통 대단히 많은 것을 설명하는 것이라 생각된다.

자가수분이 이루어지면, 그 비율과 함께 수컷으로서의 번식노력은 적어지게 될 것이라고 예측되는데, 이 경향도 야외에서 관측되고 있다. 또한 종자생산이 받아들인 화분의 양에 의해 제약되는 경우 꽃에 대한 투자는 암컷으로서의 번식기능까지도 다하는 것이 된다.

성표현의 진화에 대한 위와 같은 생각 모두, 성의 배분이라고 하는 것이다. 상염색체 위에 있는 유전자가 성표현을 지배하고 있을 때는, 진화의 결과로서 실현하는 상태를 예측하기 위해 게임 모델이 대단히 편리하다. 단, 성표현을 모두 이 관점으로 생각해도 좋은 것은 아니다. 예를 들면 집단 중에 암수동체의 개체와 암개체가 섞여 있는 식물이 있으면, 그림 16.7c의 2형평형의 예라고도 생각되나 실은 그렇지 않은 경우도 있다. 왜냐하면 수컷불임성을 지배하는 유전자가 세포질에 있는 경우가 알려져 있기 때문이다(Gouyon and Couvet, 1987). 세포질인자(구체적으로는 미토콘드리아의 돌연변이)는 알을 통해서만 자손에 전달되는 것은 아니므로, 화분을 만들지 않게 함으로써 개체의 종자생산을 조금이라도 증가시킬 수가 있으면, 세포질인자 자신이 퍼지는데 유리하다. 그 결과, 화분을 생산하는 개체가 구축되어 모두 암컷으로 되어버리는지도 모른다. 그러나 실제로는 임성(fertility)을 회복시키는 유전인자(restorer)가 핵에 출현하여, 그것이 퍼져서 원래로 돌아온다. 이와 같은 수컷 불임은, 이른바 식물에 있어서는 병원체와 같은 것이라고 생각된다.

16.4 왜 유성생식을 하는가

번식이란 유전적으로 스스로 닮은 개체를 생산하는 것인데, 유성생식에서는 다른 개체의 유전자와 혼합하여 유전적으로 상이한 자손이 만들어진다. 한편, 진디와 연못 속의 물벼룩 등은 여름에 어미와 유전적으로 동일한 복제를 만드는 무성생식에 의해서 증식한다. 사막에 서식하는 도마뱀과 민들레를 비롯한 많은 식물에서는 무성생식만을 행한다 '지하줄기를 펼치든지 주아(살눈, bulbil)를 만드는 영양번식뿐만 아니라, 어미와 유전적으로 동일한 자손을 생산하는 단위생식(parthenogenesis)은 무성생식에 포함된다'(巖佐, 1988).

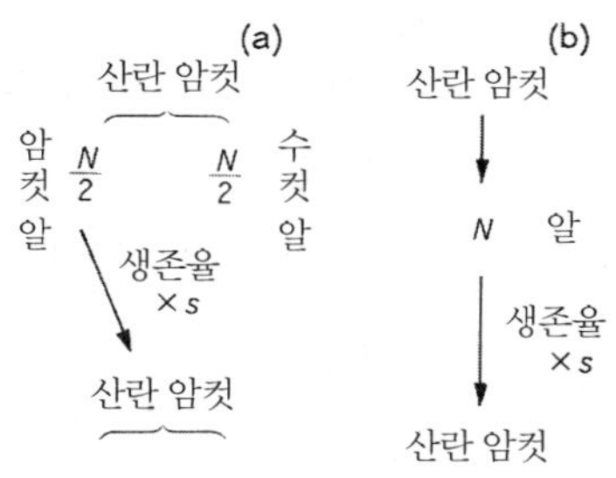

그림 16.8 유성생식의 2배 비용. 암컷이 암컷 알과 수컷 알을 같은 수 씩 낳는 집단에, 수컷의 유전자를 사용하지 않고 스스로의 유전적 복제인 알을 생산하는 돌연변이가 나타났다고 하자. 만일 산란수와 생존율이 같으면, 돌연변이인 무성생식은 증식률에 기여하지 않는 수컷을 만들지 않으므로, 매 세대는 2배의 속도로 증가하여 순식간에 무성생식을 하는 종으로 바뀌어 버린다.

왜 유성생식을 하는가를 밝히는 문제는 대단히 어렵다. 이것을 설명하기 위해서 수컷과 암컷으로 나뉘어 양성을 1대1로 생산하는 생물을 생각해보자. 여기서 암컷에 돌연변이가 생겨 정자를 사용하지 않고 자신의 유전자를 그대로 가진 자손을 생산하게 되었다고 하자. 이 경우 증식에 기여하지 않는 수컷을 만들지 않아도 되므로, 그들은 급속히 퍼진다(그림 16.8). 만일 생존율과 출산율이 같으면, 세대당 거의 2배의 빠르기로 돌연변이가 퍼지고, 그 종은 즉시 무성생식을 하는 종으로 바뀌어 버린다. 이를 2배의 비용이 요구되는 **유성생식**이라고 한다.

그러나 현실에서 많은 종의 경우 유성생식이 계속되고 있는 것을 도대체 어떻게 설명하면 좋을 것인가? 다른 개체의 유전자와 섞어서 유전적으로 다양한 자손을 생산하는 이익이 여러 가지로 검토되고 있다. 그러나 매세대 2배의 증식률에 상당하는 만큼의 큰 이익을 주는 작용 원리는 아직 발견되어 있지 않다(巖佐, 1987, 1988).

현재 가장 유력한 가설은 병원체와 기생자에 대항하기 위한 전략이라는 생각이다. 바이러스와 박테리아를 비롯한 미생물에 의해서 야기되는 병은 감수성이 있는 숙주개체가 많을 때는 급속히 퍼져서 큰 해를 끼친다(제3장 4절). 이 때문에, 어미의 세대에 잘 적응하여 번식에 성공한 유형은 다음 세대에서는 그 유형에서는 특이적인 병원체에 걸리기 쉽다. 오히려 앞 세대에서 빈도가 낮았던 유형이 병에 걸리지 않고 유리해지는 경향이 있다. 이 상황에서는 번식에 있어서 자신과는 상이한 유전자의 조합을 가진 자손을 생산하는 것이 이익이다. 그러나 이것이 2배의 비용을 극복할 수 있을 만큼 강한지는 아직 명백하지 않다.

무성생식(무성생식으로 번식하는)종이 유성생식종에 비해서 어떠한 서식환경에서 많은가를 조사한 비교생태학적 연구가 있다. 무성생식은 사막,

극지, 담수 등 물리적으로 험하고 불안정한 환경과, 섬과 같이 침입능력이 중요한 장소에 많고, 열대다우림과 같은 다수의 종이 공존하여 생물상이 복잡한 환경에 서식하는 종과 기생성을 가진 종에서는 유성생식을 하는 종이 많다. 이것은 물리적 환경이 불리할 경우에는 최적의 대응이 되는 유전자를 유지하는 무성생식이 유리하나, 병원체 등 타 종과의 상호작용이 중요할 때는 적응한 유형이 계속 변하므로 유성생식이 유리해진다고 해석되고 있다. 생물집단 속에서는 다수의 생물이 상호작용하여 각각 개량진화를 계속하고 있어서, 이에 뒤진 종은 멸종해 버린다는 생각이 있는데, 이를 '**붉은 여왕 가설**(red queen hypothesis)'이라고 한다.

16.5 성체계의 진화

암수동체인 식물에서 동일 개체가 만든 화분이 알에 수정되면, 다른 개체의 화분과 혼합하여 유성생식을 한다는 목적이 달성될 수 없게 된다. 그래서 자가수분(self-fertilization)을 피하는 여러 가지 방도가 궁리되고 있다. 그러나 한편으로 높은 비율로 자가수분하는 종도 있다.

자손의 수만을 생각하면, 자가수분에는 번식상의 이익이 있다. 자가수분을 피하는 암수동체 식물을 생각하면, 각 개체는 스스로의 종자생산에 의한 번식과, 화분에 의해서 다른 개체의 종자를 수분시키는 것에 의한 번식은 평균적으로 같은 만큼의 이익을 얻는다. 그래서 자가수분을 하는 돌연변이가 출현했다고 생각하면, 다른 개체의 종자를 수분하는 것에 더해서 자기의 종자도 수분시킬 수 있으므로, 화분을 통한 번식성공은 거의 2배가 됨을 알 수 있다. 게다가 새로운 서식장소에 침입할 때는 1개체로도 번식할 수 있는 이점이 있다.

그러나 자가수분(또는 자가수정)에 의해서 생긴 자손은, 생존율과 번식률이 낮다는 근교약세(近交弱勢)가 생긴다. 그 원인은 다음과 같이 생각되고 있다. 집단 중에는 결함을 가진 유전자가 항상 생기는 한편 자연선택에 의해서 제거가 되는데, 그와 같은 유해유전자는 2배체의 다른 쪽의 대립유전자가 결함을 보완해 주는 이형접합(heterozygosis)의 상태로 숨어 있다. 그런데 자가수분으로 생긴 자손은 무성생식의 경우와는 달리 유전적으로 어미와 동일하지는 않다. 왜냐하면, 약 반수의 유전자 좌위에 있어서, 자손의 대립유전자의 양쪽 모두가 어미와 동일한 대립유전자로 복제가 되기 때문이다. 그 때문에 숨어 있던 기능상의 결함이 동형접합(homozygosis)이 되어 나타나 버린다. 이러한 대가와 앞서 말한 이익의 대소비교에 의해 자가수분(또는 자가수정)이 진화해야할 정도가 결정된다(Iwasa, 1990).

형제자매라는 혈연개체 사이의 교미 또한, 양적으로는 적지만 같은 양상의 비용과 이익을 수반한다. 인간을 포함한 포유동물에서는, 어릴 때 함께 자란 이성개체와는 미의 상대로 매력을 느끼지 않는다는 심리적 메커니즘이 알려져 있고, 이는 혈연개체를 피하는 작용 원리라고 생각된다.

보다 기본적인 단계를 생각해보면, 섬모충과 조류(algae)에는 알과 정자의 구별이 없고 크기와 겉보기로도 차이가 없는 세포가 융합함으로써 유성생식이 이루어지는 경우가 있다(동형배우자 생물). 이들에 있어서도, +와 -, I과 II 등으로 구별되는 접합형(또는 성)으로 집단이 나누어지고, 세포가 서로 인식하여 동일한 집단에 있는 것과는 유성생식(접합)을 하지 않고, 유전자형이 다른 것과의 접합이 촉진되고 있다. 문화인류학의 용어로 말하면, 외혼집단에 대응하는 것이라 할 수 있다. 섬모충과 조류에는 이 집단의 수가 두 개인 것 외에, 4개와 8개인 것이 있고, 경우에 따라 48개나 되는 다수의 성을 가지는 것이 있다. 집단유전학적으로 어떠한 조건에서 다수의 성을 가지게끔 진화하는가를 조사한 결과는, 배우자(유성생식으로 융합할 세포)가 접합의 상대를 한정된 시간 내에 발견하지 않으면 안 될 때 성의 수가 증가하고, 충분한 수의 상대와 만날 수 있을 때는 2성이 진화한다고 결론 지워졌다(Iwasa(巖佐), 1988); Iwasa and Sasaki, 1987).

16.6 알과 정자로의 분화

이와 같이 성이 성립한 후에, 배우자는 크기에 따라 알과 정자(또는 화분)라는 크고 작은 두 가지 형이 진화했다. 이 과정은 다음과 같은 두 경기자의 게임으로 고찰할 수 있다. 집단에는 두 개의 성($i = 1, 2$)이 확립되고, 유성생식은 다른 성 사이에서만 생긴다고 가정한다. 제1성의 배우자 크기를 x, 제2성의 배우자 크기를 y라 한다. 각각의 개체(단세포 생물에서는 클론(clone))가 한정된 자원에서 가능한 많은 배우자를 만든다고 가정할 때, 너무 작게 나누면 자손(접합자)의 자원량이 적어져 버린다. 알 수와 알 크기의 최적화 모델(제11장 1절)을 생각하면, 제1성에 속하는 개체(클론)의 번식성공도는, 배우자 생산에 사용해야할 자원량을 ρ로 하여

$$\phi_1 = \frac{\rho}{x} S(x + y) \tag{16.7a}$$

가 된다. 여기서 알 크기의 문제 식 (11.1)과 상이한 것은, 접합자가 받는 자원이 제1성 자신이 준 자원 x 와 제2성 쪽에서 기여 y와의 합이고, 생존율은 그의 증가함수 $S(x + y)$가 된다는 점이다. 제1성의 배우자 크기는, 자연선

택에 의해 식 (16.7a)을 최대로 하게끔 진화한다. 같은 방법으로 제2성의 배우자 크기 y는 번식성공,

$$\phi_2 = \frac{\rho}{y} S(x+y) \tag{16.7b}$$

를 최대로 하게끔 진화한다. 이와 같은 게임에 있어서는, 생존곡선 $S(x+y)$의 형에 따라서는 $x=y$라는 동형배우자가 진화적으로 안정해지는 일도 있을 수 있다(연습 16.5 참조). 그러나 $S(x)$의 형태에 따라서는 한쪽의 배우자 크기 x가, 허용되는 최소 크기가 되고, 다른 한편으로 y는, 어쩔 수 없이 자기가 주는 자원만으로 자손이 자라는 경우의 최적해, 즉 제11장 1절의 최적 알 크기로 진화한다(Parker 등, 1972). 이러하여 정자와 알이라는 두 형이 진화한 것이라 사료된다.

성체계의 진화에 관한 이상의 논의를 종합하면, 우선 타 개체의 유전자와 자신의 유전자를 섞은 자손을 생산하는 유성생식이 출현하고, 이어서 외혼집단인 성이 확립된다. 그리하여 알과 정자로의 2형이 진화하여, 마침내 개체마다 암수 두 개의 번식기능으로의 분배가 다양하게 발달한 것이라 생각된다.

연습문제 / 추가 참고문헌

연습 16.1 일정 환경에서 성전환. 수컷으로서 번식할 때의 성공도는 일정치 b, 암컷으로서 번식은 연령 x에 비례하여 ax라 한다. 사망률은 μ라 한다. 여기서 개체가 번식성공 (16.1)을 최대로 하게끔 선택할 때, 게임의 ESS는 태어나서 어느 연령 c까지는 수컷으로, 그 이후에는 암컷이 되는 것이다. 이 c를 다음과 같이 하여 구하라.

집단중의 거의 모두의 개체가 연령 c에서 성전환을 한다고 가정한다. 그때의 생애를 통한 알과 정자의 평균생산량은, 생존율 $l(x) = e^{-\mu x}$를 생각하여,

$$[\text{알 생산}] = \int_0^{\infty} e^{-\mu x} ax\, dx = \frac{e^{-\mu c}(1 + c\mu)a}{\mu^2}$$

$$[\text{정자 생산}] = \int_0^{c} e^{-\mu x} b\, dx = \frac{(1 - e^{-\mu c})b}{\mu}$$

가 된다. 연령 x인 개체가 그때 암컷이나 수컷으로서 번식한 경우의 성공도는 식 (16.1)의 제1항과 제2항으로 표시된다. 즉

$$[\text{알 생산}] = ax$$

$$[\text{정자 생산}] = b\left\{\frac{e^{-\mu c}(1 + c\mu)a}{\mu^2}\right\} \Big/ \left\{\frac{(1 - e^{-\mu c})b}{\mu}\right\}$$

이 두 개 가운데 큰 쪽의 성을 표현하는 것이 최적전략이다. ESS의 조건에서는 $x < c$에서는 수컷이 되고, $x > c$에서는 암컷이 되는 것이 좋을 것이다. 성전환하는 연령 c에서는 하나의 번식 성공도가 같게 되어,

$$ac = b\left\{\frac{e^{-\mu c}(1+c\mu)a}{\mu^2}\right\} \Big/ \left\{\frac{(1-e^{-\mu c})b}{\mu}\right\}$$

와 같이 계산되어, 정리하면 $\exp(\mu c) - 2 - 1/\mu c = 0$ 이 얻어진다. 즉 최적의 성전환 연령은 $c = 1.075/\mu$ 이다. 즉 사망률 μ가 상승하면, 이에 반비례하여 성전환해야 할 연령이 낮아진다.

주의: 번식에는 대가가 필요한 것을 생각하여, 사망률이 번식하지 않는 개체에서는 μ_1, 번식하면 μ_2 이고, $\mu_1 < \mu_2$ 라고 가정한다. 이때의 ESS에는, 상기와 같이 연속적으로 번식하는 경우와, (1) 우선 0세에서 c_1 까지는 수컷으로서 번식, (2) 다음은 잠시 동안 번식하지 않고, (3) 최후에 c_2 이후에는 암컷으로서 번식한다는, 세 개의 시기를 갖는 경우가 있다.

연습 16.2 식 (16.2)를 다음과 같이 하여 도출하라. x 세까지의 생존율을 l_x, 수컷으로 번식했을 경우의 정자 생산량을 m_x, 암컷으로 번식했을 경우의 1년당의 알 생산을 f_x 라 한다. 암컷 개체의 생애 알 생산 F_1, 성전환 개체의 생애 알 생산 F_2, 정자 생산 M 은

$$F_1 = \sum_{x \geqq \alpha} l_x f_x, \quad F_2 = \sum_{x \geqq \alpha+1} l_x f_x, \quad M = l_\alpha m_\alpha$$

이다. 갓 태어난 N 개체 가운데 NP 와 $N(1-P)$ 가 각각 순수한 암컷 및 성전환 개체이므로, 집단 중의 총 알 생산 F_{total} 과 총 정자 생산 M_{total} 은

$$F_{\text{total}} = NPF_1 + N(1-P)F_2, \quad M_{\text{total}} = N(1-P)M$$

가 된다. 식 (16.1)로 주어지는 생애번식성공도는, 암컷개체 ϕ_f 와 성전환개체 ϕ_h 에 대해서,

$$\phi_f = F_1$$

$$\phi_h = F_2 + M\frac{NPF_1 + N(1-P)F_2}{N(1-P)M}$$

이다. 어느 쪽이 되는가를 개체가 자유로이 선택할 수 있다고 하면,

$$0 < P < 1 \quad \text{및} \quad \phi_f = \phi_h$$

$$P = 0 \quad \text{및} \quad \phi_f < \phi_h$$

가 성립할 것이다. 즉 양 쪽 유형이 공존하면 두 개의 적응도는 같을 것이고, 성전환 개체만 있으면, 이는 암컷 개체보다도 적응도가 높을 것이다. 이것에서 식 (16.2)를 유도하라.

연습 16.3 국소자원경쟁 모델에서 N_i가 같은 경우에 있어서, 각각의 x_i가 ϕ_i를 최대로 하게끔 선택될 때의 평형상태가 식 (16.5)인 것을, 다음과 같이 하여 유도하라.

(1) 식 (16.4)를 x_i로 편미분하여 0과 같다고 둔다.

(2) 다음, $x_1 = x_2 = \cdots = x_n$ 임을 보인다.

(3) 최후에 식 (16.5)를 얻는다.

연습 16.4 N_i가 같지 않은 경우에 대해서 평형성비가 식 (16.6)이 되는 것을, 다음과 같이 나타내어라(Yamaguchi, 1985). 먼저 식 (16.3)을

$$\frac{\phi_i}{N_i} = 1 - 2x_i + \frac{x_i \sum_j N_j}{\sum_j N_j x_j}$$

로 고쳐 쓰고, 이것을 x_i로 편미분하여 0으로 보라. 얻어진 식을 평균성비

$\bar{x} = \sum_j N_j x_j / \sum_j N_j$를 써서 정리하면,

$$N_i x_i = \sum_j N_j \bar{x} (1 - 2\bar{x}) \qquad (i = 1, 2, \cdots, n)$$

가 된다. N_i가 충분히 크면 x_i는 1보다 작은 값을 취하고, 이것이 ESS이다. N_i가 작으면 위 식의 x_i는 1보다 커져 버린다. 그와 같은 i에 대해서는 성비 x_i가 $0 \leqq x_i \leqq 1$로 제약되어 있으므로 $x_i = 1$(모두 수컷)이 최적해가 된다.

연습 16.5 알과 정자의 차이의 진화(이형배우자). 동형배우자 $x = y = x^*$가 진화적으로 안정해지는 조건이 다음과 같이 해서 구해진다. $\phi = S(x + x^*)/x$가 x의 함수로서 $x = x^*$에서 최대가 되는 것이 ESS조건이다.

ϕ대신에 $\log\phi = \log S(x + x^*) - \log x$에 대해서 생각하면, $\partial \log\phi / \partial x = 0$과 $\partial^2 \log\phi / \partial x^2 < 0$가 $x = x^*$에서 성립하는 것이 국소최대조건이다.

(1) 그리하여 계산에 의해, $xS'(2x) = S(2x)$ 및 $S''(2x) < 0$을 도출하라 [$S'(x)$와 $S''(x)$는 1회와 2회의 도함수를 표시한다].

(2) 구체적인 함수의 예로, $x > a$에서 $S(x) = (x - a)^b$, $x < a$에서 $S(x) = 0$이라고 하자. 단 $0 < b < 1$. 그러면, $x^* = a/(2 - b)$가 ESS 조건을 만족함을 보여라.

(3) 다른 예로서 $S(x) = ax^2/(1 + bx^2)$이라 하면, 위의 조건을 만족하는 해가 존재하지 않음을 보여라.

추가 참고문헌: 성의 진화 전반에 대해서는 Greenwood와 Adams (1987), 矢原 (1992), 巖佐 (1992)를 참조. 성전환에 대해서는 Iwasa (1991a)를 참조. 이형배우자진화에 대한 새로운 사고방법은 Hurst와 Hamilton (1992)을 참조. 유성생식의 의의에 대해서는 Maynard Smith (1978)과 Michod와 Levin (1988)을 참조.

제17장 성차와 성선택

성에 의한 차이는, 알과 정자라는 배우자 크기의 차이에서 시작하여, 자손의 보호 · 성행동 · 이동성과 정주성 · 이타행동 등 행동상의 여러 가지 측면으로 진화하게 된다. 이들은 성을 가진 개체가 번식성공을 달성하기 위한 적응전략으로 이해할 수 있다. 이 장에서는 우선 암수의 차이가 어떻게 진화하는가에 대한 논의를 소개한다. 나아가 매력적인 배우자를 선택하고자 하는 성질의 진화를 양적형질의 유전모델로 살펴본다.

17.1 암수의 차이

자손을 돌보지 않는 동물의 경우를 생각해보면, 수컷이 만드는 정자는 암컷이 생산하는 알에 비해 압도적으로 수가 많고 생산에 비용이 들지 않는다. 이 때문에 수컷의 번식성공은 대개 정자의 생산능력보다도 암컷과의 교미 기회를 획득하는 능력에 의해 제약된다. 이에 비해 암컷의 번식성공은 알과 자손을 생산하는 능력 및 자손을 위한 적절한 산란장소의 선택 능력에 의해서 정해지는 것이지, 교미의 횟수를 증가시켜서는 번식성공이 개선되지 않는다. 그 결과 수컷은 적극적이나 암컷은 소극적인 성행동을 취하는 경향이 있다.

배우자체계와 수컷의 교미행동의 여러 가지 측면에 대한 진화의 결과는, 수컷이 경기자가 되어 수정 가능한 암컷을 둘러싸고 경쟁한다는 게임 모델에 의해서 잘 이해된다. 제15장의 나비의 우화 스케줄과 활동시간대, 개구리의 실효 성비의 모델 등은, 모두 이런 개념으로 이해할 수 있다.

더욱이 수컷끼리 투쟁이 일어나는 경우가 있다. 이때 투쟁이 어떻게 결말이 나는가는 제14장 3절에 소개한 매・비둘기 게임에서 취급된다. 세력권과 암컷을 보호하기 위해 투쟁이 생길 때는 몸이 큰 개체가 유리해질 것이다. 실제로 이와 같은 종에서는 수컷의 크기가 암컷보다 커지는 경향이 있다. 암컷이 먹이를 찾는다든지 포식자에게서 도망한다든지 하는 성장과 생존의 의미에서 최적크기로 진화하고 있다고 한다면, 그보다 몸이 큰 수컷은 교미 상대를 둘러싼 동성간 경쟁 때문에 몸체를 크게 하기위해 다소 무리를 하고 있다고 생각할 수 있다.

자손의 보호가 어느 성에 의해 수행되는가에 대해서는, 암수가 각각 자손의 돌보기에 참가하는지 않는지를 선택한다는 제14장 2절의 게임 모델로 기본적인 개념이 다루어질 수 있다. 포유류에서는 암컷만이 자손을 돌보는 경우가 많다. 반면 많은 어류에서는 수컷이 자손을 돌보는 성인 것을 보면, 알이 정자에 비해서 큰 투자가 요구된다 하더라도, 반드시 암컷이 자손을 돌보는 성으로 진화한다고는 볼 수 없음을 나타내고 있다.

주로 수컷이 자손을 돌보게 되면, 수컷이 희소하게 되어 암컷이 수컷을 획득하기 위해서 경쟁을 하는 성역할이 바뀌게 된다. 예를 들면, '호사도요(painted snipe)'는 몸집이 크고 공격적인 암컷이 수컷보다 먼저 번식장소에 도래하여, 거기서 암컷끼리 투쟁을 하여 세력권을 가진다. 그 후에 수컷이 와서 암컷과 어울리고, 암컷이 낳은 알과 자손은 수컷이 돌본다. 질이 좋고 넓은 세력권을 확보한 암컷 쪽에는 많은 수컷이 오게되어, 일처다부제가 된다.

교미 기회와 교미상대의 질을 둘러싼 경쟁에 의해서 생기는 자연선택을 **성선택**(sexual selection)이라 한다. 위에 기술한 것과 같은 동성간 경쟁에 의한 것 외에, 희소하게 되는 쪽의 성의 개체가 배우자를 선택함으로써 생기는 경우도 있다. 이것을 다음에서 소개한다.

17.2 수컷의 형질과 암컷에 의한 배우자 선택

인도공작의 수컷은 대단히 긴 꼬리를 가지고 있다. 꼬리를 만드는 데는 대가가 필요하거니와 움직이기도 어렵고 먹이를 취하거나 포식자에게서 도망하는 데도 불리하므로, 긴 꼬리의 유지는 생존율을 떨어뜨린다. 그러면 어째서 수컷은 긴 꼬리를 가지게 진화되었을까? 이것은 암컷이 훌륭한 꼬리를 가진 수컷을 좋아하고 교미를 하려 하기 때문이라고 할 수 있다. 예를 들면 Anderson (1982)은 천인조(whydah)라는 새의 수컷의 꼬리를 자르든가 덧 붙여서 길이를 변화시켜 보며 암컷이 긴 꼬리를 가진 수컷과 교미를 하려 한다는 것을 확인하였다. 수컷이 자신의 유전자를 다음 세대에 남기는 길은 암컷과 교미하는 것뿐이므로, 암컷에 그와 같은 선호도가 있는 한, 생존율이 다소 떨어지더라도 수컷은 큰 꼬리를 가지게끔 진화하는 것이다(그림 17.1).

그러면 어째서 암컷은 그와 같은 수컷과 교미하려 하는가? 공작의 수컷은 자손을 돌보거나 암컷과 자손을 위한 자원 공급을 하지 않고, 단지 교미만을 하므로, 암컷은 수컷의 유전적 성질을 선택하고 있다고 생각된다. 관찰 후 특정의 기준에 따라 좋아하는 수컷을 선택한다고 하면, 아무 수컷이나 받아들이는 데에 비해서 암컷도 다소의 시간과 에너지를 소비하지 않으면 안 된다. 그러나 매력 있는 수컷을 선택하는 데는, 이와 같은 대가에 합당한 만큼의 무엇인가 유리해지는 이유가 있기 때문일 것이다.

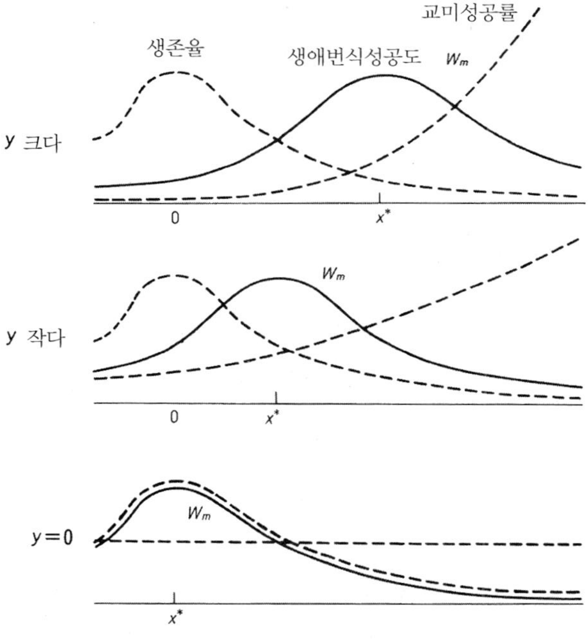

그림 17.1 수컷의 생애번식성공도 W_m과 꼬리의 길이 x의 관계. 생존율이 최대가 되는 길이를 기준($x=0$)으로 하고, 꼬리의 길이는 그것의 변이로 표시한다. 암컷이 배우자 선택을 하지 않는 경우($y=0$)에는 교미성공률은 x에 독립이므로, 수컷의 생애번식성공도 W_m은 생존율에 비례하고 최적의 x는 $x=0$이다. 집단 중의 암컷이 x가 큰 수컷을 골라서 교미하는 경향이 있는 경우($\bar{y}>0$)에는 교미성공률은 x의 증가함수가 된다. 수컷의 생애번식성공도는 생존율과 교미성공률의 곱이므로, 그것을 최대로 하는 x는 양(+)이다. 수컷은 생존율을 떨어뜨려도, 암컷이 좋아하는 긴 꼬리를 만드는 쪽이 유리하다.

이 물음에 Fisher(1915)는 다음과 같이 답했다. 집단 중의 암컷이 꼬리가 긴 수컷을 좋아하는 약간의 경향이 있다고 생각해본다. 그 무리중의 암컷이 꼬리가 긴 수컷과 교미한 경우에는 그 자손도 긴 꼬리를 가지게 되고, 그 결과 그 자손들은 보다 많은 암컷과 교미할 수 있게 된다. 그리하여 간접적으로 그와 같은 선택을 한 암컷의 유전자도 퍼지는 것이다. 즉 어느 정도 암컷이 좋아하는 성질이 이미 존재하면, 보다 강한 선택성을 가진 암컷이 유리해지고, 결과적으로 좋아하는 것이 더욱더 강해지게끔 진화하는 것이다. 이 과정을 피셔의 **런어웨이**라고 부르고 있다.

17.3 양적형질의 유전모델

위와 같은 진화과정은 수컷의 형질 x와 암컷의 선택성 y의 두 변수의 양적형질의 유전모델에 의해서 알기 쉽게 표현될 수 있다(Lande, 1981). 꼬리의 길이에 한하지 않고 몸길이, 우화일 등 생물의 양적인 형질의 값이, 유전적 성분과 자란 환경의 차이에 의한 영향과의 합으로 표시된다고 생각한다. 만일 변이가 환경의 차에 의해서만 야기된다고 하면, 가령 크기가 큰 개체가 잘 번식했다고 해도, 태어난 자손의 크기는 커지지 않는다. 자연선택에 의해서 집단의 평균크기가 변화하기 위해서는, 유전하는 부분(사실은 그 속에서도 유전자의 첨가적 효과의 부분에서 첨가유전치라고 하는 것)에 변화가 없어서는 안 된다.

그림 17.2는 x와 y의 두 형질에 대해서 각 개체의 첨가유전치를 도시한 것으로, 집단은 점의 무리로 표시되어 있다. 곡선은 생애의 번식성공도의 등고선을 표시하고, 이 값이 큰 개체가 보다 많은 자손을 남기는 경향이 있

으므로, 계속되는 세대에서는 집단의 중심은 오른쪽 위로 이동하게 된다. 1 세대의 집단 평균치 $(\bar{x}, \bar{y})$의 움직임을 계산해보면,

$$\frac{d}{dx}\begin{pmatrix}\bar{x}\\ \bar{y}\end{pmatrix}=\frac{1}{2}\begin{pmatrix}G_x & B\\ B & G_y\end{pmatrix}\begin{pmatrix}\dfrac{\partial \log W_m}{\partial x}\\ \dfrac{\partial \log W_f}{\partial y}\end{pmatrix} \tag{17.1}$$

라는 식이 유도된다(이 장의 끝에 있는 부록D를 참조). 여기서 G_x는 수컷의 형질 x의 (첨가유전)분산, G_y는 암컷의 선택성의 분산, B는 x와 y의 공분산을 표시한다. $W_m(x)$는 수컷의 생애번식성공도, $W_f(y)$는 암컷의 생애번식성공도를 나타낸다. 각 형질에 대한 선택의 세기는 맬서스 계수의 기울기로 측정되고, 식 (17.1)의 편미분 $\partial \log W_m / \partial x$와 $\partial \log W_f / \partial y$는 집단의 중심 $(\bar{x}, \bar{y})$에서 계산한다. 아래에서 평균형질의 역학계 식 (17.1)을 유도함에 있어서 가정되고 있는 것들을 살펴보자.

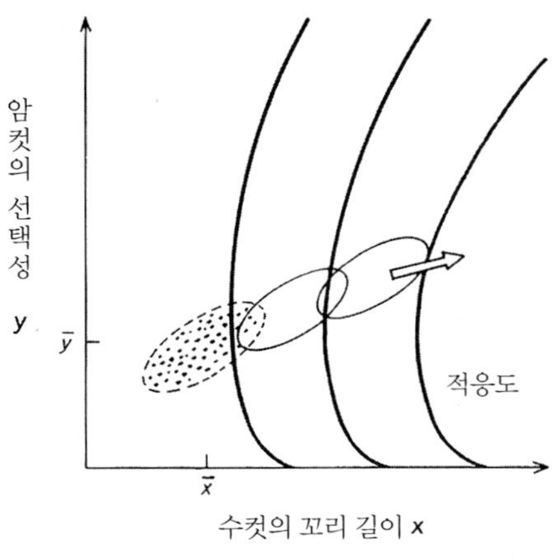

그림 17.2 두 개의 형질에 관한 첨가유전치를 그리면, 집단은 한 무리의 점으로 표시된다. 그 중심이 $(\bar{x}, \bar{y})$이고, 분산이 G_x와 G_y이며, 공분산은 B이다. 곡선은 적응도의 등고선을 표시하고, 적응도가 높은 개체가 보다 많은 자손을 남기는 결과로 다음 세대에는 집단의 위치가 조금 이동한다. 그 움직임을 추적하는 것이 양적형질의 유전 모델이다.

돌연변이는 어미에서 받은 형질의 첨가유전치가 랜덤하게 조금 변화하는 것으로 생각되고 있다. 이 효과는 그림 17.2에 있는 점들의 무리의 분산을 계속 유지하는 데 있어서 중요하다. 그러나 보통은 돌연변이를 일으키는 첨가유전치의 변화에는 일차의 편향(치우침)이 없다(즉 상하 변화가 동등하게 생긴다)고 가정되어 있기 때문에, 집단의 평균형질의 시간변화를 기술하는 식 (17.1)에는 돌연변이에 의한 항이 나타나지 않는다. 또한, 생각하고 있는 형질에 영향이 있는 다수의 유전자 좌위 사이에 재조합이 생기는데, 이것도 평균형질의 역학계 (17.1)에는 나타나지 않는다.

첨가유전치의 분산 G_x와 G_y는 돌연변이에 의해서 공급되고, 자연선택과 유전자부동에 의해서 감소하고, 유전자 좌위간의 재조합에도 영향을 받으나, 아래에서는 첨가유전 분산 G_x와 G_y가 어떠한 작용 원리에 의해 적당한 양(+)의 값으로 유지되고 있을 뿐이라고 가정해 두자.

x가 꼬리 길이와 같은 수컷의 형질, y가 그에 대한 암컷의 선택성이라고 하면, 공분산 B는 양(+)이 되어 그림 17.2의 점의 무리가 옆으로 펼쳐질 것이다. 이것을 이해하기 위해서 y의 집단평균치가 0인 경우($\bar{y} = 0$)를 우선 생각해보자. 집단 중에는 선택성을 나타내지 않는 암컷에 더해서 근소하나 꼬리가 긴 수컷을 좋아하는 암컷($y > 0$)과 꼬리가 짧은 수컷을 좋아하는 암컷($y < 0$)이 섞여 있다. 수컷에도 형질의 변이가 있다. 당연하게 꼬리가 긴 수컷을 좋아하는 암컷은 긴 꼬리를 만드는 유전자를 가진 수컷과 교미하기 쉽고, 짧은 꼬리를 좋아하는 암컷은 짧은 꼬리를 만드는 수컷을 받아들이는 경향이 있다. 유전치에 상관이 있는 양친의 유전자가 자손에 주어지고, 재조합에 의해 동일한 게임에 들어가므로, 암컷의 선택성 y와 꼬리의 길이 x의 유전치 사이에 양(+)의 상관이 만들어진다. y의 집단평균치가 0이 아닌 경우에도 같은 상황이 되는데, 평균보다 강한(약한) 선택성을 가진 암컷과

평균보다 긴(짧은) 꼬리를 만드는 수컷이 교미하는 결과, 역시 양(+)의 상관이 만들어지고, 재조합으로 파괴되는 경향과 균형을 이루어 양(+)의 값 B에 머문다.

그런데 꼬리의 길이 x가 큰 수컷일수록 번식성공도가 높다고 해보자. 양(+)의 공분산이 있으므로, x가 평균보다 큰 수컷은 보다 강한 배우자 선택의 유전적 경향 y를 숨겨서 가지고 있다. 그러면 형질 y 자신은 번식성공도에 아무 영향을 끼치지 않는데도 불구하고, 다음 세대에는 y의 평균치가 위쪽으로 어긋나 버린다. 이것이 런어웨이(runaway)과정에서 암컷 선택성의 간접이익을 표시하는 것이다. 유전공분산이 있으면 다른 쪽의 형질에 작용한 자연선택에 끌려간다는 효과는 식 (17.1)의 $\bar{y}$의 변화율 $d\bar{y}/dt$에 x에 관한 선택 기울기 $\partial \log W_m/\partial x$의 항이 더해지는 것에 의해 표시되고 있다.

17.4 런어웨이

우선 그림 17.1에 대응하여, 다음 식으로 표현되는 경우를 생각해보자.

$$W_m(x) = e^{a\bar{y}(x-\bar{x})}e^{-cx^2} \tag{17.2a}$$
$$W_f(y) = 1 \tag{17.2b}$$

수컷의 생애번식성공도 (17.2a)는 교미성공율과 생존율의 곱이다. 교미성공율은 꼬리의 길이 x의 지수함수로 증가하는데, 그 계수가 집단 중에 있는 암컷의 배우자 선택의 세기 $\bar{y}$에 비례한다. 한편, 꼬리 길이의 원점을 생존율이 최대가 되는 길이로 잡았으므로, 거기에서 멀어짐에 따라 생존율이 감소한다. 식 (17.2b)는 암컷의 번식성공도가 암컷의 배우자 선택의 강도 y에 의존하지 않는다는 가정을 나타내고 있다.

이들 두 식을 식 (17.1)에 대입하면,

$$\frac{d\bar{x}}{dt} = \frac{G_x(a\bar{y} - 2c\bar{x})}{2} \tag{17.3a}$$

$$\frac{d\bar{y}}{dt} = \frac{B(a\bar{y} - 2c\bar{x})}{2} \tag{17.3b}$$

가 된다(연습 17.1 참조). 역학계는 그림 17.3a와 같이, 직선 $\bar{y} = (2c/a)\bar{x}$의 위쪽 영역에서는 $\bar{x}$와 $\bar{y}$가 모두 증가하고, 궤적의 기울기는 B/G_x이다.

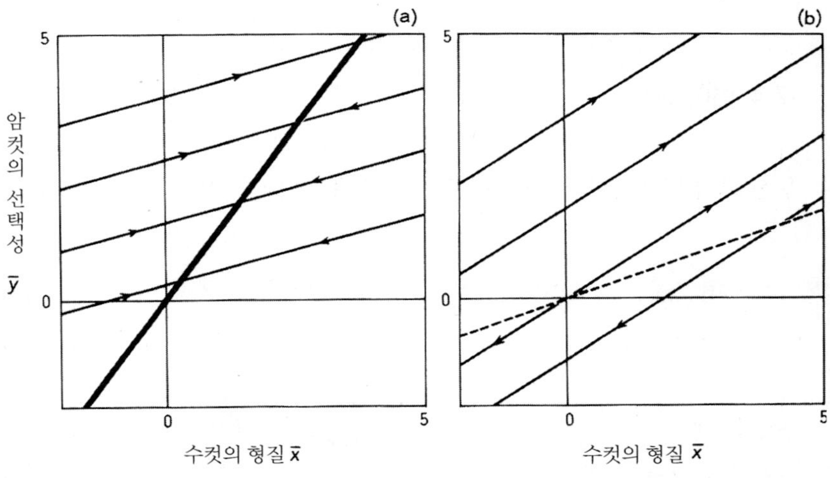

그림 17.3 식 (17.3)의 역학계. 직선 $\bar{y} = (2c/a)\bar{x}$ 위에는 평형점이 나열된다. (a) $a/2c < G_x/B$인 경우. $G_x = G_y = 0.2$, $B = 0.06$, $a = 0.5$, $c = 0.5$. (b) $a/2c > G_x/B$인 경우. $B = 0.12$, $a = 0.75$, $b = 0.25$. 궤도는 평형점의 직선에서 멀어진다.

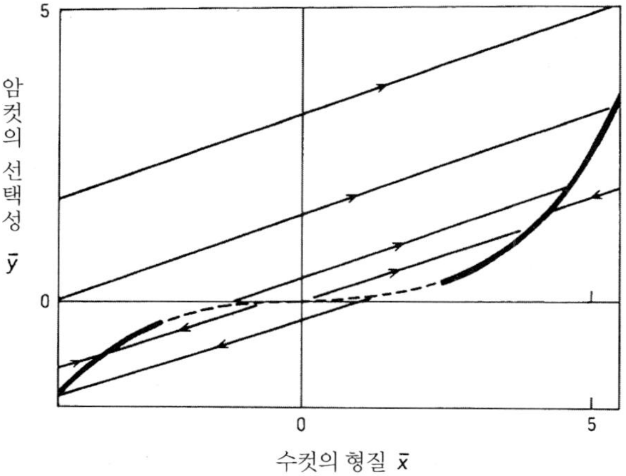

그림 17.4 식 (17.2)에서 수컷의 형질의 대가를 cx^4라고 한 경우. 평형점은 곡선 $\bar{y} = (4c/a)\bar{x}^3$ 위에 나열된다. 원점에 가까운 부분은 불안정하고 상태점은 멀어져 가나, x가 큰 곳에 있는 안정한 부분에 수렴한다. $c = 0.0025$, 다른 것은 그림 17.3a와 같음.

여기서 x가 큰 수컷은 암컷이 좋아해 줌으로써 기대되는 교미성공의 이익이 생존율 감소로 지불해야하는 대가보다 높다. 그 결과 x는 증가하고 암컷의 y도 공분산 때문에 끌려가서 증가한다. 이에 반해서, 직선 아래쪽의 영역에서는 역으로 x와 y가 모두 감소한다. 거기서는 꼬리가 긴 수컷은 교미성공률이 높더라도 너무 많은 대가를 지불하므로 손해를 보고, 암컷으로서도 꼬리 긴 수컷에 대한 선택은 불리하기 때문이다. 직선상은 모두 평형점이다.

B/G_x가 $2c/a$보다 클 때는, 궤도가 평형상태의 선에서 멀어져 가게 된다(그림 17.3b). 이 경우에는 일단 길어지기 시작하면 수컷의 꼬리가 한없이 길어질 것 같으나, 실제로는 극단적으로 길게 되면 꼬리를 만들고 유지하는 비용이 (17.2a)에서 가정한 것보다 훨씬 급격히 증가하여 어딘가에서 꼬리

길이가 정지할 것이다. 그래서 생존율이 치러야 할 대가로 식 (17.2a)의 cx^2 대신에 cx^4을 쓰면, 역학계는 그림 17.4와 같이 된다. 이 경우에는 평형점은 곡선상에 나열하고, $\bar{x}$ 가 작은 부분에서는 궤도가 시간과 함께 멀어져서, $\bar{x}$ 가 큰 곳의 곡선부에 수렴한다.

17.5 '성매력 자손'가설의 부정

상대적으로 생각하여, 바람직한 유전자를 갖는 수컷을 선택하는 것은 유리하고, 다소의 직접적 비용을 상회하는 것도 있다고 생각된다. 이 일은 앞의 런어웨이모델에 의해 이미 증명된 것과 같이 보일지도 모르나, 이와는 다르다. 앞 절의 모델로 설명되고 있는 것은, 배우자 선택이 암컷에게는 직접적인 이익이나 비용이 전혀 없는 경우뿐이다. 만일 암컷이 주의 깊게 배우자를 선택하는 일에 시간과 에너지를 소비하는 결과, 생존율과 출산율이 조금이라도 저하하면, 암컷의 배우자 선택은 진화할 수가 없다고 일반적으로 결론지을 수 있다.

이러한 논의는 다음과 같이 표시된다. 강한 선택성 표출에 의해 암컷의 번식률이 감소하는 것은, $W_f(y)$가 y의 절댓값과 함께 감소한다고 가정하면 된다. 여기서는 식 (17.2b) 대신에,

$$W_f(y) = e^{-by^2} \tag{17.4}$$

로 두어보자. 그러면, $\bar{x}$ 와 $\bar{y}$ 의 역학계 (17.1)은

$$\frac{d\bar{x}}{dt} = \frac{G_x(a\bar{y} - 2c\bar{x})}{2} - Bb\bar{y} \tag{17.5a}$$

$$\frac{d\bar{y}}{dt} = \frac{B(a\bar{y} - 2c\bar{x})}{2} - G_y b\bar{y} \tag{17.5b}$$

가 되고, 그림 17.5에 도시한 것과 같이 된다(연습 17.2 참조).

암컷에 있어서 배우자 선택에 수반되는 비용이 적으면, 궤적은 그림 17.3a와 비슷하지만 평형상태가 나열한 직선 대신에 2개의 등복각선이 된다. $\bar{y} = (2c/a)\bar{x}$ 보다 위의 영역에서는, 배우자 선택에 다소의 비용이 들더라도 매력적인 수컷을 선택하는 것이 이익이 높아지고, 암컷에 의한 선택성은 점점 강해지게끔 진화한다. 이 상황에서는 또한 수컷도 보다 긴 꼬리를 가지게끔 진화하여, $\bar{x}$ 가 증가함에 따라서 암컷의 생존율의 비용이 증가한다. 직선 $\bar{y} = (2c/a)\bar{x}$ 의 근처에까지 오면, 결국은 생존율의 비용이 교미성공률의 이익을 상쇄하게 되어, $\bar{x}$ 의 증가가 정지한다. 그런데 여기서 암컷의

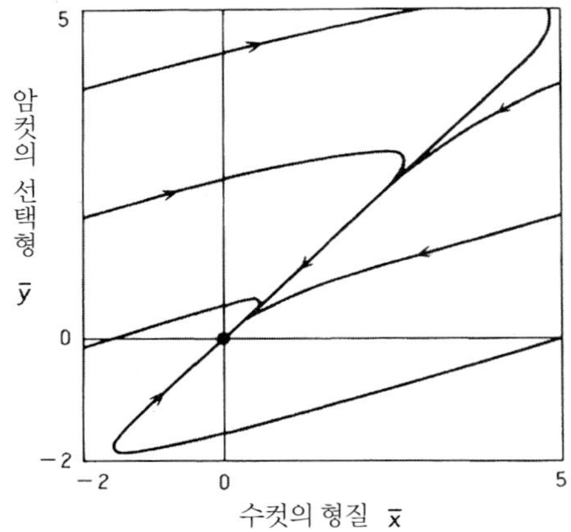

그림 17.5 식 (17.5)의 역학계. 원점만이 안정 평형점이다. 암컷이 배우자를 선택하는 데에 조금이라도 비용이 들면, 암컷의 선택성은 일시적으로는 진화할 수 있으나, 최종적으로는 소실해 버린다. $b = 0.0125$. 다른 것은 그림 17.3a와 같다.

선택성에 대해서 생각하면, 꼬리가 긴 수컷과 교미하는데 따른 간접적 이익이 전혀 얻어지지 않는다. 왜냐하면, 꼬리가 긴 자손을 가져 자손의 교미성공률이 높다하더라도 생존율은 낮아지므로, 꼬리가 짧은 자손을 가지는 경우와 암컷의 유전자가 퍼지는 방법이 같기 때문이다. 이 상태에서는 암컷이 강한 선택성을 표시하기 위해서 지불하는 에너지와 시간은 전적으로 헛되게 된다. 이와 같은 배우자 선택에 수반되는 작은 비용(생애번식성공도의 감소) b 때문에 $\bar{y}$는 천천히 감소하고, 집단의 평균형질은 직선 $\bar{y} = (2c/a)\bar{x}$ 의 근방에 머물면서 최종적으로는 원점으로 돌아온다.

이것에서 교미상대를 선택하기 위해서 극히 근소하더라도 직접 대가가 필요한 경우에는, 암컷에 의한 선택성은 일시적으로 진화하여도 최종적으로는 소실해 버린다고 결론지을 수 있다. 이 결론은 극히 일반적이어서, $W_m(x)$를 다른 함수형으로 가정하여 수컷의 형질이 부차적으로 유익한 효과를 가져도 성립한다(연습 17.3 참조). 즉 식 (17.1)에서 출발하는 한, 진화의 평형상태는 암컷의 배우자 선택에 관한 직접 대가가 최소, 즉 번식성공도가 최대로 되는 수준에 있어서만 가능하다.

새 등에서는 다수의 암컷을 끌어 모으는 매력 있는 수컷은 자손을 돌보는 일을 게을리 하는 경향이 있다. 어떤 학설에 의하면, 그와 같은 수컷과 교미를 한 암컷은 수컷이 거들어 주지 않으므로 키울 수 있는 자손의 수가 적어져 버린다는 점에서 손해를 보지만, 그 대신 자손이 부친의 형질을 받아서 매력적이 되므로, 자손을 통하여 번식성공을 이룬다는 간접이익이 있으므로 타산이 맞는다고 한다. 이 생각을 **'성매력 자손' 가설**(sexy son hypothesis)이라 부른다. 이 가설이 위의 논의에 의해 부정되었다고 말해지는 일이 있다(Kirkpatrick, 1985).

물론 암컷에 있어서, 어떤 형질을 발달시킨 수컷을 배우자로 선택하는 것은 번식성공도를 개선한다는 직접의 이익을 얻을 가능성도 있다. 예를 들면, 같은 서식장소에 닮은 다른 종이 있어서, 잘못하여 교미하면 번식에 실패하는 경우를 생각해보자. 만일 같은 종의 수컷이 다른 종의 수컷보다 긴 꼬리를 가지고 있다고 하면, 보다 긴 꼬리를 가진 수컷을 선택하여 교미함으로써 암컷은 잘못 교미할 가능성을 줄이고, 번식성공에 유리해진다. 그렇다면, 다소의 시간과 에너지를 소비하더라도 타산이 맞을는지도 모른다. 또 수컷 사이에 순위가 있어서 암컷이 낮은 순위의 수컷과 교미를 하면, 높은 순위의 수컷이 와서 방해를 하든지 부상을 입힐 위험이 있으면, 높은 순위의 수컷을 선택적으로 받아들이는 것은, 암컷에 있어서는 번식성공도를 개선한다는 직접의 효과가 있다. 이와 같이, 암컷이 배우자 선택을 하는 것이 자신의 출산율과 자손의 생존율을 개선한다는 점에서, 직접의 이익을 극히 적게라도 얻을 수 있다면, 대단히 강한 선택성이 진화한다. 그 결과 수컷이 큰 대가를 지불하고 꼬리를 만드는 것이 진화하게 된다.

17.6 돌연변이 편중에 의한 부활

그러나 앞의 이론적인 결과에도 불구하고, 직관적으로는 가령 번식성공도가 다소 감소하는 것과 같은 경우에도, 유해유전자의 보유수 등 수컷의 유전적 형질을 주의 깊게 살펴서 교미상대를 선택하는 행동은 진화할 수 있을 것 같이 생각된다. 다시 생각해보면, 꼬리가 긴 수컷이 짧은 수컷보다 적응도가 높은 동안은, 암컷에 있어서도 그것을 식별하는 이익이 존재하는데도, 수컷의 형질이 진화해서 비용이 증가하여 수컷 사이에 적응도의 차이가 없어지기 때문에, 결국은 암컷의 선택성의 간접적 이익이 소실한다는 것이 앞 절과 다른 결과의 원인이다. 수컷 사이에 있는 적응도의 차이가 소실하기 직전에 수컷의 형질의 진화를 정지시킬 수는 없는 것일까?

자동차와 같은 복잡한 기계는 랜덤하게 부품을 변경하면 대부분의 경우에 성능이 떨어진다. 이와 같이 랜덤하게 생긴 유전자의 돌연변이는, 거의가 유해하든가 또는 기능에 아무 영향을 끼치지 않는 것이고, 기능을 개선하는 방향으로의 변화는 절대로 일어나지 않는다. 노랑초파리에 있어서는, 매세대의 돌연변이에 의한 생존율의 감소량이 정밀하게 측정되어 있고 상당히 높다.

여기서 원기(활기)가 좋은 것과 생존력이라 하는 것을 하나의 수컷의 형질 x라고 해보자. 그러면 랜덤한 돌연변이에 의한 변화에는, x를 감소시키는 방향으로의 편향 u를 가지고 있다. 이 경우에는 식 (17.1)이 아니고,

$$\frac{d}{dx}\begin{pmatrix}\bar{x}\\ \bar{y}\end{pmatrix} = \frac{1}{2}\begin{pmatrix}G_x & B\\ B & G_y\end{pmatrix}\begin{pmatrix}\dfrac{\partial \log W_m}{\partial x}\\ \dfrac{\partial \log W_f}{\partial y}\end{pmatrix} + \begin{pmatrix}-u\\ 0\end{pmatrix} \tag{17.6}$$

이라는 것이 된다. 역학계 (17.5a)의 우변에 $-u$항이 단순히 부가되는데, 제 1 사분면에 평형상태가 출현하고(그림 17.6), 그 $\bar{y}$의 값은

$$\bar{y} = \frac{\frac{u}{b}B}{(G_x G_y - B^2)} > 0$$

와 같이 구할 수 있다(연습 17.4 참조). 즉, 수컷 형질의 돌연변이에는 편향이 있어서 배우자 선택에 수반되는 비용 b가 작으면, 비교적 강한 암컷의

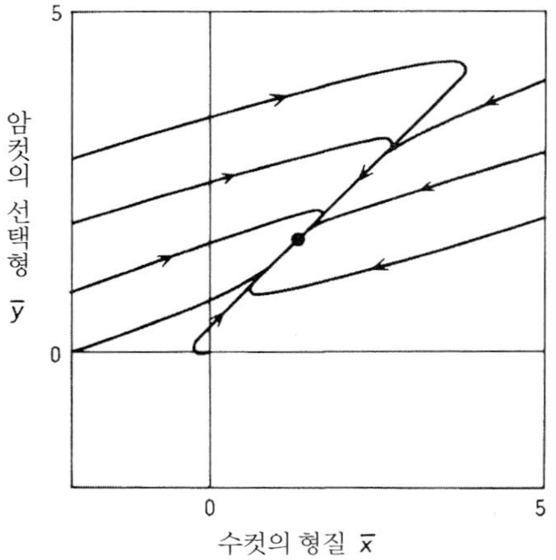

그림 17.6 식 (17.6)의 역학계. 수컷의 형질에 돌연변이에 의해서 감소하는 방향으로 편향이 있으면, 이 형질을 좋아하는 암컷의 성질은, 다소의 대가에도 불구하고, 진화적으로는 유지할 수 있다. $u = 0.005$. 다른 것은 그림 17.5와 같음.

배우자 선택이 진화할 수 있다. 또한 위 결과의 $\bar{y}$는 수컷의 형질 x가 W_m과 W_f에 어떻게 영향을 미치는가에는 전적으로 독립인 것에 주의하자.

평형상태에서는, 암컷의 선호에 의한 성선택은 꼬리를 길게 하는 방향으로 작용하고, 이것은 꼬리를 만드는 대가를 웃돈다. 그러므로 양성을 합한 선택은, x를 증가시키는 방향으로 작용하고 있다. 이 힘과는 역으로, 돌연변이가 꼬리를 짧게 하는 방향으로 작용하고 있어서, 양자의 균형이 맞는 것이다. 평형상태에서는 암컷은 꼬리가 긴 수컷과 교미함으로써 자손의 적응도를 높일 수가 있어, 배우자 선택의 간접적인 이익이 소실되지 않는다. 여기서 중요한 점은, 돌연변이가 암컷의 선호와 '역으로' 작용하는 경우이다. 바꾸어 말하면 돌연변이로 파괴되는 것과 같은 형질에 대한 선호이면 진화할 수가 있다.

수컷의 형질로는 기생자에 대한 저항력도 유망하다. 기생자 자신이 진화를 계속하므로, 숙주에 있어서 최적의 유전자형은 시종 변화한다. 어떤 때에 적응하고 있어도, 조금 지나면 기생자에 대한 저항력이 떨어지게 되어, 유해 돌연변이가 계속 생기고 있는 것과 같이, 수컷 사이에 적응도의 차이가 남게 되어, 이것을 기초로 하여 암컷의 배우자 선택이 간접적 이익을 계속 누릴 수가 있다.

돌연변이가 그 형질을 파괴하는 방향으로 작용하기 쉬우면, 어떠한 형질이라도 그 돌연변이에 맞서는 배우자 선택이 안정하게 진화할 수 있다. 예를 들면 공작의 날개에는 아름다운 둥근 모양이 있는데, 만일 돌연변이가 이 모양을 파괴하는 방향으로 작용하기 쉬우면, 모양의 아름다움에 관한 배우자 선택은 다소의 대가가 들더라도 집단 중에 유지된다.

17.7 핸디캡의 원리

그렇다 하더라도, 통상적인 수컷의 형질에는 돌연변이의 편향이 그다지 강하다고 여겨지지 않는다. 따로 생존율과 같은 편향이 강한 형질이 있어서 암컷은 그것을 좋아하는 경향을 진화시키는 것인데, 수컷의 꼬리의 길이 등은 원기(활기)의 정도를 나타내는 표식으로서 배우자 선택과정을 돕게끔 부수적으로 진화한 것이라는 생각이 있고, 이것을 **핸디캡의 원리**라고 한다. 수컷 사이에는 기본적인 생존력 차이가 존재하나, 암컷에서는 생존력 차이를 직접 볼 수 없다고 하자. 그런데 공작의 꼬리와 같은 수컷의 구조는, 수컷에 있어서는 이를 만들고 유지하는 데 대단한 비용이 드는 핸디캡이다. 생존력이 높은 수컷은 훌륭한 꼬리를 만들 수가 있으나, 유해유전자를 가진 활기가 없는 수컷에서는 좋은 꼬리 만들기가 무리라고 하면, 큰 꼬리를 가진 수컷을 선택하게 되는 암컷은 생존력이 높은 수컷과 교미할 수가 있어서 유리하다.

이것은 수컷의 형질 x, 암컷의 선택성 y, 그리고 기초적 생존력 z라는 3형질의 모델을 이용하여 해석할 수 있다. 물론 생존력 z에 관해서는 음의 방향으로 돌연변이 편향이 있다(연습 17.5 참조). 예를 들면, 어떤 수컷이 실제로 만드는 꼬리의 길이는, 이 수컷의 긴 꼬리를 만드는 능력 x뿐만 아니라, 수컷의 생존력 z도 반영하여, 활기찬 수컷은 보다 큰 꼬리를 만들 수가 있다고 하자. 그러면 암컷은 긴 꼬리를 가진 수컷을 선택함으로써 생존력 z가 강한 수컷과 교미할 수 있으므로, 긴꼬리를 선택하는데 직접 비용이 들더라도 $(b > 0)$, 선택성 y가 진화한다. 이에 따라, 수컷의 형질 x가 진화하게 된다. 이 메커니즘은 **조건의존 핸디캡**(conditional handicap)이라고 한다.

Hamilton과 Zuk (1982)는 수컷의 형질 z로서 특히 병원체나 기생충에 대한 저항성을 생각하여, 암컷은 기생자가 붙어 있지 않은 수컷을 선택하게끔 진화한다고 했다. 곧 선명한 색의 날개를 가지든지 날개를 펴서 과시함으로써, 기생충이 붙어 있는지 아닌지를 보기 쉽게 한다는 수컷의 행동이 진화할 수 있다. 이것을 **폭로형 핸디캡**(revealing handicap)이라 한다. 이에 대해서는 연습 17.5에서 상세하게 논의한다.

Zahavi (1975, 1977)가 핸디캡의 원리를 제창했을 때는, 신호가 진화해야 할 일반조건에 대한 고찰부터 시작했다. 이에 따르면 신호가 진화하기 위해서는, 신호를 받는 쪽에 가치가 있는 혜택이 있고, 그 양이 직접으로는 보이지 않고, 또한 혜택의 양과 신호의 세기가 상관됨으로써 그 신호를 믿을 수 있어야 한다. 예를 들면, 동물이 의식적으로 투쟁할 때는 몸을 팽창시키든지 색을 변화하든지 하여 힘이 센 것을 과시는데, 과시의 세기와 실제 투쟁력이 상관되지 않으면, 강한 것같이 보여도 믿어지지 않으므로 신호의 효과가 없어진다. 식물이 곤충 등의 화분을 매개하는 동물을 끌어 모으기 위해서 꽃 수술을 꽃잎에다 붙여서 광고하고, 곤충은 꿀과 꽃가루 등의 혜택에 끌리게 된다. 큰 광고는 단지 눈에 잘 뜨일 뿐 아니라, 큰 광고를 만들 수 있는 식물 개체에서는 꿀 등의 혜택도 많이 주어진다고 하는 표출과 혜택의 상관이 있는 것인지도 모른다.

이상의 결과를 근거로, 암컷이 수컷을 주의 깊게 선택하도록 진화하는 조건에 대해서 표 17.1과 같이 정리할 수 있다. 우선 배우자를 선택하는 것에 의해 암컷의 출산율과 자손의 생존율을 개선한다는 직접의 이익이 있는 경우와, 직접으로는 불리하더라도 수컷의 유전형질을 좋아함으로써 간접적 이익이 있는 경우가 있다. 후자에서는 수컷의 형질 자체가, 예를 들면 생존력과 기생자에 대한 저항성과 같이, 돌연변이와 병원체의 진화 등에 의해서 항상 파괴되게끔 되어 있는 것이거나, 또는 그와 같은 제3의 형질에 관해서 암컷이 베우자 선택을 하는 과정을 보조하는 형질이라야 한다.

표 17.1 암컷에 의한 배우자 선택이 진화하는 조건

(1) 배우자 선택으로 암컷의 출산율과 새끼의 생존율이 개선 될 때 자원(서식장소, 세력권 등) 수컷에 의한 새끼와 암컷의 보호 다른 수컷에 의한 강제, 새끼 죽이기 다른 종류 및 근연개체간의 교미 회피 전염성의 기생자 병원체 회피
(2) 수컷의 유전형질을 선택 2a) 돌연변이등에 의해 적응성이 파괴되는 형질 유해 돌연변이(돌연변이는 유해한 것이 많다) 병해의 저항력(병원체는 항상 진화를 계속한다) 2b) 상기와 같은 성질을 가진 제3의 형질을 선택하는 것을 돕는다. (핸디캡의 원리) 2c) 비평형으로 진화를 계속한다.

주의: 암컷이 전염병에 감염된 수컷을 회피할 때 병원체 그 자체를 피하는 효과는 (1)에 포함되고, 병원체저항력에 관한 수컷의 유전적 형질을 선택하는 효과는 (2)에 포함된다.

최후에, 진화평형상태가 불안정하고, 수컷의 형질과 암컷의 선택성이 한 계주기궤도를 그려서 진화를 계속할 가능성도 있다(연습 17.6 참조).

17.8 부계사회냐 모계사회냐

무리 생활을 하는 영장류에서는, 암수의 어느 한쪽이 성숙하기 전에 무리에서 나와 다른 무리에 들어가서 번식하는 것이 알려져 있다. 예를 들면 일본원숭이에서는, 수컷이 나가고 암컷이 머물게 되는데, 이 경우 모계사회를 이룬다. 그러나 침팬지에서는 암컷이 나가고 수컷이 머물게 되므로 부계사회가 된다. 이와 같은 암수의 상이한 이주율 진화에 대해서, 다음 모델을 생각해 보았다(Sasaki and Iwasa, 1991b).

집단은 몇 개의 무리로 나누어진다고 본다. 각각의 개체는 성숙하기 직전에 각자의 유전자에 따라서 무리를 떠나서 랜덤하게 다른 무리에 들어갈 지 또는 무리에 머물지를 확률적으로 결정한다. 단, 동일한 집단에서 자란 암수는 서로 인식하여 교미를 피하는 것으로 간주한다. 각 무리마다 여러 가지 집단에서 온 암컷과 수컷이 있어서, 그들 사이에 교미가 행해지고 자손이 태어난다. 밀도가 높아지면 자손의 생존율이 저하하기 때문에, 각 무리에서 생산되는 자손의 총수는 일정하게 조절된다.

이와 같은 집단에 있어서, 암수 각각의 이출율(emigration rate)이 자연선택의 결과 변화할 때는, 그 진화의 동태는 2개의 안정평형상태를 가진다(그림 17.7). 한쪽은 수컷이 모두 이출하고 암컷이 출생군에 머무는 것이고, 다른 쪽은 거꾸로 암컷이 나가고 수컷이 머무는 것인데, 어느 쪽으로 진화하는가는 초깃값(initial value)에 의해서 결정된다. 양자의 흡인영역의 넓이는,

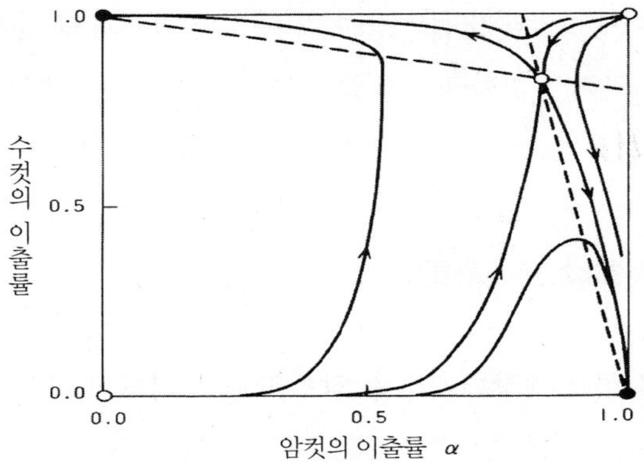

그림 17.7 번식전의 출생군에서 이출율의 진화. 양쪽은 각각 수컷과 암컷의 이출율을 표시한다. 2개의 안정한 평형상태가 있다. 이 그림은 자손의 수가 암컷에 의해서만 결정되고 수컷이 기여하지 않는 경우이다. 외쪽 위의 평형점에 수렴하는 영역이 넓다. 이것은 수컷이 옮겨가고 암컷이 무리에 머문다는 일본원숭이형의 모계사회로 진화하기 쉬운 것을 표시한다. 이에 반해서, 자손의 수에 수컷이 강하게 기여하는 경우에는, 오른쪽 아래의 평형점에 수렴하는 영역이 넓어지고, 이것은 침팬지형의 부계사회로 진화하기 쉬운 것을 표시한다.

생육되는 자손의 수를 결정하는 데 어느 성이 보다 많이 기여하는가의 가정에 의해 크게 변한다. 예를 들면, 자손의 수가 암컷의 수에만 비례하고 수컷의 수에는 의존하지 않는 경우에는, 암컷이 무리에 머물고 수컷이 나가는 일본원숭이형으로 진화하는 흡인영역이 넓으나, 자손의 생존에 수컷의 존재가 크게 기여하는 경우에는, 암컷이 나가고 수컷이 머무는 침팬지형으로 진화하기 쉽다.

연습문제 / 추가 참고문헌

연습 17.1 식 (17.3)의 역학계를 다음과 같이 해석하라.

(1) 궤적의 기울기가 B/G_x 임을 보여라.

(2) 평형점이 직선에 나열됨을 보여라.

연습 17.2 식 (17.5)를 해석하라. 분산의 곱이 공분산의 제곱보다 크다는 식 $G_x G_y > B^2$에 주목하라. 배우자 선택의 비용 b는 작다고 한다.

(1) 평형상태는 원점 이외에는 존재하지 않음을 보여라.

(2) 등복각선법을 사용하여 궤도가 그림 17.5에 있는 것과 같이 되어 있음을 보여라.

연습 17.3 식 (17.3)으로 주어진 역학계에서 식 (17.4)를 가정하면, 평형점에 있어서 $\bar{y} = 0$이 성립하는 것을 다음과 같이 하여 보여라. 우변에 있는 유전분산 행렬과 선택기울기 벡터의 곱이 0이 될 것이다. 그림 17.2에서 무리의 크기가 공간적으로 확장하면 분산행렬에는 역행렬이 존재하므로, 선택기울기 벡터가 0이 된다. 그 제2성분에서 $\partial \log W_f(\bar{y})/\partial y = 0$이 얻어지고, 식 (17.4)에서 $\bar{y} = 0$ 이외에는 있을 수 없음을 알 수 있다.

연습 17.4 역학계 (17.6)을 해석하라. 특히 평형점의 값을 확인하라.

연습 17.5 핸디캡의 원리를 표시하는 모델을, 3형질의 양적형질 유전 모델로써 생각해 보자. 수컷의 형질 x와 암컷의 선택성 y에 더해서, 일반 생존력 z를 생각한다. 돌연변이의 편향은 x와 y에는 없으나, 생존력 z를 감소시키는 방향으로는 있으므로 $-v$라고 쓴다.

$$\frac{d}{dt}\begin{pmatrix}\bar{x}\\ \bar{y}\\ \bar{z}\end{pmatrix}=\frac{1}{2}\begin{pmatrix}Gx & Bxy & Bxz\\ Bxy & Gy & Byz\\ Bxz & Byz & Gz\end{pmatrix}\begin{pmatrix}\dfrac{\partial \log W_m}{\partial x}\\ \dfrac{\partial \log W_f}{\partial y}\\ \dfrac{\partial\{\log W_m+\log W_f\}}{\partial z}\end{pmatrix}+\begin{pmatrix}0\\ 0\\ -v\end{pmatrix} \quad (17.7)$$

여기서 z는 수컷과 암컷에 모두 발현하므로, 이와 같은 선택기울기가 된다. 여기서 다음 사실을 확인하라.

(1) 만일 3형질 (x, y, z) 모두 돌연변이에 편향이 없으면(위의 식에서, $v=0$), 진화평형상태는 $\partial \log W_f/\partial y=0$을 만족하는 것 이외에는 존재하지 않는 것을 증명하라. 이 사실은 대가를 수반하는 안정한 배우자 선택이 진화할 수 없는 것을 나타낸다. 이것은 Kirkpatrick (1986)이 해석한 경우에 해당한다(단, Kirkpatrick은 다시 배우자 선택의 대가를 무시했으므로 $b=0$인 경우에 해당하고, 이것에서 평형상태가 나열하는 곡선이 얻어졌다).

(2) 배우자 선택의 비용이

$$\log W_f = -by^2+[\cdots]$$

인 의존방식을 하고 있다고 하자. 그러면, 식 (17.7)의 평형상태에서는 다음 식이 성립함을 증명하라.

$$\bar{y}=\frac{v}{b}\frac{(G_xB_{yz}-B_{xy}B_{xz})}{\det|G|} \quad (17.8)$$

여기서 G는 유전분산 · 공분산행렬이고, $\det|G|$는 항상 양(+)이다. 또 이 결과는, 적응도(W_m과 W_f)가 x와 z에 어떻게 의존하는가에 관계없이, 일반적으로 성립하는 것을 확인하라.

(3) 식 (17.8)에서 비용이 드는 배우자 선택이 진화하기($b>0$이고, $\bar{y}>0$) 위해서는, 돌연변이의 편향이 있고($v>0$), 또 부등식 $G_xB_{yz}>B_{xy}B_{xz}$가 성립하

는 것이 필요충분하다는 것을 확인하라. 또한 유전상관 $\rho_{xy} = B_{xy}/\sqrt{G_x G_y}$ 등을 사용하면, 후자의 부등식이

$$\rho_{yz} > \rho_{xy}\rho_{xz} \tag{17.9}$$

로 바뀌어 써지는 것을 확인하라.

(4) 수컷의 형질(예를 들면 꼬리)의 크기는 x에 의해서만 결정된다고 하고, 암컷은 이것을 기준으로 배우자를 선택한다고 하자. x 와 z사이에는 '에피스타시스'의 효과로, 양(+)의 상관이 있을지도 모른다($\rho_{xz} > 0$). 그러나 암컷의 선택성 y와 수컷의 생존력 z 사이에는 직접의 상호작용이 없으므로, 수컷의 형질 x 를 매개한 것만의 유전상관밖에 없다. 이 때문에 $\rho_{yz} = \rho_{xy}\rho_{xz}$ 가 성립하고, 식 (17.8)에서 $\bar{y} = 0$이 된다. 즉 대가가 필요한 배우자 선택은 진화할 수 없다. 이것은 Maynard Smith 등이 Zahavi형 핸디캡이라고 부른 것에 대응하고 있다(Pomiankowski, 1988). (단 Zahavi 자신이 진술한 조건은, 다음의 조건의존 핸디캡에 대응하고 있으므로, 이 이름은 좋지 않다)

(5) 수컷이 만드는 꼬리의 크기 s가 x뿐만 아니라 z에도 의존한다고 하자 '즉 $s = s(x, z)$이고, $\partial s/\partial x > 0$, 또한 $\partial s/\partial z > 0$'. x는 수컷이 꼬리를 만드는 능력이나, 그것은 활기찰 때(z가 클 때)에 특히 잘 발휘되는 것으로 가정한다. 암컷은 실현된 꼬리의 크기 s를 기준으로 배우자 선택을 하므로, 분산의 계산에 의해 식 (17.9)가 성립하는 것을 보일 수 있다(Iwasa 등, 1990). 이것이 조건의존 핸디캡(conditional handicap)이라 부르는 것이다.

(6) 폭로형 핸디캡(revealing handicap)에서는, x가 수컷의 형질, z가 수컷의 기생자에의 저항력이고, $s(x, z)$가 암컷에 있어서 '폭로된 저항력'이다. 역시 $s = s(x, z)$이고 $\partial s/\partial x > 0$ 및 $\partial s/\partial z > 0$라는 성질을 가지고 있다. 그 때문에 비용이 드는 배우자 선택이 진화한다.

이상의 논의에 대해 상세한 것은 Iwasa 등 (1991a) 참고

연습 17.6 식 (17.5)에 있어서 수컷의 형질의 비용이 cx^2이 아니고 cx^4으로 하고, 암컷의 배우자 선택에 극히 적은 비용이 드는 경우($b > 0$)를 생각한다. 평형상태는 원점 이외에는 없으나, 원점은 불안정함을 확인하라(그림 17.8 참조). 이때 주기궤도가 출현한다. 이것은 수컷의 형질과 암컷의 선택성이 주기적으로 변동하여 언제까지나 진화를 계속함을 의미한다.

추가 참고문헌: 성선택에 대해서는 Bateson (1983)과 Bradbury와 Anderson (1987)과 Pomiankowski (1988)의 총설에 상세히 나와 있다. 그 외에 Pomiankowski와 Iwasa (1993)를 참조. 長谷川 (1992), 粕谷 (1990)은 이해하기 쉽다. 양적형질의 유전에 대해서는 Bulmer (1985), Falconer (1981), 向井(1978)이 좋은 교과서이다.

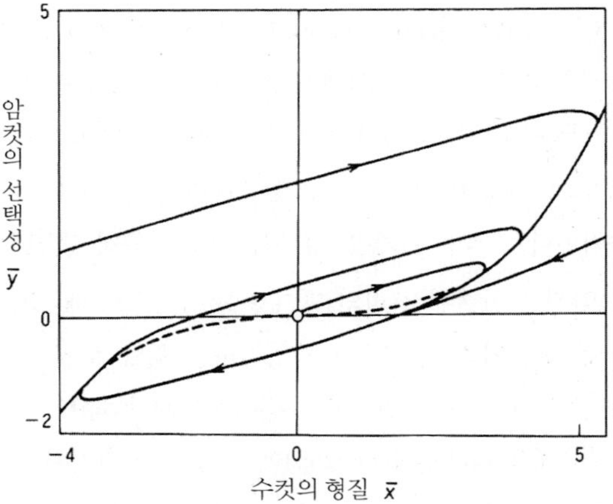

그림 17.8 형질과 선택성의 한계주기궤도. 수컷의 형질에 수반되는 비용은, x가 작을 때는 극히 작고, 어느 정도 이상 커지면 급격히 증가한다고 가정한다. 이에 더해서, 암컷의 선택성에 대한 극히 적은 비용이 있으면 주기궤도가 출현한다. 원점($\bar{x} = \bar{y} = 0$)은 단 한개의 평형점인데, 이것은 불안정해진다(이 그림에서 2개의 등복각선은 원점 이외에서는 만나지 않으나, 서로 극히 가까우므로 하나의 곡선으로 표시했다). $b = 0.0125$, 다른 것은 그림 17.4와 같음.

부록 D　양적형질의 유전학의 기본식

어떤 형질(예를 들면 신장)에 대해서 x크기의 것이 집단 중에 n_x개체가 있다고 하자. 그러면 전체 개체수는 $N=\sum_x n_x$이다. n_x/N을 확률분포와 같이 보고, 형질 x의 평균과 분산을 표시하면

$$\bar{x}=\frac{\sum_x x\,n_x}{N}=<x> \tag{D1}$$
$$\sigma^2=\frac{\sum_x (x-\bar{x})^2 n_x}{N}=<(x-\bar{x})^2>=<x^2>-\bar{x}^2$$

이 된다. $\langle\ \rangle$라는 기호는 분포 n_x/N에 대한 평균치를 표시하고 있다. 즉 형질 x마다에 정해진 양 f_x의 평균은 $\langle f_x\rangle=\sum_x f_x n_x/N$ 이다.

그런데 여기서, 어떤 기간에 있어서 생존율이 신장에 따라서 다르고, 신장이 큰 것일수록 잘 살아남았다고 하면, 그 기간 후의 집단에 있어서 평균 신장 x_{after}는 원래의 것 $\bar{x}$보다 크게 될 것이다. 형질 x를 가진 개체의 생존율이 W_x라 하면, 각각의 형질을 가진 것으로 살아남은 개체의 수는, $W_x n_x$이다. 이것을 $\sum_x W_x n_x$로 나눈 것이 분포를 표시하므로, 이것에 관한 평균치는,

$$\bar{x}_{\mathrm{after}}=\frac{\sum_x x\,W_x n_x}{\sum_x W_x n_x}=\frac{\left(\dfrac{\sum_x x\,W_x n_x}{N}\right)}{\left(\dfrac{\sum_x W_x n_x}{N}\right)}$$

$$= \frac{< x W_x >}{< W_x >} \tag{D2}$$

가 된다. 기간의 전후에 있어서 평균신장의 변화는,

$$\begin{aligned} \Delta\bar{x} &= \bar{x}_{\text{after}} - \bar{x} = \frac{< x W_x >}{< W_x >} - < x > \\ &= \frac{(\langle x W_x \rangle - \langle x \rangle \langle W_x \rangle)}{\langle W_x \rangle} \\ &= \frac{\mathrm{cov}(\mathrm{x}, \mathrm{W_x})}{< W_x >} \end{aligned} \tag{D3}$$

와 같이 공분산을 사용하여 표시할 수 있다. 이것은 생존율 W_x와 형질 x가 양(+)의 상관을 가질 때는 $\bar{x}$ 가 증가하고, 음(-)의 상관을 가질 때는 역으로 감소하는 것을 나타내고 있다.

여기서 생존율이 형질 x의 평탄한 함수로 $W_x = W(x)$와 같이 표현되어 있다고 하자. 집단의 형질치가 평균치 $\bar{x}$ 의 근처에 집중하고 있다고 하면, 함수 $W(x)$를 테일러급수로 전개하여

$$\begin{aligned} \mathrm{cov}(x,\ W(x)) &= \mathrm{cov}\{x,\ W(\bar{x}) + W'(\bar{x})(x - \bar{x}) + \cdots\} \\ &= W(\bar{x})\,\mathrm{cov}(x,\ 1) + W'(\bar{x})\,\mathrm{cov}(x,\ (x - \bar{x})) + \cdots \end{aligned}$$

가 얻어진다. 여기서 $W'(x)$는 함수 $W(x)$의 도함수이다. $\mathrm{cov}(x, 1) = 0$, $\mathrm{cov}(x, x - \bar{x}) = \sigma^2$인 것에 주목하면,

$$\mathrm{cov}(x,\ W(x)) = \sigma^2 W'(\bar{x})$$

인 근사치가 얻어진다. 같은 방법으로,

$$\langle W(x)\rangle = \langle W(\bar{x}) + W'(\bar{x})(x-\bar{x}) + \cdots \rangle$$
$$= W(\bar{x})$$

로 근사시킬 수 있다. 따라서 기간의 전후에서 평균형질의 변화 (D3)은,

$$\Delta\bar{x} = \sigma^2 \frac{d\log W}{dx} \tag{D4}$$

가 된다.

출산율에 대해서는 어떠할까? 무성생식을 하는 생물이고, 또한 자손의 형질치 x가 어미의 것과 동일하다고 가정하면, 상기의 계산 $W(x)$를 단지 출산율이라고 봄으로써 같은 모양의 식 (D4)를 유도할 수 있다. 이때는 생존과 출산을 합해서 생애번식성공도(또는 적응도)라고 생각하면 된다. 그러나 실제로는, 형질치에는 생육환경의 영향이 있으므로, 자손은 어미와 동일한 값 x를 나타낸다고만은 할 수 없다. 그래서 실현되는 형질치(표현형 값)가 유전되어야할 성분(유전치)과 환경에 의한 성분의 합이라고 하고, 후자의 평균치가 0이 되게끔 통계적으로 분해하면, 유전치에 대해서 상기의 계산을 그대로 적용할 수가 있다. 즉 식 (D4)의 σ^2은 유전치의 집단에 있어서의 분산을 표시하는 것이 된다. 이때 $\bar{x}$는 유전치의 집단평균치이나, 정의에 의해서 그것은 표현형의 집단평균치와 같다. 또 (D4)에 있는 $W(x)$는 평균적응도를 유전치 x의 함수로 표시한 것이고, 그 $\bar{x}$에 있어서의 미분계수가 필요한데, 집단의 퍼짐(넓이)에 비해서 함수 $W(x)$의 변화가 완만하면, (유전치가 아니고)표현형치 x의 함수로 표시한 적응도 $W(x)$의 미분계수와 같음이 표시된다. 또 하나, 유성생식을 하는 2배체 생물에서는, 동일한 유전자좌(gene locus)에 있어서 대립유전자의 상호작용(우성, dominance)과 상이한 유전자좌간의 상위(epistasis)가 있다. 이 경우에는, 유전치를 각각의 대립유전자가 가지는 효과(상호유전치)와 우성과 상위효과(epistasis effect)로 통계적으로 분리할 수 있어서, 상호유전치에 대해서 앞의

의논이 그대로 성립하는 것이 된다.

이상을 종합하면, x라는 표현형의 집단평균치가 한 세대에 변화하는 양은, 첨가유전분산(첨가유전치의 분산) G_x와, x를 가지는 개체의 생애번식성공도 $W(x)$를 써서,

$$\Delta \bar{x} = G_x \frac{d\log W}{dx} \tag{D5}$$

로 표시할 수 있다.

그런데 다음으로, 형질이 x와 y와 같이 2개가 있는 경우를 생각해보자. 분포가 $n_{x,y}$가 될 뿐으로 상기와 거의 같은 모양으로 계산된다. 어떤 기간에 있어서 생존율이 $W_{x,y}$일 때, 그 기간의 전후에 있어서 형질의 평균치의 변화는,

$$\begin{aligned} \Delta \bar{x} &= \frac{\langle x W_{x,y} \rangle}{\langle W_{x,y} \rangle} - \langle x \rangle \\ &= \frac{\mathrm{cov}(x,\ W_{x,y})}{\langle W_{x,y} \rangle} \end{aligned} \tag{D6}$$

로 표시된다. 다음, 생존율 $W_{x,y} = W(x,y)$가 두 변수와 함께 천천히 변화할 때는, $(\bar{x}, \bar{y})$의 근방에서 테일러급수로 전개하여,

$$\begin{aligned} &\mathrm{cov}(x,\ W(x,y)) \\ &= \mathrm{cov}\left\{x,\ W(\bar{x},\bar{y}) + \frac{\partial W}{\partial x}(x-\bar{x}) + \frac{\partial W}{\partial y}(y-\bar{y}) + \cdots\right\} \\ &= \frac{\partial W}{\partial x} < (x-\bar{x})^2 > + \frac{\partial W}{\partial y} < (x-\bar{x})(y-\bar{y}) > + \cdots \end{aligned}$$

그리고,

$$< W(x,y) > = W(\bar{x},\bar{y}) + \cdots$$

라는 근사치가 얻어진다. 따라서 기간의 전후에서 평균형질의 변화는,

$$\Delta\bar{x} = G_x \frac{\partial \log W}{\partial x} + B \frac{\partial \log W}{\partial y} \tag{D7}$$

이 된다. 편미분은 집단의 평균치 $(\bar{x}, \bar{y})$에 대해서 평가하는 것이 된다. 또 한쪽의 형질에 대해서도 같은 계산을 한 후, 행렬의 형으로,

$$\begin{pmatrix} \Delta\bar{x} \\ \Delta\bar{y} \end{pmatrix} = \begin{pmatrix} G_x & B \\ B & G_y \end{pmatrix} \begin{pmatrix} \dfrac{\partial \log W}{\partial x} \\ \dfrac{\partial \log W}{\partial y} \end{pmatrix} \tag{D8}$$

로 표시할 수가 있다.

그런데 본문에서 논의하고 있는 형질 x와 y(수컷의 꼬리 길이와 암컷의 선택성)는 모두 한쪽 성의 개체에서만 발현되므로, 자연선택은 반 세대에만 관여한다. 이 때문에 식 (17.1)에는 1/2이라는 인자가 걸리게 된다. 또 x에 대한 선택의 미분계수를 계산할 때는 $W(x, y)$ 대신에 $W_m(x)$, y에 대한 선택을 계산할 때는 $W_f(y)$가 된다. 또 해석의 편리 때문에 차분방정식을 미분방정식으로 치환하여 식 (17.1)이 얻어진다.

상세한 것은 Falconer(1981), 向井(1978), Lande(1981), Bulmer(1985)와 Iwasa 등 (1991a)을 참조할 것.

제18장 적응전략의 유전학적 기초

지금까지 앞의 몇 장에서는, 생물이 가능한 행동 중에 적응적인 것을 선택하고 있다고 생각하는 모델이 어떻게 적용되는가를 여러 가지 현상에 비추어 기술해 왔다. 이때 적응은 주로 자연선택에 의해 야기된 진화가 가져온 결과라고 생각하여, 개체로 하여금 최대의 번식성공을 달성하는 행동을 하게하는 유전자가 최종상태에 남아있는 것이라고 가정하고 있다. 예를 들면, 먹이탐색의 효율이 높은 것은 생존율과 번식 및 성장을 통하여 최종적으로 생애를 통한 번식성공에 기여할 수 있으므로 이것은 먹이잡이 행동에 관한 적응성의 기준으로 바람직하다. 그러나 상황에 따라서는 무엇을 적응의 기준으로 잡아야할 것인가가 꼭 명료하지는 않다. 이 경우에는 행동과 생리에서 차이를 일으키는 여러 가지 유전자를 상정하여, 세대를 반복하는 동안 그들이 점차로 집단 중에서 퍼지거나 소멸하는 양상을 추적하는 방법이 취해진다. 이와 같은 유전자 빈도의 행동 연구를 **집단유전학**이라 한다. 아래에서는 집단유전학에 있어서 고찰되는 과정 가운데 가장 기본적인 것에 대해서 아주 간단히 설명하고자 한다. 또 학습과의 관련성과 경제학에서 게임 모델과의 차이 등에 대해서도 기술한다.

18.1 집단유전의 소(素)과정

예를 들면, 자연선택에 의해서 키높이라고 하는 형질이 변화하기 위해서는, 그 형질에 유전적인 성분이 있어야 한다. 만일 그렇지 않고, 키가 큰 개체는 생육시 먹이의 공급량 등 환경의 영향으로 인해 이따금 크게 된다고 하면, 키 큰 개체들이 선택되어 자손을 만들더라도 다음 세대의 키는 커지지 않는다.

유전자의 실체는 DNA라고 하는 고분자인데, 4종류의 뉴클레오티드라고 하는 단위가 사슬 모양으로 연결된 것이다. 4종류의 문자의 열(列)로 씌어져 있는 정보에 기초하여 아미노산의 배열이 결정되고, 이것에 의해 단백질이 합성된다. 단백질은 생명현상의 기본이 되는 물질로 효소가 되어 생화학반응을 진행시키거나, 다른 효소의 생산속도를 제어하거나, 몸의 구조를 만들거나 한다. 키의 크기라는 눈으로 볼 수 있는 형질의 유전적인 차이도 관련 생화학반응의 효율차이에 의해 생기는 것으로, 궁극적으로 DNA에 씌어져 있는 정보의 차이에 의한다고 생각할 수 있다. 그러나 흥미 있는 생태적 형질에 관한 유전적 정보가 유전자의 어느 부분에 씌어져 있는지를 알아내는 것은, 분자생물학의 급속한 진보에도 불구하고 아직 쉬운 일은 아니다.

2배체 생물은 부친과 모친에게서 받은 2조(set)의 유전자를 가지고 있다. 유성생식을 할 때는 감수분열에 의해 나뉘어진 1조분의 유전자를 정자 또는 난자에게 준다. 예를 들어 키의 크기에 영향을 끼치는 유전자 자리가 있다고 하고, 거기에 A와 a의 두 종류의 상태로 대립유전자가 있다고 하면, 개체의 유전자형에는 AA, Aa 및 aa라는 3종류가 있을 가능성이 있다. 차이가 있기는 해도 평균적으로 AA는 키가 크고, aa는 작으며, Aa는 양자의 중간이라고 하자. 3자가 섞여 있는 집단에서 키가 큰 개체를 골라 결합하면, A가 많은 것을 고르게 되고, 이에 따라 다음 세대에는 대립유전자 A의 빈도가 증가하게 되어 결과적으로 집단의 평균 크기가 증가한다. 이것을 **인위선택에 대한 응답**이라고 한다.

이와 같은 선택은 인구동태에서도 인위적이 아니라 자연적으로 생기고 있다. 예를 들어 키가 클수록 경쟁에 강하다고 하면, 생존율과 번식률은 키가 큰 개체일수록 크게 된다. 이 효과는 의식적인 인위선택에 의한 것만큼은 강하지 않을지 모르나, 역시 같은 양상으로 대립유전자의 비율을 변화시켜, 근소하지만 키의 평균치를 증가시킨다. 이를 **자연선택**(natural selection)이라고 한다. 여러 세대를 거치면 선택 효과가 축적되어, 최종적으로는 번식성공도가 높은 유형의 대립유전자만이 남게 된다.

그러면 A와 a라는 유전자의 다른 두 상태(대립유전자)는 어떻게 하여 집단에 나타나게 될까? 물론 현재의 집단 내에는 없었던 대립유전자가 인접하는 집단에서 침입해 오는 것도 중요하다. 그러나 최초에는 돌연변이(mutation)에 의해 다른 유전자 상태(대립유전자)에서 변화해서 야기된 것일 것이다. 돌연변이의 대부분은 DNA 복제시의 잘못에서 생기는데, 염기를 잘못 읽는 것 외에, 결실, 중복, 삽입, 유전자변환 등 다양한 유형이 있다는 것이 알려지게 되었다. 또 DNA는 감겨서 다발이 되어 염색체라는 형으로 세포내에 존재하는데, 이것이 절단되어 다른 장소에 붙는 변화를 일으킬 수도 있다.

많은 돌연변이는 원래 기능이 저하하든지 또는 기능을 잃든지 하나, 그 중에는 기능이 그다지 떨어지지 않는 것도 있고, 여러 세대에 걸쳐 제거되지 않고 남거나, 아니면 이따금 퍼져서 원래의 대립유전자를 대치하는 수도 있다. 또한, 환경이 변했을 때, 돌연변이가 원래의 것보다 우수할 수도 있다.

제17장의 그림 17.2에 있는 점의 퍼짐으로 표시되어 있는 것과 같이, 생물집단 속에는, 얼굴 생김새가 사람마다 다른 것처럼 다양한 유전자 조합을 가지는 개체가 섞여 있기 때문에(유전적 변이), 새로운 자연선택이나 인위적 선택에 대해서도 응답할 수 있는 것이다.

다른 위치에 있는 유전자 사이에는 재조합이 생긴다. 예를 들면 2개의 좌위가 있어서, 한쪽은 A와 a, 다른 쪽은 B와 b라는, 각각의 두 대립유전자를 가진다고 하자. 간단히 하기 위해서 반수체 생물을 생각하여, 모친이 AB, 부친이 ab로 한다. 재조합이 없으면 그들 사이의 자녀에는 AB나 ab 어느 한쪽만이 생길 것이나, 재조합에 의해서 Ab와 aB라는 양친에 없는 조합이 만들어진다. 이와 같이하여 유전자의 재조합은, 돌연변이가 만들어 낸 유전적 다양성을 더욱 증폭하는 것이라 생각된다. 어미가 유전적으로 동일한 자손을 생산하는 무성생식에서는 재조합은 생기지 않는다. 앞 장에서 언급한 유성생식의 의의에 관한 많은 가설은, 유성생식이 유전자의 재조합을 가져옴으로써 지금까지 없던 유형의 조합을 만들어 낸다는 것에 주목하고 있다.

집단유전학이란 유전자의 개체군동태라고 해도 좋다. 그렇다고 한다면, 제9장에서 언급한 바와 같이 개체수가 유한인 것에 의해 확률적인 변동이 생긴다. 이 유전적 부동(genetic drift)은 유전자의 빈도가 낮을 때 특히 중요해지고, 출현빈도가 낮은 대립유전자는 소멸하기 쉬워진다. 새로운 서식장소에 서식하는 개체군이 평균증식률이 양(+)이라도 멸종하는 것과 꼭 같이, 새로 출현한 돌연변이는, 가령 유리하고 평균적으로는 증가하는 경우에도, 유전적 부동 때문에 높은 확률로 소실된다.

18.2 최적화와 게임의 근거는 선택주의에 있다

여기서 지금까지 소개해 온 최적화와 게임 모델의 근거에 대해서 생각해 보자. 다음과 같은 개념이 제시될 수 있다. 우선 생물의 각 형질을 생물이 취할 수 있는 것과 취할 수 없는 것으로 분명하게 나눈다. 생물이 따르지 않으면 안 되는 제약에는 에너지와 물질의 보존, 활동시간의 제한, 생화학반응의 효율 등의 물리 화학적 한계, 개체가 행동상의 결정을 내리는 데 이용되는 정보의 제약, 보다 큰 틀로서 변하기 어려운 발생적 제약 등이 있다. 따라서 취할 수 있는 행동에 대해서는 긴 진화과정에서 충분한 비율로 변이가 진행되어 왔기 때문에, 자연선택에 의해서 유리해지는 것이 있으면 반드시 집단 전체로 퍼져 있을 것이라고 생각하는 것이다. 이와 같이 달성된 최종 상태에서 생물의 행동은, 최적화 모델과 게임 모델 등에 의해 예측할 수 있다. 만일 납득할 수 없으면, 개체에 여러 가지 행동을 하게 하는 대립유전자의 동태를 해석하면 된다. 다양한 집단유전 모델에 대한 이론적 해석에 의해서, 자연선택의 힘이 다른 과정에 비해서 충분히 강하면, 적절히 정식화한 최적화 모델과 게임 모델은, 유전자 빈도의 역학계의 평형상태와 그의 안정성을 제대로 예측할 수 있다는 것이 확인되어 있다.

대립유전자 빈도의 역학계의 해석법으로 널리 적용되는 것은, 평형상태의 국소안정성 해석이다. 진화안정성의 계산에서 잘 나타나는 상황은, 어떤 유형 A가 집단 전체를 차지하고 있고, 침입한 다른 유형 a가 증가할 수 있는지 여부를 조사하는 것이다(제14장의 ESS조건 참조). 침입자 a의 빈도가 극히 낮을 때를 생각하면, 이 유전자가 환경에 끼치는 영향은 작으므로, 환경의 상태는 거의 대부분을 차지하는 유형 A가 형성하는 평형상태와 같다. 이 때문에 침입 유형의 동태를 계산할 때는, 침입자의 개체수에 관한 선형의 역학계가 되고, 증가 여부는 제1부에서 사용한 것과 같이 (요소가 양(+)인 고유벡터에 대응하는) 고윳값을 계산함으로써 구할 수 있다. 예를 들면, 생활사의 진화안정 조건을 맬서스 계수로 나타낼 수 있는 것은 바로 이 때문이다(제11장 4절).

위에서 언급한 가정이 받아들여지는 상황에서는, 관여하는 유전자 자리의 수, 그들의 연쇄, 우성도, 돌연변이율, 유전자교환, 전이인자(transposon) 등, 변이를 공급하는 작용 원리에 대해서는 그다지 신경을 안 써도 된다. 현실에서 관찰되는 생물의 행동을 이해하는 데에는, 여러 가지 방향으로 작용하는 자연선택의 힘 관계를 정량적으로 조사하는 데 연구노력을 집중하는 것이 좋다. 자연선택은 번식률과 생존율의 차이에서 생기는 인구학적인 과정이므로, 생태를 명확히 하는 것이 중요하다. 예를 들면 물고기가 성전환을 하는 방향이 암컷에서 수컷으로 변하는가 아니면 그 반대인가는, 큰 수컷이 세력권과 하렘을 가지고 암컷을 독점할 수 있는가 아닌가라는 배우체계에 의해서 정해진다면, 개체군에 있어서 크기 분포가 변화하면 성전환의 시기도 변하는 것을 상기하자. 이들은 성전환의 생리적 작용원리의 연구만으로는 생각조차 할 수 없는 결론일 것이다.

이와 같은 선택주의의 연구 프로그램이 어디까지 옳은가를 선험적(a priori)으로 판정할 수는 없다. DNA의 염기배열 등의 분자 수준의 변이에 대해서는, 자연선택이 약하므로 돌연변이와 유전자부동의 과정이 특히 중요해진다(Kimura, 1983; 木村, 1988; 다른 견해에 대해서는 石井, 1988). 어쩌면 생태적 및 형태적인 형질에 대해서도 변이의 공급률이 자연계의 양상을 결정하고 있는 경우가 있을지도 모른다. 그러나 성비와 성전환, 먹이잡이 행동 등에 대해서 최적화 모델과 게임 모델이 대단히 유효했던 것은, 선택주의의 사고방법이 유효한 근사가 되는 것을 보여준다.

18.3 이타행동의 진화

지금까지 모든 게임에서는, 개체의 행동의 적응성이 자신의 번식성공도에 의해서 측정된다고 가정해 왔다. 그런데 꿀벌과 개미의 일꾼들에서는 자신은 산란하지 않고, 여왕의 번식을 돕고 먹이를 나르고 집을 방어하고 유충을 돌보는 이타행동이 관찰된다. 이것은 어떻게 설명될 수 있을까? 많은 경우 여왕은 일꾼들의 어미이므로, 일꾼들은 스스로 집을 만들어서 자손을 낳는 대신에 여동생들을 키우고 있는 것이 된다. 여동생들도 일꾼들과 유전자를 공유하고 있으므로, 스스로가 가진 유전자를 퍼지게 한다는 측면에서, 일꾼들이 여동생들을 키우는 것은 자손의 생산과 같은 효과가 있는 행동인 것이다.

이와 같이, 스스로의 번식과 생존을 희생하더라도 혈연개체의 번식과 생산을 높이는 행동은 자연선택에 의해서 퍼져 가는데, 이 과정을 **혈연선택**(kin selection)이라고 한다. 집단유전학적 연구에 의하면, 개체의 행동은 이따금 다음의 포괄적응도(inclusive fitness)를 증가시키는 방향으로 진행한다.

$$(\text{포괄적응도}) = (\text{자신의 번식성공}) + (\text{양자의 혈연도}) \times (\text{상대의 번식성공})$$

그러므로 혈연관계가 있는 개체간의 상호작용에 관하여 진화의 결과 달성되는 상태는, 개체가 생애번식성공도 대신에 포괄적응도를 이용하여 게임을 행한다고 생각한 경우의 평형해로 예측할 수 있다. 혈연관계가 있는 다른 개체의 번식도 개체 자신의 이득으로 고려하기 때문에, 예를 들면 육아와 사냥에 있어서 함께한다는 협력적 행동이 진화하기 쉽다.

Hamilton (1964)은 혈연선택을 최초로 명확히 정식화하고, 사회성곤충에 있어서 일꾼의 진화를 설명했다. 벌과 개미 종류가 속하는 벌목의 곤충은 반배수성결정을 하므로, 암컷과 그 자매간의 혈연도가 높아진다. 보통 2배수 생물의 경우, 양친을 함께하는 자매간에서는 반수의 유전자 자리에서 동일유전자의 복제를 가지는 것이 된다. 그런데 벌목에서는 반수체인 부친의 유전자가 확실하게 공유되기 때문에, 3/4의 유전자 자리가 같다(즉 혈연도가 3/4). 같은 방법으로 계산하면, 암컷과 그의 딸 사이의 혈연도는 1/2이고 2배수 생물과 같다. 그러므로 딸을 만드는 대신에 모친의 집에 머물러서 여동생들을 돌본다는 행동은, 반배수체의 벌과 개미에서 훨씬 진화하기 쉬웠던 것이다. 수컷에 있어서는 역으로 스스로 번식하는 쪽이 좋다는 것을 알 수 있다. 벌목의 사회성 곤충에서, 암컷이 일꾼이 되고 수컷은 되지 않는 사실이 이와 같이 설명되었다.

그 후 여러 가지 연구에서, 성비의 조절과 이타행동의 진화가 긴밀하게 결합하는 것이 확실해졌다(Iwasa, 1981b; 巖佐, 1981). 혈연도의 특수성이 사회성의 진화를 촉진했다는 Hamilton의 생각은 이론적으로 성립하는 것이 확인되고 있다. 그러나 실제 진화의 과정에서는, 사회성이 되기 이전의 단계에 있어서 벌의 생활양식이 사회성 행동을 진화시키기 쉽게끔 준비되어 있었다는 요인이 유전적 관계보다도 중요하다는 의견도 강하다(伊藤, 1986).

이외에 집단에 구조가 있을 때는 자기 자신의 생존과 번식을 희생하더라도 집단을 위하는 행동이 진화하는 수도 있는데, 이를 **군선택**(group selection)이라고 한다. 이들 진화상의 효과를 측정하기 위한 방법도 잘 연구되고 있다(青木, 1983).

혈연이 없는 개체 간에도 동일한 개체와 반복하여 상호작용하는 경우에는, 협력관계가 진화할 수 있고, 이를 **호혜적 이타주의**라 부른다(Trivers, 1971; Axelrod and Hamilton, 1981). 이 작용 원리는 이종 개체간도 포함하여 상리공생(mutualism)이 진화하는 기초가 될 수 있다.

18.4 적응전략으로서 학습, 모방 및 발달

진화과정이 적응전략을 가져온 것이라면, 당연히 유전적인 기초가 있어야 한다. 그러나 이 사실과 동물의 행동에 있어서 학습이 중요한 것과는 모순되지 않는다.

예를 들면, 새의 적응적인 먹이선택은 환경에서 먹이 구하기가 얼마나 쉬운가에 따라 변하므로(제10장 1절), 유전적으로 고정되어 있을 수는 없다. 먹이의 양은 날과 시각, 장소에 따라서 크게 변화하므로, 새는 새로이 날아들어간 환경의 먹이의 양과 조성에 대해서 경험을 사용하여 추정하고, 그것에 기초하여 선택성을 변화시키든지, 나아가서는 정보를 수집하기 위해서 표본추출 행동을 하지 않으면 안 된다(제13장 5절 및 6절). 또, 다른 개체의 행동에도 주목하여 그것을 보고 배우는 것도 중요하다. 최적화 모델의 가정은 이와 같은 학습을 가능하게 하는 신경 및 정보처리 메커니즘에는 유전적인 기초가 있고, 그것이 불균일하고 변동하는 환경 속에서 개체가 적응적인 행동을 취하게 하도록 되어 있다는 것이다.

학습을 연구하는 행동주의 심리학에서는, 동물의 마음은 태어났을 때는 거의 백지 상태인데 어떤 조건하에서 어떤 행동을 했을 때 무엇인가의 보수가 얻어진다는 경험을 되풀이 하면, 차차 그 행동을 행하기 쉽게 한다고 생각해 왔다. 쥐와 비둘기를 사용하여, 특정의 순서로 키를 누르든지 미로를 헤쳐나가면 보수(강화라고도 한다)로서 먹이가 주어진다는 실험이 행하여져서, 보수가 주어지는 방법(강화 스케쥴)과 학습 사이에 있는 여러 가지 규칙성이 구해지고 있다. 이 실험설정은 동물의 먹이잡이 행동을 연구하는 경우와 매우 유사하다. 현재는, 심리학적 연구에서 경험적으로 도출되어온 몇 개의 학습규칙이 최적섭식 이론의 학습규칙과 많은 경우 유사한지 어떤지, 또 양자가 크게 다를 때는 어떠한 경우인가에 대해서 논의되고 있다.

이상은 시행착오에 의해서 좋은 행동을 찾는 학습이다. 그러나 이와 같은 학습방식은 상당한 대가가 필요하다. 따라서 스스로 시행착오를 하는 대신에 가까이에 있으면서 잘 할 수 있을 것 같은 다른 개체의 행동을 모방한다는 사회적 학습이 오히려 유리할 것이다. 아울러 만일 세대가 겹쳐 있으면 사회적 학습을 기초로 하여 세대를 넘어 문화가 계승되는 가능성이 있다. 수컷 새가 어릴 때 애비의 지저귐을 듣고 자라서 어른 새가 되고나서 모방한다는 경향이 있기 때문에, 새의 지저귀는 방법이 지역마다 분화하고 있는 예가 알려져 있다.

행동의 발달이라는 것에 관해서도, 유전적으로 완전하게 프로그램 되어 있는대로 형성되어가는 경우도 있는가 하면, 생육환경에 의해서 변화하는 일도 있다. 후자의 경우에는, 연령이 낮을 때의 환경에 의해서 강한 영향을 받으나, 그 후는 고정적이 되는 경우가 많다. 식물과 고착성의 동물에서는, 형태와 기관의 수까지도 환경에 영향을 받을 가능성이 있다(제12장 3절). 이들은 환경에 맞춘 적응적 행동을 취한 것이라고 생각되고, 어떠할 때 어느 정도의 가소성을 가지는 것이 좋은가도, 진화생태학적 관점에서 연구할 수 있다(제13장 7절).

18.5 경제학 게임 모델과의 차이

행동의 합리적 선택이라는 생각은, 원래 경제학에서 발달해 왔다. 또 게임 이론은 경제현상을 표시하기 위한 수학으로 개발되어 왔다. 이 책에서 소개해 온 것과 같이, 생물학에 있어서도 게임 이론 모델이 유효하게 사용되고 있는데, 인간의 경제행동에 대해서 사용되고 있는 게임 모델에 비해서 몇 가지 특징이 있다.

경제학에서 개인이 이익을 최대가 되도록 노력하는 양을 **효용**(utility)이라고 하는데, 이것은 각 개인이 여러 가지의 결과에 대해서 가지는 선호를 표시하는 것이므로 주관적이다. 그러므로 개인에게 선택하게 하여, 그 결과가 잘 설명되도록 효용함수(utility function)를 구성하는 것은 가능해도, 관측된 행동과는 독립적으로 효용함수를 측정할 수는 없다. 이에 비해서, 생물의 게임 모델에서는 최적화하는 것의 근거가, 유전자 빈도의 동태라고 하는, 자연적 과정에서 구해지고 있다. 이 때문에 생애를 통한 번식성공도(혈연선택이 들어오면 포괄적응도)가 개체의 행동의 양호정도를 측정하는 선험적인 이득함수가 된다. 물론 동물행동학에서도 관측되는 행동을 설명할 수 있도록 효용함수를 결정하는 수가 있다. 예를 들면 제10장 5절의 위험의 존형 먹이잡이의 실험이다. 그러나 그 경우에도, 측정된 효용함수를 생존율과 번식성공이라는 객관적이고 독립적으로 측정되는 양과 관련시켜서 논의하여야 한다.

다음으로, 생물학에서는 게임 모델 중 몇 개는 실내 및 야외에서 조작실험과 종간 및 종내에서 비교에 의해 검증되고, 모델의 재구축으로 피드백(feedback)해 왔다. 그런데 경제학에서는 대상이 인간이라는 사실을 간주할 때, 어느 것을 좋아하는가하는 설문조사는 할 수 있어도, 생태학, 행동학의 경우와 같이 조작실험 수행은 대단히 어렵다.

게다가 생물학에서 지금까지 사용되고 있는 것은 모두 비협력 게임이다. 경기자가 두 사람이든가 또는 무한히 많아서 상호작용이 평균화되는 경우(장(場)에 대항하는 게임, games against the field)에 한정되어 있다. 영장류에서는 개체의 동맹관계 등 정치적 행동이 관측되고 있는데, 이 과정을 유효하게 취급할 수 있는 모델을 개발할 필요가 있다. 그때는, 협력 게임 이론과 이해가 다른 경기자가 교섭을 거듭하여 합의에 도달하는 동적과정을 취급하는 게임 이론이 도움이 된다고 생각된다.

18.6 문화의 계승과 문화의 진화

다른 개체의 행동을 흉내 내는 사회적 학습이 퍼져 있으면, 유행, 이데올로기, 관습 등으로 불리는 문화인자가 유전자와 함께 행동에 영향을 주는 요인이 된다. 이들이 공간적으로 전파되거나, 시간을 넘고 세대를 넘어서 퍼져가거나 하는 모양은, 개체군동태와 병이 퍼지는 것을 표시하는 것과 비슷한 수학 모델로 기술할 수 있다(Cavalli-Sforza and Feldman, 1981). 예를 들면, 어떤 문화인자가 다른 것을 몰아내고 퍼져가는 모양은 집단유전학의 유전자 치환과정과 닮았고, 그 과정을 **문화진화**라고 한다. 단 유전자와는 달라서, 양친 외의 개체에서 계승되거나, 한쪽 어미의 영향이 강한 것이 특징이다. 제17장의 모계사회냐 부계사회냐 하는 모델에서는 자손이 받는 인자를 결정하는 것이 한쪽 성의 어미에게서 강한 영향을 받는 경우도 계산했으나, 결과에는 영향을 끼치지 않았다.

문화진화와 유전자의 진화가 어떻게 얽히어 있는가에 대해서는, 앞으로의 연구대상이다(Aoki, 1987; Harada, 1989).

추가 참고문헌: 이론집단유전학의 입문서로는 Roughgarden (1979), Emlen (1984), Maynard Smith (1989), 본격적인 것으로는 Crow와 Kimura (1971)가 있다. 학습에 대해서는 Commins 등 (1986), Kamil 등 (1987)이 상세하다. 포괄적응도의 사용상의 주의 점에 관해서는 Grafen (1985)이 훌륭하다. Axelrod (1984)는 반복적 죄수의 딜레마 모델(repeated Prisoner's Dilemma)에 기초하여, 인간이나 생물 사이에서 협력행동의 진화를 논의하고 있다. 문화 진화에 관해서는 Boyd and Richarson (1985), Lumsden과 Wilson (1981)을 참조. 진화론 전반에 대해서는 Futuyma (1984), 粕谷 (1992), 河田 (1989), Dawkins (1982, 1986, 1989)을 참조.

제3부
공존의 원리

제19장 공존할 수 있는 경쟁종의 다양성

초지나 조간대의 암초에는 빛, 물 및 영양염류와 서식장소 등의 공통 자원을 이용하는 수백 종이 공존하고 있다. 그렇다면 이 경우 경쟁에 가장 강한 한 종만 남고 다른 종들이 모두 배제되는 양상이 왜 나타나지 않는 것일까? 이 장에서는 군집으로 유지되는 종의 다양성을 설명하는 여러 가지 모델을 소개한다.

19.1 경쟁배제원칙

제2장에서 기술한 바와 같이, 먹이와 집짓기 장소 등 생존과 번식을 위해서 필요한 자원을 함께 이용하는 종들은, 필요한 자원을 서로 쟁탈하게 되어 공존하기 어렵다고 생각된다(**가우스(Gauss)의 경쟁배제원칙**). 한 자원을 이용하는 n종의 개체군동태가,

$$\frac{dx_i}{dt} = x_i f_i(R) \qquad i = 1, 2, \cdots, n \tag{19.1a}$$

에 따른다고 하자. 여기서 x_i 는 제i종의 개체수를 표시하고, 각 종의 1개체

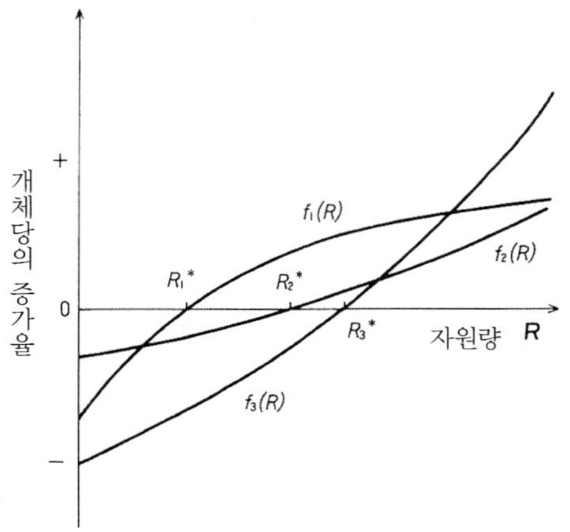

그림 19.1 1변수로 표시되는 자원을 이용하는 3종의 증식률. $f_i(R)$은 제i 종의 1개체당의 증가율을 표시한다. 자원량 R의 값에 의해, R_1^* 이하인 경우에는 모든 종이 감소하고, R_1^*를 넘으면 제1종 x_1이 증가한다. 소비에 의해 자원량 R이 감소하는 경우에 실현되는 평형상태에서는, $R=R_1^*$이고 x_1만이 남고, 다른 종은 멸종하게 된다(연습 19.1 참조).

당의 증식률 $f_i(R)$은 자원의 양 R의 증가함수로 나타난다. 그림 19.1에 도시된 것과 같이 $f_i(R)$은 어떤 값 R_i^* 이하에서는 음(-), 그 이상에서는 양(+)이 된다. 자원 R이 소비되는 것은 그 증가속도,

$$\frac{dR}{dt}=g(R,x_1,x_2,\cdots,x_n) \tag{19.1b}$$

가 소비자의 양 $x_1,\cdots,x_n$과 더불어 감소하는 것으로 표시된다. R_i^*의 값은 제i종이 시스템에 존속하기 위해서 필요한 최소한의 자원량이다. R_i^*가 최소인 종(즉 자원의 이용효율이 최대인 종)을 $i=1$로 해두면, (19.1a,b)의 안정한 평형상태에서는, 이 종 x_1을 제외하고 다른 모든 것이 멸종하게 된다. 왜냐하면, 자원량 R이 R_1^*보다 크면, x_1이 증가를 계속하므로 안정한 평형점은 되지 않기 때문이다(연습 19.1 참조).

자원의 공급량이 1변수 R로는 대표되지 않고, $R_1,R_2,\cdots,R_m$이라는 m개의 변수로 표시된다고 하면, 평형상태에 있어서 양(+)의 값을 가지고 공존

되는 종의 수는 m보다 많을 수는 없다는 것을 증명할 수 있다(Levin, 1970).

19.2 연속 생태적지위 모델

실제 공존하고 있는 생물종 사이에는, 자원을 이용하는 방법에 다소 차이가 있다. 그래서 각 종의 자원이용을 생태적 지위로서 명시하는 것을 생각하였다.

우선, n종의 소비자($i=1,2,\cdots,n$)가, 두 종의 롯카・볼테라 경쟁방정식 (2.1)을 다수 종에 확장한 식,

$$\frac{dx_i}{dt}=r_i x_i\left(1-\frac{\sum_j a_{ij}x_j}{K_i}\right)\qquad i=1,2,\cdots,n \tag{19.2}$$

에 따른다고 하자. 이 a_{ij}는 제j종이 제i종에 미치는 경쟁의 영향을 동종 개체의 영향으로 환산하는 계수이다(따라서 $a_{ii}=1$이 항상 성립한다). 먹이의 종류, 활동시간, 장소 등 자원을 특징짓는 매개변수를 z로 하여, 제i종에 의한 자원이용의 방법을 $f_i(z)$라는 함수로 표시하자. 곤충을 먹는 새의 경쟁을 예로 들어, z를 먹이의 크기라고 하면, 어떤 크기의 먹이를 잘 이용하는가는 부리의 크기에 따라서 다르므로, 이용곡선 $f_i(z)$는 제i종에 의해 이용되기 쉬운 먹이 크기의 범위를 나타낸다. 종간 경쟁이 공통 자원의 소비에서 생긴다면, 그 세기는 두 종간의 자원이용의 겹침에 비례할 것이다. 그러면 식 (19.2)에 있어서 종간 경쟁의 계수는,

$$a_{ij} = \frac{\int f_i(z) f_j(z) dz}{\int \{f_i(z)\}^2 dz} \tag{19.3}$$

로 표시할 수 있다고 생각된다(MacArthur and Levins, 1967). 이 식은, 자원의 이용과 갱신을 나타내는 역학계의 준평형상태를 계산하는 것으로도 도출할 수 있다(연습 19.2 참조).

그런데 이용곡선 $f_i(z)$는 $\bar{z}_i$를 중심으로 한 정규분포이고, 그 모양이 모든 종 사이에서 공통이라고 하자. 또 환경수용력 K_i는 $\bar{z}_i$의 함수이고 $K(\bar{z}_i)$로 주어진다고 가정한다. 중간적인 $\bar{z}_i$를 가지는 종에게는 극단적인 형질을 가진 종에 비해서 용이하게 이용할 수 있는 먹이가 많다고 하면, $K(\bar{z})$는 정점을 하나 가지는 곡선이 된다(그림 19.2). 이와 같은 연속 생태적 지위 모델을 기초로 하여 여러 가지 $\bar{z}_i$를 가지는 종($i = 1, 2, \cdots, n$)이 공존할 수 있는지, 이미 형성된 생물군집에 새로운 종이 침입할 수 있는지 등을 계산할 수 있다. 공존하기 위해서는 자원의 요구가 얼마만큼 이상 다르지 않으면 안 되는가 하는 유사한계(limiting similarity)와, 어떤 자원을 이용하는 종이 최대한 몇 종까지 공존할 수 있는가 라고 하는, 종 삽입 문제 등이 논의되고 있다(MacArthur, 1972; Roughgarden, 1986). 또한, 예를 들어 열대 다우림에서와 같이, 다양한 종이 공존하고 있는 것은, 환경이 안정되어 있으므로 각각의 종이 생태적 지위의 극히 일부를 효율 좋게 이용하도록 특수화함으로써 자원이용의 폭이 좁아진 결과라고 생각된다.

식 (19.3)에서는 현실에서 볼 수 있는 자원 이용의 중첩이 경쟁의 격렬함을 표시하고 있다고 가정하고 있으나, 경우에 따라서는 고려되고 있는 자원이 두 종에게 있어서 그다지 중요하지 않음으로써 서로 배제하지 않고 겹쳐

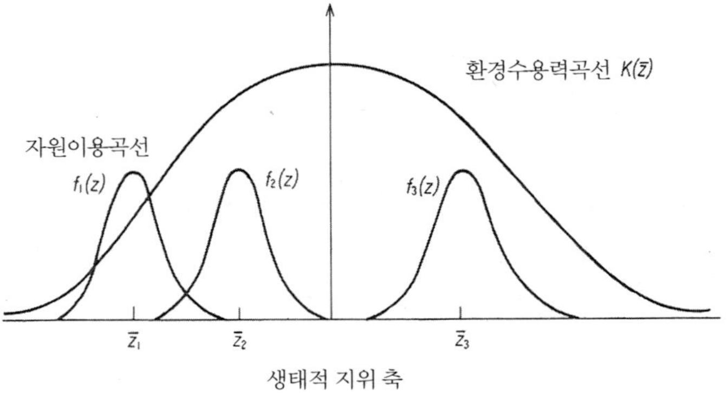

그림 19.2 연속 생태적지위 모델. 가로축 z는 먹이의 크기 등의 자원의 종류를 구별하고 있다. $f_i(z)$ $(i=1,2,3)$는 3종의 소비자의 이용곡선이고, 그 중앙값을 $\bar{z}_i$ 라고 한다. $K(\bar{z})$는 환경 수용력곡선이고, 자원이용곡선의 중앙값이 $\bar{z}$ 인 어떤 종의 환경수용력이 $K(\bar{z})$이다. 제1종과 제2종은 서로 이용곡선이 겹쳐 있으므로, 경쟁이 강하다고 예상된다.

서 사용되고 있을지도 모른다. 그래서 자원이용이 가까울수록 경쟁이 격렬한지 여부를 확인하는 실험이 행해졌다. 예를 들면 카리브해의 소안데레스 제도에는, 각각 한 종 또는 두 종의 아놀 도마뱀이 있으나 모두 다른 종이다. Pacala와 Roughgarden (1985)은 두 종이 있는 섬에서, 숲 속에 큰 우리를 만들어 개체식별을 한 도마뱀을 가두고, 한 종만을 넣은 우리와 다른 종을 함께 넣은 우리 사이에서 수개월간의 생존율과 성장속도를 비교했다. 몸길이가 비슷한 두 종을 사용한 경우에는 다른 종이 있으면 먹이를 잡을 때 나무에 머무는 높이가 달라지고 성장속도도 상당히 감소한 것에 반해서, 몸길이의 차이가 큰 두 종 사이에서는 다른 종에 의한 영향이 거의 없었다. 몸길이는 이용하는 먹이의 크기에 관계하므로, 그 결과는 생태적 지위의 가까움과 종간 경쟁의 세기와의 관계를 나타내는 것이라고 생각할 수 있다.

19.3 간섭형 경쟁

앞 절에서 모델이 공통으로 자원 소비형 경쟁(exploitative competition)을 염두에 두고 있는 것에 비해서, 개체가 직접 다른 종을 배제하는 간섭형 경쟁(interference competition)을 나타내는 것으로서 Shigesada 등 (1984)은 다음 모델을 생각했다. 우선 경쟁방정식 (19.2)를 K_i 와 a_{ij} 대신에,

$$\frac{dx_i}{dt} = (r_i - \sum_j \mu_{ij} x_j) x_i \tag{19.4a}$$

와 같이 표시한다. 그리고 제 j종이 제 i종에 주는 경쟁의 영향 μ_{ij} 가, 제 j종의 공격성을 표시하는 인자(α_j나 β_j)와 제 i종의 감수성을 표시하는 인자 σ_i 와의 곱으로,

$$\mu_{ij} = \begin{cases} \sigma_i \alpha_i, & i = j \\ \sigma_i \beta_j, & i \neq j \end{cases} \tag{19.4b}$$

와 같이 표시된다고 가정한다. 여기서는 동종에 대한 간섭인자 α_i 와 이종에 대한 간섭인자 β_i 는 다르다고 했다. 종 내의 간섭 α_i 가 종 사이의 간섭 β_i 보다 충분히 크면 다수의 종이 공존할 수 있다(제2장 참조). 더욱이 평형상태에 대해서 다음과 같이 상세히 해석할 수가 있다(Shigesada 등, 1984). 우선 종의 번호를 r_i/σ_i 의 순으로 $r_1/\sigma_1 > \cdots > r_n/\sigma_n$ 으로 하여 순위를 붙여두고,

(a)	순위	:	1, 2, ⋯ ⋯, s, ⋯ ⋯, N	
	상태	:	○ ○ ○ ○ ○ × × ×	○ : $\alpha_i > \beta_i$ 의 생존종
(b)	순위	:	1, 2, ⋯ ⋯, s, ⋯ ⋯, t, ⋯ ⋯, N	● : $\alpha_i < \beta_i$ 의 생존종
	상태	:	○ ○ ○ ○ ○ × × ● × × ×	× : 절멸종

그림 19.3 간섭형 경쟁모델의 평형상태설명. 종을 r_i/σ_i 의 크기의 순으로 순위를 매긴다. ○은 종내 경쟁이 종간경쟁보다 강한 종($\alpha_i > \beta_i$), ●은 종간 경쟁이 종내 경쟁보다 강한 종($\alpha_i < \beta_i$)으로 생존하고 있는 것을 표시한다. 안정한 상태에서는, 여기서 볼 수 있는 것과 같이 (a) 순위가 높은 순으로 ○만 남거나. 또는 (b) 순위가 높은 ○과 그 보다 순위가 낮은 ●이 하나만 남거나의 어느 한쪽뿐이라는 것이 표시된다(Shigesada 등, 1984).

다시 종내간섭과 종간간섭의 세기를 비교하여 구별하면, n종이 경쟁하여 최종적으로 도달되는 국소안정인 평형상태에서는, 그림 19.3과 같은 양상의 것만이 남을 수 있는 것으로 결론 지워진다. 또 시스템에 새로운 종이 1종씩 차례로 침입하는 천이과정에 있어서는, (1) 종간간섭작용의 평균치는 증가하고, (2) 일단 확립된 종의 수는 이후 감소하며, (3) 구성종의 r_i/σ_i 의 최고치는 증가한다 등의 규칙성이 성립한다.

경쟁계수가 식 (19.4b)를 만족하지 않는 일반적인 경우에는, 여러 가지 행동이 일어난다. 경쟁하는 두 종으로 이루어진 시스템의 결과를 보고 유추하면, 몇몇 종이 멸종한 후에 남은 종들은 정상상태에서 안정하게 공존할 것같이 생각된다. 그러나 中島 (1976)는 3종의 경쟁계에서 주기해가 존재하는 것을 증명했다. 이때에는 제1종이 다수를 차지하는 상태에서 제2종, 그 후 제3종으로 우점종이 교대하고, 최후에는 제1종이 다시 우점하는 상태로 돌아온다는 주기적 행동이 보이고, 순환형 생태천이를 나타낸다고 생각된다.

19.4 로타리 모델

Chesson과 Warner (1981)는 조간대의 암초에 부착하는 생물과 산림에 서식하는 수목과 같이, 정착성이며 수명이 긴 성체와 이동성이며 수명이 짧은 유생을 가진 생물을 생각했다. 각각의 시간구간에서는 전체 중 극히 일부의 성체가 파도와 구르는 돌 내지는 포식자 등의 교란을 받아서 제거되는데, 이때 만들어진 빈틈에는 그때 생산된 유생(종자)이 정착하여 메우는 것으로 한다(그림 19.4). 시각 t에서 제i종의 성체의 양을 $x_i(t)$로 하면, 다음 단계에서는,

$$x_i(t+1) = (1-\delta_i)x_i(t) + \left(\sum_j \delta_j x_j\right)\left\{\frac{\beta_i x_i(t)}{\sum_j \beta_j x_j(t)}\right\} \tag{19.5}$$

가 된다. 여기서 δ_i는 단위시간에 제거되는 성체의 비율, β_i는 제i종의 출산·정착의 비율을 표시하고, 이들은 종마다 다르고 시간 t와 함께 변동하는 것으로 한다. 빈 공간의 양은 $\sum_j \delta_j x_j$인데, 여기에는 대부분의 시기에 우점종이 정착한다. 그러나 이따금 희귀종에게도 정착에 유리한 시기(β_i가 다른 종의 것보다 큰)가 있어서, 그때 잘 정착된 성체는 이후 긴 기간에 걸쳐서 존속하고, 다음에 적합한 시기가 돌아 왔을 때 유생을 생산할 수 있다. 이와 같은 구조를 가진 시스템에서는 다수의 종이 공존될 가능성이 있다. 그러기 위해서는, 한번에 제거되는 부분이 전체의 극히 일부이고 성체가 긴 수명을 가질 것과, 유생생산·정착의 속도 β_i의 시간변동이 종간의 평균치의 차이에 비해서 커야 한다는 조건 등이 요구된다.

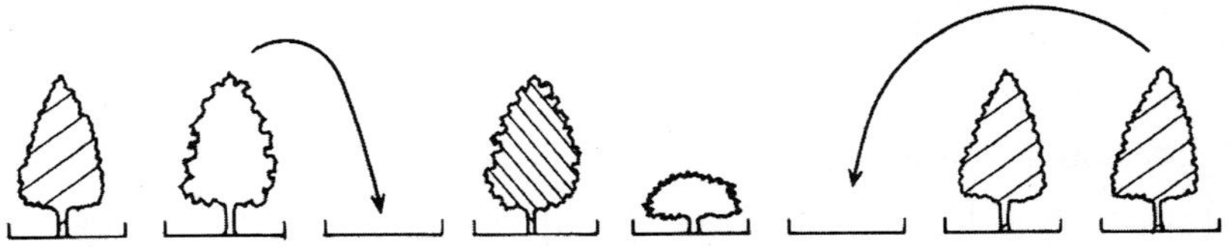

그림 19.4 로타리 모델. 매시간에 전체 중 극히 일부의 개체가 교란에 의해 제거되고, 그때에 서식하고 있는 성체가 생산하는 종자(또는 유생)에 의해 빈틈이 메워진다. 종자의 생산율은 종자마다 시간에 의해 변동하나 시간변동이 클수록 다수의 종이 공존될 가능성이 높아진다(Chesson and Warner, 1981).

온대림에서는 가끔 산 전체가 산불로 타버려서 수목 전체가 일제히 갱신되는 것에 반해서, 열대림에서는 한 그루씩 넘어져서 치환되는 경향이 있다고 한다. 로타리 모델에 비추어보면, 그와 같은 수목의 갱신양식 차이로 온대림에 비해서 열대 다우림에서 수목의 종 수가 훨씬 많은 것이 설명된다.

19.5 마이크로 서식장소의 집합

식물은 이동할 수 없으므로, 서식하고 있는 좁은 범위의 토양조건에 있는 극히 작은 차이가 중요하고, 각각의 장소에는 최적으로 적응한 종이 서식하고 있을 것으로 여겨진다. 예를 들면, 초지에 있어서 거의 균일하게 보이는 환경에 놀라울 정도로 다수의 식물종이 공존하고 있는 것은, 실은 미묘하게 조건이 다른 장소가 환경 중에 다수 섞여있기 때문일 것이라고 Tilman (1982)은 생각했다. 이와 같은 작용 원리로 다양한 종이 서식하는 데는 많은 종류의 자원이 필요한 것으로 생각될 것 같으나, 실은 질소 N과 인 P의 두 종류로 충분하다고 한다.

Tilman은 우선 종간경쟁의 대상이 되고 있는 자원량의 동태를 명백히 한 모델을 제창했다. 예를 들면 7종류의 조류(algae)($N_a, \cdots, N_g$)가 인과 질소라는 두개의 자원 (R_1, R_2)를 이용하고 있는 경우를 생각해보면,

$$\frac{dN_i}{dt} = N_i f_i(R_1, R_2), \qquad i = a, b, \cdots, g \tag{19.6a}$$

$$\frac{dR_j}{dt} = a(S_j - R_j) - \sum_i N_i h_i(R_1, R_2) \qquad j = 1, 2 \tag{19.6b}$$

여기서 S_j는 토양에 의한 자원공급 수준이고, 소비자(조류)가 존재하지 않을 때의 자원량 R_j의 값이다. 또한, 각각의 종의 증식률이 두 자원 가운데 상대적으로 부족한 쪽에 의해 주로 제약되는 것이라든가, 자원이 필요량에 비례하여 소비되는 등의 가정을 부가하여 식 (19.6)의 함수를 특정하면, 한 종과 두 종의 경우에 대해서는, 이 모델이 담수산 조류의 '물질환경조절장치(chemostat)'계의 동태를 잘 기술할 수 있다(Tilman, 1982). 자원이 두 종류이므로, 초기에 다수의 종을 포함하고 있어도, 최종적으로는 겨우 두 종만이 공존한다. 그러나 어느 종이 이겨 남는가는 S_1과 S_2에 의해서, 즉 두 종류의 자원의 공급율의 균형에 의해 결정되고, 그 결과는 평면상의 영역으로 표시할 수 있다. 전형적인 예로 2개의 자원 공급율의 비에 따라 다수의 서로 다른 영역에 분포하여 생존하게 된다(그림 19.5). 경쟁의 결과, 어느 종이 이겨서 남는가를 표시하는 영역은 폭이 좁은 부채꼴 형태이므로, 원점에서 멀어져 자원공급이 많아짐에 따라 각각의 종이 이길 수 있는 영역은 넓어져 간다.

그런데 여기서, 하나의 서식장소에는 수많은 마이크로 서식장소가 포함

되고, 각각에서는 자원공급이 조금씩 다르다고 하자. 예를 들면 (S_1, S_2)가, 그림 19.5의 원으로 표시되는 장소에 정규분포하는 다수의 점으로 표시된다고 가정한다. 그러면 각각의 점에 대해서는 겨우 두 종뿐이라도, 서식장소 전체에는 다수의 종이 포함된다.

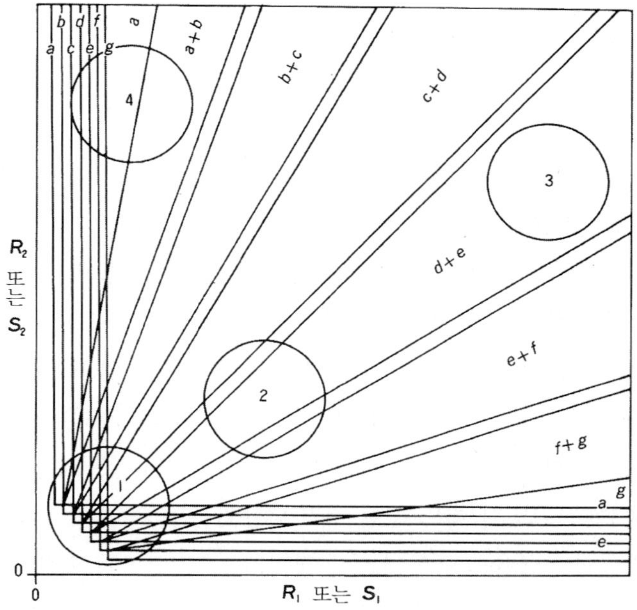

그림 19.5 Tilman의 자원경쟁 모델. 두개의 축은 인과 질소라는 자원을 표시한다. 토양의 자원공급율 (S_1, S_2)가 이 점일 때는, 이겨서 남는 소비자에 따라 영역을 나눈다. 예를 들면, $b+c$는, b와 c의 두 종이 남고 다른 것은 멸종하는 것을 표시한다. 각각은 부채꼴이 되어 있으므로, 원점 근방에는 좁은 곳에 다수의 영역이 나열하게 된다. 어떤 서식장소는 다수의 마이크로 서식장소로 이루어지고, 각각의 (S_1, S_2)가 그림의 원으로 표시되는 범위에 흩어져 있다고 한다. 각각에는 한 두 종만이 서식할 수 있다고 해도, 전체로는 다수의 종이 공존할 수 있다(Tilman, 1982).

또 비료를 첨가함으로써 자원의 공급량 S_1(또는 S_2)을 증가시켰다고 하자. 그 결과 마이크로 서식장소를 표시하는 점은 오른쪽으로(또는 위로) 이동하고, 이동하는 쪽의 원 속에는 보다 소수의 종만이 공존할 수 있다. 종수가 줄어드는 것은 일반적이나, 어느 종이 남는가는 자원공급의 증가 방식에 의존한다. 이것은 초지와 호소(호수와 늪)에서 실험 결과와 잘 들어맞는다. 또 다수의 유사한 서식장소를 비교했을 때, 생산량 또는 자원공급 속도의 극히 낮은 값(빈약한 영양)에 종수의 정점이 있는 것과, 어떤 서식장소에 있는 종을 많은 순으로 나열했을 때의 종의 양과 순위의 관계 등도 이 모델로 잘 설명할 수 있다.

19.6 시간변동을 하는 공존

시간적으로 변동하는 환경의 영향을 생각하기 위해서, 일정 환경 하에서 군집동태모델의 매개변수가 변동하는 경우가 조사되어 있다. 예를 들면, 경쟁방정식 (2.1)에 랜덤한 시간변동을 표시하는 백색잡음(제9장)을 가하면, 군집을 구성하는 생물종의 공존이 보다 어려워진다. 이 사실은 환경이 정상적인 열대에서, 변동이 큰 온대보다도 종의 수가 많은 것이 설명된다고 생각되었다(May, 1974). 그러나 해석방법에 따라서는 결론이 달라진다(Turelli, 1978). 이와는 반대로, 일정환경에서는 공존할 수 없는 종이, 시간적인 변동이 있으면 공존할 수 있게 되는 수도 있다(de Mottoni and Schffino, 1981). 이것은 종이 계절에 따라서 서식하는 것과 관계가 있을지 모른다.

환경변동이, 외적인 요인에서가 아니고, 개체군동태의 결과로 생기는 경우에도, 하나의 자원을 이용하는 다수의 종이 공존할 가능성이 있다. 예를 들면, Armstrong과 McGehee (1980)는 두 종 x_1과 x_2의 동태를 나타내는 다음 모델을 생각했다.

$$\begin{aligned} \frac{dx_1}{dt} &= x_1\left\{-m_1 + \frac{c_1\eta_1 R}{(R+\gamma)}\right\} \\ \frac{dx_2}{dt} &= x_2\{-m_2 + c_2\eta_2 R\} \\ \frac{dR}{dt} &= rR(1-\frac{R}{K}) - \frac{x_1\eta_1 R}{(R+\gamma)} - x_2\eta_2 R \end{aligned} \tag{19.7}$$

이 방정식은, 포식자와 먹이생물의 역학계 (3.3)을, 포식자가 두 종 있는 경우로 확장한 것이다. 양 종의 증가율은 자원 R에 의해서만 결정되므로, 평형상태를 고찰하는 한, 두 종 가운데 보다 낮은 자원량에도 증식할 수 있는 종이 이겨서 다른 것을 배제한다고 생각된다(연습 19.1 참조). 그런데 그림 19.6과 같이, 3종은 안정한 진동을 계속하고, 어느 것도 멸종하지 않는다. 즉 평형상태에서는 불가능해도, 진동을 하고 있으면 하나의 자원 종을 이용하는 두 종의 소비자가 공존할 수 있다(Levins, 1979). 이를 위해서는, 소비자의 증가율이 R의 비선형함수이기 때문에 시스템이 진동하는 것과, 소비자 두 종간에 비선형의 정도(율)가 다르다는 것이 함께 요구된다.

같은 메커니즘에 의해서, 단 하나의 자원량 R에 의존한 다수의 종이 진동하면서 공존할 수 있다. 말하자면 생물종간의 상호작용이 자원의 진동을 만들어내고, 그 진동에 대응하여 다수의 종이 살 수 있다.

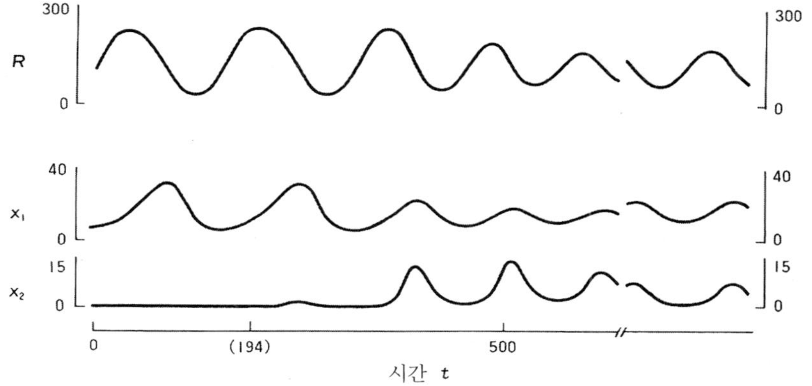

그림 19.6 1변수 R로 표시되는 자원을 이용하는 두 종, x_1과 x_2가 진동하면서 공존하는 예 (Armstrong and McGehee, 1980). 식 (19.7)에서 $m_1 = 0.1$, $c_1 = 0.3$, $\eta_1 = 0.5$, $\gamma = 50$, $r = 0.1$, $K = 300$, $m_2 = 0.11$, $c_2 = 0.33$, $\eta_2 = 0.003$.

19.7 생태천이의 마르코프(Markov) 연쇄

시스템의 비정상상태가, 해안이나 하천의 부착생물에서는 돌이 구르는 것과, 산림에서는 폭풍이나 산불로 넘어지는 등의 생물상의 동태와는 거의 독립적인 외적요인에 의해서 생기는 일이 많다. 그러면 이때에 자원을 우점하고 있던 종이 제거되고, 재빨리 침입하는 종이 먼저 장소를 차지하고, 그 뒤를 이어 경쟁에 강한 종으로 순서대로 치환되어 간다. 그리하여 빛과 공간 등의 자원은 차차 얻기 어려워진다. 이 과정을 **생태천이**(ecological succession)라고 한다.

옛날에는 생물군집이 전체로 통일된 유기체이고, 마치 개체가 성장하는 것과 같은 양상으로, 교란 후의 공터인 젊은 천이단계에서 초지, 양수(sun tree), 음수(shade tolerant tree)로 일정의 경로를 경과하여 산림과 같은 최종 상태(극상(climax, 極相)이라 한다)에 도달하는 것이라고 생각되었다. 그러나 최근에는, 천이의 초기에도 극상의 수목이 섞여 있다든지, 극상림에서도 한 종만이 점유하는 것이 아니고, 수목이 넘어진 후에 빈틈이 생겨서 그 뒤를 양수가 메우는 일도 있어서, 전체로는 여러 가지 단계의 식물이 있는, 장소가 섞인 모자이크가 되어 있다고 생각하게 되었다(Levin and Paine, 1974).

이와 같은 생태천이를 기술하는 데는, 서식장소가 다수의 단위(패치)의 집합이고, 각각의 패치는 독립이며 그 상태가 확률적으로 변화한다는 마르코프 연쇄모델이 잘 이용된다(Horn, 1975). 시각 t 일 때, i 번째 상태에 있는 패치의 수를 $x_i(t)$ 라 쓰고, j 상태에서 i 상태로 천이하는 확률을 p_{ij} 라 쓰면, 다음 시각에서는,

$$x_i(t+1) = \sum_j p_{ij} x_j(t) \tag{19.8}$$

가 된다. 이 모델은 식 (5.2)에 있는 행렬모델과 비슷하지만, 패치의 총 수에는 변화가 없고, j 상태에 있던 패치는 다음 시각에는 반드시 어떤 상태에 있다는 식, $\sum_i p_{ij} = 1$이 모든 j 에 대해서 성립한다. 이 제약 때문에 최대의 절대치를 가지는 고윳값은 1과 같고, 대응하는 우고유벡터 $\boldsymbol{u}$ 가 최종적으로 도달하는 균일분포, 즉 극상에 있어서의 여러 가지 상태의 혼합 비율을 표시한다. 마르코프 연쇄모델에 대해서는, 제21장에서 상세히 설명한다.

19.8 메타 개체군 모델

바다 생물에는 성체가 고착성이고 유생이 플랑크톤 생활을 하는 것이 많다. 여러 장소에서 만들어진 유생이 광범위하게 이동, 분산하므로, 하나의 개체군이 다양한 서식장소를 포함하게 된다(그림 19.7). 유생의 정착과정이 개체군을 제어하는 경우에는, 다음과 같은 메타 개체군 모델이 성립한다(Iwasa and Roughgarden, 1986; Roughgarden and Iwasa, 1986) (제6장 3절 참조).

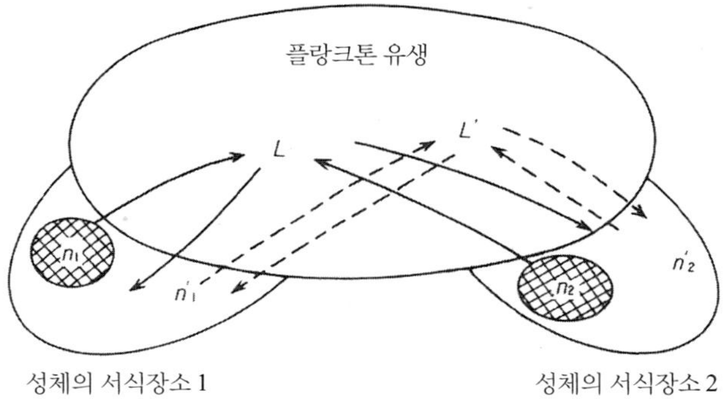

그림 19.7 메타 개체군 모델. 다른 서식장소에 서식하는 고착성의 성체에 의해서 만들어진 플랑크톤 유생이, 앞바다에서 혼합하여 잠시 지난 후에, 성체의 서식장소에 정착한다. 성체가 공간을 점유하여 유생의 정착을 방해함으로써 개체군 밀도가 조절된다. 같은 모양의 집단구조를 가진 경쟁종이 있는 경우에는 정착해야할 빈 공간을 두고 서로 다투게 된다(Roughgarden and Iwasa, 1986; Iwasa and Roughgarden, 1986).

두 종의 시스템을 생각해보자. 한쪽의 종에 대해서 제x번째의 서식장소에 서의 성체의 수를 n_x, 플랑크톤 생활을 하는 유체의 수를 L이라고 하면, 이들의 동태는 아래와 같다.

$$\frac{dn_x}{dt} = s_x L F_x - u_x n_x \qquad x = 1, 2, \cdots, w \tag{19.9a}$$

$$\frac{dL}{dt} = \sum_x m_x n_x - \sum_x s_x L F_x - vL \tag{19.9b}$$

다른 종에 관한 변수와 매개변수에 대해서는, n_x' 및 L'와 같이 prime(')을 붙여서 구별한다. 여기서 $F_x = A_x - a_x n_x - a_x' n_x'$ 는 서식장소 x에서 성체에 점유되지 않은 공간의 면적이다(A_x는 전체면적이고, a_x와 a_x'는 각각의 종의 1개체가 점유하는 평균면적이라고 한다). 유생이 빈 공간에 정착하는 속도는, 빈 공간의 넓이 F_x와 유생의 밀도 L에 비례한다. u_x와 v는 성체와 유생의 사망률이고, m_x는 출산율을 표시한다. 같은 모양의 식을 prime이 붙은 다른 종의 양(量)의 동태에 대해서 쓸 수 있다.

성장·번식에 부적합한 서식장소에서는, 정착개체가 생애를 통해서 생산하는 유생 수가 정착수를 밑돌므로 이곳에서 정착은 개체군의 증식을 감소하게 한다. 부적합한 장소에 정착하는 비율이 높으면 개체군이 시스템에 존속할 수 없는 수가 있다. 예를 들면 그 결과 어떤 종이 나쁜 서식장소를 메워주는 경쟁종이 존재할 때에만 존속할 수 있다는 의외의 양상이 생긴다. 또한 흥미 있는 예가 그림 19.8에 도시되어 있다. 거기서는 두 성체의 서식장소 가운데 한쪽이 부적합한 장소이나, 최초에는 제1종이 적합한 서식장소에서만 번식함으로써 개체군의 안정을 유지하고 있다. 그러나 여기에 제2종이 침입해 오면, 제 2종이 증식하여 제1종을 치환할 것같이 보인다. 그러나 실은 제2종은 자신이 서식하기 부적한 서식장소를 메우는 힘이 약하기 때문에 자신만으로는 유지할 수 없다. 결국은 양 종 모두 멸종해 버린다. 이와 같이 비교적 간단한 공간구조를 도입하는 것만으로도 롯카·볼테라 경쟁계와는 대단히 상이한 행동을 나타내는 경우가 있다.

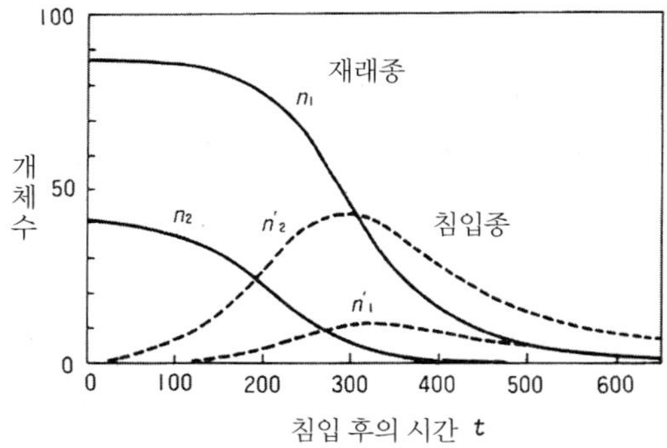

그림 19.8 메타 개체군 모델에서종간경쟁의 예. 초기($t = 0$)에는 제1종이 자신의 안정평형점에 있다. 여기에 제2종이 소수만 침입하면, 그것은 일단 증가하여, 종이 서로 바뀌는 것처럼 보이나, 최종적으로는 양 종 모두 멸종해 버린다(Iwasa와 Roughgarden, 1986).

일반적으로 공간구조에 있어서 다수의 상이한 서식장소 사이에서 부분적인 이주가 이루어지는 경우에는, 바람과 물에 의해 옮겨지게 되어 적응하고 있지 않은 장소에 정착하여 일시적으로 서식하게 된다. 그러므로 야외의 어떤 장소에 서식하는 종 모두가 거기에서 안정하게 공존할 수 있다고는 할 수 없다. 어떤 장소를 둘러싸서 다른 곳으로부터 침입을 차단하면, 서식하는 종의 수가 감소하는 것이 잘 알려져 있다. 이동분산에 의해서 생기는 공존 종수의 증가는 Levin (1976)이 상세히 설명하고 있다.

19.9 중립 모델

동일한 증식률을 가진 종은 안정하게 공존할 수 없다고 하고 있으나, 실은 증식률이 전적으로 같으면 경쟁에 우열이 없으므로, 다수의 종이 긴 기간에 걸쳐서 공존하게 된다(Whittaker and Levin, 1977). Hubbell (1979)은 열대의 산림을 염두에 두고, 수목이 한 그루씩 넘어져서 생긴 공간을 산림 내의 다른 수목의 묘목이 차지한다고 하는 시뮬레이션을 행했다. 종의 사이에는 증식률과 생존율에 전혀 차이가 없다고 해도, 개체수가 유한인 것에서 생기는 인구학적 확률성 때문에, 종의 빈도는 변동하여 랜덤하게 멸종한다. 종의 수는 천천히 감소하여 최후에는 한 종이 전체를 차지하게 된다. 이 사실은 집단유전학에 있어서 전적으로 동일하게 선택 될 수 있는 대립유전자가 유전자부동 때문에 차례로 사라져 가는 것과 같다. 단, 이 최종결과에 도달하기까지에는 극히 긴 시간이 걸린다. 그 도중에 종의 양과 순위의 관계는 야외에서 관측된 것에 가깝다. 만일 극히 작은 확률로도 멸종된 종이 외부에서 공급된다든지, 종간의 생태적지위의 차이가 조금이라도 있으면, 종의 다양성이 유지된다.

19.10 섬의 종수

섬에 있는 종의 수는 대륙에서 멀어질수록 감소한다는 것이 알려져 있고, 또 섬이 클수록 종의 수가 많다. 이러한 사실들로 볼 때, 섬에 있는 종의 수는 폭풍우 때 가까운 대륙 등의 종의 공급원으로부터 날려 와서 정착하는 것과, 섬의 개체군이 기후 변동과 인구학적 확률에 의해 멸종하는 것(제9장)과의 균형으로 결정되는 것이 아닌가하고 생각된다(MacArthur and Wilson, 1963).

S를 섬에 있는 종의 수라고 하면,

$$\frac{dS}{dt} = a\,(S^* - S) - bS \tag{19.10}$$

에 따라서 변화한다. S^*는 대륙에 있는 전 종수, a는 단위시간당 각각의 종이 침입하여 정착하는 속도, b는 멸종속도이다. 제1항은 현재 섬에 있지 않은 종이 대륙에서 침입하여 정착했을 때에 한해서 종의 수가 증가하는 것을 표시한다. 대륙에 가까울수록 침입속도 a가 크고, 또 크기가 크고 서식장소가 다양한 섬일수록 멸종률 b가 낮을 것이다. 식 (19.10)을 초깃값 $S(0)=0$인 조건하에서 풀면 $S(t)=S^{*}\{a/(a+b)\}(1-e^{-(a+b)t})$가 된다.

그림 19.9는 작은 섬 전체에 덮개를 씌워서 살충제로 훈증(fumigation)하고, 그 후 가까운 대륙으로부터 곤충이 침입하여 종의 수가 회복되어 가는 과정을 표시하고 있다. 반년 정도 걸려서 원래와 거의 같은 종의 수로 돌아왔다. 이때 흥미 있는 것은 종의 수는 같더라도 원래와는 상이한 종으로 바뀐

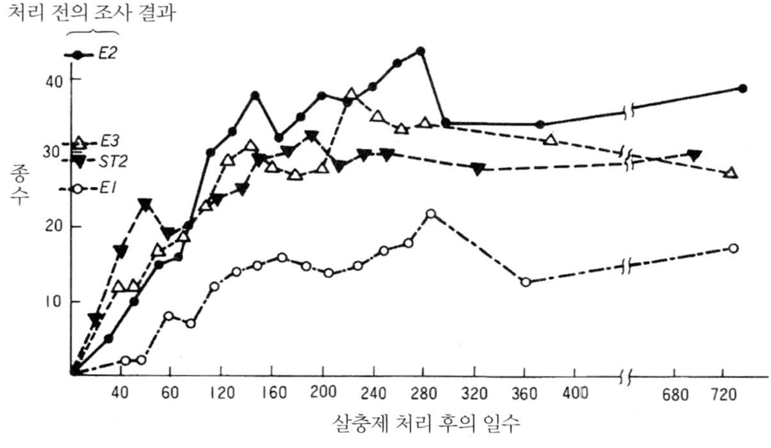

그림 19.9 플로리다 반도 앞바다의 작은 섬 전체가 살충제로 처리된 후, 가까운 대륙으로부터 곤충의 침입에 의해 종의 수가 회복되어 가는 모양. 4개 섬의 결과. 종의 수는 반년 후 거의 회복했으나, 종의 구성은 동일해지지 않았다. 또 종의 바뀜이 항상 일어나고 있음을 알았다(Simberloff and Wilson, 1970).

것이다. 단 종의 수가 유한이기 때문에 생기는 확률성으로 인해, 큰 요동이 생긴다(MacArthur and Wilson, 1967).

이 모델은 섬에 한정되지 않고, 다른 곳으로부터 침입에 의해 종의 수가 유지되고 있는 경우에 광범위하게 적용할 수 있다.

19.11 포식자 및 기생자에 의한 효과

지금까지는 경쟁종과 먹이자원만을 생각해 왔으나, 만일 경쟁종을 겨냥하는 포식자와 기생자가 있으면, 한 종류의 자원을 이용하는 다수의 종을 공존시킬 수 있다. 자연계에 있어서 포식자가 종의 다양성을 유지하는 데에 기여하고 있는 역할은 Paine (1974)의 제거실험이 잘 보여주고 있다. 그림 19.10의 먹이망은 조간대의 암초에서 종간의 먹이관계를 표시하고 있다. 제1위에 있던 포식자인 불가사리를 떼 내어 버렸더니, 조금 후에 생물상이 크게 바뀌어 버려, 최종적으로는 25종 이상의 무척추동물과 부착성 조류가 사라졌다. 불가사리가 제거되었기 때문에, 면적을 점유하는 경쟁에 있어서 유리한 이매패류(bivalves)가 다른 종을 배제했다는 것이 첫째의 원인이다.

이것을 이론적으로 표시하기 위해서, 생태계 모델에 있어서 포식자를 제거하였을 때 직・간접의 영향으로 다른 종의 멸종여부 등이 연구되어 있는데, 이것에 대해서는 다음 장에서 기술하고자 한다.

포식자 가운데는, 몇 개의 먹이 종류 중에서 수가 많은 것을 집중적으로 겨냥하는 경향을 가지는 것이 있다. 그와 같은 양식을 가지는 포식자가 먹이 종의 공존을 촉진하는 효과는, 롯카・볼테라 식과 같이 먹이의 양에 비례하여 먹는 포식자가 나타내는 포식효과보다 유효하다. 왜냐하면 먹이 종

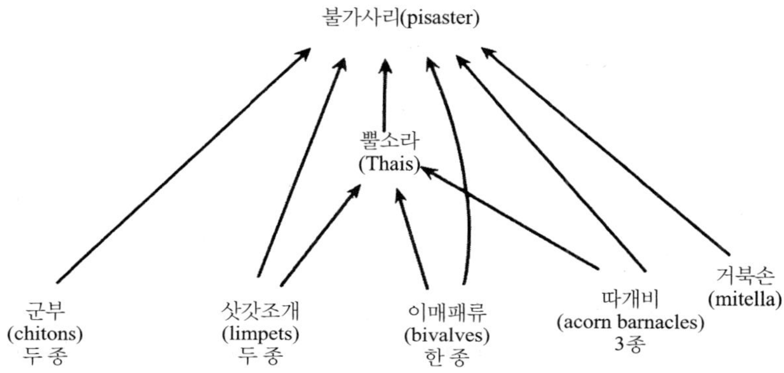

그림 19.10 불가사리를 제거하기 전의 먹이관계. Paine (1966)에서. 미국 워싱턴 주의 태평양 연안에서. 그 후 먹이망의 최상부에 있던 포식자인 불가사리를 제거하면 직 · 간접의 영향을 받아 결국 종의 수가 크게 감소했다(Paine, 1974).

가운데 경쟁에 강한 것이 독점하는 것을 억제하고, 멸종되어 가는 빈도가 작은 먹이 종은 포식하지 않음으로써 그 회복을 돕기 때문이다. Tansky (1978)와 Teramoto 등 (1979)은, 그와 같은 포식자를 부가함으로써, 자기들만으로는 공존할 수 없는 두 개의 경쟁종이 공존할 수 있게 된다는 것을 대역적 해석에 의해서 보여주고 있다.

종에 특이한 기생자와 병원체가 있으면, 다수의 경쟁종이 공존하기 쉬워진다. 그것은 경쟁에 강한 종의 개체수가 증가하면, 이것을 노리는 기생자가 증가하든지 병에 의한 피해가 크게 되기 때문이다. 열대우림에서는 기생자와 포식자의 영향에 의해서 어미나무 근처에서는 동종의 종자는 발아와 생육이 되지않고 멀리 떨어진 곳에서 성장하며, 이는 수종(樹種)의 다양성을 설명하는 하나의 가설이 되고 있다(Janzen, 1970).

연습문제 / 추가 참고문헌

연습 19.1 $R_1^* < R_2^* < R_3^*$이라 가정한다. 소비자가 존재하지 않을 때의 평형자원량을 R_0^*로 쓴다. 즉 $g(R_0^*, 0, \cdots, 0) = 0$, 그리고 $R_1^* < R_0^*$를 가정한다. 이때 안정한 평형점은, $R_1 = R_1^*, x_1 > 0,\ x_2 = x_3 = \cdots = x_n = 0$ 이외에는 있을 수 없는 것을 다음과 같이 하여 증명하라.

(1) 평형점의 식 $dx_i/dt = 0$에서, $x_i = 0$ 또는 $f_i(R) = 0$의 어느 쪽이 성립하는 것에 주목한다.

(2) 만일 평형점에 있어서 $x_i > 0$이면, $R_i = R_i^*$가 성립하는 것에 주목한다. R_i가 서로 다르므로 평형점에서 두 종 이상이 공존하는 일은 있을 수 없는 것을 알 수 있다.

(3) 다음으로, x_1이 아닌 하나의 종만이 점하고 있는 평형점을 생각한다. 이 때의 자원량은 R_1^*보다 크다. 이 때문에 x_1이 조금이라도 침입하면 증가할 수가 있다. 이것은 평형점이 불안정한 것을 표시하고 있다.

(4) 최후로 모든 종이 존재하지 않는 상태를 생각한다. 자원량은 R_0^*이고, 가정에서 R_1^*보다 크므로 x_1이 침입하면 증가할 수 있다. 따라서 불안정하다.

이상에서 안정한 평형점의 후보로는 x_1이 전체를 점유하는 평형점만 남는다. 단, 이 평형점도 불안정할는지도 모른다는 것에 주의하자(6절). 만일 $R_0^* < R_1^*$이면 어떤 종도 존재하지 않는 상태가 안정해진다.

연습 19.2 식 (19.2)와 식 (19.3)을 다음과 같이 하여 유도하라. 자원의 종류가 다수이고 매개변수 z에 의해서 구별된다고 하자. 자원은 z마다 다음의 로지스틱 식에 따라서 갱신하고, 제i종의 소비자는 개체수가 x_i 이고 이용곡선 $f_i(z)$에 따라서 이용한다.

$$\frac{\partial R_z}{\partial t} = bR_z(k(z) - R_z) - \sum_j f_j(z)x_j R_z$$

그런데 여기서, 자원이 되는 먹이생물은 소비자보다도 세대기간이 짧으므로, 소비자의 개체수 x_i가 변화하기 전에, 위에 기술한 방정식이 거의 평형상태에 달해 버린다고 근사한다. 그러면 양(+)의 평형상태에서는,

$$R_z = k(z) - \frac{1}{b}\sum_j f_j(z)x_j$$

가 성립한다. 이것에서 제i종의 소비자가 먹이를 이용하는 속도는,

$$\int R_z f_i(z)dz = \int k(z)f_i(z)dz - \sum_j \frac{x_j}{b}\int f_i(z)f_j(z)dz$$

가 된다. 이것을 근거로 한 소비자의 개체수 동태는,

$$\begin{aligned}\frac{dx_i}{dt} &= (c_i\int R_z f_i(z)dz - e_i)x_i \\ &= \left(c_i\int k(z)f_i(z)dz - c_i\sum_j \frac{x_j}{b}\int f_i(z)f_j(z)dz - e_i\right)x_i\end{aligned}$$

가 된다. 이것을 롯카・볼테라 경쟁식 (19.2)와 비교하면,

$$r_i = c_i\int k(z)f_i(z)dz - e_i$$

$$K_i = \frac{\left(\int k(z)f_i(z)dz - \frac{e_i}{c_i}\right)b}{\int f_i(z)^2dz}$$

또한 식 (19.3)의 a_{ij}와 대응하는 것을 알 수 있다.

추가 참고문헌: 巖佐 (1986)・重定 (1986)・嶋田 (1986)는 군집이론에 관한 총설. 이외에 Kikkawa와 Anderson (1986), Diamond와 Case (1986), Strong 등 (1984), Gee와 Giller (1987)는 군집생태학의 편저. Whittaker (1975)는 군집과 생태계의 좋은 교과서이다. 열대다우림에서 수목의 종의 수가 많은 것에 대해서는 Iwasa 등 (1993), 甲山 (1993)를 참조.

제20장 군집 안정성과 공진화

다수의 종이 상호작용하면서 서식하는 생물군집(community)은, 여러 가지 생물이 단순히 모인 것뿐일까? 그렇지 않으면 규칙성이 있는 구조를 가지게끔 구성되어 있는 것일까? 이 장에서는 군집의 구조와 동태의 안정성에 관련한 여러 가지 논점과, 군집을 구성하는 종이 각각 진화한 결과로 성립하는 구조에 대한 이론을 소개한다.

20.1 구조와 안정성

농장 같은 곳에서는 한 종류의 작물을 넓은 면적에서 재배하기 때문에, 해충이 발생하면 순식간에 퍼져서 큰 피해를 입힌다. 농약을 살포해도 내성충이 출현하여 방제하기가 어렵다. 이에 비해서 열대다우림 등 다수의 종을 포함하는 대단히 복잡한 시스템에서는 각 종에게 특이한 기생충과 포식자가 있기 때문에, 한 종류의 생물이 폭발적으로 증가하는 것은 어려울 것으로 생각된다. 이 사실로 인해 일반적으로 복잡한 군집 속에서는 생물의 동태는 보다 안정해진다고 생각되었다(Elton, 1958).

그러나 군집의 동태 모델에 있어서 종의 수를 증가시키든지 랜덤하게 종간 상호작용을 부가하면, 시스템이 안정해질 확률은 오히려 작아진다(May, 1974). 그러므로 단순히 복잡하기 때문에 안정하다고는 할 수 없다. 물론 실제로 볼 수 있는 군집은 상호작용이 랜덤하지 않고 시스템이 안정되게 유지되도록 선택되어 있을지도 모른다. 또 수백 종을 포함하는 큰 집단에 있어서도 각 종에 있어서 강하게 상호작용하는 상대는 극히 소수일지도 모르며, 모든 종이 균일하게 상호작용을 하는 것은 아니고 실제로는 부분군집으로 나뉘어져서 종간 상호작용이 각각의 부분군집 안에 대체로 한정되어 있는지도 모른다. 이와 같이 시스템의 안정성을 단서로 하여, 생물군집의 구조가 여러 가지로 논의되어 왔다. 이들의 이론적 연구에 있어서는, 종종 롯카・볼테라 모델,

$$\frac{dx_i}{dt} = (r_i + \sum_{j=1}^{n} a_{ij} x_j) x_i \qquad i = 1, 2, \cdots, n \tag{20.1}$$

이 사용된다. 여기서 종간 상호작용의 계수 a_{ij}의 부호는, 예를 들면 i 종이 j 종의 포식자이면 $a_{ij} > 0$이고 $a_{ji} < 0$이라고 하는 것과 같이 두 종의 먹이관계로 결정된다.

현실에서 볼 수 있는 군집 구조가 군집 동태의 안정성에 기여하는지 또는 기여하지 않는지가 주목되었다. 광합성으로 유기물을 만드는 식물을 **생산자**라 하고, 이것을 먹는 **일차소비자**(초식동물), 다시 그것을 먹는 **이차소비자**(육식동물)라 하는 것과 같이, 식물에서 시작하여 먹이관계를 따라 오르는 단계 수에 의해 종이 구별되는데, 이를 **영양단계**라고 부른다. 두 개 이상의 단계에 걸쳐서 먹이를 취하는 잡식성의 종은 실제로 관측되는 먹이그물(food web)에는 비교적 적다. 바꾸어 말하면, 현실의 먹이관계는

영양단계로 잘 나눌 수 있는 경우가, 종간에 포식관계를 랜덤하게 넣은 경우보다도 통계적으로 유의하게 많다는 것이다. 한편 롯카 · 볼테라 모델 (20.1)에 있어서 상호작용의 세기를 랜덤하게 선택하여 안정한 평형상태가 되는 확률을 구하고, 다음에 영양단계 구조를 가진다는 제약을 만족하는 먹이그물 속에서 같은 방식으로 계산하면, 후자 쪽이 안정해지는 것의 비율이 큰 것을 알 수 있다. 이들 두 결과에서 영양단계 구조는 계의 안정성에 기여하기 때문에 현실에서 잘 볼 수 있는 것일는지도 모른다고 추측되었다. 이와 같은 연구는 Pimm (1982)의 저서 및 그 후의 Pimm의 연구에 상세히 나와 있다.

안정성이라는 말에는 평형점 둘레의 국소안정성 외에도, 보다 다양한 사용법이 있다. 예를 들면 외부에서 교란의 영향을 받기 어렵다든지, 일정한 환경 하에서 상태가 변화하지 않고 유지됨을 의미하기도 한다.

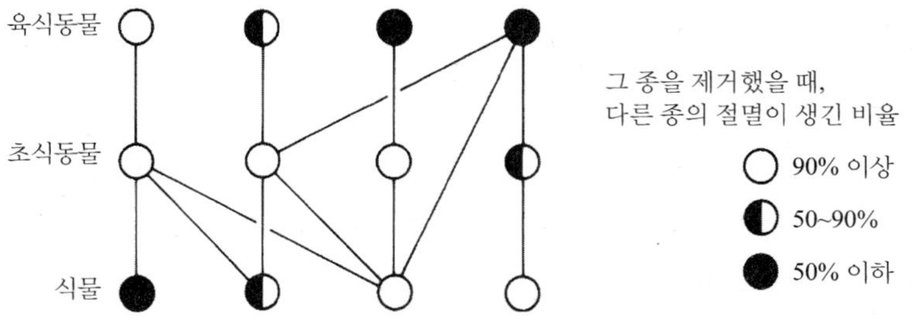

그림 20.1 종의 제거에 따라 다른 종의 멸종이 생기는 비율. ○ 표는 종을 표시하고, 그들을 연결하는 선은 먹이관계(위의 종이 밑의 종을 먹는다)를 표시한다. 롯카 · 볼테라 모델 (20.1)에서 그림과 같은 먹이관계를 가진 군집을 난수에 의해서 만들어내고, 평형상태를 계산한다. 그 후 각각의 위치에 있는 종을 제거했을 때, 이어서 다른 종이 멸망한 경우의 비율을 구했다. Pimm (1980)은 이와 같은 계산을 여러 가지 먹이관계가 있는 경우에 대해서 행하고, 종의 제거가 다른 것에 끼치는 영향에 대해서 일반적 결론을 도출하고 있다.

나아가 개체수의 변동의 폭이 작거나 구성종의 개체수가 평형상태에서 벗어났을 때 재빠르게 원상태로 돌아온다 등의 상이한 정의에 따라, 안정성과 구조나 복잡성과의 관계는 달라진다.

종의 제거에 관한 안정성의 예를 들어보자. 그림 20.1의 먹이관계에서 표시되어 있는 것과 같은 부호를 가진 롯카・볼테라(20.1)에 있어서, 매개변수의 값을 랜덤하게 선택한다고 하자. 여기서 평형상태에서는 모든 종이 공존했다고 하자. 그 후에 한 종을 제거해보면, 남은 종이 새로운 평형상태에서 공존하는 경우도 있으나, 제거의 영향이 다수의 종에 파급되어, 계속하여 몇 개의 종이 더 멸종하는 경우도 더러 있다. 이것은 앞 장에서 소개한 Paine (1966)의 제거실험의 상황을 닮았다. 그림 20.1에는 그 종의 제거가 다른 종의 멸종을 수반하는 결과가 되는 비율이 기입되어 있다. 이와 같은 계산을 여러 가지 먹이그물에 대하여 행한 결과, 다음과 같은 일반적 결론이 도출되었다(Pimm, 1980). (1) 식물을 제거하는 영향은, 그것을 이용하고 있는 초식동물이 다식성(다수의 종을 먹이로 하는)이면 적다. 같은 방식으로 초식동물을 제거하는 영향은 그것을 이용하는 육식동물이 다식성이면 적다. (2) 이와는 반대로, 최상부에 있는 육식동물을 제거했을 때는, 그의 먹이인 초식동물이 다식성일 경우, 그 영향이 크다. (2)의 효과가 (1)보다 강하기 때문에, 전체로는 복잡한 먹이망일수록 불안정하다는 결과가 된다. (3) 제거되는 육식동물 자신이 다식성인지 아닌지에 따라서, 제거가 가져오는 영향의 정도는 변하지 않는다.

종간과 종내 상호작용의 함수형과 안정성과의 관계도 조사되어 있다. 예를 들면 많은 종류의 먹이 가운데 양이 많은 것을 집중적으로 먹게끔 전환하는 포식자가 시스템을 안정하게 한다든가(제19장 11절), 포식속도가 먹이밀도와 함께 포화하는 경향은 시스템을 불안정화한다는 등의 일반적 경향이 표시된다.

이들 이론적 연구의 일환으로, 현실에서 관측되는 먹이망의 특징을 추출하려는 여러 가지 시도가 이루어지고 있다. 최근에는, 그래프 이론의 용어가 특히 유효하게 이용된다(Cohen, 1978; Sugihara, 1983; 松田, 1989). 이 밖에 종 사이의 결합도(結合度), 영양단계의 수, 부분군집으로 나뉘는 비율, 포식자의 종의 수와 그들의 먹이의 종의 수와의 비율 등에 관한 경험법칙이 다수 유도되고 있다.

20.2 서식지 분리의 진화

군집을 구성하는 종이, 상호작용을 하면서 제각각 진화한 결과, 특정의 양상이 형성된다는 것을 **공진화**라고 한다. 그 대표적인 예는, 경쟁하는 종이 서로 나누어져 사는 방향으로의 진화이다. 제19장 1절의 연속 생태적지위 모델에 의하면, 종간 경쟁의 세기는 양 종의 자원이용의 중첩에 비례한다. 각각의 종이 다른 종과 자원이용의 중첩이 작아지는 방향으로 이용 양상을 변화시키도록 진화하는 것을 **형질치환**(character displacement)이라고 한다.

예로, 카리브해의 아놀 도마뱀을 들어보자(Roughgarden, 1983). 소안데레스 제도에는 도마뱀이 한 종 서식하는 섬과 두 종 서식하는 섬이 있고, 종의 수는 섬의 크기나 대륙에 가까운 정도와는 상관이 없다. 성체 도마뱀의 평균크기를 비교하면, 한 종만이 서식하고 있는 섬의 도마뱀은 거의 같은 크기를 하고 있으므로, 이것을 한 종 크기라고 하자. 두 종이 공존하고 있는 섬의 경우, 한 종은 위의 한 종 크기보다 크고, 다른 쪽은 이보다 작다. 이것은 종간에 야기되는 형질치환의 예라고 여겨지고 있다.

두 종간의 형질치환의 역학계를 설명하기 전에, 그 기초가 되는 단일종의 시스템에 있어서 진화를 고찰해 보자. 연속 생태적지위 모델을 고려하는 것으로 한다. 개체수 N의 시간변화는 로지스틱 방정식 (2.1)에 따르는 것으로 하는데, 이를 분해하여,

$$\frac{dN}{dt} = (\,W(\bar{z};N) - 1\,)N \tag{20.2a}$$

$$W(z;N) = 1 + r\left\{1 - \frac{N}{K(z)}\right\} \tag{20.2b}$$

라고 표시해보자. 여기서 $W(z;N)$는 형질 z를 가지는 암컷 1개체가 다음 세대에 남기는 암컷의 수의 평균치이고, 이는 생애번식성공도 즉 적응도를 뜻한다. 식 (20.2b)는 종내경쟁에 의해서 적응도가 밀도 N과 더불어 감소하는 것을 나타낸다. 개체수 N의 환경수용력은, 평균형질의 값 $\bar{z}$에 의존하여 $K(\bar{z})$가 된다고 가정하고 있다. 그런데 평균형질 $\bar{z}$는, 제17장에 있는 양적 형질의 유전의 역학계 (17.1)에서 (여기서는 생각하고 있는 형질이 하나뿐이므로)

$$\frac{d\bar{z}}{dt} = G\frac{\partial \log W(z;N)}{\partial z}\Big|_{z=\bar{z}} \tag{20.3}$$

에 따라서 변화하는 것이 된다. 여기서 G는 z에 관한 첨가유전분산이고, 미분은 N을 상수로 보아 z만에 관해서 계산하고, $z=\bar{z}$에서 값을 구한다. 식 (20.2a)의 개체군동태와 식 (20.3)의 형질의 진화를 조합한 N과 $\bar{z}$의 2변수의 역학계는 밀도의존적 선택모델이라 부르는 것인데, 동일의 적응도함수 식 (20.2b)가 개체군동태와 진화동태의 양쪽에 나타나는 것에 기인하고 있다.

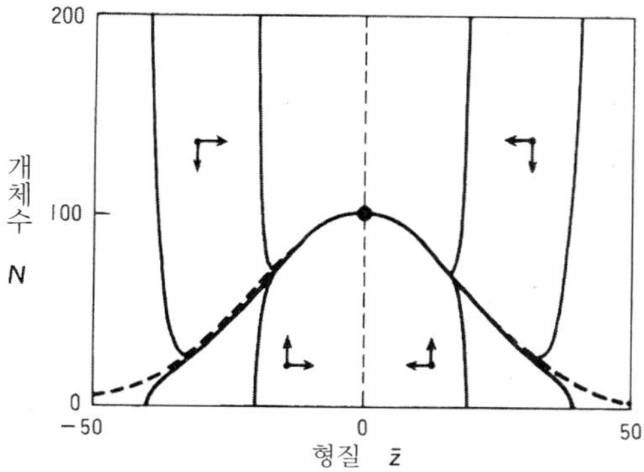

그림 20.2 개체수 N과 평균형질 $\bar{z}$의 역학계의 궤도. (20.2)와 (20.3)에서 $r=0.02$, $G=20$, $K(z)=100\exp(-z^2/800)$. 점선으로 표시된 등복각선은 $\bar{z}=0$과 $N=K(\bar{z})$. 집단은 최종적으로는 환경수용력이 최대인 형질 $\bar{z}=0$으로 진화한다.

제2장에 있는 방법으로 이 역학계를 해석하면, 그림 20.2에 도시된 것과 같이 환경수용력함수 $K(z)$가 최대로 되는 형질 $\bar{z}$가 최종적으로 실현되는 것을 알 수 있다(연습 20.1 참조)(그림 20.2). 이 사실은 종의 형질이 최대의 개체수가 유지되게끔 진화한다는 것을 시사하고 있다(그림 20.3a).

이 모델을 두 종의 시스템으로 확장해보자. 도마뱀 두 종($i=1,2$)의 자원이용의 중심을 각각 $\bar{z}_i(i=1,2)$라고 한다. 제1종의 평균형질 $\bar{z}_1$의 진화는,

$$\frac{d\bar{z}_1}{dt}=G_1\frac{\partial \log W_1}{\partial z_1} \tag{20.4}$$

에 따른다. 여기서 G_1은 z_1에 대한 첨가유전분산이다. 편미분은, 적응도 W_1이 개체 자신의 형질 z_1 뿐만 아니고 동종의 집단 평균치 $\bar{z}_1$과 개체수 N_1, 거기에 다른 종의 것($\bar{z}_2, N_2$)에도 의존하므로, 이들을 상수로 보고 미분한다는 뜻이다. 한편 적응도 W_1은 1개체가 다음 세대에 남기는 자손의 수의 평균치이므로, 개체군동태 (19.2)에 관련하여,

$$W_1=1+r_1\left\{1-\frac{\left[N_1+N_2\alpha(\bar{z}_2-z_1)\right]}{K_{1(z_1)}}\right\} \tag{20.5}$$

이 된다. 경쟁계수 $\alpha(\bar{z}_2 - z_1)$은 제2종의 1개체가 제1종의 개체에 대해 미치는 경쟁의 세기를 표시하고 있는데, 여기서는 $\alpha(z) = \exp(-z^2/2w^2)$이라 한다. 이것은 영향을 받는 개체의 크기 z_1이 경쟁종의 평균크기 $\bar{z}_2$에 가까울수록 경쟁이 강한 것을 나타내고 있다. 제2종의 개체에 대한 적응도 W_2 및 평균형질의 시간변화 $d\bar{z}_2/dt$는, (20.4)와 (20.5)에서 첨자 1과 2를 바꾸어서 계산할 수 있다. 양 종의 밀도 N_1과 N_2는, 적응도가 개체당의 증식률과 관련하므로,

$$\frac{dN_i}{dt} = (W_i(z_i) - 1)N_i \qquad i = 1, 2 \tag{20.6}$$

에 따라서 변화한다.

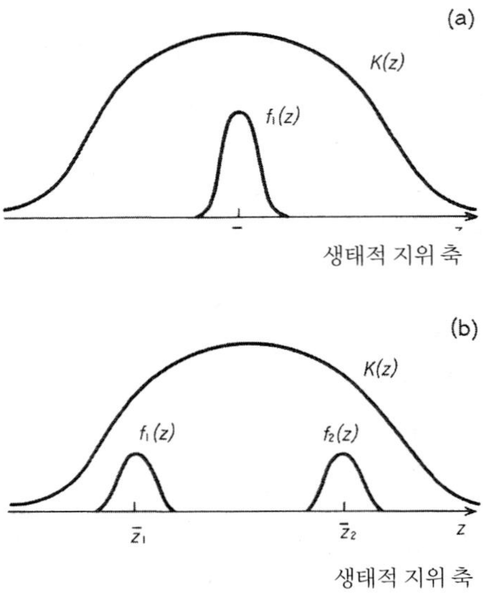

그림 20.3 종의 공진화에 의한 자원이용. $K(z)$는 환경수용력함수이고, 형질 z를 가지는 생물의 평형개체수를 표시한다. 자원이 많은 중앙에서 높고, 양단으로 갈수록 낮아진다. $f(z)$는 자원의 이용함수를 나타낸다. (a) 한 종만 있을

경우에는 $K(z)$가 최대가 되는 $\bar{z}$ 의 값에 진화한다(그림 20.2 참조). (b) 두 종이 있어서 경쟁이 서로 대칭적이면 분리해서 살게끔 진화하는 수가 있다.

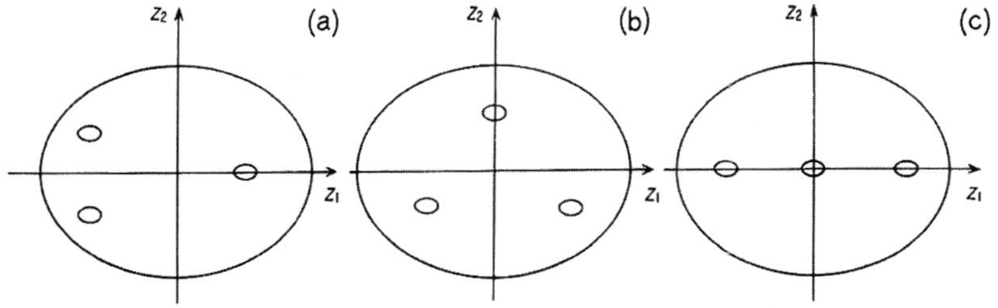

그림 20.4 생태적지위가 2차원일 때의 3종의 진화평형상태. 큰 타원은 환경수용력함수가 높은 장소를, 작은 원은 3개의 경쟁종의 자원이용함수의 높은 장소를 표시한다. (a)와 (b)에서 3종은 두 개의 자원축에 따라서 분리서식하고 있고, (c)에서 한쪽의 축만 따라서 분리서식하고 있다(Pacala and Roughgarden, 1982).

이상의 식을 조합하여 계산하면, 진화의 평형상태에서 두 종이 공존할 때는 서로 양보하는 것처럼 형질을 변하게 해서 분리 서식하는 것을 알 수 있다(그림 20.3b).

이용하는 자원을 구별하는데, 먹이의 종류(z_1)와 서식장소(z_2)라는 두 개 이상의 매개변수를 사용하는 경우에는, 그림 20.4에 도시한 것과 같이 z는 2차원이 된다. 이때 진화평형상태로 한쪽의 축에 관해서만 종이 분리 서식하고 있는 경우(그림 20.4c)도 있다. 이것은 동일한 환경에 여러 종이 서식하는 경우에도, 서로 어떤 모양으로 분리 서식하게끔 진화하는가에는 임의성이 있어서, 역사적 경위에 의해 결정되는 것을 나타내고 있다.

이상에서 $\alpha(z)$가 대칭이고 크기 $\bar{z}$ 인 종이 $\bar{y}$ 의 종에 주는 영향 $\alpha(\bar{z}-\bar{y})$는 반대 방향의 것과 같은 세기라고 가정해 왔으나, 앞의 아놀 도마뱀을 가둔 실험에서 큰 크기의 종은 작은 크기의 종에 일반적으로 강한 영향을 주는 것이 확인되어 있다. 이것을 고려하여 비대칭인 종간경쟁의 함수 $\alpha(z)$를 사용하면, 두 종이 안정하게 공존한다고는 할 수 없고, 종의 순환이 생긴다

(Rummel and Roughgarden, 1985). 그림 20.5는 그 한 예이고, 처음에 한 종만 있는 평형상태에서는, 환경수용력 $K(z)$를 최대로 하는 크기 $\bar{z}$에 중심이 있어서 개체수도 $K(\bar{z})$와 같다. 두 번째 종이 침입할 때는, 이미 서식하고 있는 제1종의 영향을 강하게 받기 때문에, 그것보다 작은 크기의 경우에는 침입할 수 없고, 침입에 성공하는 것은 훨씬 큰 크기의 것이다. 단지 여기서는 환경수용력함수 $K(z)$의 끝부분에 있으므로, 그다지 큰 개체수로는 되지 않는다. 제2종이 침입하여 근소하게나마 자리 잡았으므로, 원래부터 있던 제1종은 그 영향을 받아서 크기가 작은 쪽으로 조금 진화한다. 그러면 제2종은 제1종이 작아졌기 때문에 더 작은 크기 쪽으로 움직인다. 이것을 반복해 가면, 제2종이 함수 $K(z)$가 큰 값을 가지는 중앙의 z쪽으로 나와서 개체수가 증가하는 것에 반해, 제1종은 훨씬 작은 크기가 되고 개체수도 감소하여 결국에는 멸종한다. 이와 같이 하여 종이 바뀌고, 최초의 상태로 돌아온다. 만일, 제1종이 진화하지 않으면, 자원 스펙트럼의 한 가운데 $K(z)$가 큰 값에 머물러 다수의 개체를 유지할 수 있었을 것이다. 그러므로 그것은 진화했기 때문에 스스로의 멸종을 야기한 것이 된다. 이와 같이 종의 형질이 공진화하는 경우, 종이 침입하는 것만으로는 진화하지 않는 경우에 비해서, 공존되는 종의 수는 적어지고 남은 종 사이의 상호작용이 약한 상태가 달성된다.

이상에서는 자원이용함수의 형은 그대로 두고 중심의 위치만을 이동시켰는데, 이용함수의 폭과 모양도 변화할지 모른다. 또 종내의 개체간 상호작용에 관해서는 형질에 관계없이 일정(이것을 빈도 비의존이라 함)하다고 가정했으나, 이것도 여러 가지로 변화시킬 수 있다(연습 20.2 참조). 이러한 전제들을 바꾸면 형질치환과정에 대한 예측이 크게 달라지는 것을 알 수 있다(Case, 1982; Taper and Case, 1985; Brown and Vincent, 1987).

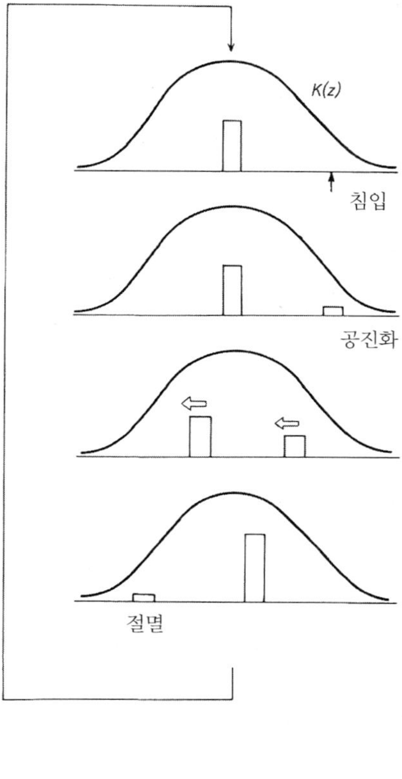

그림 20.5 종의 침입과 공진화에 의한 순환. 한 종만의 경우에는, $K(z)$가 최대가 되는 중앙에 있다. 종간의 경쟁에 비대칭성이 있으므로, 제2종이 침입한다면 그것은 큰 크기를 가지고 있을 것이다. 그 후 두 종이 모두 공진화하여, 보다 작은 크기로 이동하여, 결국은 작은 크기의 종이 멸종한다. 이와 같이 하여 한 종만 있는 원래의 상태로 돌아오나, 종은 바뀌어 있다 (Rummel and Roughgarden, 1985).

20.3 진화적으로 안정한 먹이망

최적 먹이잡이 이론이 발달한 이유는 여러 가지 먹이를 이용하는 종과 하나의 먹이만을 이용하는 종이 진화하는 조건을 고려하여, 먹이망의 형을 고찰하기 위함이었다. 여러 종류의 포식자가 있어서, 각각이 먹이잡이 장소선택과 먹이선택을 하고 있을 때, 이들 포식자와 다수의 먹이를 포함하는 군집전체는 어떠한 구조를 만들 것인가?

Matsuda와 Namba (1989)는 다음과 같은 모델을 생각했다. 시스템에는 다수의 먹이 종이 있는데, 어떠한 종이라도 패치 모양의 서식장소에 분포하게 된다. 각각의 패치 속에서, 포식자는 랜덤하게 탐색하여 최적먹이선택을 행한다. 또 포식자는 패치 사이를 이동하여 포식의 효율을 높이게끔 먹이를 잡을 패치를 선택하는데, 패치간 이동의 대가는 무시할 수 있다고 가정한다. 그러면 포식자 k가 패치 m을 이용했을 때의 평균섭식속도는

$$E_{km} = \frac{\sum_i p_{ikm} b_{ikm} g_{ik} x_{im}}{(1 + \sum_i p_{ikm} b_{ikm} h_{ik} x_{im})} \tag{20.7}$$

이 된다. g_{ik}는 먹이 i를 먹었을 때의 칼로리 획득량, h_{ik}는 처리시간이고, 이들 모두 패치 m에는 무관한다. x_{im}은 m번째 패치에 있는 먹이종 i 의 밀도이다. b_{ikm}은 발견효율의 계수이다. p_{ikm}은 포식자 k가 패치 m에서 발견한 먹이 i 를 공격할 확률인데, 이것이 먹이선택을 표시한다. 포식자 k의 포식속도는, 패치 내의 속도 E_{km}을 패치선택률 f_{km}으로 평균한 것으로,

$$R_k = \sum_m f_{km} E_{km} \tag{20.8}$$

이다. 각각의 포식자 k 는, 이용할 패치의 선택 f_{km}과 패치 내에서 먹이 선택 p_{ikm}을 그 전략으로서 선택하고, R_k를 최대로 한다고 하자.

시스템에는 다수의 포식자가 있어서 서로 먹이를 소비하므로, 단순한 최적화가 아니고 비협력 게임이 되어 있다. 어떤 종이 만일 복수의 패치를 이

용하면, 각 패치에서 섭식속도는 같을 것인데, 이것은 이상자유분포조건에 대응하고 있다(제14장 1절 참조). 다음으로, 패치 내에서 먹이선택의 결과로 g_{ik}/h_{ik}가 전체의 평균섭식속도 E_{km}보다도 큰 것만을 이용할 것이다. 이들 두 조건을 결합하면 어떤 포식자가 어떤 먹이를 이용하는가는 패치에 관계없이 공통이라고 결론지을 수 있다. 또한 어떤 패치를 이용하는 포식자의 종류는 그 패치에 있는 먹이의 종류의 수를 능가하지 않는 것도 알 수 있다.

이 모델을 고차의 포식자가 더해지는 경우로 확장함으로써, 먹이망 그래프(food web graph)의 구간 그래프성(interval graph) 등의 법칙에 대해서도 이론적 고찰이 이루어지고 있다(松田, 1989).

20.4 식물과 동물의 공진화

많은 곤충은 식물을 먹고 살아간다. 한편 식물은 자신을 먹는 자에 의한 피해를 방지하기 위하여 여러 가지 방어물질을 생산하고 있다.

식물의 방어에는 두 가지 형이 있다고 일컬어져 왔다. 알카로이드와 같은 독물질을 식물이 생산하면, 극소량으로도 대부분의 곤충에 대해서 독성 효과가 있다. 이와 같은 방어법은 빠른 속도로 광합성을 하고 잎을 단시간에 떨어뜨리는 경우에는 경제적이다. 그러나 특수화된 곤충은 해독작용을 진화시켜 버리므로, 곤충의 눈에 띄기 쉬운 식물종이나 식물체는, 독물질에 의한 방어는 유효하지 않다. 할 수 없이 소화와 분해를 곤란하게 하는 탄닌과 섬유질을 증가시키든가, 곤충이 노리는 질소분을 감소시키는 것으로 저항하는데, 이것에는 대가가 필요하다. 전자를 **질적방어**, 후자를 **양적방어**라

한다. 이와는 달리, 훨씬 간단하게, 식물이 방어를 위해서 투자해야할 노력의 최적치를 생각하는 것만으로 충분하지 않느냐는 의견도 있다(Coley 등, 1985). 즉 빨리 성장할 수 있는 식물에서는 방어 노력보다도 더 빨리 성장하는 것에 맡겨 놓는 것이 유리한 것에 반해서, 느리게 성장하는 식물은 상당한 투자를 방어에 충당하여 잎의 손실을 방지하는 것이 수지가 맞으므로, 곤충의 눈에 띄기 쉬운 것과는 그다지 관계가 없다는 것이다.

해충을 구제하기 위해서 살포되는 약제는 사용하기 시작한 초기에는 잘 듣지만, 조금 지나면 곤충이 내성을 진화시키므로, 양을 증가시키든지 새 약제를 계속 개발해야한다. 식물이 생산하는 방어물질에 대해서도 곤충에 의한 해독작용의 진화와 새로운 독물질 개발과의 경쟁이 행해지고 있는지도 모른다.

이와 같이, 적대관계에 있는 종 사이에서는 서로 개량진화를 계속하는 경향이 있다는 생각을 **'붉은 여왕 가설'**이라 한다. 또 한 예는 병원체 등의 기생자와 숙주간의 관계가 있다. 숙주의 유전자형에 적합한 기생자에서 벗어나기 위해서 차례로 새로운 형을 만들어내는 것이, 유성생식의 의의를 설명한다고도 생각되고 있다(제16장 4절). 대형 포유류 등 수명이 긴 동물은, 신속히 진화하는 미생물인 병원체에 대항하여 진화할 수는 없으나, 그 대신에 체내에 침입한 병원체에 대해서 재빨리 특이적인 반응을 할 수 있도록 면역계를 갖추고 있다. 그것은 병원체 자체와 그것에 공격당한 세포의 표면을 인식하고 파괴하여 효율 좋게 제거한다. 바이러스 등의 병원체는 숙주의 집단에 면역이 확립되면, 그 유형으로는 더 이상 퍼져 갈 수 없는데, 유전적 재조합 등에 의해 면역적으로 다른 유형을 만들어냄으로써 유행을 계속하고 있다. 수면병을 일으키는 트리파노조마(파동편모충)는 숙주 개체의 체내에서도 항원 유형을 차례로 변화시켜서 면역계의 방어망을 뚫는 것이 알려져 있다(佐々木, 1989).

식물의 꽃과 그들의 화분을 매개하는 곤충과 새 등, 또 과실과 종자산포 동물과는 공생적이다. 꽃이 아름다운 꽃잎과 꽃술을 만드는 것은 과실이 눈에 띄는 색과 모양을 하고 있는 것과 같고, 꿀과 화분은 달콤한 과육과 대응한다고 생각할 수 있다. 이들 신호계의 진화에는, 암컷에 의한 배우자의 선택과 수컷의 눈에 띄는 형질과의 공진화에 유사한 측면이 있다(제17장 7절).

연습문제 / 추가 참고문헌

연습 20.1 식 (20.2), (20.3)에 주어져 있는 2차원 역학계를 등복각선법에 의해 해석하라. 안정평형상태를 계산하라. 단

$$\alpha(z) = \exp\left(-\frac{z^2}{2w^2}\right) \qquad K(z) = K_0 \exp\left(-\frac{z^2}{2k^2}\right) \tag{20.9}$$

이라고 한다. 궤도의 개략이 그림 20.2로 주어져 있음을 확인하라. 평형점 ($\bar{z} = 0$, $N = K_0$)에서는 형질 $\bar{z}$가 환경수용력 $K(z)$를 최대로 하는 값과 같은 것을 보여라. 이것은 종의 형질의 진화에 의하여, 평형개체수가 증가하는 것을 표시하고 있다(Roughgarden, 1976).

연습 20.2 종내의 상호작용의 빈도의존성. z를 몸의 크기라고 한다(경쟁이 없을 때의 최적치를 기준으로 하여, 그 값에서 벗어남을 측정하기로 한다). 종내의 경쟁에서도 작은 개체는 큰 개체에게서 강한 영향을 받는다는 비대칭성이 있고,

$$\begin{aligned} W(z;\bar{z}, N) &= 1 + r\left\{1 - \frac{N\alpha(\bar{z} - z)}{K(z)}\right\} \\ \alpha(z) &= \exp\left(-\frac{z(z-s)}{2w^2}\right) \\ K(z) &= K_0 \exp\left(-\frac{z^2}{2k^2}\right) \end{aligned} \tag{20.10}$$

이라고 한다. 단 $s > 0$이다. 이때 (20.2a)와 (20.3)의 역학계를 생각한다. 평형점에 있어서는 $\bar{z} = k^2 s / 2w^2$이고, 연습 20.1의 값 $\bar{z} = 0$보다 크게 되는 것을

보여라(Lande, 1976). 또 그 결과, 평형개체수 $K(\bar{z})$는 최대치 K_0보다도 작아진다($\bar{z} > 0, N < K_0$).

추가 참고문헌: 공진화에 관해서는 Futuyma와 Slatkin (1983), Nitecki (1983)을 참조.『地球共生系』(川那部編) 시리즈는 공진화에 대해 상세히 설명하고 있다.

제21장 생태계의 생태학

세계의 기후대는 열대다우림, 초원 및 툰드라 등 특징적인 식생에 의해서 구분되고 있다. 왜냐하면, 기온변동과 강수량의 계절변화 등의 기후조건의 종합적 결과로 생물상이 결정되기 때문이다. 한편, 서식하는 생물이 주위의 환경을 변화시키는 수도 있다. 큰 스케일(scale)의 예로는, 대기 중의 산소가 원래부터 있던 것이 아니고 식물의 광합성으로 형성된 것을 들 수 있다. 또 산림의 수목을 벌채하면 흙이 흘러내리고 우량과 기온이라는 기후까지도 변화시켜 버리는 것이 알려져 있다. 이러한 과정에는 상상을 뛰어넘는 시간이 걸리므로 인과관계를 알기 어려운 일이 많다.

이와 같이, 생물은 환경의 물리적 특성과 강하게 상호작용하고 있으므로 이들을 뭉쳐서 **생태계**(ecosystem)라고 한다. 생태계의 연구에는, 다수의 생물종 사이에서 그리고 생물과 물리・화학적 환경과의 사이에서 주고받아져서 시스템을 순환하는 물질과 에너지의 흐름에 주목하는 것과, 생태계의 다수의 요소에 관한 막대한 지식을 큰 컴퓨터 모델로 종합하는 것이 있다. 이 장에서는 특히 물질의 순환 및 복잡한 모델을 단순화 하는 것에 관한 이론을 소개한다.

21.1 원소의 순환

식물은 광에너지를 이용하여 공기 중의 이산화탄소를 고정해서 유기물을 만들므로 **생산자**라고 부른다. 이에 비해서 동물은 식물과 다른 동물의 몸을 섭취하여 얻는 에너지에 의해서 생활하고 있는 **소비자**이다. 또 토양곤충, 균류, 박테리아 등은 낙엽과 고목, 동물의 사체 등을 분해하는 과정에서 에너지를 얻고 있어서 **분해자**라고 부른다. 생물계의 모든 종은 궁극적으로는 식물의 광합성에 의해 고정된 에너지를 이용하여 생명활동을 영위하고 있는데, 이 에너지는 대부분의 경우에 유기물인 탄소화합물로 저장된다.

광합성을 행하는 효소에는 질소가 필요한데, 예를 들면 육상식물의 잎에서 광합성능력은 질소 함유량에 거의 비례하는 것이 알려져 있다. 또 단백질이 질소를 포함하므로 동물도 번식과 성장을 위해서 다량의 질소분을 섭취하지 않으면 안 된다.

박테리아와 식물 중에는 대기 중의 질소를 고정하는 능력을 가진 것이 있다. 예를 들면 못이나 호수에 인(P)이 충분히 포함되면 질소고정능력을 가진 녹조가 급속히 번식하여 비교적 단시간 내에 질소가 공급된다. 이 때문에 공급이 비교적 적은 인(P)이 가끔 생산력(즉 광합성 속도)의 제한요인이 된다.

이와 같이 에너지를 운반하는 탄소 C, 그것의 고정에 필요한 질소 N, 그리고 질소의 고정에 필요한 인 P 등은 생물의 활성에 영향을 미치는 중요한 원소이다. 이들이 식물 및 동물과 물리적 환경 사이에서 주고받아지는 모양을 이해함으로써 식물과 초식곤충 및 육식동물에서 박테리아에 이르기까지 동일한 척도로 활성을 비교하여 상호작용의 크기를 대략 알 수 있다.

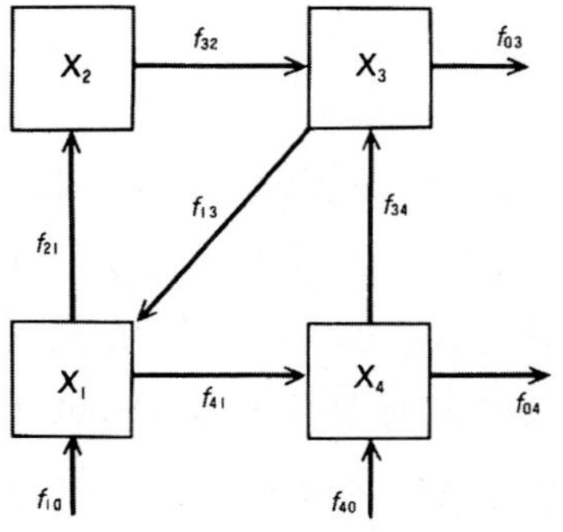

그림 21.1 원소의 급원과 그 사이의 흐름으로 이루어지는 시스템. X_i는 i 번째의 급원 속의 원소의 양, f_{ij}는 j에서 i 로의 흐름의 세기를 표시한다. 정상적인 흐름에서는 각각의 급원에 대해서 유입과 유출이 균형을 이루고 있다.

어떤 원소에 주목하여 조사한 결과는 식물·동물·토양 등의 몇 개의 급원과 그들 사이의 원소의 흐름으로 정리하여 상자와 화살표로 표시된다(그림 21.1). 급원의 크기를 $X_1, X_2, \cdots, X_n$ 이라하고 급원 j에서 급원 i 로의 유량(流量)을 단위 시간당 $f_{ij}(i, j = 1, 2, \cdots, n)$라 하자. 또 급원 i 에서 생태계 밖으로의 유출을 y_i, 밖에서 i 로의 유입을 z_i 라 쓰기로 한다. 급원 i 를 통과하는 흐름의 총량 T_i 는

$$T_i = y_i + \sum_j f_{ji} = z_i + \sum_j f_{ij} \tag{21.1a}$$

이다. 여기서 시스템은 정상적이고 각 급원마다 유입과 유출이 균형을 이루고 있어서 급원의 크기는 변화하지 않는다고 하자.

그런데 하나의 원소에 주목하여 이것이 시간에 따라 급원 사이를 이동하는 모양을 생각하자. 이것은 몇 개의 상태 사이를 확률적으로 전이하는 마르코프 연쇄 모델이 된다. 상태 j 에서 상태 i로의 전이확률은 현재 급원 j에 있어서 그곳을 나왔을 때 다음에 급원 i로 이동하는 확률이므로

$$p_{ij} = \frac{f_{ij}}{T_j} \tag{21.1b}$$

이다. 외계도 하나의 상태라고 생각하여 0으로 표시하면 상태 j에서 외계로의 전이확률은

$$p_{0j} = \frac{y_j}{T_j} \tag{21.1c}$$

이다. 그리고 일단 외계로 나간 원자는 시스템으로 돌아오지 않는다고 하자. 이와 같은 상태전이의 모델을 해석함으로써 생태계 내에서 원소의 흐름의 양상을 특징지을 수 있다.

21.2 마르코프 연쇄

여기서 마르코프 연쇄에 대해서 약간 상세하게 설명해보자. 가장 간단한 예로 랜덤워크 문제라는 것이 있다. 이것은 0에서 N까지의 번호가 붙은 장소가 일렬로 나열되어 있어서 단위시간마다 하나씩 오른쪽으로 또는 왼쪽으로 랜덤하게 이동할 때, 0에 있는 하수구에 빠지지 않고 N에 있는 집에 도달할 수 있는가 하는 문제이다(그림 21.2). 오른쪽으로 움직일 확률이 p, 왼쪽으로 움직일 확률을 $1-p$라고 한다. 장소 n에서 출발하여 0에 가기 전에 N에 도달할 확률을 q_n이라 하자. 장소 n에서 출발하여 무사히 집에 도착하는 사상(event)은 처음에 확률 p로 $n+1$로 움직여서 이후 N에 가는 것과, 확률 $1-p$로 우선 $n-1$로 움직여 이곳에서 N으로 가는 것으로 나뉘므로

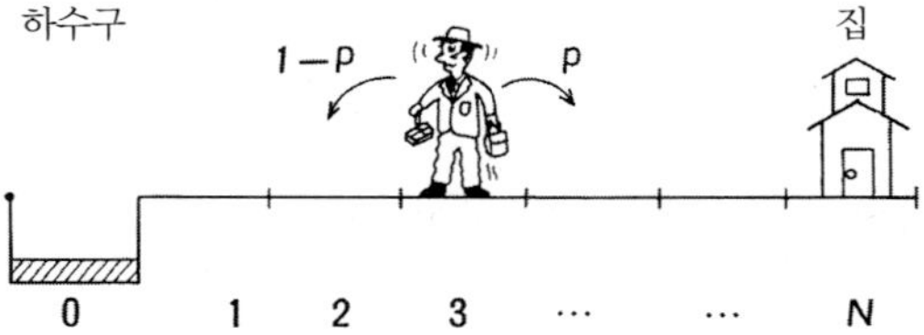

그림 21.2 랜덤워크 모델(random walk model). 확률 p로 오른쪽, 확률 $1-p$로 왼쪽으로 이동할 때 $i=0$에 있는 하수구에 빠지기 전에 $i=N$에 있는 집에 도착하는 확률을 구한다.

$$q_n = p\,q_{n+1} + (1-p)\,q_{n-1} \qquad n = 1, 2, \cdots, N-1 \tag{21.2a}$$

가 성립한다. 양변의 0 및 N에 대해서는 결과가 미리 정해져 있어서

$$q_0 = 0 \quad \text{및} \quad q_N = 1 \tag{21.2b}$$

이다. 이들 식을 만족하게끔 q_n을 결정할 수 있어서 이것이 랜덤워크 문제의 답이다(연습 21.1 참조).

어떤 상태에서 출발했을 때 t 발걸음 후에 있게 될 장소의 확률분포는 그림 21.3과 같이 넓어져 간다. 각각의 상태에 있을 확률을 $x_0(t), \cdots, x_N(t)$라 하면 이들을 세로로 나열한 열벡터는

$$\begin{pmatrix} x_0(t+1) \\ x_1(t+1) \\ x_2(t+1) \\ x_3(t+1) \\ \cdots \\ x_{N-1}(t+1) \\ x_N(t+1) \end{pmatrix} = \begin{pmatrix} 1 & 1-p & 0 & \cdots & 0 & 0 \\ 0 & 0 & 1-p & \cdots & 0 & 0 \\ 0 & p & 0 & \cdots & 0 & 0 \\ 0 & 0 & p & \cdots & 0 & 0 \\ \cdot & \cdot & \cdot & \cdots & \cdots & \cdots \\ 0 & 0 & 0 & \cdots & 0 & 0 \\ 0 & 0 & 0 & \cdots & p & 1 \end{pmatrix} \begin{pmatrix} x_0(t) \\ x_1(t) \\ x_2(t) \\ x_3(t) \\ \cdots \\ x_{N-1}(t) \\ x_N(t) \end{pmatrix} \tag{21.3}$$

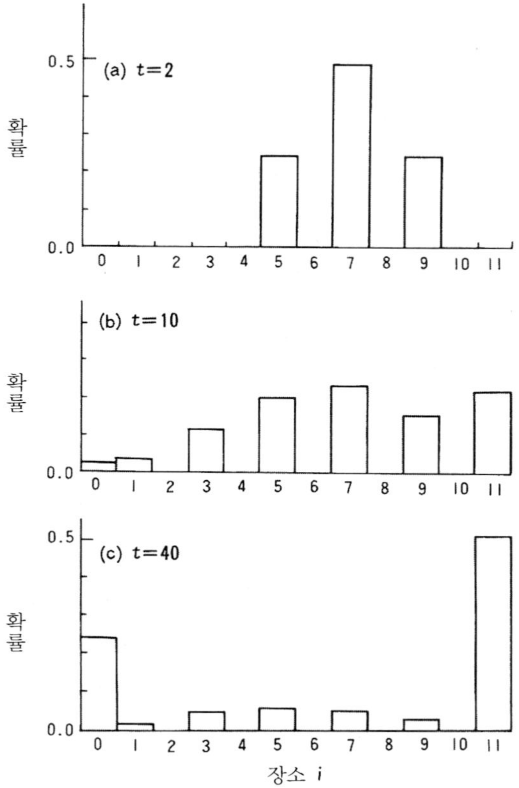

그림 21.3 시간에 따라 확률분포가 넓어지는 모양. $p=0.5$, $N=11$. $t=0$에서는 모두 $i=7$에 집중해 있었으나 식 (21.3)에 따라서 확률분포가 퍼져간다. 이 그림은 $(x_0(t),\cdots,x_N(t))$를 표시하고 있다. $i=0$과 $i=N$은 일단 도착하면 떠나지 않는 흡수상태이다. 최종적으로 모두 $i=0$과 $i=N$에 도착한다.

를 만족하는 것을 알 수 있다. 이 행렬을 **전이행렬**이라고 하고 P로 표시하기로 한다. 0과 N은 일단 도착하면 떠나지 않으므로 흡수상태라고 한다. 최종적으로는 이들 중의 어느 쪽에 도착하여 끝나므로 중간에 있는 상태에 있을 확률은 0이 된다.

보다 일반적으로 상태간의 확률적 전이를 생각해 보자. 상태 j에서 상태 i로의 전이확률을 p_{ij}로 표시한다. 그림 21.4에 있는 예는, 전이행렬 P가

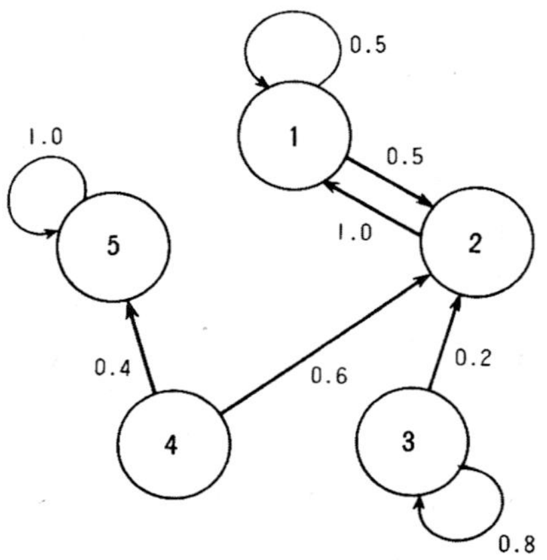

그림 21.4 연습 21.3에 주어지는 전이행렬을 가진 마르코프 연쇄의 그래프. 원은 상태를, 화살표는 전이를 표시한다. 화살표에 수반되는 숫자는 전이확률을 표시한다.

연습 21.3에 주어져 있다. 상태5는 흡수상태이다. 또 상태1과 상태2를 합한 부분계를 생각하면, 거기에 들어가면 빠져나올 수 없으므로, 그 자신이 마르코프 연쇄가 되어있다. 이와 같은 닫힌 부분이 존재할 때 연쇄는 **가약**(reducible)이라고 한다. 제19장 7절에서 소개한 생태천이를 표시하는 마르코프 연쇄모델(19.8)을 상기해 보자. 패치의 상태는 거기에 서식하고 있는 식물 등을 나타내고 있다. 충분히 오래 기다리면 산불 등의 교란에 의해 언젠가는 빈 땅으로 되돌아오는 성질이 있으므로 닫힌 부분계는 존재하지 않고 어떤 상태에서 출발하여도 충분히 긴 시간 후에는 다른 어느 상태에 도달할 수 있다. 이와 같은 마르코프 연쇄는 **기약**(irreducible)이라고 한다. 최종적으로는 여러 가지 상태가 어떤 비율로 실현되게 되므로 그때의 상태 i의 빈도를 u_i로 쓰면, $x_i(t+1) = x_i(t) = u_i$로 두는 것이 되어

$$u_i = \sum_j p_{ij} u_j \tag{21.4}$$

가 성립한다. 이 식은 행렬 P가 고윳값 1을 가지고, 최종분포 $\boldsymbol{u}$가 대응하는 우고유벡터임을 나타내고 있다.

그런데 여기서 앞의 랜덤워크 문제의 기본식 (21.2a)에 돌아와서 그것을 행렬 P를 이용하여 바꾸어 쓰는 것을 생각해 보자. 실은 q_i를 성분으로 하는 행벡터에 대해서

$$(q_0, q_1, \cdots, q_N) = (q_0, q_1, \cdots, q_N)P \tag{21.5}$$

가 됨을 알 수 있다. 즉 이 행벡터는 전이행렬 P에 관한 고윳값 1에 대응하는 좌(左)고유벡터인 것이다. 보다 일반의 마르코프 연쇄에 대해서도 '상태 i에서 출발하여 최종적으로 어떤 장소에 도달하는 확률'이라는 것을 q_n이라 생각하여 이것이 따르는(만족하는) 점근식을 유도하면 식 (21.5)의 형을 하고 있다.

원소입자가 급원 사이를 전이하는 마르코프 연쇄에 대해서 같은 기법을 적용함으로써, 예를 들면 호수에 흘러들어온 방사선 동위원소가 외계로 유출되기 전에 동물의 체내에 도달하는 확률을 구할 수가 있다(연습 21.4 참조). 더욱 확장하여 상태 i에 있는 것이 외계로 나가기 전에 상태 j를 방문하는 평균회수, 시스템에 체재하는 시간, 도달할 때까지의 평균시간 등을 계산할 수 있다. 또 현재 급원 i에 있는 원소가 장래 어떤 경로를 지나서 시스템에서 빠져 나가는가 등도 논할 수 있다(Patten 등, 1976). 이상에서, 이산시간 모델로 설명했으나 시간이 연속변수이고 원자가 상태 사이를 점프하는 모델도 같은 방식으로 해석할 수 있다.

생태계 내에서 원소의 순환 양상의 해석법에는, 이외에 흐름의 분기(bifurcation)가 생기는 방법에 관한 지수(index)(Hirata and Ulanowicz,

1985)와 흐름이 시스템에 들어온 후의 단계 수로 분할하는 방법 등도 있다. 나아가서 생태계의 요소인 식물과 미생물이 자연선택에 의해서 그 형질을 변화시킬 때, 그 결과로 형성되는 진화적으로 안정한 흐름의 양상도 연구되고 있다(Higashi 등, 1990).

21.3 간접효과

경쟁하는 3종($i = 1, 2, 3$)이 있어서 롯카 · 볼테라 방정식 (19.2)에 따른다고 하자. 이때 제1종은 제2종과 자원의 이용이 겹쳐서 강하게 경쟁하고, 제2종은 제3종과 겹치나 제1종과 제3종은 떨어져 있으므로 경쟁의 정도가 작다고 가정한다. 그러면 제3종이 존재하면, 그것과의 경쟁에 의하여 제2종의 양이 감소하고 오히려 제1종이 이익을 얻을는지도 모른다. 이때 제3종이 제1종에 미치는 직접적인 경쟁보다도 제2종을 경유하여 생긴 간접적인 효과가 더 크다고 생각할 수 있다.

간접효과의 또 하나의 예는 19장의 Paine (1974)에 의한 불가사리의 제거실험이다. 포식자를 제거하면 먹이 속에서 유력한 경쟁자인 진주담치가 퍼지고 다른 많은 종이 배제되어 버렸다(그림 19.10). 한편 해충 x와 그 천적 y의 시스템이 연속시간의 역학계 (3.3)에 따르고 있다고 하자. 만일 해충을 구제하기 위해서 살충제의 살포를 계속하면, dx/dt의 우변에 사망률의 항 $-mx$가 부가되어

$$\frac{dx}{dt} = x\left\{r\left(1 - \frac{x}{K}\right) - \frac{ay}{1 + hx} - m\right\} \tag{21.6a}$$

$$\frac{dy}{dt} = y\left(\frac{bx}{1 + hx} - c\right) \tag{21.6b}$$

가 된다. 과연 살충제에 의해서 해충 x는 감소할 것인가? 살충제 살포의 직접효과는 물론 해충을 감소하는 쪽으로 작용한다. 그런데 식 (21.6)의 평형상태를 조사하면 m이 더해져도 해충의 평형상태는 전혀 변화하지 않고 천적의 레벨만이 감소하는 것을 알 수 있다(연습 21.5 참조). 즉 해충의 증식률을 낮추는 효과가 간접적으로 천적의 레벨을 내리고, 그 결과로 해충의 번식률은 개선된다. 이러한 간접효과와 살충제에 의한 직접효과는 이 모델에서는 정확히 상쇄되어 버리는 것이다. Levins (1974, 1975)는 이와 같은 평형상태에의 영향을 추정하기 위해서 종간 상호작용의 부호에 주목한 그래프가 유효한 것을 강조하고 있다.

실제로 살충제는 천적의 생존율과 번식률도 낮출 것이다. 그러면 (21.6b)의 우변에도 $-my$이라는 항이 더 부가될 것이다. 그 결과는 해충의 평형레벨이 상승하는 것이 된다(연습 21.6 참조). 이와 같이 해충을 억제하기 위해 살포하는 살충제가 오히려 해충의 레벨을 상승시킨다는 것은 가끔 볼 수 있는 것이다. 환경의 변화가 가져오는 직접효과에 의한 단기간의 영향과 간접효과도 포함한 최종적 영향의 사이에는 일반적인 관계가 성립하고, 한쪽에서 다른 쪽을 유도할 수가 있다(연습 21.7 참조).

21.4 간단한 모델 쪽이 우수할 수가 있다

다수의 생물의 개체군동태와 물리환경의 여러 가지 측면에 관한 광범위한 관측 자료를 통합하기 위해서 컴퓨터 모델이 유효하다. 이때 대규모의 시스템 모델을 만들어서 대상 시스템에 대하여 알려져 있는 현상을 될 수 있는 한 최대로 고려한 현실적인 모델을 구현 하는 것이 좋다고 생각될지도 모른다. 확실히 단순한 모델은 행동을 직관적으로 파악하여 이해하는 데는 앞서고 있다. 그러나 현실이 복잡하므로 이상화하지 않고 복잡한 그대로 컴퓨터로 재현하는 것은 어떠할지? 그렇게 하면 하나의 모델로 대상 시스템에 관한 모든 예측이 유도되고 생태계의 관리와 정책결정에도 편리하지 않겠는가? 그러나 이와 같은 모든 생태적 과정을 고려한 상세하고 현실적인 모델이 그다지 유용하지 않다는 것을 나타내는 연구가 있다.

Ludwig와 Walters (1985)는 수산자원 관리의 과정을 컴퓨터로 시뮬레이션했다(그림 21.5). 우선 어획대상이 되는 물고기의 개체군동태의 모델로 연령구조의 확률 변동을 포함하는 고차원의 역학계를 생각했다. 한편 인간은 어획노력을 잘 선택함으로써 가능한 한 높은 어획을 지속적으로 얻고자 한다. 이때에 인간은 어류 개체군에 관한 모델을 써서, 과거의 어획 자료에 기초하여 매개변수를 추정하고 그것에 의거하여 최적결정을 한다고 가정한다. Ludwig은 어획노력의 결정에 이용되는 모델로 연령구조를 가지지

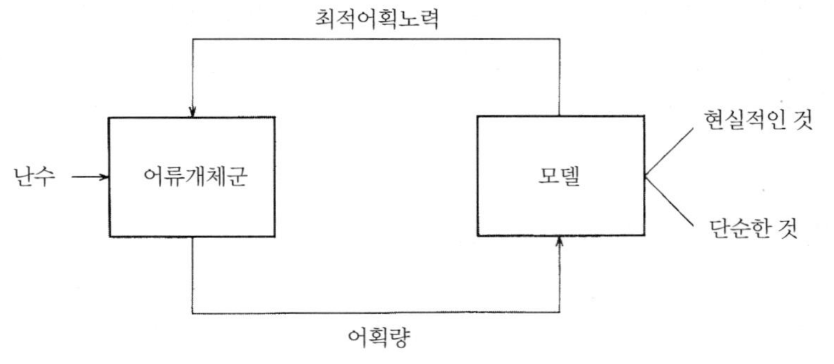

그림 21.5 최적결정과정의 시뮬레이션(simulation). 어획노력은 어류개체군 모델과 과거의 어획 자료에 근거하여 최적치로 결정된다. 이때에 사용되는 모델은 단순한 쪽이 우수했다(Ludwig and Walters, 1985).

않는 극히 간단한 것을 이용한 경우와, 연령구조를 가지고 자료를 만들어낸 것과 동일한 '실제' 모델을 이용한 경우를 비교했다.

달성된 평균 어획고로 측정하면, 놀랍게도 거의 대부분의 경우에 단순모델을 이용한 쪽이 우수했었다. 그 이유는 현실적이고 상세한 모델에는 자료에 의해서 정해지지 않으면 안 될 미지의 매개변수의 수가 많고, 행동이 불안정해졌기 때문이다. 오히려 비현실적인대로 단순화한 모델이 시스템의 이해뿐만 아니고, 실용상의 정책과 행동의 결정에도 우수하였다.

21.5 응집 (aggregation)

다수의 변수를 포함하는 복잡한 모델에서 변수를 뭉쳐서 낮은 차원의 모델을 만드는 것을 **응집**이라고 한다. 생각해 보면 어떠한 상세한 모델도 각각의 변수의 내부구조를 무시함으로써 만들어지고 있다. 응집을 행했을 때 오차를 일으키지 않는 경우가 있는가, 오차를 피할 수 없더라도 작게 할 수 있는가 하는 문제를 생각해 보자.

시스템에 관한 상세한 정보가 포함된 모델이 미분방정식에 의해

$$\frac{dx_i}{dt} = f_i(x_1, \cdots, x_n) \qquad i = 1, 2, \cdots, n \tag{21.7}$$

로 주어진다고 하자. 이때 변수의 수 n은 비교적 클지도 모른다. 이 모델 (21.7)은 시각 $t=0$에서 시스템의 상태를 알고서 장래의 상태를 예측하는 데 쓰인다고 하자. 여기서 흥미 있는 양은 모든 x_i 가 아니고, 그들에서 계산되는 소수의 매크로(macro) 변수

$$y_j = g_j(x_1, \cdots, x_n) \qquad j = 1, 2, \cdots, m \tag{21.8}$$

이라고 하자($m < n$). 이들 매크로 변수만을 사용한 단순한 모델이

$$\frac{dy_j}{dt} = F_j(y_1, \cdots, y_m) \qquad j = 1, 2, \cdots, m \tag{21.9}$$

로 구성되고, 저차원의 모델에 의한 예측치 $y_j(t)$와, 원래의 상세한 역학계 (21.7)에 의한 $x_1(t), \cdots, x_n(t)$에서 (21.8)에 의해 계산한 결과가 동일한 값을 주면 차원이 낮은 단순한 역학계 (21.9)를 상세한 역학계 (21.7) 대신에 쓸 수 있다(그림 21.6). 이때 완전 응집이 성립한다고 하며 그 필요충분조건이 구해져 있다(Iwasa 등, 1987).

하나의 예로 3종의 롯카 · 볼테라 경쟁식 (19.2)를 생각해 보자. 여기서 제1종의 동태에만 흥미가 있다고 하고 다른 두 종을 뭉쳐서 '제1종의 경쟁자의 양(量)'이라는 하나의 변수로 표현할 수는 없을까? 즉

$$y_1 = x_1 \qquad y_2 = x_2 + x_3 \tag{21.10}$$

이라는 두 변수 y_1과 y_2에 대한 역학계를 만들어서 원래의 3종의 역학계에 의한 예측과 일치될 수 있는가의 여부를 조사해 본다. 계산에 의해

$$r_2 = r_3,\ K_2 = K_3,\ \alpha_{12} = \alpha_{13}, \alpha_{21} = \alpha_{31}, 1 = \frac{(\alpha_{23} + \alpha_{32})}{2} \tag{21.11}$$

이라는 일련의 조건이 필요충분함을 알 수 있다. 이들은 서로 잘 닮은 종을 뭉치면 오차가 작다는 직관에 일치하고 있다. 단 최후의 조건식은 뭉쳐지는

두 종이 완전히 같지 않고 종간경쟁이 비대칭이라도 상관이 없다는 것을 시사하고 있다.

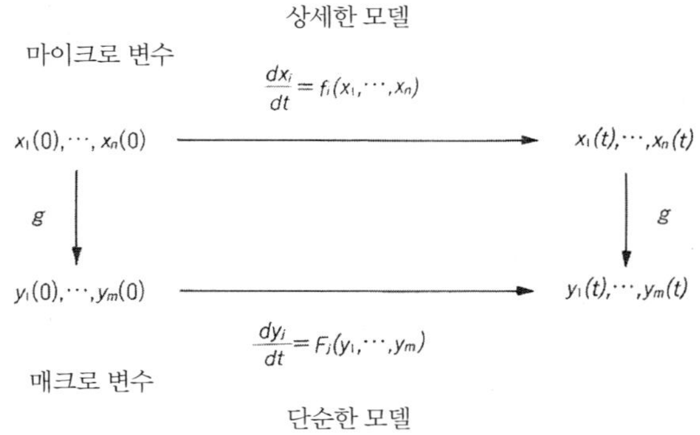

그림 21.6 응집의 설명. 높은 차원을 가진 상세한 모델에 의해서 마이크로(micro) 변수의 초깃값 $x_1(0), \cdots, x_n(0)$에서 장래의 값 $x_1(t), \cdots, x_n(t)$가 계산된다. 소수의 매크로 변수 $y_1, \cdots, y_m$(단 $m < n$)는 이들에서 계산된다. 매크로 변수만으로 이루어진 단순화된 모델에 의한 예측치가, 상세한 모델에 의한 것과 일치하고 있을 때는 **완전 응집**이라 한다(Iwasa 등, 1987).

이와 같이 포식자와 먹이의 비율만으로 닫힌 역학계가 되는 조건이라든지, 크기 구조가 있는 개체군에서 성체와 유체의 두 변수로 뭉쳐지는 조건 등이 계산된다(Iwasa 등, 1987). 또 완전 응집 정리는 확률 모델에도 확장되고 있다(Gard, 1988).

완전 응집 조건은 어떻게 변수를 뭉치면 오차가 작은가에 관한 지침을 주는 것이기는 하나 조건이 지나치게 엄격하여 그대로는 실용적이지 않다. 그래서 상세한 모델 (21.7)에서 매크로 변수 $y_1(t), \cdots, y_m(t)$의 예측과 단순화한 모델 (21.9)에 의한 예측과의 오차의 척도를 정의하고, 그것을 최소가 되게끔 단순화 모델 (21.9)를 결정한다는 최적 응집을 생각할 수가 있다(Iwasa

등, 1989). 최적의 모델은 모델을 써서 예측해야할 양과 시간 스케일에 따라서 다르다. 예를 들면 수년이라는 짧은 시간 스케일에 있어서 시스템의 변화를 예측하기 위한 최적의 모델은 100년 이상 지난 후의 장기적 결과를 예측하는 데는 적합하지 않다.

모델을 간단하게 하는 방법으로 변수의 응집 외에도 변수간의 시간 공간 스케일의 차이를 이용하는 단순화가 자주 이용된다(Schaffer, 1981; 연습 19.2 참조).

변수도 매개변수도 작은 모델이 우수한 것이라고 하여도, 매크로 변수를 어떻게 선택하면 좋은가는 명백하지 않다. 예를 들면, 원소의 순환이라는 매크로한 과정을 이해하는 목적이었더라도 전생물의 생물량(biomass)과 생산력, 군집의 안정성과 종의 수 등의 매크로한 양을 아는 것보다도 수목과 박테리아 등 환경형성 작용이 강한 소수의 생물종에 대해서 생활사의 적응과 개체군동태를 조사하는 것이 어쩌면 빠른 길일지 모른다. 사항에 따라서는 특정 종의 성장이나 휴면의 메커니즘이라 하는 사소해 보이는 것들이 생태계 전체의 행동을 결정하고 있을 가능성도 있다.

단순한 모델은 교육용이고, 실용상으로는 복잡하고 현실적인 모델이 좋다고 하며, 컴퓨터를 사용하기만 하면 여러 가지의 프로세스를 취급할 수 있고, 얼마든지 현실에 가깝게 할 수 있다고 생각되기도 했다. 그러나 앞의 Ludwig의 결과는 컴퓨터 속에서 현실 생태계의 축소모형을 만들어서 시스템에 관한 모든 물음에 답하려는 시도보다도, 예측하고 싶은 양을 측정하여 그것마다 작은 모델을 개발하는 쪽이 유효하다는 것을 시사하고 있다. 또 최적 응집 조건의 연구에 의하면, 모델을 이용하여 무엇을 조사하는가를 명확하게 해 두는 것이 유효모델을 만드는데 필요하다. 또 하나의 중요한 측면은 어느 정도 상세한 모델이 좋은가는 미지의 매개변수를 결정하는

데 쓰이는 자료의 양과 신뢰성에 대응해서 정해지는 것이다. 자료를 근거로 몇 개의 후보에서 최적의 모델을 선택하는 통계학적 방법으로는 Akaike의 지수(index) AIC(Akaike Information Criterion)가 유효하다(坂元 등, 1983). 이와 같은 연구의 성과를 고려함으로써 생태계의 동태모델에 대해서 좋은 모델을 결정하는 일반적인 방법이 개발될는지도 모른다.

이론적 연구란 원래 복잡한 대상에 유효하고 명확한 취급법을 찾아내는 시도이고, 수리모델은 자연의 작동방법에 대한 인식의 표현이다. 어디까지나 상상력의 산물이고 현실 그 자체가 아니라는 것을 생각할 때에만 모델은 그 힘을 충분히 발휘하게 된다.

연습문제 / 추가 참고문헌

연습 21.1 식 (21.2)를 다음의 차례로 유도하라.

(1) 식 (21.2a)는 다음의 행렬로 바꾸어 쓸 수 있음을 보여라.

$$\begin{pmatrix} q_{n+1} \\ q_n \end{pmatrix} = \begin{pmatrix} \dfrac{1}{p} & 1-\dfrac{1}{p} \\ 1 & 0 \end{pmatrix} \begin{pmatrix} q_n \\ q_{n-1} \end{pmatrix}$$

(2) 이 행렬의 고윳값 λ_1과 λ_2를 구하고, $\lambda_1 = 1, \lambda_2 = (1-p)/p$임을 보여라. 그러면 해는 $q_n = c_1\lambda_1^n + c_2\lambda_2^n$ 의 형을 하고 있다.

(3) 식 (21.2b)에서 두 개의 조건식을 유도하고, c_1과 c_2의 값을 결정하여 q_n을 구하라. 해는 $p \neq 1/2$ 이면 $q_n = (\lambda_2^n - 1)/(\lambda_2^N - 1)$, $p = 1/2$이면 $q_n = n/N$이다.

연습 21.2 이 모델에서는 최종적으로 0과 N의 어느 것에 도달하여 끝나는데, 그때까지의 기다리는 시간을 생각해 보자. 상태 i 에서 출발하여 $\{1, 2, \cdots, N-1\}$의 어딘가에 있을 때의 발걸음 수의 평균치를 T_i 라 한다.

(1) 우선 T_i 는 다음 식을 만족함을 보여라.

$$T_i = p(1 + T_{i+1}) + (1-p)(1 + T_{i-1}) \quad i = 1, 2, \cdots, N-1$$

$$T_0 = T_N = 0$$

(2) 다음 $p = 1/2$인 경우에 대해서, $T_i = i(N-i)$가 해인 것을 대입해서 확인하라.

연습 21.3 5개의 상태를 가진 마르코프 연쇄가 다음의 전이행렬을 가질 때, 그림 21.4의 그래프에 대응하는 것을 확인하라.

$$\begin{pmatrix} 0.5 & 1.0 & 0 & 0 & 0 \\ 0.5 & 0 & 0.2 & 0.6 & 0 \\ 0 & 0 & 0.8 & 0 & 0 \\ 0 & 0 & 0 & 0 & 0 \\ 0 & 0 & 0 & 0.4 & 1.0 \end{pmatrix}$$

연습 21.4 3개의 상태가 있고, 아래의 전이행렬에 따르고 있다고 하자. 상태 4는 외부를 표시한다.

$$\begin{pmatrix} 0 & 0.5 & 0.8 & * \\ 0.8 & 0 & 0 & * \\ 0 & 0.4 & 0 & * \\ 0.2 & 0.1 & 0.2 & 0 \end{pmatrix}$$

상태 1에서 출발하여 시스템에서 유출하기 전에 3에 들어가는 확률을 다음과 같이하여 구하라.

(1) 상태 i 에서 출발하여 외부(즉 상태 4)에 유출하기 전에 3에 들어가는 확률을 q_i 라 한다. 이들은 다음 식을 만족함을 보여라.

$$q_1 = 0.8q_2$$

$$q_2 = 0.5q_1 + 0.4q_3$$

$$q_3 = 1$$

(2) 여기에서 q_1을 구하고 $q_1 = 8/15 = 0.5333$임을 확인하라. 일반적으로 전이확률을 p_{ij}, 유출확률을 $1 - \sum_j p_{ji}$라 한다.

여기서 합은 시스템의 내부에 있는 상태에 대해서만 계산한다. i에서 출발하여 시스템에서 유출하기 전에 b에 도달하는 확률 q_i 는,

$$q_k = \sum_j p_{kj}q_j \qquad k = 1, 2, \cdots, n$$

$q_b = 1$을 만족한다.

연습 21.5 식 (21.6)의 안정한 평형상태를 계산하라. 천적이 존재하고 있는 한 $(y > 0)$, m을 크게 해도 해충 x의 양은 변화하지 않는 것을 보여라.

연습 21.6 식 (21.6b)의 우변에 $-my$ 를 부가할 때, 평형상태에서 해충 x의 양이 m과 함께 증가함을 보여라.

연습 21.7 직접효과와 간접효과의 관계(Yodzis, 1988; Nakajima, 1990; Bender 등, 1984도 참조). 개체군의 동태가 다음 미분방정식으로 표시된다고 가정한다.

$$\frac{dx_i}{dt} = f_i(x_1, \cdots, x_n) \qquad i = 1, 2, \cdots, n \tag{21.12}$$

그런데 평형상태를 $\bar{x}$ 라고 하면 거기서는 증가율이 0이 되어 있으므로, $f_i(\bar{x}_1, \cdots, \bar{x}_n) = 0$ 이 성립한다. 이 평형상태에 외부에서 생물을 더하여 i 종의 양이 $\bar{x}_i + z_i$ 가 되었다고 하자. 그러면

$$\begin{aligned}\frac{dx_i}{dt} &= f_i(\bar{x}_1 + z_1, \cdots, \bar{x}_n + z_n) \\ &= f_i(\bar{x}_1, \cdots, \bar{x}_n) + \sum_j \frac{\partial f_i}{\partial x_j} z_j + \cdots\end{aligned}$$

우변의 제1항이 0이므로, $A_{ij} = \partial f_i / \partial x_j$ 로 두면

$$\frac{dx_i}{dt} = \sum_j A_{ij} z_j \tag{21.13}$$

가 된다. 이와 같이 평형상태에서 약간 벗어남이 단기간의 증가율에 미치는 직접효과는 행렬 A로 표시된다. 다음, 개체수를 장기간에 걸쳐서 일정한 속도로 더해 간다고 하자. 그때 달성되는 새 평형상태를 $\bar{x} + \Delta x$ 라 쓰면,

$$0 = f_i(\bar{x} + \Delta x) + z_i$$

가 성립할 것이다. 테일러급수로 전개하면

$$-z_i = f_i(\bar{x}) + \sum_j \frac{\partial f_i}{\partial x_j} \Delta x_j + \cdots$$

가 되고, 제1항이 0인 것이므로 앞의 행렬을 써서,

$$\Delta x_i = -\sum_j [A^{-1}]_{ij} z_j \tag{21.14}$$

가 된다. 이와 같이 정상적으로 생물을 공급하든가, 또는 생물의 서식조건을 변화했을 때의 평형상태의 어긋남을 표시하는 행렬은, 직접 행렬 A를 써서, $-A^{-1}$로 표시되는 것을 알 수 있다.

추가 참고문헌: 마르코프 연쇄에 관해서는 Feller (1957), Karkin과 Taylor (1975)가 표준적인 교과서이다. Puccia와 Levins (1985)와 東 (1989)는 간접효과에 대해서 상세히 설명하고 있다. 생물자원관리의 수리적 수법에 관해서는 Walters 1986)와 Clark (1985)를 참조한다. Paine (1980)은 군집의 내부구조의 취급법에 관하여 기술하고 있다.

후 기

이 책을 다 읽고, 계속하여 공부하고자 하는 독자 여러분은, 본문중의 인용문헌과 각장의 마지막에 추가한 참고문헌의 목록이 도움이 될 것이다. 또 하나 권하고 싶은 것은, 수리생물학의 대표적인 잡지를 살펴보는 것이다. 아래에 몇 가지의 예를 열거한다.

A. 집단생물학에 관한 이론전문지:

(1) *The American Naturalist* : (1년 12권; American Society of Naturalists 발행: University of Chicago Press) 생태학 및 진화생물학 분야에서는 가장 많이 읽혀지는 이론지이며, 19세기부터 계속 발간되고 있다. 수학적인 이론모델뿐만 아니고, 글만으로 논의한 것과 실험 자료를 주로 하는 것도 많이 게재된다.

(2) *Theoretical Population Biology* : (1년 6권; Academic Press) 집단유전학과 생태학이 반반씩이다. 생태학에는 개체군동태 이외에 최적포식이론과 생활사 전략 관계의 중요한 논문이 게재된다.

(3) *IMA Journal of Mathematics Applied for Medicine and Biology* : (1년 4권; Oxford University Press)

B. 생물학 전반에 걸친 이론전문지 :

(4) *Journal of Theoretical Biology* : (1년 24권; Academic Press) 단백질의 입체구조에서 화학반응론, 발생의 모델, 생태 및 진화 등 생물학 전반에 걸친 다양한 분야의 논문이 게재된다.

(5) *Journal of Mathematical Biology* : (1년 6권; Springer-Verlag) 수리생물학은 응용수학으로서의 측면이 있고, 이 잡지는 그것을 대표하고 있다. 한편 생태학과 집단유전학의 중요한 이론의 논문이 게재된다. 특히 반응확산 방정식 등의 편미분방정식 모델이 우수하다.

그외에

(6) *Bulletin of Mathematical Biology* : (1년 6권; Society for Mathematical Biology 발행; Pergamon Press)

(7) *Mathematical Bioscience* : (1년 10권; Elsevier)

등이 있다.

이외에 잡지는 아니나 서적 시리즈에 다음과 같은 것들이 있다.

(8) *Lecture Notes in Biomathematics* (Springer-Verlag: NY)

(9) *Lecture on Mathematics in Life Sciences* (American Mathematical Society: Providence: Rhode Island)

C. 실험 · 조사가 중심이나 이론논문이 많이 게재되는 것 :

생태학 전반으로는, *Ecology, Oikos, Journal of Animal Ecology, Journal of Ecology, Ecological Modelling, Oecologia,* 행동생태학으로는 *Behavioral Ecology and Sociobiology, Animal Behaviour,* 집단유전학에 관해서는 *Evolution, Genetics, Genetical Research* 등에 주요한 수학모델이 발표되고 있다. 일본에서 발행되고 있는 잡지로는 *Researches on Population Ecology* (개체군생태학회 발행)와 *Plant Species Biology* (종생물학회 발행)에 수학모델을 중심으로 한 논문이 많이 게재된다. *Ecological Research* (일본 생태학회의 영문지), 일본 생태학회지(同和文誌), *Journal of Ethology* (일본 동물행동학회의 영문지) 등도 있다.

최근 2,3년 사이에 발행된 잡지는 *Functional Ecology, Evolutionary Ecology, Journal of Evolutionary Biology*가 있고, *Behavioral Ecology*라는 잡지도 1990년부터 발행되고 있다.

서적 시리즈로서는 *Oxford Survey in Evolutionary Biology* (Oxford University Press: Oxford), *Monographs in Population Biology* (Princeton University Press, Princeton)가 있다.

그 외에 *Biological Cybernetics*와 공학관계의 잡지에는 신경회로모델의 해석이 게재되는 수가 있다. 또 *Biometrika*와 *Biometrics*는 생물통계학의 전통 있는 잡지이다.

이상을 보면 알 수 있는 바와 같이, 이 분야의 연구는 대단히 활발하며 최근 20년 사이에 급속히 확대되고 연구자도 증가했기 때문에 잡지가 많이 발행되어서 관련 있는 모든 것을 읽는 것은 저자의 정보처리능력을 훨씬 능가하고 있다. 이들 잡지를 보고 흥미가 있는 내용이 수록되어 있는 논문을 찾아서 읽어 볼 것을 권한다. 이 책에서 설명한 것에 의해 기본적인 아이디어는 파악될 것이다.

나아가 구체적인 시스템에 대한 모델을 만들든지, 지금 있는 모델의 개량을 시도해 보자. 독자가 실험·조사의 생물학 연구가이면, 스스로의 연구대상에 관련시켜 수학모델을 만들 것을 권하고 싶다. 그것이 수학적 기법을 습득하는 가장 빠른 길이라 생각한다.

감사의 말씀

이 책을 저술함에 있어서, 지난 십 수년을 돌이켜 보면 많은 사람들의 도움을 받아온 것을 새삼 느낍니다. 저는 참으로 좋은 연구환경에 있었다고 생각합니다. 이 책에 수록한 내용의 전반인 비선형의 역학계에 관한 부분은 제가 京都대학 이학부의 寺本英교수의 연구실에 있었던 대학원 시절에 배운 것입니다. 지난날을 회상하면서 重定南奈子박사를 위시한 寺本연구실의 선배와 우인들에게 감사를 드리고 싶습니다. 특히 佐賀의과대학의 山村則男박사는 지금도 가까이에서 격려를 해주고 있습니다. 앞서 저술한 '생물의 적응전략'이 출판된 것은 바로 미국으로 건너갔을 때였습니다. 그 후 연구원으로 지낸 Stanford대학의 Roughgarden교수는 실험적으로 검증할 수 있는 예측을 유도하는 이론을 만드는 법과, 이론의 예측을 검증하는 실험을 행하는 것이 얼마나 중요한가를 친절히 가르쳐 주셨습니다. 코넬대학의 Simon A. Levin교수에게서는 국경을 초월하고 분야를 넘어 여러 연구자들과 공동연구를 하는 기쁨을 배웠습니다.

그 후 저는 다행히도 松田博嗣 교수가 이끄는 九州대학 이학부 생물학과의 수리생물연구실에 소속하게 되었습니다. 제가 아는 한에서는 수리생물학이라는 명칭이 붙은 연구실은 지금까지는 일본에서 오직 하나뿐입니다. 松田선생은 관대한 안목으로 강좌의 소속원들이 자유롭게 연구를 발전시키게끔 지도하고, 일본에서 진화생물학의 한 중심을 만들었습니다. 이 연구실에서 다수의 우수한 연구자가 배출되고 있습니다. 저는 松田선생에게서는 '지적으로 성실할 것'을 가르침 받았습니다. 또 연구실의 宮田隆박사에게서는 전문분야가 다름에도 불구하고 여러 가지의 도움을 받았습니다. 宮田隆, 鄕通子박사에 의한 분자진화의 자료해석을 근간으로 한 광범위에 걸친 활동에서 상상력이 충만한 연구 성과를 보고 큰 자극을 받고, 생물학에서 수리모델에 의한 이론적인 연구에 의해서도 마찬가지로 감동을 받을 발견을 이룰 수 있을까 하고 가끔 자문해 왔습니다. 그런데 저는 지금 '그럴 수 있다'라고 답하고 싶습니다.

작년에는 진화생물학의 메카인 Stanford대학 동물학과에 유학하는 기회를 얻었습니다. 이 20년간의 동물행동학, 진화생태학에 일어난 혁명을 이끌어 온 이 학과에는 W. D. Hamilton, R. Dawkins, J. R. Krebs, R. M. May, P. H. Harvey 등 저명한 연구자들이 모여 있을 뿐만 아니라, 전 세계에서 다수의 연구자들이 방문하여 다양한 기간에 걸쳐서 머물기도 했습니다. 분자생물학이나 세포생물학과는 달리 행동학, 생태학 등은 'Whole Organism Biology'라 불리어 왔는데, 사회의 지지와 학생의 인기를 모아 활기 찬 모습에 감탄할 따름이었습니다. 오전 오후의 티타임, 점심시간, 또는 날마다 있는 세미나 후에 사람들과 잡담하는 시간이 연구실에서 일을 하는 시간보다 길어서 처음에는 당혹스러웠으나, 논의와 사람과의 의견교환을 중시한다는 것을 차차 납득하게 되었습니다. 어쩌면 이것이 창의적인 아이디어를 계속 낳고 이 분야의 중심에 계속 있어온 비결의 하나인지도 모르겠습니다.

이 책에는 수학을 설명하기 위한 예제로서, 저 자신이 관여한 일과 우인들의 것을 많이 채용하였는데, 만일 잘못된 소개가 있었다면 모두 저의 책임입니다. 이 책에서 언급한 저 자신의 일은 다음의 여러 사람들과의 공동

연구에 의한 것입니다(알파벳順 및 50音順). Viggo Andreasen, Dan Cohen, Ines Cuthill, Paul R. Ehrlich, Pasty Haccou, Alex Kacelnik, John R. Krebs, Alan Launer, Simon A. Levin, Wei-min Liu, Jesus Alberto Leon, Marc Mangel, Dennis Murphy, Sean Nee, Francois J. Odenddal, Andrew Pomiankowski, Jonathan Roughgarden, 石井一成, 大原kaori, 小原嘉明, 梯正之, 佐佐木顯, 鈴木芳人, 高田壯則, 東正彦, 松田博嗣, 松田裕之, 望月博, 山村則男. 또, 이들의 일들을 종합하는 데는, 평소부터 많은 분들의 여러 가지 도움을 받아왔습니다. 논문을 읽어 주시든지, 문헌의 교시와 격려의 말씀을 주셨는데, 모두가 일을 진행하는데 없어서는 안 될 것이었습니다. 지면관계상 그들을 모두 여기에 쓸 수는 없으나 진심으로 감사하고 있습니다.

이 책의 제목과 설명을 하는 방법에 대해서는 九州대학 이학부의 생물수학의 연습, 佐賀의과대학과 京都대학 영장류연구소의 강의에서 생물학과 의학을 전공하는 학생들의 반응에서 배운 바가 큽니다. 重定南奈子(京大, 理), 松田裕之(中央水產研, 生物生產), 河田雅圭(靜岡大, 敎育), 佐佐木顯(九大, 理)의 여러 박사님들은 원고 전체에 걸쳐서, 또 田中嘉成(名大, 農), 山內淳, 田町信雄, 佐藤一憲(九大, 理)의 여러분에게서는 일부분에 대해서 친절한 조언을 받은 덕택으로 대단히 읽기 쉽게 되었습니다. 여기에 감사드립니다. 岡本正子씨에게는 사무상의 일로 평소부터 도움을 받고 있습니다. 이 책을 편집하는 데는 HBJ출판국의 菊地聰씨의 도움을 받았습니다. 집필을 부탁받고 2년반이 지났으나 잘 기다려 주셨습니다.

끝으로 아내인 純子, 딸인 鈴奈, 蔡에게는 평소의 격려에 대해서 감사의 뜻을 표합니다. (초판의 미스프린트(오식)에 대해서는 山村光司(농업환경연구소), 松田隆(北大, 水產), 久保拓彌(九大, 理)를 위시한 많은 사람들에게서 가르침을 받았습니다.)

이 책의 초판은 HBJ출판사에서 출판했으나, 이번에 일본어부문에서 철수를 결정한 이 출판사의 방침 때문에 共立출판에서 출판을 계속하게 되었습니다. 판권의 이전에 대해서는 共立출판의 信澤孝一씨와 HBJ출판사 사장인 皆川純一郎씨에 많은 폐를 끼쳤습니다. 信澤씨에게는 작년에 낸 [수리생태학](巖佐 편저)에 이어 많은 무리한 청을 받아 주셔서 감사합니다.

1998년 2월

인용문헌 / 추가문헌

인용문헌

Anderson, R.M. (ed.) 1982. *Population dynamics of infectious disease: theory and applications.* Chapman and Hall: London.

Anderson, R.M. and May, R.M. 1979. Population biology of infectious disease: Ⅰ and Ⅱ. *Nature* **280:** 361-367, 455-461.

Andersson, M. 1982. Female choice selects for extreme tail length in a widowbird. *Nature* **299**: 818-820.

青木健一(Aoki Kenichi) 1983.『利他行動の生物学』. 海鳴社.

Aoki, K. 1987. Gene-culture waves of advance. *J. Math. Biol.* **25**: 453-464.

Armstrong, R.S. and McGehee, R.A. 1980. Competitive exclusion. *Am. Nat.* **115**: 151-170.

Axelrod, R. 1984. *The evolution of cooperation.* Basic Books: New York. (松田裕之 譯『つきあい方の科學』HBJ 出版局)

Axelrod, R. and Hamilton, W.D. 1981. The evolution of cooperation. *Science* **211**: 1390-1396.

Basar, T. and Olsder, G.J. 1982. *Dynamic noncooperative game theory.* Academic Press: New York.

Bateson, P.(ed.) 1983. *Mate choice.* Cambridge Univ. Press: Cambridge.

Baughman, J.F., Murphy, D.D. and Ehrlich, P.R. 1988. Emergence patterns in male checkerspot butterflies: testing theory in the field. *Theor. Pop.*

Biol. **33**: 102-113.

Begon, M., and Mortimer, M. 1986. *Population ecology: a unified study of animals and plants*(2nd ed.). Blackwell: Oxford.

Bender, E.A., Case, T.J. and Gilpin, M.E. 1984. Perturbation experiments in community ecology: theory and practice. *Ecology* **65**: 1-13.

Bellman, R. 1957. *Dynamic programming.* Princeton Univ. Press: Princeton.

Beretta, E. and Takeuchi, Y. 1988. Global asymptotic stability of Lotka-Volterra diffusion models with continuous time delay. *SIAM. Appl. Math.* **48**: 627-651.

Boyd, R. and Richarson, D. 1985. *Culture and the evolutionary processes.* Unlv. of Chicago Press: Chicago.

Bradbury, J.W. and Andersson, M.B. (eds.) 1987. *Sexual selection: testing the alternatives.* John Wiley & Sons: New York.

Brown, J.S. and Vincent, T.L. 1987. Coevolution as an evolutionary game. *Evolution* **41**: 66-79.

Bulmer, M.G. 1985. *The mathematical theory of quantitative genetics* (2nd ed.). Oxford Univ. Press: Oxford.

Caraco, T. 1981. Risk-sensitivity and foraging groups. *Ecology* **62**: 527- 531.

Caraco, T., Martindale, S. and Whitham, T.S. 1980. An empirical demonstration of risk sensitive foraging preferences. *Anim. Behav.* **28**: 820-830.

Case, T. 1982. Coevolution in resource-limited competition communities. *Theor. Pop. Biol.* **21**: 69-91.

Caswell, H. 1978, A general formula for the sensitivity of population growth rate to changes in life history parameters. *Theor. Pop. Biol.* **14**: 215-320.

Caswell, H. 1986. Life cycle models for plants. In "*Lectures on mathematics in the life sciences.*" Vol. 18. Amer. Math. Soc. pp. 171-233.

Cavalli-Sforza, L.L. and Feldman, M.W. 1981. *Cultural transmission and evolution: a quantitative approach.* Princeton Univ. Press: Princeton.

Charlesworth, B. 1980. *Evolution in age-structured populations.* Cambridge Univ. Press: Cambridge.

Charnov, E.L. 1976. Optimal foraging: marginal value theorem. *Theor. Pop. Biol.* **9**: 129-136.

Charnov, E.L. 1979. Natural selection and sex change in Pandalid shirmp: test of a life history theory. *Am. Nat.* **113**: 715-734.

Charnov, E.L. 1982. *The theory of sex allocation.* Princeton Univ. Press: Princeton.

Chesson, p.L. and Warner, R.R. 1981. Environmental variability promotes coexistence in lottery competitive systems. *Am. Nat.* **117**: 923-943.

Clark, C.W. 1985. Bioeconomic modelling and fisheries mangement. John Wiley & Sons: New York. (田中昌一ほか 訳『水産資源管理論』恒星社厚生閣)

Clark, C.W. and Levy, D.A. 1988. Diel vertical migrations by juvenile sockeye salmon and the antipredation window. *Am. Nat.* **131**: 271- 290.

Clutton-Brock, T.H., Albon, S.D. and Guinness, F.E. 1984. Maternal dominance, breeding success and birth sex ratios in red deer. *Nature* 308: 358-360.

Cohen, D. 1966. Optimizing reproduction in a randomly varying environment. *J. theor. Biol.* **12**: 119-129.

Cohen, D. 1967. Maximizing final yield when growth is limited by time or by limiting resources. *J. theor. Biol.* **33**: 299-307.

Cohen, J.E. 1978. *Food webs and niche space.* Princeton Univ. Press: Princeton.

Coley, P.D., Bryant, J.p. and Chapin, F.S. Ⅲ. 1985. Resource availability and plant antiherbivore defense. *Science* **230**: 895-899.

Commons, M.L., Shettleworth, S.J. and Kacelnik, A. 1986. Quantitative analyses of behavior. Vol. 6. Foraging. L. Erlbaum: New York.

Crow, J.F. and Kimura, M. 1971. An introduction to population genetics theory. Harper and Row: New York.

Davies, N.B. 1978. Territorial defence in the speckled wood buttrfly *Pararge aegeria:* the resident always wins. *Anim. Bahav.* **26**: 138-147.

Diamond, J. and Case, T.J.(eds.) 1986. Community ecology. Harper and Row.

土居洋文(Doi Hirofumi) 1988.『生物のかたち作り: 発生からバイオコンピュータへ』サイエンス社.

Ehrlich. P.R. and Roughgarden, J. 1987. *Science of ecology.* MacMillan: New York.

Emlen, J.M. 1984. *Population biology: the coevolution of population dynamics and behavior.* Macmillan: New York.

Emlen, S.T. and Oring, L.W. 1977. Ecology, sexual selection, and the evolution of mating systems. *Science* **197**: 215-223.

Endler, J.A. 1986. *Natural selection in the wild.* Princeton Univ. Press: Princeton.

Elton, C.S. 1958. *The ecology of invasion by animals and plants.* Mathuen: London.

Falconer, D.S. 1981 *Introduction to quantitative genetics*(2nd ed.). Longman: London.

Feller, W. 1957. *An introduction to probability theory and its application.* Vol. 1. (3rd ed.) John Wiley & Sons: New York.

Feller, W. 1971. *An introduction to probability theory and its applications.* Vol. 2 (2nd ed.) John Wiley & Sons: New York.

Field, C. 1983. Allocating leaf nitrogen for the maximization of carbon gain: leaf as a control on the allocation program. *Oecologia* **56**: 341-347.

Fisher, R.A. 1915. The evolution of sexual preference. *Eugenics Rev.* **7**: 184-192.

Fisher, R.A. 1937. The wave of advance of advantageous genes. *Ann Eugen.* **7**: 355-360.

Fujii, K. 1968. Studies on interspecies competition between the azuki bean weevil and the southern cowpea weevil: Ⅲ, some characteristics of strains of two species. *Res. Pop. Ecol.* **10**: 87-98.

藤田博(Fujita Hiroshi) 1952. 個體群生態學の研究 **1**: 15-24.

Fujita, H. and Utida, S. 1953. The effect of population density on the growth of ananimal Population. *Ecology.* **34**: 488-498.

Futuyma, D.J. and Slatkin, M.(eds.) 1983. *Coevolution.* Sinauer Assoc.: Sunderland, Mass.

Gabriel, W. and Thomas, B. 1988. Vertical migration of zooplankton as an evolutionary stable strategy. *Am. Nat.* **132**: 199-216.

Gaines, S. and Roughgarden, J. 1985. Larval settlement rate: a leading determinant of structure in an ecological community of the marine intertidal zone. Proc. *Natl. Acad. Sci. U.S.A.* **82**: 3707-3711.

Gantmacher, F.R. 1959. *The theory of matrices.* Vol. 1 and 2. (English trans.) Chelsea: New York.

Gard, T. 1988. Aggregation in stochastic ecosystem models. *Ecol. Modelling* 44: 153-164.

Gause, G.F. 1934. *The struggle for existence.* Willlams and Wilkins: Baltimore.

Gee, J.H.R. and Giller, P.S. (eds.) 1987. *Organization of communities: past and present.* Blackwell: Oxford.

Gilpin, M.E. and Ayala, F.J. 1973. Global models of growth and competition.

Proc. Natl. Acad. Sci. U.S.A. **70**: 3590-3593.

Goel, N.S. and Richter-Dyn, N. 1974. *Stochastic models in biology.* Academic Press: New York.

Gouyon, P.H. and Couvet, D. 1987. A conflict between two sexes, female and hermaphrodites. In *The evolution of sex and its consequences* (S.C. Steanrs ed.) Birkhauser: Basel. pp. 243-262.

Grafen, A. 1985. A geometric view of relatedness. *Oxford Surv. Evol. Biol.* **2**: 28-89.

Grime, J.P. 1977. Evidence for the existence of three primary strategies in plants and its relevance to ecological and evolutionary theory. Am. Nat., 111: 1169-1194.

Grime, J.P. 1979. *Plant strategies and vegetation processes.* Wiley: Chichester.

Guckenheimer, J. and Holmes, P. 1983. *Nonlinear oscillations, dynamical systems, and bifurcations of vector field.* Springer-Verlag: New York.

Guckenheimer, J., Oster, G. and Ipaktchi, A. 1977. The dynamics of density dependent population models. *J. Math. Biol.* **4**: 101-147.

Hallam, T.G. and Levin, S.A. (eds.) 1986. *Mathematical ecology: an introduction.* Springer-Verlag: New York.

Hammersley, J.M. 1980. Percolation. In *Biological growth and spread.* (W. Jager, H. Rost, and P. Tautu. eds.) Lecture Notes in Biomathematics Vol. 38. pp. 484-494. Springer-Verlag: New York.

Hamilton, W.D. 1964. The genetical evolution of social behavior, Ⅰ and Ⅱ. *J. theor. Biol.* **7**: 1-16, 17-52.

Hamilton, W.D. 1966. The moulding of senescence by natural selection. *J. theor. Biol.* **12**: 12-45.

Hamilton, W.D. 1967. Extraordinary sex ratios. *Science* **156**: 477-488.

Hamilton, W.D. and May, R.M. 1977. Dispersal in stable habitats. *Nature* **269**:

578-581.

Hamilton, W.D. and Zuk, M. 1982. Heritable true fitness and bright birds: a role for parasites? *Science* **218**: 384-387.

Hara, T. 1984. A stochastic model and the moment dynamics of the growth and size distribution in plant populations. *J. theor. Biol.* **109**: 173-190.

Harada, Y. 1989. A theory of gene-culture coevolution of parental preference and sex ratio in humans. *J. Ethology* **7**: 17-26.

Harper, J.L. 1977. *Population biology of plants.* Academic Press: London.

長谷川政美・種村正美(Hasegawa Masami・Tanemura Masami) 1986.『なわばりの生態學』東海大學出版會.

Hassell, M.p. 1978. *The dynamics of arthropod predator-prey systems.* Prlnceton Unlv. Press: Princeton.

東正彦(Higashi Masahiko) 1989.「群集・生態系における間接効果」個體群生態學會會報 **45**: 37-47.

Higashi, M., Yamamura, N., Nakajima, H. and Abe, T. 1990. Producer-decomposer matching in a simple model ecosystem: a network coevolutionary approach to ecosystem organization. *Tech. Rep. Oak Ridge Natl. Inst.* (in press)

Hirata, H. and Ulanowicz, R.E. 1985. Information theoretical analysis of the aggregation and hierarchical structure of ecological networks. *J. theor. Biol.* **116**: 321-341.

Hirose, T. and Kachi, N. 1982. Critical plant size for flowering in biennials with special reference to their distribution in a sand dune system. *Oecologia* **55**: 281-284.

Hirsch, M.W. and Smale, S. l974. *Differential equations, dynamical systems and linear algebra.* Academic Press: New York.

日野幹雄(Hino Mikio) 1977.『スペクトル解析』朝倉書店.

Hiyama, Y., Kitahara, T. and Tokai, T. 1988. Numerical prediction of a relation among growth reproduction and mortality in iteroparous fish populations. *Res. Popul. Biol.* **30**: 267-278.

Hofbauer, J. and Sigmund, K. 1988. *The theory of evolution and dynamical systems.* Cambridge Univ. Press: Cambridge.

Hori, Y. and Oshima, Y. 1986. Life history and population dynamics of the Japanese yam, Dioscorea japonica Thunb. Ⅰ. Effects of initial plant size and light intensity on growth. *Bot. Mag. Tokyo* **99**: 407-418.

Horn, H. 1975. Markovian properties of forest succession. In *Ecology and evolution of communities.* (M.L. Cody and J.M. Diamond eds.) Harvard Univ. Press: Cambridge, Mass. pp. 196-211.

穗積和夫(Hozumi Kazuo) 1973.『植物の相互作用』共立出版.

Hubbell, S.P. 1979. Tree dispersion, abundance, and diversity in a tropical dry forest. *Science* **203**: 1299-1309.

Hutchinson, G.E. 1978. *An introduction to population ecology.* Yale Univ. Press: New Haven.

Impagliazzo, J. 1980. *Deterministic aspects of mathematical demography.* Springer-Verlag: New York.

Intriligator, M.D. 1971. *Mathematical optimization and economic theory.* Prentice-Hall: Englewood Cliffs, N.J.

石井一成(Ishii Kazushige) 1988.「木村資生『分子進化の中立說』書評特集に対する意見」Net. Evol. Biol. 6: 72-78.

伊藤嘉昭(Ito Yoshiaki) 1976.『動物生態學』(上,下) 古今書院.

伊藤嘉昭(Ito Yoshiaki) 1978.『比較生態學』(第2版) 岩波書店.

伊藤嘉昭(Ito Yoshiaki) 1986.『狩りバチの社會進化: 協同的多雌性假說の提唱東』東海大學出版會.

伊藤嘉昭(Ito Yoshiaki) 1987.『動物の社會: 社會生物學・行動生態學入門』

東海大學出版會.

Ives, A.R. and May, R.M. 1985. Competition within and between species in a patchy environment. *J. theor. Biol.* **115**: 65-92.

Iwao, S. 1968. A new regression method for analyzing the aggregation pattern of animal populations. *Res. Pop. Ecol.* **10**: 1-20.

Iwao, S. and Kuno, E. 1971. An approach to the analysis of aggregation pattern in biological populations. In *Statistical ecology.* Vol. 1. (G.P. Patil et al. eds.), pp. 461-513. Penn. State Univ. Press.

巖佐庸(Iwasa Yoh) 1981.『生物の適応戰略: ソシオバイオロジ-的視点からの數理生物學』サイエンス社.

Iwasa, Y. 1981a. Size distribution dynamics in a biological population: a theoretical analysis. *Vehr. Intenat. Verein.* **21**: 1304-1308.

Iwasa, Y. 1981b. Role of sex ratio in the evolution of eusociality in haplodiploid social insects. *J. theor. Biol.* **93**: 125-142.

巖佐庸(Iwasa Yoh) 1982.「多型はなぜ生じるか: 適応度セット」『社會生態學入門: 動物の繁殖戰略と社會行動』(伊藤嘉昭著, 東京大學出版會), pp. 87-105.

Iwasa, Y. 1982. Vertical migration of zooplankton: a game between predator and prey. *Am. Nat.* **120**: 171-180.

巖佐庸(Iwasa Yoh) 1986.「競爭種の共存と群集の構造に關する理論的研究について」個體群生態學會會報 **41**: 36-41.

巖佐庸(Iwasa Yoh) 1987.「有性生殖の進化に關する理論的諸研究」Networks Evol. Biol. **4**: 39-49.

巖佐庸(Iwasa Yoh) 1988.「性の數と性の進化」科學 **58**: 78-86.

Iwasa, Y. 1990. Evolution of selfing rate and resource allocation models. *Plant Species Biol.* **5**: 19-30.

Iwasa, Y. and Cohen, D. 1989. Optimal growth schedule of a perennial plant.

Am. Nat. **133**: 480-505.

Iwasa, Y. and Mochizuki, H. 1988. Probability of population extinction accompanying a temporary decrease of population size. *Res. Popul. Ecol.* **30**: 145-164.

Iwasa, Y. and Obara, Y. 1989. A game model for daily activity schedule of male butterfly. *J. Insect. Behav.* **2**: 589-608.

Iwasa, Y. and Odendaal, F.J. 1984. A theory on the temporal pattern of operational sex ratio: the active-inactive model. *Ecology* **65**: 866-893.

Iwasa, Y. and Roughgarden, J. 1984. Shoot/root balance of plants: the optimal growth of a system with many vegetative organs. *Theor. Pop. Biol.* **26**: 78-105.

Iwasa, Y. and Roughgarden, J. 1986. Interspecific competition among metapopulations with space-limited subpopulations. *Theor. Pop. Biol.* **30**: 194-214.

Iwasa, Y. and Sasaki, A. 1987. The evolution of the number of sexes. *Evolution* **41**: 49-65.

巖佐庸・寺本英(Iwasa Yoh・Teramoto Ei) 1977.「分布様式型成のモデルと集合度指數」日生態會誌 **27**: 117-124.

Iwasa, Y. and Teramoto E. 1984. Branching-diffusion model for the formation of distributional patterns in populations. *J. Math. Biol.* **19**: 109-124.

Iwasa, Y., Higashi, M. and Yamamura, N. 1981. Prey distribution as a factor determining the choice of optimal foraging strategy. *Am. Nat.* **117**: 710-723.

Iwasa, Y., Odendaal, F.J., Murphy, D.D., Ehrlich, P.R. and Launer, A. 1983. Emergence patterns in male butterflies: a hypothesis and a test. *Theor. Pop. Biol.* **23**: 363-379.

Iwasa, Y., Suzuki, Y. and Matsuda, H. 1984. Theory of oviposition strategy of parasitoids. I. Effect of mortality and limited egg number. *Theor. PoP. Biol.* **26**: 205-227.

Iwasa, Y., Cohen, D. and Leon, J.A. 1985. Tree height and crown shape as results of competitive games. *J. theor. Biol.* **112**: 279-297.

Iwasa, Y., Andreasen, V. and Levin, S.A. 1987. Aggregation in model ecosystems. I. Perfect aggregation. *Ecol. Modelling* **37**: 287-302.

Iwasa, Y., Levin, S.A. and Andreasen, V. 1989. Aggregation in model ecosystems. II. Approximate aggregation. *IMA J. Math. Appl. Med. Biol.* **6**: 1-23.

Iwasa, Y., Pomiankowski, A. and Nee, S. 1991a. The evolution of costly mate preference. I. Fisher and biased mutation. II. The "handicap" principle. *Evolution* **45**: 1431-1442

Janzen, D.H. 1970. Herbivores and the number of tree species in tropical forests. *Am. Nat.* **104**: 501-528.

Kacelnik, A. and Cuthill, I.C. 1987. Starlings and optimal foraging theory: modelling in a fractal world. In *Foraging behavior.* (A.C. Kamil, J.R. Krebs, and H.R. Pulliam eds.), pp. 303-333. Plenum: New York.

梯正之(Kakehashi Masayuki) 1987.「植物の性表現と繁殖戰略」生物科學 **39**: 57-67.

Kakehashi, M., Suzuki, Y. and Iwasa, Y. 1984. Niche overlap of parasitoids in host-parasitoid systems: its consequence to single versus multiple introduction controversy in biological control. *J. Appl. Ecol.* **21**: 115-131.

龜高惟倫(Kametaka Yoshinori) 1977.『非線型偏微分方程式』産業圖書.

Karlin, S. and Taylor, H.M. 1975. *A first course in stochastic precesses*. (2nd ed.) Academic Press: New York.

Karlin, S. and Taylor, H.M. 1981. *A second course in stochastic processes.*

Academic Press: New York.

Kawasaki, K. and Teramoto, E. 1979. Spatial pattern formation of prey-predator populations. *J. Math. Biol.* **8**: 33-46.

Kawano, S., Takada, T., Nakayama, S. and Hiratsuka. A. 1987. Demographic differentiation and life history evolution in temperate woodland plants. In *Differentiation patterns in higher plants.* (K.M. Urbanska ed.) Academic Press: New York. pp.153-181.

Kamil, A.C., Krebs, J.R. and Pulliam, H.R. (eds.) 1987. *Foraging behavior.* Plenum Press: New York.

Kermack, W.O. and McKendrick, A.G. 1927. A contribution to the mathematical theory of epidemics. *Proc. Roy. Soc. A.* **116**: 700-721.

Keyfitz, N. and Flieger, W. 1971. *Population, facts and method of demography.* Freeman and Com.: San Francisco.

Kikkawa, J. and Anderson, D.J. (eds.) 1986. *Community ecology: pattern and process.* Blackwell: Oxford.

Kikuchi, T. and Tanaka, M. 1978. Ecological studies on benthic macrofauna in Tomoe Cove, Amakusa. I. Community structure and seasonal change of biomass. *Publ. Amakusa Mar. Biol. Lab.* **4**: 189-213.

King, D. and Roughgarden, J. 1983. Energy allocation patterns of the california grassland annuals *Plantago erecta and Clarkia rubicunda. Ecology* **64**: 16-24.

菊澤喜八郎(Kikuzawa Kihachiro) 1986.『北の國の雜木林: ツリ-ウォッチング入門』蒼樹書房.

Kimura, M. 1983. *The neutral theory of molecular evolution.* Cambridge Univ. Press: Cambridge.

木村資生(Kimura Motoo) 1988.『生物進化を考える』岩波書店.

Kira, T., Ogawa, F. and Sakazaki, N. 1953. Intraspecific competition among higher plants. I. Competition-density interrelationship in regularly dispersed populations. *J. Inst. Polytechnics,* Osaka City Univ. **D-4**: 1-16.

Kirkpatrick, M. 1985. Evolution of female choice and male parental investment in polygynous species: the demise of the 'sexy son'. *Am. Nat.* **125**: 788-810.

Kirkpatrick, M. 1986. The handicap mechanism of sexual selection does not work. *Am. Nat.* **127**:222-240.

Kitahara, T., Hiyama, Y. and Tokai, T. 1987. A preliminary study on quantitative relations among growth, reproduction and mortality in fishes. *Res. Popul. Ecol.* **29**: 85-95.

Klinkhamer, P.G.L., de Jong, T.J., Metz, J.A.J. and Val, J. 1987. Life history tactics of annual organisms: the joint effects of dispersal and delayed germination. *Theor. Pop. Biol.* **32**: 127-156.

Krebs, J.R. and Davies, N.B. (eds.) 1991. *Behavioural ecology: an evolutionary approach.* (3rd ed.) Blackwell: Oxford.

Krebs, J.R. and Davies, N.B. 1987. *An introdution to behavioural ecology.* (2nd ed.) Blackwell: Oxford.

Krebs, J.R., Ryan, J.C. and Charnov, E. 1974. Hunting by expectation or optimal foraging?: a study of patch use by chickadees. *Anim. behav.* **22**: 953-964.

Krebs, J.R., Ericksen, J.T., Webber, M.I. and Charnov, E.L. 1977. Optimal prey selection in the great tit *Parus Major. Anim. Behav.* **26**: 30-38.

久野英二(Kuno Eiji) 1968.「水田における稲ウンカ・ヨコバイ類個體群の動態に關する研究」九州農業試験場報告 **14**: 131-246

Kuno, E. 1988. Aggregation pattern of individuals and the outcomes of competition within and between species: differential equation models.

Res. Popul. Ecol. **30**: 69-82.

Lande, R. 1976. Natural selection and random genetic drift in phenotypic evolution. *Evolution* **30**: 314-334.

Lande, R. 1981. Models of speciation by sexual selection on polygenic traits. *Proc. Nat. Acad. Sci. U.S.A.* **78**: 3721-3725.

La Salle, J. and Lefschetz, S. 1961. *Stability by Liapuov's direct method, with applications.* Academic Press: New York.

Leitmann, G. 1981. *The calculus of variations and optimal control: an introduction.* Plenum Press: New York.

Leslie, P.H. 1945. On the use of matrices in certain population mathematics. *Biometrika* **33**: 183-212.

Lefkovitch, L.P. 1965. The study of population growth in organisms grouped by stages. *Biometrics* **21**: 1-18.

Leon, J.A. 1976. Life histories as adaptive strategies. *J. theor. Biol.* **60**: 301-335.

Levin, S.A. 1970. Community equilibria and stability, and an extension of the competitive exclusion principle. *Am. Nat.* **104**: 413-423.

Levin, S.A. 1976. Population dynamic models in heterogeneous environments. *Ann. Rev. Ecol. Syst.* **7**: 287-310.

Levin, S.A. and Goodyear, C.P. 1980. Analysis of an age structured fishery model. *J. Math. Biol.* **9**: 245-274.

Levin, S.A. and Paine, R.T. 1974. Disturbance, patch formation, and community structure. *Proc. Nat. Acad. Sci. U.S.A.* **71**: 2744-2747.

Levin, S.A., Cohen, D. and Hastings, A. 1984. Dispersal strategies in patchy environments. *Theor. pop. Biol.* **26**: 165-191.

Levins, R. 1968. *Evolution in changing environments: some theoretical explorations*. Princeton Univ. Press: Princeton.

Levins, R. 1974. Qualitative analysis of partially specified systems. *Ann. N.Y. Acad. Sci.* **231**: 123-138.

Levins, R. 1975. Evolution in communities near equilibrium. In *Ecology and evolution of communities.* (M. Cody and J.M. Diamond, eds.) Harvard Univ. Press: Cambridge: Mass. pp. 16-50.

Levins, R. 1979. Coexistence in a variable environment. *Am. Nat.* **114**: 765-783.

Lewontin, R.C. and Cohen, D. 1969. On population growth in a randomly varying environment. *Proc. Nat. Acad. Sci. U.S.A.* **62**: 1056-1060.

Liu, W.M., Levin, S.A. and Iwasa, Y. 1986. Influence of nonlinear incidence transmission rates upon the behavior of SIRS epidemic models. *J. Math. Biol.* **23**: 187-204.

Lloyd, M. 1967. Mean crowding. *J. Anim. Ecol.* **36**: 1-30.

Lloyd, M. and Dybas, H.S. 1966. The periodical cicada problem: II. Evolution. *Evolution* **20**: 466-505.

Lubina, J.A. and Levin, S.A. 1988. The spread of a reinvading species: range expansion in the California sea otter. *Am. Nat.* **131**: 526-543.

Ludwig, D. and Walters, C.J. 1985. Are age-structured models appropriate for catch-effort data? *Canad. J. Fish. Aquat. Sci.* **42**: 1066-1072.

Ludwig, D., Jones, D.D. and Holling, C.S. 1978. Qualitative analysis of insect outbreak systems: the spruce budworm and the forest. *J. Anim. Ecol.* **47**: 315-332.

Lumsden, C.J. and Wilson, E.O. 1981. *Genes, mind, and culture: the coevolutionary process.* Harvard Univ. Press: Cambridge. Mass.

MacArthur, R.H. 1972. *Geographical ecology: patterns in the distribution of species.* Harpers & Row: New York.

MacArthur, R.H. and Levins, R. 1967. The limiting similarity, convergence, and divergence of coexisting species. *Am. Nat.* **101**: 377-385.

MacArthur, R.H. and Wilson, E.O. 1963. An equilibrium theory of insular zoogeography. *Evolution* **17**: 373-387.

MacArthur, R.H. and Wilson, E.O. 1967. *The theory of island biogeography.* Princeton Unlv. Press: Princeton, N.J.

Mangel, M. 1985. *Decision and control in uncertain resource system.* Academic Press: New York.

Mangel, M. 1987. Oviposition site selection and clutch size ininsects. *J. Math. Biol.* **25**: 1-22.

Mangel, M. and Clark, C.W. 1983. Uncertainty, search, and information in fisheries. *J. Cons. int. Explor. Mer.* **41**: 93-103.

Mangel, M. and Clark, C.W. 1988. *Dynamic modeling in behavioral ecology.* Princeton Univ. Press: Princeton.

Matsuda, H. 1987. Conditions for the evolution of altruism. In *Animal societies: theories and facts.* (Y. Ito, J.L. Brown and J. Kikkawa. eds.) Japan scientific Pub. Asso. pp. 67-80.

Matsuda, H., Tamachi, N., Sasaki, A. and Ogita, N. 1987. A lattice model for population biology. In Lecture notes in Biomathematics. Vol. 71: *Mathematical topics in population biology, morphogenesis and neurosciences.* (E. Teramoto and M. Yamaguchi. eds.) Springer-Verlag. pp. 154-161.

松田裕之(Matsuda Hiroyuki) 1989.「捕食者·被食者系の相互作用と共進化理論」個體群生態學會會報 **45**: 3-10.

Matsuda, H. and Namba, T. 1989. Coevolutionary stable community structure in a patchy environment. *J. theor. Biol.* **136:** 229-243.

May, R.M. 1974. *Stability and complexity model ecosystems.* (2nd ed.) Princeton Univ. Press: Princeton.

May, R.M. 1975. Biological populations obeying difference equations: stable points, stable cycles and chaos. *J. theor. Biol.* **52**: 511-524.

May, R.M. 1978. Host-parasitoid systems in patchy environments: a phenomenological model. *J. Anim. Ecol.* **47**: 833-843.

May, R.M. (ed.) 1981. *Theoretical Ecology: principles and applications.* (2nd ed.) Sinauer Asso.: Sunderland, Mass.

May, R.M. and Hassell, M.p. 1981. The dynamics of multiparasitoid-host interactions. *Am. Nat.* **117**: 234-261.

Maynard Smith, J. 1977. Parental investment: a prospective analysis. *Anim. Behav.* **25**: 1-9.

Maynard Smith, J. 1978. *The evolution of sex.* Cambridge Univ. Press: Cambridge.

Maynard Smith, J. 1982. *Evolution and the theory of games.* Cambridge Univ. Press: Cambridge

Maynard Smith, J. and Price, G.R. 1973. The logic of animal conflict. *Nature* **246**: 15-18.

M'Kendrick, A.G. and Kesava Pai, M. 1911. The rate of multiplication of microorganisms: a mathematical study. *Proc. Roy. Soc. Edinb.* **31**: 649-655.

Meinhardt, H. 1982. *Models of biological pattern formation.* Academic Press: London.

Metz, J.AJ. and Diekmann, O. (eds.) 1986. *The dynamics of physiologically structured poulations.* Lecture Notes in Biomathematics Vol. 68. Springer: Berlin.

Michod, R.E. and Levin, B.R. (eds.) 1988. *The evolution of sex.* Sinauer Asso.: Sunderland, Mass.

Mimura, M. 1979. Asymptotic behavior of a parabolic system related to a plankton prey and Predator model. *SIAM J. Appl. Math.* **37**: 499-512.

三村昌泰(Mimura Masayasu) 1979.「生物の增殖と空間分布」『非線形現象と解析』(山口昌哉編, 日本評論社) pp. 55-80.

森下正明(Morishita Masaaki) 1952.「棲息場所選擇と環境の評價, アリジゴクの棲息密度についての實驗的研究 I」生理生態 **5**: 1-60.

Morisita, M. 1954. Measuring the dispersion of individuals and analysis of the distributional patterns. *Mem. Fac. Sci. Kyushu Univ. Ser. E.* (Biol.) **2**: 215-235.

Morisita, M. 1965. The fitting of the logistic equation to the rate of increase of population density. *Res. Popul. Ecol.* **7**: 52-55.

de Mottoni, P. and Schaffino, A. 1981. Competition systems with periodic coefficients: a geometric approach. *J. Math. Biol.* **11**: 319-335.

向井輝美(Mukai Terumi) 1978.『集團遺傳學』講談社.

Murdoch, W.W. and Oaten, A.1975. Predation and population stability. *Adv. Ecol. Res.* **9**: 1-131.

Murdoch, W.W., Chesson, J. and Chesson, P. 1985. Biological control in the theory and practice. *Am. Nat.* **125**: 344-366.

Murphy, G.I. 1968. Pattern in life history and the environment. *Am. Nat.* **102**: 391-403.

Murray, J.D. 1989. Mathematical biology. Springer-Verlag: New York.

中園明信・桑村哲生(編:Nakazono Akinobu・Kuwamura Tetsuo) 1987.『魚類の性轉換』東海大學出會.

中島久男(Nakajima Hisao) 1978.「モデル生態系における安定性および周期性」物性研究 **55**: 245-265, 345-378.

Nakajima, H. 1990. Sensitivity and stability of flow networks. *Ecological modelling* **62**: 123-133.

Namba, T. 1980. Density dependent dispersal and spatial distribution of a population. *J. theor. Biol.* **86**: 351-363.

Nicholson, A.J. and Bailey, V.A. 1935. The balance of animal populations. Part I. *Proc. Zool. Soc. Lond.* **1935**: 551-598.

Nisbet, R.M. and Gurney, W.S.C. 1982. *Modelling fluctuating populations.* John Wiley & Sons: Chichester.

Nishino, M. 1980. Geographical variationin body size, brood size and egg size of a fresh watershrimp, Palaemon paucidens De Haan, with some discussions on brood habit. *Jap. J. Limnol.* **41**: 185-202.

Nitecki, M. (ed.) 1983. *Coevolution.* Univ. of Chicago Press: Chicago.

Norton, H.T.J. 1928. Natural selection and Mendelian variation. *Proc. Lond. Math. Soc.* **28**: 1-45.

Odendaal, F.J. and Iwasa, Y. 1987. Operational sex ratio in *Ranidella signifera and Ranidella riparia* (Anura: Leptodactylidae) *Copeia* 1987: 1025-1928.

Okubo, A. 1980. *Diffusion and ecological problem: mathematical models.* Springer-Verlag: New York.

Ono, Y. 1965. On the ecological distribution of ocypoid crabs in the estuary. *Mem. Fac. Sci. Kyushu. Univ. Ser. E.* (Biol.) **4**: 1-60.

Pacala, S.W. 1986. Neighborhood models of plant population dynamics. II. Multi-species models of annuals. *Theor. Pop. Biol.* **29**: 262-292.

Pacala, S.W. and Roughgarden, J. 1982. The evolution of resource partitioning in a multi dimensional resource space. *Theor. Pop. Biol.* **22**: 127-145.

Pacala, S.W. and Roughgarden, J. 1985. Population experiments with the Anolis lizards of St. Maarten and St. Eustatius. *Ecology* **66**: 129-141.

Pacala, S.W. and Silander, J.A. Jr. 1985. Neighborhood models of plant population dynamics. I. Single species modes of annuals. *Am. Nat.* **125**: 385-411.

Paine, R.T. 1966. Food web complexity and species diversity. Am. Nat. **100**: 65-75.

Paine, R.T. 1974. Intertidal community structure: experimental studies on the relationship between a dominant competitor and its principal predator. *Oecologia* (Berl.) **16:** 93-120.

Paine, R.T. 1980. Food webs: linkage, interactions strength and community infrastructure. *J. Anim. Ecol.* **49**: 667-685.

Paine, R.T. and Levin, S.A. 1981. Intertidal landscapes: disturbance and the dynamics of pattern. *Ecol. Monographs* **51**: 145-178.

Parker, G.A., Baker, R.R. and Smith, V.G.F. 1972. The origin and evolution of gamete dimorphism and the male-female phenomenon. *J. theor. Biol.* **36**: 529-553.

Patten, B.C., Bosserman, R.W., Finn, J.T. and Cale, W.G. 1976. Propagation of cause in ecosystems. In *Systems analysis and simulation in ecology.* Vol 4. (B.C. Patten ed.) Academic Press: New York. pp. 457-579.

Pielou, E.C. 1974. *Mathematical ecology.* Wiley: New York.

Pimm, S.L. 1980. Food web design and the effects of species deletion. *Oikos* **35**: 139-149.

Pimm, S.L. 1982. *Food webs.* Chapman and Hall: London.

Pomiankowski, A.N. 1988. The evolution of female mate preferences for male genetic quality. *Oxford Surv. Evol. Biol.* **5**: 136-184.

Pontryagin, L.S., Boltyanski, V.G., Gamkrelidze, R.V. and Mischenko, E.F. 1962. *The mathematical theory of optimal processes.* (K.N. Trirogoff. trans.) Interscience Pub.; John Wiley & Sons: New York.

Pugliese, A. 1988. Optimal resource allocation in perennial plant: a continuous- time model. *Theor. Pop. Biol.* **34**: 215-247.

Puccia, CJ. and Levins, R. 1985. *Qualitative modelling of complex system: an introduction to loop analysis and time averaging.* Harvard Univ. Press: Cambridge, Mass.

Quinn, J.E. and Hastings, A. 1987. Extinction in subdivided habitats. *Conservation Biol.* **1**: 198-208.

Rose, M. 1985. The evolution of senescence. In *Evolution: essays in honour of John Maynard Smith.* (P.J. Greenwood, P.H. Harvey and M. Slatkin eds.) Cambridge Univ. Press: Cambridge. pp. 117-129.

Roughgarden, J. 1976. Resource partitioning among competing species: a coevolutionary approach. *Theor. Pop. Biol.* **9**: 388-424.

Roughgarden, J. 1979. *Theory of population genetics and evolutionary ecology: an introduction.* MacMillan: New York.

Roughgarden, J. 1983. Coevolution between competitors. In *Coevolution.* (D.J. Futuyma and M. Slatkin eds.) Sinauser Asso.: Sunderland, Mass.

Roughgarden, J. and Iwasa, Y. 1986. Dynamics of a metapopulation with space-limited subpopulations: *Theor. Pop. Biol.* **29**: 235-261.

Roughgarden, J., Iwasa, Y. and Baxter, C. 1985. Demographic theory for an open marine Population with space-limited recruitment. *Ecology* **66**: 54-67.

Royama, T. 1977. Population persistence and density dependence. *Ecol. Monographs* **47**: 1-35.

Rummel, J. and Roughgarden, J. 1985. A theory of faunal buildup for competition communities. *Evolution* **39**: 1009-1033.

坂元慶行・石黑眞木夫・北川源四郎(Sakamoto Yoshiyuki・Ishiguro Makio・Kitagawa Genshiro) 1983.『情報量統計學』共立出版.

佐々木顯(Sasaki Akira) 1989.「病原體の生活史戰略: たかる側の論理」個體群生態學會會報 **45**: 11-22.

Sasaki, A. and Iwasa, Y. 1991a. Optimal growth schedule of pathogens within a host: switching between lytic and latent cycles. *Theor. Pop. Biol.* **39**: 201-239.

Sasaki, A. and Iwasa, Y. 1991b. Sex bias in natal migration. (in review)

佐藤一憲・松田博嗣(Sato Kazunori・Matsuda Hirotsugu) 1989.「傳染病の傳播と集團絕滅: 空間構造の効果」數理解析硏講究錄 **678**: 101-108.

Schaffer, W.M. 1981. Ecological abstraction: the consequences of reduced dimensionality in ecological models. Ecol. Monographs **51**: 383- 401.

Schaffer, W.M. 1983. The application of optimal control theory to the general life history problem. *Am. Nat.* **121**: 418-431.

Schaffer, W.M. and Schaffer, M.V. 1977. The adaptive significance of variations in reproductive habit in the Agavaceas. In *Evolutionary ecology* (B. Stonehouse and C.M. Perrins eds.) Macmillan: London. pp. 261-276.

Shettleworth, S., Krebs, J.R., Stephens, D. and Gibbon, J. 1988. Tracking a fluctuating environment: a study of sampling. *Anim. Behav.* **36**: 87-105.

重定南奈子(Shigesada Nanako) 1986.「種間關係と群集構造の理論をめぐる最近の動向」個體群生態學會會報 **42**: 27-34.

重定南奈子(Shigesada Nanako) 1992.『侵入と傳播の數理生態學』UPバイオロジ-東京大學出版會.

重定南奈子・寺本英(Shigesada Nanako・Teramoto Ei) 1978.「環境密度理論についての1考察」日生態會誌 **28**: 1-8.

Shigesada, N., Kawasaki, K. and Teramoto, E. 1979. Spatial segregation of interacting species. *J. theor. Biol.* **79**: 83-99.

Shigesada, N., Kawasaki, K. and Teramoto, E. 1984. The effects of interference competition on stability, structure and invasion of a multi-species system. *J. Math. Biol.* **21**: 97-113.

Shigesada, N., Kawasaki, K. and Teramoto, E. 1986. Traveling periodic waves in heterogeneous environments. *Theor. Pop. Biol.* **30**: 143- 160.

嶋田正和(Shimada Masakazu) 1986.「生物種間の相互作用と群集構造: 野外實驗的研究の動向」個體群生態學會會報 **42**: 1-12.

Shinozaki, K. and Kira, T. 1956. Intraspecific competition among higher plants VII. Logistic theory of the C-D effect. *J. Inst. Polytechnics, Osaka City Univ.* **D-7**: 35-72.

Sibly, R.M. and Smith, R.H. 1985. *Behavioural ecology.* Blackwell: Oxford.

Simberloff, D.S. and Wilson, E.O. 1970. Experimental zoogeography of islands: a two-year record of colonization. *Ecology* **51**: 934-937.

Sinko, J. and Streifer, W. 1967. A new model for age-size structure of a population. *Ecology* **48**: 910-918.

Skellam, J.G. 1951. Random dispersal in theoretical populations. *Biometrika* **38**: 196-218.

Smith, F.E. 1963. Population dynamics in Daphnia magna and a new model for population growth. *Ecology* **44**: 651-663.

Smith, D. and Keyfitz, N. 1977. *Mathematical demography.* Springer-Verlag: New York.

Song, J. and Yu, J. 1988. *Population system control.* Springer-Verlag: New York.

Stephens, D.W. and Krebs, J.R. 1986. *Foraging theory.* Princeton Univ. Press: Princeton.

Strong, D.R., Simberloff, D., Abele, L.G. and Thistle, A.B. (eds.) 1984. *Ecological communities: conceptual issues and the evidence.* Princeton Univ. Press: Princeton.

Sugihara, G. 1983. Holes in niche space: a derived assembly rule and its relation to intervality. In *Current trends in food web thoery report on a food web workshop.* Tech. Report Oak Ridge Natl. Lab.

鈴木芳人(Suzuki Yoshito) 1982.「社會構造と性比の進化」科學 **52**: 260-26So

Suzuki, Y. and Iwasa, Y. 1980. A sex ratio theory of gregarious parasitoids. *Res. Popul. Ecol.* **22**: 366-382.

Takada, T. and Iwasa, Y. 1986. Size distribution dynamics of a plant population with interaction by shading. *Ecol. Modelling* **33**: 173- 184.

Takahashi, F. 1964. Reproduction curve with two equilibrium points: a consideration on the fluctuation of insect populations. *Res. Pop. Ecol.* **6**: 28-36.

Takeuchi, Y. 1986. Diffusion effect on stability of Lotka-Volterra models. *Bull. Math. Biol.* **48**: 585-601.

Takeuchi, Y., Adachi, N. and Tokumaru, H. 1978. The stability of generalized Volterra equations. *J. Math. Anal. Appl.* **62**: 453-473.

Tansky, M. 1978. Swithching effect in prey predator system. *J. Theor. Biol.* **70**: 263-271.

Taper, M.L. and Case, T.J. 1985. Quantitative genetic models for the coevolution of character displacement. *Ecology* **66**: 355-371.

Taylor, H.M., Gourley, R.S., Lawrence, C.E. and Kaplan, R.S. 1974. Natural selection of life history attributes: an analytical approach. *Theor. Pop. Biol.* **5**: 104-122.

寺本英(Teramoto Ei) 1975.「生物集團の力學」『生命の物理』(湯川秀樹ほか編: 第2版) 岩波書店 pp. 167-l94.

寺本英(Teramoto Ei) 1994.『數理生態學』(上,下) 朝倉書店(近刊).

Teramoto, E., Kawasaki, K. and Shigesada, N. 1979. Switching effect of predation on competitive prey species. *J. theor. Biol.* **79**: 305-315.

Terao A. and Tanaka, T. 1928. Influence of temperature upon the rate of reproduction in the water-flea *Moina macrocopa Strauss. Proc. Imper. Acad.* (Japan) **4**: 553-555.

Thompson, J.M.T. and Stewart, H.B. 1986. *Nonlinear dynamics and chaos: geometrical methods for engineers and scientists.* John Wiley & Sons.

Tilman, D. 1982. *Resource competition and communities structure.* Princeton Unrv. Press: Princeton.

Trivers, R. 1971. The evolution of reciprocal altruism. *Q. Rev. Biol.* **46**: 35-57.

Turelli, M. 1978. Are examination of stability in randomly varying versus deterministic environments with comments on the stochastic theory of limiting similarity. *Theor. Pop. Biol.* **13**: 244-267.

Turjapurker, S. 1989. An uncertain life: demography in random environments. *Theor. Pop. Biol.* **35**: 227-294.

內田俊郎(Uchida Shunro) 1975.『動物個體群生態學』共立出版.

Utida, S. 1967. Damped oscillation of population density at equilibrium. *Res. Popul. Ecol.* **9**: 1-9.

Waiters, C. 1986. *Adaptive management of renewable resources.* Macmlllan: New York.

Whittaker, R.H. 1975. *Communities and ecosystems.* (2nd ed.) MacMillan: New York.

Whittaker, R. and Levin, S.A. 1977. The role of mosaic phenomena in natural communities. *Theor. Pop. Biol.* **12**: 117-139.

山口昌哉(Yamaguchi Masaya) 1973.『非線形現象の數學』朝倉書店.

山口昌哉(編: Yamaguchi Masaya) 1979.『非線形の現象と解析』日本評論社.

Yamaguchi, Y. 1985. Sex ratios of an aphid subject to local mate competition with variable maternal condition. *Nature* **318**: 460-462.

Yamamura, N. 1976. A mathematical approach to spatial distribution and temporal succession in plant communities. *Bull. Math. Biol.* **38**: 517-526.

Yamamura, N., Nakano, T. and Teramoto, E. 1978. Catastrophic phenomena in ecological systems. *Proceeding of Int. Symp. Math. Topics Biol.* pp. 16-23.

山村則男(Yamamura Norio) 1986.『繁殖戰略のモデル』東海大學出版會.

Yodzis, P. 1988. The indeterminacy of ecological interactions as perceived through perturnation experirnents. *Ecology* **69**: 508-515.

Yokoi, Y. 1976. Growth and reproduction in higher plants. I. Theoretical analysis by mathematical models. *Bot. Mag. Tokyo* **89**: 1-14.

Zahavi, A. 1975. Mate selection: a selection for a handicap. *J. theor. Biol.* **53**: 205-214.

Zahavi, A. 1977. The cost of honesty: further remarks on the handicap principle. *J. theor. Biol.* **67**: 603-605.

Zeide, B. 1978. Reproductive behavior of plants in time. *Am. Nat.* **112**: 636-639.

추가문헌

Dawkins, R. 1982. *Extended phenotype.* W.H. Freeman, Oxford.

Dawkins, R. 1986. *The blind watch maker*. Harlow, London.

Dawkins, R. 1989. *Selfish gene.* (2nd ed.) Oxford Univ. Press.

Futuyma, D. 1984. *Evolutionary biology.* (2nd ed.) Sinauer Assoc.

Greenwood, P.J. and Adams, J. 1987 *Ecology of sex.*

長谷川眞理子(Hasegawa Mariko) 1992.『クジャクの雄はなぜ美しい?』紀伊國屋書店.

Hassell, M., Comins, H.N. and May, R.M. 1992. Spatial Structure and chaos in insect population dynamics. *Nature* **353**: 255-258.

Hurst, L.D. and Hamilton, W.D. 1992. Cytoplasmic fusion and the nature of sexes. *Proc. Roy. Soc. Lond.* **B247**: 189-194.

伊藤嘉昭・山村則男・嶋田正和(Ito Yoshiaki・Yamamura Norio・Shimada Masakazu) 1992,『動物生態學』蒼樹書房.

Iwasa, Y. 1991a. Sex change evolution and cost of reproduction. *Behav. Ecol.* **2**: 56-58.

Iwasa, Y. 1991b. Pessimistic plants: the optimal growth schedule in fluctuating environment. *Theor. Pop. Biol.* **40**: 246-268.

Iwasa, Y., Sato, K. and Nakashima, S. 1991b. Dynamic modelling of wave regeneration (Shimagare) in subalpine Abies forests. *J. Theor. Biol.*

152: 143-158.

Iwasa, Y., Sato, K., Kakita, M. and Kudo, T. 1993. Modelling biodiversity: latitudinal gradient of forest species diversity. In *Biodiversity and Ecosystem Function* (E.D. Schulzeze and H. Mooney eds.) Ecological Studies Series Vol. 99, Springer-Verlag. pp. 433-451.

巖佐庸(Iwasa Yoh) 1992.「進化における性の役割」『生態學からみた進化』講座「進化」第7巻(柴谷篤弘ほか編) 東京大學出版會 pp. 125-171.

巖佐庸(Iwasa Yoh) 1992.「數理生物學の展望」『數理科學の展望: 21世紀の基礎科學の課題』サイエンス社 pp. 116-127.

川那部部浩哉(編: Kawanabe Hiroya) 1991-1992 シリ-ズ『地球共生系』(全6巻) 平凡社.

粕谷英一(Kasuya Eiiti) 1990.『行動生態學入門』東海大學出版會.

粕谷英一(Kasuya Eiiti) 1992.「行動生態學の適応論」『生態學からみた進化』講座「進化」第7巻(柴谷篤弘ほか編) 東京大學出版會, pp. 39-78.

河田雅圭(Kawata Masakado) 1989.『進化論の見方』紀伊國屋書店.

Kohyama, T. 1991. Simulating stationary size distribution of trees in rain forests. *Ann. Bot.* **68**: 173-180.

Kohyama, T. 1992. Size-structured multi-species model of rain forest trees. *Func. Ecol.* **6**: 206-212.

甲山隆司(Kohyama Takashi) 1993.「熱帯雨林ではなぜ多くの樹種が共存できるのか?」科學 **63**: 768- 776.

松田裕之・巖佐庸(Matsuda Hiroyuki・Iwasa Yoh) 1993.「何が絶滅をもたらすのか?: 保全生態學の理論」個體群生態學會會報 **50**: 2-9.

Matsuda, H., Ogita, N., Sasaki, A. and Sato, K. 1992. Statistical mechanics of population: The lattice Lotka-Volterra model. *Prog. Theor. Phys.* **88**: 1035-1049.

Maynard Smith, J. 1989. *Evolutionary genetics.* Oxford Univ. Press.

Pomiankowski, A. and Iwasa. Y. 1993. Evolution of multiple sexual ornaments by Fisher's process of sexual selection. *Proc. Roy. Soc. Lond.* **B253:** 173-181.

Sato, K. and Iwasa, Y. 1993. Modelling of wave regeneration(Shimagare) in subalpine Abies forests. *Ecology* **74**: 1538-1550.

Trivers, R.L. 1985. *Social evolution.* Benjamin/Cummings.

Turchin, P. and Taylor, A.D. 1992. Complex dynamics in ecological time series. *Ecology* **73**: 289-305.

矢原徹一(Yahara Tetsukazu) 1992.「植物の性の生態學」『生態學からみた進化』講座「進化」第7卷 (柴谷篤弘ほか編) 東京大學出版會, pp. 173-226.

찾아보기

ㄴ

ㄷ

ㄹ

ㅅ

ㅇ

ㅈ

ㅊ

ㅋ

ㅌ

ㅍ

ㅎ

저자 소개

| 이와사 요 |

1975년　경도대학이학부졸업

1980년　경도대학 대학원 이학연구과 박사과정 수료. 이학박사

　　　　스탠포드 대학과 코넬대학에서 연구 생활 중 1985년부터 규슈대학 이학부 조수

1992년부터 규슈대학 이학부 교수로 현재에 이름

1993년　라이덴 대학(네덜란드) van der Klaau 교수직

1997년　베를린 고등연구소 연구원 등

주요 저서

『生物の適応戰略』(サイエンス社: 巖佐 著)

『數理生態學』(共立出版: 巖佐 編著)

주요 역서

『進化遺傳學』(産業圖書 : 巖佐・原田共譯)

『行動生態學』(蒼樹書房 : 山岸・巖佐共譯)

『進化からみた行動生態學』(蒼樹書房: 山岸・巖座監譯)

『社會生物學』(新思索社 : 伊藤監譯) 등